高等学校应用型特色规划教材

计算机应用基础(第 2 版)

韩相军　梁艳荣　主　编

韩勇华　乔建斌　副主编

清华大学出版社
北　京

内容简介

本书是根据国家教育部高等学校计算机科学与技术教学指导委员会《关于进一步加强高等学校计算机基础教学的意见》，并紧密结合教育部考试中心制订的《全国计算机等级考试大纲(2013 年版)》中对一级 MS-Office 的要求编写的。本书由浅入深、循序渐进地介绍了计算机的基础知识，内容丰富、结构清晰、语言简练、图文并茂，具有很强的实用性和可操作性。本书共分 6 章，分别介绍了计算机基础知识、Windows 7 操作系统、字处理软件 Word 2010、电子表格处理软件 Excel 2010、演示文稿制作软件 PowerPoint 2010、计算机网络与 Internet 等内容。此外，本书精选了大量的实验案例和素材进行上机练习，帮助读者巩固本书所学的知识。

本书既可作为高等院校非计算机专业该类课程的正式教材，也可作为各类计算机等级对 MS Office 考试培训教材，还可供不同层次的学习者自学参考。

图书在版编目(CIP)数据

计算机应用基础/韩相军，梁艳荣主编. --2 版. --北京：清华大学出版社，2013
(高等学校应用型特色规划教材)
ISBN 978-7-302-33663-1

Ⅰ. ①计… Ⅱ. ①韩… ②梁… Ⅲ. ①电子计算机—高等学校—教材 Ⅳ. ①TP3

中国版本图书馆 CIP 数据核字(2013)第 206355 号

责任编辑：吴艳华 孙兴芳
封面设计：杨玉兰
责任校对：周剑云
责任印制：何 芊

出版发行：清华大学出版社
网 址：http://www.tup.com.cn，http://www.wqbook.com
地 址：北京清华大学学研大厦 A 座 邮 编：100084
社 总 机：010-62770175 邮 购：010-62786544
投稿与读者服务：010-62776969，c-service@tup.tsinghua.edu.cn
质 量 反 馈：010-62772015，zhiliang@tup.tsinghua.edu.cn
课 件 下 载：http://www.tup.com.cn，010-62791865
印 装 者：北京鑫海金澳胶印有限公司
经 销：全国新华书店
开 本：185mm×260mm 印 张：20.25 字 数：492 千字
版 次：2009 年 8 月第 1 版 2013 年 9 月第 2 版 印 次：2013 年 9 月第 1 次印刷
印 数：1～3600
定 价：36.00 元

产品编号：053176-01

前　言

随着计算机技术的快速发展，计算机应用日益普及，计算机技术对人类经济生活、社会生活等各方面产生了巨大而深刻的影响，计算机技能普及已成为现代社会的重要标志。大学计算机应用基础课是高校各专业学生的公共必修课，是学生将来从事各种职业的工具和基础，在培养学生技术应用方面起着重要的作用。为了适应时代和社会的需求，满足计算机教育发展的需要，培养基础宽厚、能力卓越，并掌握计算机基础知识、基本技能的相关专业的复合型人才迫在眉睫。为此，在校大学生必须学习计算机基础课程。

本书从教学实际需求出发，合理安排知识结构，从零开始，由浅入深、循序渐进地讲解了计算机的基础知识。本书共分为6章，各章主要内容如下。

第1章计算机基础知识，包括计算机概述、数制与编码、计算机系统的组成、微型计算机的结构、计算机软件系统概述、多媒体技术简介、计算机病毒及其防治等内容。

第2章 Windows 7 操作系统，包括 Windows 7 概述、文件和文件夹的管理、Windows 7 应用程序的使用以及 Windows 7 系统的设置等内容。

第3章字处理软件 Word 2010，包括 Word 2010 概述、基本操作文本的输入与图片的插入、文档的编辑、文档排版、表格制作、高级排版、文档的保护和打印等内容。

第4章电子表格软件 Excel 2010，包括 Excel 2010 概述、工作簿和工作表的基本操作、单元格的基本操作、公式与函数、格式化工作表、数据管理与分析、图表制作和打印工作表等内容。

第5章演示文稿制作软件 PowerPoint 2010，包括 PowerPoint 2010 概述、基本操作、为幻灯片添加效果和幻灯片的放映与发布等内容。

第6章计算机网络与 Internet，包括计算机网络基础知识、网络协议和网络体系结构、计算机局域网、Internet 基础、网上漫游、电子邮件及 Outlook 2010 的使用等内容。

附录包括全国计算机等级考试一级 MS Office 考试大纲(2013年版)以及考试样题。

本书内容丰富、条理清晰、图文并茂、通俗易懂、易教易学，在讲解每个知识点时都配有相应的大量综合实例和练习，方便读者上机实践，让读者在不断的实际操作中更加牢固地掌握书中讲解的内容并能够快速提高操作技能。此外，本书每章都配有本章小结、习题和大量实训，以便学生复习和练习。建议本书讲授32学时，实训课32学时，学生课后自主上机练习至少30学时。

本书是集体智慧的结晶，各章编写分工如下：第1章由乔建斌编写，第2章由韩勇华编写，第3章由苗英恺和陈佳编写，第4章由张艳玲和王常策编写，第5章由丁同朝和谢

颖丽编写，第 6 章由韩相军和梁艳荣编写，最后由韩相军定稿。本书得到北京中医药大学东方学院田宜春院长的特别关注和大力支持，计算机基础教研室的老师们提出了许多宝贵的建议和意见，在此一并表示衷心感谢。鉴于编者水平有限，错误与疏漏在所难免，敬请读者批评指正。编者邮箱：dfxyjsj@126.com。

编　者

目　　录

第 1 章　计算机基础知识 1

1.1 计算机概述 1

1.1.1 计算机的概念 1

1.1.2 计算机的发展 2

1.1.3 计算机的应用 4

1.1.4 计算机的特点 5

1.1.5 计算机的分类 6

1.2 数制与编码 7

1.2.1 计算机中的进位计数制 7

1.2.2 计算机中的信息编码 11

1.3 计算机系统的组成 14

1.3.1 计算机系统概述 14

1.3.2 计算机的硬件系统 15

1.3.3 计算机的软件系统 16

1.4 微型计算机的结构 18

1.4.1 微型计算机系统的基本结构 18

1.4.2 微型计算机系统的硬件组成 19

1.4.3 微型计算机的主要性能指标 27

1.4.4 微型计算机的组装 28

1.4.5 计算机常用配置 28

1.5 计算机软件系统概述 29

1.5.1 软件系统的组成 29

1.5.2 操作系统 30

1.5.3 计算机语言 30

1.6 多媒体技术简介 31

1.6.1 多媒体技术的概念 31

1.6.2 多媒体技术的特点 32

1.6.3 多媒体技术的应用 33

1.6.4 多媒体应用中的媒体分类 34

1.6.5 多媒体计算机系统的组成 36

1.7 计算机病毒及其防治 37

1.7.1 计算机病毒概述 37

1.7.2 计算机病毒的危害 39

1.7.3 计算机病毒的结构与分类 39

1.7.4 计算机病毒举例 40

1.7.5 计算机病毒的防治 42

1.8 本章小结 43

1.9 上机实训 44

1.10 习题 46

第 2 章　Windows 7 操作系统 52

2.1 Windows 7 概述 52

2.1.1 Windows 发展 52

2.1.2 Windows 7 的新特点 52

2.2 Windows 7 操作系统基础 53

2.2.1 Windows 7 的基本知识 53

2.2.2 Windows 7 的基本操作 57

2.2.3 程序管理 59

2.2.4 鼠标的使用 62

2.2.5 文件和文件夹管理 63

2.2.6 控制面板 68

2.2.7 Windows 任务管理器 77

2.3 本章小结 79

2.4 上机实训 79

2.5 习题 80

第 3 章　文字处理软件 Word 2010 82

3.1 Word 2010 概述 82

3.1.1 Office 2010 系列组件 82
3.1.2 Office 2010 的安装与卸载 85
3.1.3 认识 Office 2010 86
3.1.4 Word 2010 的特色 88
3.1.5 Word 2010 功能区简介 89
3.2 文档的基本操作 97
3.2.1 文档视图方式 97
3.2.2 创建文档 100
3.3 文本的输入与图片的插入 105
3.3.1 定位文本插入点 105
3.3.2 插入文本 105
3.3.3 插入图片 107
3.4 文档的编辑 109
3.4.1 选择文本 110
3.4.2 修改文本 111
3.4.3 移动文本 111
3.4.4 复制文本 112
3.4.5 查找和替换文本 112
3.4.6 撤消与恢复 113
3.4.7 Word 自动更正功能 114
3.4.8 拼写和语法检查 117
3.5 文档排版 119
3.5.1 设置字体格式 119
3.5.2 设置段落格式 121
3.5.3 设置项目符号和编号 123
3.5.4 其他重要排版方式 124
3.5.5 设置边框与底纹 126
3.5.6 页面设置 128
3.6 表格制作 130
3.6.1 创建表格 130
3.6.2 修改表格 133
3.6.3 设置表格格式 135
3.6.4 排序和公式 138
3.6.5 表格和文本之间的转换 139
3.7 高级排版 140
3.7.1 样式的使用 140
3.7.2 长文档的编辑 140
3.8 文档的保护与打印 143
3.8.1 防止文档内容的丢失 143
3.8.2 保护文档的安全 144
3.8.3 打印文档 148
3.9 本章小结 152
3.10 上机实训 152

第4章 电子表格软件 Excel 2010 161

4.1 Excel 2010 概述 161
4.1.1 Excel 2010 特色 161
4.1.2 Excel 2010 的启动与退出 163
4.1.3 Excel 2010 工作界面 163
4.1.4 Excel 2010 的基本概念 165
4.2 工作簿和工作表的基本操作 166
4.2.1 工作簿的基本操作 166
4.2.2 工作表的基本操作 169
4.3 单元格的基本操作 171
4.3.1 选择单元格 171
4.3.2 单元格的编辑 172
4.3.3 数据的输入 173
4.3.4 数据的自动填充 175
4.3.5 数据的修改与清除 177
4.3.6 数据的复制与粘贴 178
4.4 公式与函数 178
4.4.1 公式 179
4.4.2 函数 183
4.4.3 单元格名称的使用 186
4.5 格式化工作表 187
4.5.1 设置工作表列宽和行高 187
4.5.2 单元格的格式设置 190
4.5.3 数据表的美化 191

4.5.4　格式的复制和删除 193
4.6　数据管理与分析 193
4.6.1　数据清单的建立 193
4.6.2　数据排序 194
4.6.3　数据筛选 195
4.6.4　数据汇总 197
4.7　图表制作 199
4.7.1　创建图表 199
4.7.2　编辑图表 200
4.7.3　使用迷你图显示数据趋势 203
4.8　打印工作表 205
4.8.1　设置打印区域 205
4.8.2　页面设置 205
4.8.3　打印工作簿 206
4.9　本章小结 208
4.10　上机实训 208
第5章　演示文稿制作软件 PowerPoint 2010 215
5.1　PowerPoint 2010 概述 215
5.1.1　PowerPoint 2010 的新特点 216
5.1.2　PowerPoint 2010 界面介绍 216
5.2　PowerPoint 2010 基本操作 220
5.2.1　PowerPoint 视图方式 220
5.2.2　幻灯片的操作 224
5.2.3　设置幻灯片背景和主题 229
5.3　为幻灯片添加效果 232
5.3.1　设置幻灯片母版 232
5.3.2　幻灯片的切换 235
5.3.3　添加动画 237
5.3.4　对象动画效果的高级设置 239
5.3.5　在幻灯片中插入声音对象 241
5.3.6　在幻灯片中插入视频对象 242
5.3.7　添加超链接 244
5.3.8　添加动作按钮 245
5.4　幻灯片放映与发布 247
5.4.1　设置幻灯片放映方式 247
5.4.2　隐藏幻灯片 250
5.4.3　放映幻灯片 251
5.4.4　将演示文稿保存为其他文件类型 252
5.5　本章小结 254
5.6　上机实训 254
第6章　计算机网络与 Internet 257
6.1　计算机网络基础知识 257
6.1.1　计算机网络概述 257
6.1.2　计算机网络的组成和分类 259
6.1.3　数据通信基础 263
6.2　网络协议和网络体系结构 265
6.2.1　计算机网络协议 265
6.2.2　计算机网络体系结构 266
6.3　计算机局域网 268
6.3.1　局域网基础知识 268
6.3.2　网络传输介质 269
6.3.3　网络设备 270
6.3.4　高速局域网技术 272
6.4　Internet 基础 274
6.4.1　Internet 概述 274
6.4.2　Internet 的服务功能 279
6.4.3　接入 Internet 281
6.5　网上漫游 283
6.5.1　WWW 简介 283
6.5.2　Internet Explorer 浏览器简介 285
6.5.3　IE 的基本设置 286
6.5.4　IE 的基本使用方法 287
6.5.5　保存网页 288

6.5.6 网上信息搜索......289

6.6 电子邮件及 Outlook 2010 的使用......291

6.6.1 电子邮件服务的工作原理......291

6.6.2 E-mail 地址......292

6.6.3 免费 E-mail 邮箱的申请......293

6.6.4 电子邮箱的使用......294

6.6.5 电子邮件的使用技巧......297

6.6.6 Outlook 2010 的使用......297

6.7 本章小结......302

6.8 上机实训......302

6.9 习题......303

附录 A 一级 MS Office 考试大纲（2013 年版）......306

附录 B 一级 MS Office 样题......309

参考文献......316

第 1 章　计算机基础知识

电子数字计算机是 20 世纪重大科技发明之一。在人类科学发展的历史上，还没有哪门学科像计算机这样发展得如此迅速，并对人类的生活、学习和工作产生如此巨大的影响。人们把 21 世纪称为信息化时代，其标志就是计算机的广泛应用。计算机是一门科学，同时也成为信息社会中必不可少的工具。因此，越来越多的人认识到，掌握计算机尤其是微型计算机的使用，是有效学习和成功工作的基本技能。

本章从计算机的基础知识讲起，为进一步学习与使用计算机打下必要的基础。通过本章的学习，应掌握以下几点。

(1) 计算机的发展简史、特点、分类及其应用领域。

(2) 数制的基本概念，二进制和十进制整数之间的转换。

(3) 计算机中数据、字符和汉字的编码。

(4) 计算机硬件系统的组成和作用、各组成部分的功能和简单工作原理。

(5) 计算机软件系统的组成和功能、系统软件和应用软件的概念和作用。

(6) 计算机的性能和技术指标。

(7) 多媒体简介。

(8) 计算机病毒的概念和防治。

1.1　计算机概述

计算机，俗称电脑，由于最早应用于科学计算并采用电子管作为逻辑元件，因此又被称为电子计算机。

本节将从计算机的概念入手，从计算机的发展、应用、特点及分类等几方面对其进行概述。

1.1.1　计算机的概念

计算机是一种能够高速、自动地进行算术运算和逻辑运算的数字化电子设备，它能够按照人们预先编写的程序高效、准确地进行信息处理。这里我们可以从三个方面来理解计算机的概念。

- 计算机是一种电子设备，它是人们高效率工作和现代化生活中不可缺少的重要工具，这种工具的出现正如纸张、火药、指南针等伟大发明一样具有巨大的意义。
- 从用途上而言，计算机最初的功能是进行科学计算，也因此而得名，然而随着社会信息量的增长，计算机的功能越来越侧重于信息处理方面，它能够帮助人们发送信息、获取信息并处理信息，而不再是只能进行计算的机器。
- 尽管计算机能够自动地帮助人们完成工作，它并非是不可控制的，它的工作依赖于具体的硬件结构和人们事先编制的软件程序，因此，虽然计算机的出现提高了效率，节省了人力，但它并不能完全替代人类完成所有的工作，它的高效自动依赖于掌握计算机相关知识和技术的人脑。

1.1.2　计算机的发展

世界上第一台电子计算机称为 ENIAC(Electronic Numerical Integrator And Computer)，即电子数字积分计算机，如图 1.1 所示，它于 1946 年诞生于美国。ENIAC 占地 170 平方米，重 30 多吨，和现代计算机相比它体积庞大，耗电量大，运算速度也不快，然而它的出现却有着划时代的意义，它的诞生宣告了计算机时代的到来。

图 1.1　世界上第一台计算机 ENIAC

在 ENIAC 的研制过程中，美籍匈牙利数学家冯·诺依曼(如图 1.2 所示)提出了著名的冯·诺依曼思想，并在此基础上成功地研制出离散变量自动电子计算机 EDVAC(Electronic Discrete Variable Automatic Computer)，这一思想奠定了现代计算机的基础。 冯·诺依曼思想主要包括以下三方面内容。

图 1.2　冯·诺依曼

(1) 计算机由五大基本部件组成。

五大基本部件包括运算器、控制器、存储器、输入设备和输出设备。

(2) 计算机内部采用二进制。

二进制只有“0”和“1”两个数码，具有运算规则简单、物理实现简单、可靠性高和运算速度快的特点。

(3) 计算机工作原理采用存储程序控制。

事先把计算机需要运行的程序和数据以二进制形式存入计算机的存储器中，运行时在控制器的控制下，计算机从存储器中依次取出指令并执行指令，从而完成人们安排的工作。这就是存储程序控制的工作原理。

半个世纪以来，电子技术的发展推动电子器件的发展，电子器件的发展又推动计算机技术以前所未有的速度迅猛发展，因此人们常以电子器件作为计算机发展年代划分的依据。根据电子计算机所采用的物理器件发展的进程，通常把计算机的发展划分为电子管、晶体管、中小规模集成电路和大规模、超大规模集成电路四代，如表 1.1 所示。

表 1.1 计算机的发展简史

代 次	起止年份	电子器件	数据处理方式	运算速度	应用领域
第一代	1946 年至 1958 年	电子管	机器语言、汇编语言	几千到几万次/秒	国防军事及科研
第二代	1959 年至 1964 年	晶体管	汇编语言、高级语言	几万到几十万次/秒	数据处理事务管理
第三代	1965 年至 1971 年	中、小规模集成电路	高级语言、结构化程序设计语言	几十万到几百万次/秒	工业控制信息管理
第四代	1972 年至今	大规模、超大规模集成电路	分时、实时数据处理、计算机网络	几百万到上亿次/秒	工作、生活各方面

1. 第一代计算机(1946 年至 1958 年)

第一代计算机的基本逻辑元件是电子管，正是由于采用电子管，机器体积庞大、耗电量多、故障率高、运算速度慢且价格昂贵。由于电子技术的限制，此阶段计算机的运算速度仅为几千次到几万次每秒，内存容量也很小，仅为几千字节。程序设计语言尚处于低级阶段，最初只有机器语言，后期才出现了汇编语言。硬件的操作和软件的编写都很困难，因此应用面很窄，主要应用于国防、军事和科学研究领域。

2. 第二代计算机(1959 年至 1964 年)

第二代计算机的基本逻辑元件是晶体管，相对于电子管而言体积小、重量轻、速度快，所以此阶段的计算机体积大大缩小，运算速度也有了很大的提高，从几万次每秒提高到几十万次每秒，内存容量扩大至几十千字节。同时计算机软件也有了较大的发展，出现了 Basic、Fortran、Cobol 等高级程序设计语言。此时的计算机软硬件功能更强，操作更加简单，因此应用范围不再局限于科学计算方面，还应用于数据处理和事务管理等领域。

3. 第三代计算机(1965 年至 1971 年)

第三代计算机主要采用小规模、中小规模集成电路，随着集成电路的开发和元器件的小型化，计算机的体积更小、速度更快、功能更强。软件方面，出现了真正意义的操作系统，进一步提高了计算机工作方式的自动化程度，此外还出现了结构化的高级程序设计语言 Pascal。这一时期，计算机的应用开始多样化，逐渐应用于工业控制、信息管理等多个领域。

4. 第四代计算机(1972 年至今)

第四代计算机采用大规模、超大规模集成电路，电子元器件的集成度越来越高，计算机的体积也越来越小，运算速度高达上亿次每秒。此时的计算机性价比更高，软件的发展已经进入产业化，其应用也逐渐平民化，广泛地应用于人们工作、生活的各个方面。

前四代计算机都是基于数学家冯 · 诺依曼的存储程序控制思想，正在研制的“第五代计算机”是一种非冯 · 诺依曼型计算机，其目标是使计算机具有人工智能，使其能模拟甚

至替代人的智能，具有人-机自然交流的能力。

1.1.3 计算机的应用

目前，计算机的应用已渗透到社会的各行各业中，极大地改变了人们的工作、学习和生活的方式。计算机主要有以下应用领域。

1. 科学计算

科学计算是计算机最基本的功能之一，计算机最初就是为了帮助人脑解决大量繁杂的数值计算而研制的，计算机也是因此而得名。科学计算是指利用计算机来完成科学研究和工程技术中提出的数学问题的计算。在现代科学技术工作中，科学计算问题是大量且繁杂的。利用计算机高速计算、大存储容量和连续运算的能力，可以实现人工无法解决的各种科学计算问题。

2. 数据处理

数据处理也称非数值处理或事务处理，是指对大量信息进行收集、存储、整理、分类、统计、加工、利用、传播等一系列活动的统称。据统计，80%以上的计算机主要用于数据处理，这类工作因量大面宽，决定了计算机应用的主导方向。

目前，数据处理已广泛地应用于办公自动化、企(事)业计算机辅助管理与决策、情报检索、图书管理、电影电视动画设计、会计电算化等各行各业。信息正在形成独立的产业，多媒体技术使信息展现在人们面前的不仅是数字和文字，也有声情并茂的声音和图像信息。

3. 辅助技术

计算机辅助技术包括计算机辅助教学 CAI、计算机辅助设计 CAD 和计算机辅助制造 CAM 等。

1) 计算机辅助教学

计算机辅助教学(Computer Aided Instruction，CAI)是利用计算机系统使用各种 CAI 课件来辅助完成教学任务。课件可以用工具软件或高级语言来开发制作，它能引导学生循序渐进地学习，使学生轻松自如地从课件中学到所需要的知识。CAI 的主要特色是交互教育、个别指导和因材施教，不仅能减轻教师的负担，还能激发学生的学习兴趣，极大地提高了教学质量。

2) 计算机辅助设计

计算机辅助设计(Computer Aided Design，CAD)是利用计算机系统辅助设计人员进行工程或产品设计，以实现最佳设计效果的一种技术。它已广泛地应用于飞机、汽车、机械、电子、建筑和轻工等领域。例如，在电子计算机的设计过程中，利用 CAD 技术进行体系结构模拟、逻辑模拟、插件划分、自动布线等，从而大大提高了设计工作的自动化程度。采用计算机辅助设计不但可以提高设计效率，节省人力物力，而且可以大大提高设计质量。

3) 计算机辅助制造

计算机辅助制造(Computer Aided Manufacturing，CAM)是利用 CAD 的输出信息控制、指挥产品的生产和装配的过程。例如，在产品的制造过程中，用计算机控制机器的运行，处理生产过程中所需的数据，控制和处理材料的流动以及对产品进行检测等。使用 CAM 技术可以提高产品质量，降低成本，缩短生产周期，提高生产效率和改善劳动条件。将 CAD 和 CAM 技术集成，实现设计生产自动化，这种技术被称为计算机集成制造系统(CIMS)。它的实现将真正做到无人化工厂。

4. 自动控制

自动控制(Auto Control)是利用计算机及时采集检测数据，对采集到的数据按照一定的算法进行处理，然后将数据输入到执行机构迅速地对控制对象进行自动调节或控制，它是生产自动化的重要技术和手段。采用计算机进行过程控制，不仅可以大大提高控制的自动化水平，而且可以提高控制的及时性和准确性，从而改善劳动条件，提高产品质量及合格率。因此，计算机过程控制已在机械、石油、化工、纺织、水电等部门得到广泛的应用。

5. 人工智能

人工智能(Artificial Intelligence)是计算机模拟人类的某些智力行为的理论、技术和应用，诸如感知、判断、理解、学习及问题求解等。人工智能是计算机应用的一个新领域，目前的研究和应用尚处于发展阶段。在医疗、机器人等方面，人工智能的研究已取得不少成果，有些已开始走向实用阶段。例如，能模拟高水平医学专家进行疾病诊疗的专家系统，具有一定思维能力的智能机器人等。

6. 网络应用

计算机技术与现代通信技术的结合构成了计算机网络，它使用通信设备和线路将分布在不同地理位置的功能自主的多台计算机系统互联起来，以功能完善的网络软件实现资源共享、信息传递等功能。计算机网络的建立，不仅解决了一个单位、一个地区、一个国家中计算机与计算机之间的通信、各种软硬件资源的共享，也大大促进了国际间的文字、图像、视频和声音等各类数据的传输与处理。

7. 多媒体技术

媒体(Media)是信息的表示和传输的载体，如广播、电影、电视等。随着计算机技术和通信技术的发展，可以把各种媒体信息数字化并综合成一种全新的媒体即多媒体(Multimedia)。在教育、医疗、银行等领域，多媒体的应用发展很快。多媒体计算机的主要特点是集成性和交互性。即集文字、声音、图像等信息于一体，并使双方能通过计算机进行交互。多媒体技术的发展大大拓展了计算机的应用领域，视频和音频信息的数字化使得计算机逐步走向家庭。

1.1.4 计算机的特点

计算机之所以被广泛地应用于各行各业，主要在于它具有如下基本特点。

1. 记忆能力强

计算机内部具有容量巨大的专门用于承担记忆功能的器件——存储器，它不仅可以长久性地存储大量的文字、图形、图像、声音等信息资料，还可以存储指挥计算机工作的程序。与人脑相比较而言，电脑的记忆能力超强。

2. 运算速度快、精度高

由于计算机是采用高速电子器件组成的，因此它能以极高的速度进行工作；同时由于它采用二进制数字来表示数据，计算的精度主要取决于数据表示的位数，因此运算的精度极高。以圆周率π的计算为例，最初数学家花了十几年时间才算到几百位，运算数据慢且精度也不高，后来采用计算机几个小时就将圆周率计算到几百位，目前已可达数百万位，充分体现了计算机的运算速度快、精度高的特点。

3. 具有逻辑判断能力

计算机不仅具有算术运算能力，同时还可以通过编码技术进行逻辑运算，甚至是推理和证明。例如数学中著名的“四色问题”，多年以来数学家们一直努力进行证明都没能成功，直到后来利用计算机进行非常复杂的逻辑推理，才成功地验证了这个著名的猜想。

4. 在程序控制下自动完成各种操作

计算机是一种自动化极高的电子装置，是由内部控制和操作的，在工作过程中不需要人工干预，只要将事先编制好的应用程序输入计算机，计算机就能自动按照程序规定的步骤完成预定的处理任务。

1.1.5 计算机的分类

电子计算机是一种通过电子线路对信息进行加工处理以实现其计算功能的机器，按照不同的原则可以有多种分类方法。

1. 按信息在计算机内的表示形式划分

按信息在计算机内的表示形式，可将电子计算机分为模拟计算机和数字计算机两类。数字计算机是以电脉冲的个数或电位的阶变来实现计算机内部的数值计算和逻辑判断，输出量仍是数值。目前广泛应用的都是数字计算机，简称计算机。模拟电子计算机是对电压、电流等连续的物理量进行处理的计算机，输出量仍是连续的物理量，它的精确度较低，应用范围有限。

2. 按计算机的大小、规模、性能划分

按计算机的大小、规模、性能，可将计算机分为巨型机、大型机、中型机、小型机和微型机。这些类型之间的基本区别通常在于其体积大小、结构复杂程度、功率消耗、性能指标、数据存储容量、指令系统和设备、软件配置等方面。一般来说，巨型计算机的运算速度很高，每秒可以执行几亿条指令，数据存储容量很大，规模大且结构复杂，价格昂贵，主要用于大型科学计算，巨型机也是衡量一个国家科学实力的重要标志之一。微型机又称个人电脑(Personal Computer，PC)，具有体积小、价格低、功能较全、可靠性高、操作方便等突出优点，现已广泛应用于办公、教育、家庭及社会生活的各个领域。性能介于巨型机和微型机之间的就是大型机、中型机和小型机，它们的性能指标和结构规模则相应地依次递减。

3. 按计算机使用范围划分

按计算机使用范围划分，可将计算机分为通用计算机和专用计算机两大类。通用计算机是目前广泛应用的计算机，其结构复杂，但用途广泛，可用于解决各种类型的问题。专用电子计算机是为某种特定目的所设计制造的计算机，其适用范围狭窄，但结构简单，价格便宜，且工作效率高。

4. 按计算机的字长位数划分

按计算机的字长位数划分，可分为 8 位机、16 位机、32 位机、64 位机等。在计算机中字长的位数是衡量计算机性能的主要指标之一。一般巨型机的字长在 64 位以上，微型机的字长在 16～64 位。

1.2　数制与编码

1.2.1　计算机中的进位计数制

在生产实践和日常生活中，人们创造了多种表示数的方法，这些数的表示规则就称为数制。为区分不同的数制本书约定对于任一 R 进制的数 N 记作：$(N)_R$。如：$(1100)_2$ 表示二进制数 1100，$(567)_8$ 表示八进制数 567，$(ABCD)_{16}$ 表示十六进制数 ABCD。不用括号及下标的数默认为十进制数。此外，还有一种表示数制的方法，即在数字的后面使用特定的字母表示该数的进制，具体方法是：D(Decimal)表示十进制，B(Binary)表示二进制，O(Octal)表示八进制，H(Hex)表示十六进制。若某数码后面没加任何字母，则默认为十进制数。

1. 进位计数制

数制是人们对数量计数的一种统计规律。将数字符号按顺序排列成数位，并遵照某种从低位到高位的进位方式计数来表示数值的方法称为进位计数制，简称计数制。日常生活中广泛使用的是十进制，十进制中采用了 0、1、…、9 共十个基本数字符号，进位规律是“逢十进一”。当用若干个数字符号并在一起表示一个数时，处在不同位置的数字符号，其值的含义不同。 如：十进制数 666，同一个字符 6 从左到右所代表的值依次为 600、60、6，即：

$$(666)_{10} = 6\times10^2+6\times10^1+6\times10^0$$

广义地说，无论使用哪种计数制，都包含着基数和位权两个基本的因素。

基数：指某种进位计数制中允许使用的基本数字符号的个数。在基数为 R 的计数制中，包含 0、1、…、R-1 共 R 个数字符号，进位规律是“逢 R 进一”，称为 R 进位计数制，简称 R 进制。

位权：是指在某一种进位计数制表示的数中，用于表明不同数位上数值大小的一个固定常数。不同数位有不同的位权，某一个数位的数值等于这一位的数字符号与该位对应的位权相乘。R 进制数的位权是 R 的整数次幂。例如，十进制数的位权是 10 的整数次幂，其个位的位权是 10^0，十位的位权是 10^1。

总而言之，R 进制的特点如下。

- 有 0、1、…、R-1 共 R 个数字符号。
- 逢 R 进一。
- 任何数位上的位权是 R 的整数次幂。

2. 二进制

计算机内部主要采用二进制处理信息，任何信息都必须转换成二进制形式后才能由计算机进行处理。基数 R=2 的进位计数制称为二进制。二进制数中只有 0 和 1 两个基本数字符号，进位规律是"逢二进一"。二进制数的位权是 2 的整数次幂。例如，一个二进制数 10110.101 可以表示成：

$$(10110.101)_2 = 1\times2^4+0\times2^3+1\times2^2+1\times2^1+0\times2^0+1\times2^{-1}+0\times2^{-2}+1\times2^{-3}=(22.625)_{10}$$

二进制数的运算规则如表 1.2 所示。

表 1.2　二进制的运算规则

加法规则	0+0=0	0+1=1	1+0=1	1+1=10　(逢二进一)
减法规则	0-0=0	1-0=1	1-1=0	0-1=1　(借一当二)

由此可见二进制具有运算规则简单、物理实现容易等优点。因为二进制中只有 0 和 1 两个数字符号，可以用电子器件的两种不同状态来表示二进制数。例如，可以用晶体管的截止和导通表示 1 和 0，或者用电平的高和低表示 1 和 0 等，所以在计算机系统中普遍采用二进制。

但是二进制又具有明显的缺点：数的位数太长且字符单调，使得书写、记忆和阅读不方便。为了克服二进制的缺点，人们在进行指令书写、程序输入和输出等工作时，通常采用八进制数和十六进制数作为二进制数的缩写。

3. 八进制

基数 R=8 的进位计数制称为八进制。八进制有 0、1、…、7 共 8 个基本数字符号，进位规律是"逢八进一"。八进制数的位权是 8 的整数次幂。例如，一个八进制数 127 可作如下表示：$(127)_8=1\times8^2+2\times8^1+7\times8^0=(87)_{10}$。

4. 十六进制

基数 R=16 的进位计数制称为十六进制。十六进制数中有 0、1、…、9、A、B、C、D、E、F 共 16 个数字符号，其中，A～F 分别表示十进制数的 10～15。进位规律为"逢十六进一"，十六进制数的位权是 16 的整数次幂。例如，一个十六进制数 2AB 可以表示成：

$$(2AB)_{16}=2\times16^2+10\times16^1+11\times16^0=(683)_{10}$$

5. 数制间的转换

二进制、八进制和十六进制都是计算机中常用的数制，表 1.3 列出了 0～15 这 16 个十进制数与这三种数制的对应关系。

表 1.3　四种计数制的对应表示

十进制	二进制	八进制	十六进制
0	0	0	0
1	1	1	1
2	10	2	2
3.	11	3	3
4	100	4	4
5	101	5	5
6	110	6	6
7	111	7	7
8	1000	10	8
9	1001	11	9
10	1010	12	A
11	1011	13	B
12	1100	14	C
13	1101	15	D
14	1110	16	E
15	1111	17	F
16	10000	20	10

1) 八进制数、十进制数、十六进制数的书写规则

- 在数字后面加相应的英文字母作为标识。
  O(Octonary)：八进制数，如八进制数的 123 可写成 123O。
  D(Decimal)：十进制数，如十进制数的 123 可写成 123D。
  H(Hexadecimal)：十六进制数，如十六进制数的 123 可写成 123H。
- 在括号外面加数字下标。如：八进制数的 123 可写成$(123)_8$。十进制数的 123 可写成$(123)_{10}$。十六进制数的 123 可写成$(123)_{16}$。

2) 数制间的转换规则

非十进制数转换成十进制数，方法很简单，只要把非十进制数按权展开求和即可。十进制数转换成非十进制通常在整数转换中采用除基数取余的方法，在小数转换中采用乘基数取整的方法。

(1) 二进制数转换成十进制数。

例 1.1　把二进制数 10011 转换成十进制数。

$$(10011)_2= 1\times2^4+0\times2^3+0\times2^2+1\times2^1+1\times2^0=16+2+1=(19)_{10}$$

所以，二进制数 10011 相当于十进制数 19 。

(2) 十六进制数转换成十进制数。

例 1.2 将$(32CF)_{16}$转换成十进制数。

$$(32CF)_{16}=3\times16^3+2\times16^2+12\times16^1+15\times16^0=12228+512+192+15=(13007)_{10}$$

(3) 十进制数转换成二进制数：整数部分除 2 取余、小数部分乘 2 取整法。

例 1.3 将十进制数$(43)_{10}$ 转换成二进制数

我们采用连续除以 2，倒取余数的方法：

2⌊43	……余 1	低位
2⌊21	……余 1	
2⌊10	……余 0	
2⌊5	……余 1	
2⌊2	……余 0	
2⌊1	……余 1	高位
0		

所以，$(43)_{10}=(101011)_2$

(4) 十进制数转换成十六进制数：整数部分除 16 取余、小数部分乘 16 取整法。

例 1.4 将十进制数$(58506)_{10}$转换成十六进制数。

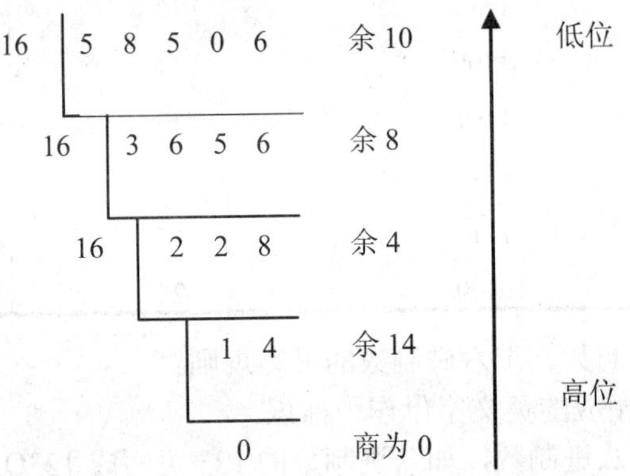

所以，$(58506)_{10}=(E48A)_{16}$

(5) 二进制数转换成十六进制数：将二进制数从右向左，每四位二进制数一组，最后一组不够四位时，左侧补 0，然后将每一组二进制数转换成一位十六进制数即可。

例 1.5 将二进制数$(10111100001100111)_2$转换成十六进制数。

0001	0111	1000	0110	0111
↓	↓	↓	↓	↓
1	7	8	6	7

所以$(10111100001100111)_2=(17867)_{16}$

(6) 十六进制数转换成二进制数：只需将每一位十六进制数转换成四位二进制数即可。

例 1.6 将十六进制数$(1CB38)_{16}$转换成二进制数。

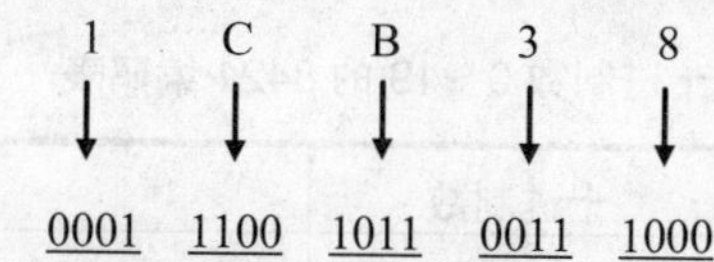

所以，$(1CB38)_{16}=(00011100101100111000)_2$

十六进制书写比二进制数书写简短，口读也方便，特别是计算机存储器以字节为单位，一个字节包含八个二进制位，刚好用两个十六进制位表示。因此，十六进制常用于指令的书写、手编程序或目标程序的输入与输出。

根据上面的介绍，请思考八进制数与二进制数、十进制数、十六进制数之间的转换。

课堂练习：

$100.345=(1100100.01011)_2$，如图 1.3 所示。

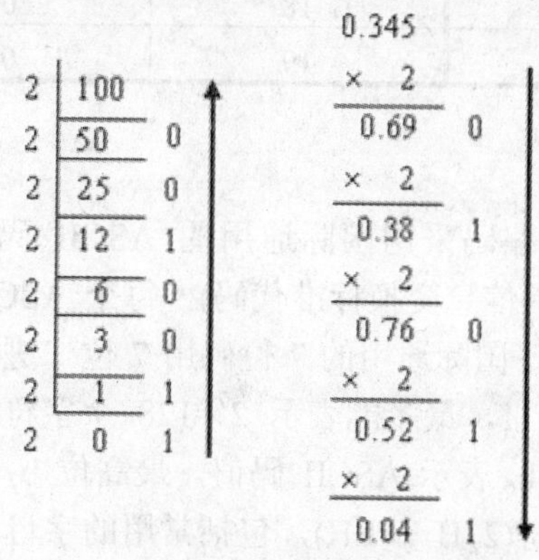

图 1.3　十进制数转换成二进制

1.2.2　计算机中的信息编码

在计算机中各种信息都是以二进制编码的形式存在的，即不管是文字、图形、声音、动画还是电影等各种信息，在计算机中都是以 0 和 1 组成的二进制代码表示。计算机之所以能区别这些信息的不同，是因为它们采用的编码规则不同。常见的信息编码标准主要有 BCD 码、ASCII 码和汉字编码。

1. BCD 码

BCD 码(Binary—Coded Decimal)是用若干个二进制数表示一个十进制数的编码，BCD 码有多种编码方法，常用的有 8421(4 位二进制从高到低的位权值分别是 8、4、2、1)码。

8421 码是将十进制数码 0～9 中的每个数分别用 4 位二进制编码表示，这种编码方法比较直观、简单。对于多位数，只需将它的每一位数字按表中所列的对应关系用 8421 码直接列出即可。

8421 码与二进制之间是不能直接转换的，必须先将 8421 码表示的数转换成十进制数，再将十进制数转换成二进制数，如表 1.4 所示。

表 1.4 十进制数 0～19 的 8421 编码表

十进制数	8421 编码	十进制数	8421 编码	
0	0000	10	0001	0000
1	0001	11	0001	0001
2	0010	12	0001	0010
3	0011	13	0001	0011
4	0100	14	0001	0100
5	0101	15	0001	0101
6	0110	16	0001	0110
7	0111	17	0001	0111
8	1000	18	0001	1000
9	1001	19	0001	1001

2. 西文字符编码

在微型机中西文字符的编码采用国际通用的 ASCII 码(American Standard Code for Information Interchange，美国信息交换标准代码)，每个 ASCII 码以 1 个字节(Byte)储存，有 7 位码和 8 位码两种版本，国际通用的 7 位码用 7 位二进制数表示一个字符的编码，其编码范围是 0000000～1111111，最多能表示 2^7=128 个字符。计算机内部使用一个字节存放一个 7 位 ASCII 码，b_0～b_6 表示 ASCII 码值，最高位 b_7 置 0。ASCII 码表如表 1.5 所示，其中有 94 个可打印字符(21H～7EH)，包括常用的字母、数字、标点符号等，另外还有 32 个控制字符(00H～20H 和 7FH)。

表 1.5 ASCII码表

$b_7b_6b_5b_4$ / $b_3b_2b_1b_0$	0000	0001	0010	0011	0100	0101	0110	0111
0000	NUL	DLE	SP	0	@	P	‘	p
0001	SOH	DC1	!	1	A	Q	a	q
0010	STX	DC2	“	2	B	R	b	r
0011	ETX	DC3	#	3	C	S	c	s
0100	EOT	DC4	$	4	D	T	d	t
0101	ENQ	NAK	%	5	E	U	e	u
0110	ACK	SYN	&	6	F	V	f	v
0111	BEL	ETB	，	7	G	W	g	w
1000	BS	CAN	)	8	H	X	h	x
1001	HT	EM	(	9	I	Y	i	y
1010	LF	SUB	*	:	J	Z	j	Z
1011	VT	ESC	+	;	K	[	k	{

续表

$b_7b_6b_5b_4$ \ $b_3b_2b_1b_0$	0000	0001	0010	0011	0100	0101	0110	0111
1100	FF	FS	,	<	L	\	l	|
1101	CR	GS	-	=	M	]	m	}
1110	SO	RS	.	>	N	^	n	~
1111	SI	US	/	?	O	_	o	DEL

注：SP(Space)是空格字符。

3. 中文字符编码

为了利用计算机处理汉字，同样需要对汉字进行编码。这些编码主要包括：汉字国标码、汉字内码、汉字外码、汉字字形码等。

1) 汉字国标码

国标码，又称为汉字信息交换码，它是用于汉字信息系统之间或信息系统之间进行信息交换的汉字代码，1980 年我国制定了《信息交换用汉字编码字符集——基本集》，代号为“GB 2312— 80”，这就是国标码。

国标码字符集共收录了 7445 个字符，其中包括 6763 个常用汉字和 682 个非汉字字符，常用汉字中包括一级常用字 3755 个，二级次常用字 3008 个。

由于计算机中一个字节 8 位最多只能表示 2^8=256 种编码，不可能表示所有的汉字，因此国标码必须使用两个字节来表示。为了中英文兼容，国标 GB 2312— 80 规定，国标码中的所有汉字和字符的每个字节的编码范围与 ASCII 码表中的 94 个字符编码保持一致。因为 ASCII 码表中 94 个可打印字符的表示范围是 21H～7EH，所以国标码的编码范围是 2121H～7E7EH。

将 7445 个汉字字符的国标码放置在 94 行×94 列的阵列中，就构成了一张国标码表。表中每一行称为一个汉字的区，用区号表示，范围是 1～94；每一列称为一个汉字的位，用位号表示，范围是 1～94。区号和位号组合起来就构成了汉字的区位码，组成形式为：高两位表示区号，低两位表示位号。如“计”字的区位码是 2838，表示在区位码表中“计”字位于 28 区 38 位。

汉字的区位码和国标码之间是可以进行转换的，具体方法是：将汉字的十进制区号和位号分别转换成十六进制，然后分别加上 2020H，就成为该字的国标码。如：“计”字的区位码是 2838，分别将其区号和位号转换成十六进制，即 1C26H，再分别加上 20H，1C26H+2020H=3C46H，即得“计”字的国标码。

2) 汉字内码

由于国标码不能直接存储在计算机内，为方便计算机内部处理和存储汉字，又区别于 ASCII 码，将国标码中的每个字节在最高位改设为 1，这样就形成了在计算机内部用来进行汉字存储、运算的编码——机内码(汉字内码或内码)。内码既与国标码有简单的对应关系，易于转换，又与 ASCII 码有明显的区别，且有统一的标准(内码是唯一的)。

国标码和汉字内码的转换关系如下：汉字内码=国标码+8080H，如“计”字的汉字内码为其国标码 3C46H 加上 8080H 得 BCC6H。

3) 汉字外码

国标码或区位码都不利于汉字的输入，为方便汉字的输入而制定的汉字编码，称为汉字输入码，又称为外码。不同的输入方法，形成了不同的汉字外码。常见的输入法有以下几类。

- 按汉字的排列顺序形成的编码(流水码)：如区位码。
- 按汉字的读音形成的编码(音码)：如全拼、简拼、双拼等。
- 按汉字的字形形成的编码(形码)：如五笔字型、郑码等。
- 按汉字的音、形结合形成的编码(音形码)：如自然码、智能 ABC。

值得说明的是，输入码在输入到计算机之后必须转换成机内码，才能进行存储和处理。

4) 汉字字形码

为了将汉字在显示器或打印机上输出，把汉字按图形符号设计成点阵图，就得到了相应的点阵代码(字形码)。全部汉字字码的集合叫汉字字库。显示一个汉字一般采用 16×16 点阵或 24×24 点阵或 48×48 点阵。已知汉字点阵的大小，可以计算出存储一个汉字所需占用的字节空间。如：用 16×16 点阵表示一个汉字，一个点需要 1 位二进制代码，所以需要 16×16/8=32 字节，即：字节数=点阵行数×点阵列数/8。

1.3 计算机系统的组成

1.3.1 计算机系统概述

计算机系统包括硬件系统和软件系统两大组成部分。计算机系统组成如图 1.4 所示。

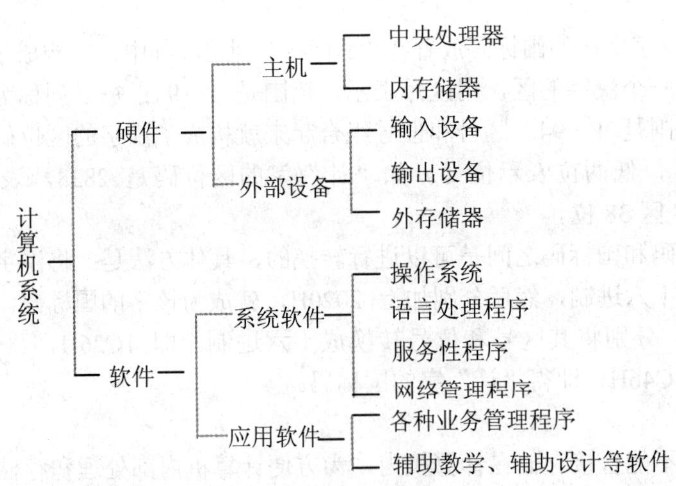

图 1.4　计算机系统的组成

硬件是计算机的物理实体，又称为硬设备，是所有固定装置的总称，是构成计算机的所有实体部件的集合，这些部件包括电子器件、机械装置等物理部件。硬件是一切看得见摸得着的设备实体，是计算机实现其功能的物质基础，是计算机软件运行的场所，其基本配置可分为主机、显示器、光驱、硬盘、键盘、鼠标等。

软件是指运行于计算机硬件之上的程序、数据和相关文档的总称。程序是用于指挥计算机执行各种功能而编制的指令的集合，数据是程序运行所需的信息，文档是为了便于程序运行而作的说明。程序运行时，每条指令依次指挥计算机硬件完成某个简单的操作，这些操作组合起来完成特定的任务。

不安装任何软件的计算机称为裸机，它只能运行机器语言程序，计算机用户不能充分利用计算机的功能。通常情况下用户使用的是硬件之上配置若干软件的计算机系统。正是硬件、软件的相互结合，计算机系统才能完成各种各样的任务。硬件是软件发挥作用的基础，软件是计算机实现功能的灵魂，两者相辅相成，缺一不可。

1.3.2　计算机的硬件系统

美籍匈牙利数学家冯·诺依曼提出的“存储程序控制”的概念奠定了现代计算机的基本结构，并开创了程序设计的时代。半个多世纪以来，虽然计算机结构经历了重大的变化，性能也有了惊人的提高，但就其结构原理来说，至今占有主流地位的仍是以存储程序原理为基础的冯·诺依曼型计算机。典型的冯·诺依曼计算机是以运算器为中心的，输入、输出设备与存储器之间的数据传送都需通过运算器，如图 1.5 所示。图中实线为数据线，虚线为控制线和反馈线。

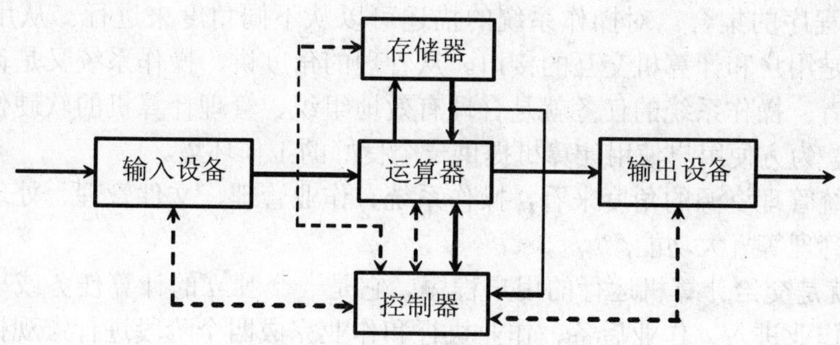

图 1.5　冯·诺依曼结构计算机

现代的计算机已转化为以存储器为中心，如图 1.6 所示。图中实线为控制线，虚线为反馈线，双线为数据线。

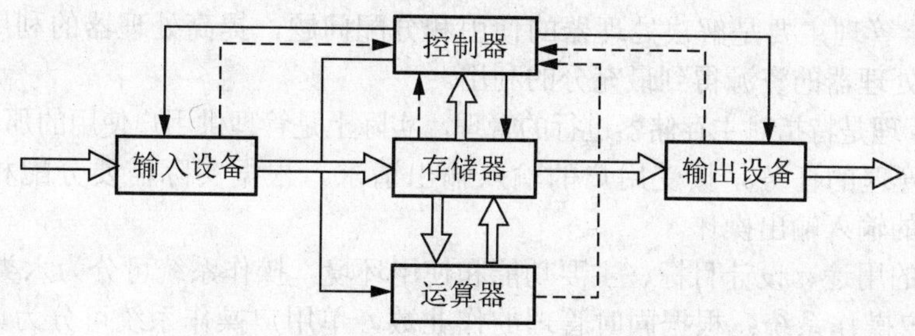

图 1.6　以存储器为中心的计算机结构框图

计算机的五大部件在控制器的统一指挥下，有条不紊地自动工作。各部件的功能如下。

- 运算器用于完成算术运算和逻辑运算，并将运算的中间结果暂存在运算器内。
- 存储器用于存放数据和程序。
- 控制器用于控制、指挥程序和数据的输入、运行以及处理运算结果。
- 输入设备用于将人们熟悉的信息形式转换为机器能识别的信息形式，常见的有键盘、鼠标等。
- 输出设备可将机器运算结果转换为人们熟悉的信息形式，如打印机输出、显示器输出等。

运算器和控制器一起构成中央处理器，简称 CPU(Central Processing Unit)。

1.3.3 计算机的软件系统

软件是指为运行、维护、管理、使用计算机所编制的各种程序和文档的总称，通常按功能分为系统软件和应用软件两大类。

1. 系统软件

系统软件就是用来扩大计算机的功能，提高计算机的工作效率以及方便用户使用计算机的软件，如操作系统、语言处理程序、系统服务程序、数据库管理系统等。

1) 操作系统

操作系统(Operating System)是一个管理计算机系统资源、控制程序运行的系统软件，实际上是一组程序的集合。对操作系统的描述可以从不同角度来进行。从用户的角度来说，操作系统是用户和计算机交互的接口。从管理的角度讲，操作系统又是计算机资源的组织者和管理者。操作系统的任务就是合理有效地组织、管理计算机的软硬件资源，充分发挥资源效率，为方便用户使用计算机提供一个良好的工作环境。

从操作系统管理资源的角度来看，操作系统有作业管理、文件管理、处理器管理、存储管理和设备管理等五大功能。

(1) 作业就是交给计算机运行的用户程序。它是一个独立的计算任务或事务处理，作业管理就是对作业进入、作业后备、作业执行和作业完成四个阶段进行宏观控制，并为其每一个阶段提供必要的服务。

(2) 文件管理就是要为用户提供一种简单、方便、统一的存储和管理信息的方法，用文件的概念组织管理系统及用户的各种信息集，用户只需要给出文件名，使用文件系统提供的有关操作命令就可调用和管理文件。

(3) 处理器管理主要是解决处理器的使用和分配问题，提高处理器的利用率，采用多道程序技术使处理器的资源得到最充分的利用。

(4) 存储管理是特指对主存储器进行的管理，实际上是管理供用户使用的那部分空间。

(5) 设备管理的任务是接受用户的输入输出请求，根据实际需要分配相应的物理设备，执行请求的输入输出操作。

根据不同的用途、设计目标、主要功能和使用环境，操作系统可分为六类。

(1) 单用户操作系统：根据同时管理的作业数，单用户操作系统可分为单用户单任务操作系统和单用户多任务操作系统。单用户单任务操作系统只能同时管理一个作业运行，CPU 运行效率低，如 DOS；单用户多任务操作系统允许多个程序或作业同时存在和运行，如 Windows XP 等。

(2) 批处理操作系统：以作业为处理对象，连续处理计算机系统运行的作业流。

(3) 分时操作系统：在一台主机上连接多个终端，CPU 按时间片轮转的方式为各个终端服务，由于 CPU 的高速运算，使得每一个用户都觉得好像是自己在独占这台计算机。常用的系统有 Unix、Linux 等。

(4) 实时操作系统：在限定时间范围内能对外来的作用和信号作出响应的操作系统。

(5) 网络操作系统：为计算机网络配置的操作系统，负责网络管理、网络通信、资源共享和系统安全等工作。如 NetWare 和 Windows NT/2000 Server 等。

(6) 分布式操作系统：用于分布式计算机系统的操作系统，分布式计算机系统是由多台计算机连接在一起而组成的系统，系统中的计算机无主次之分，资源供所有用户共享，一个程序可以分布在几台计算机上并行地运行，互相协作完成一个共同的任务。

2) 语言处理程序

人和计算机交流信息使用的语言称为计算机语言或程序设计语言，一般可分为机器语言、汇编语言和高级语言三类。

(1) 机器语言是一种用二进制形式表示的，并且能够直接被计算机硬件识别和执行的语言。它是一种低级语言，机器语言与计算机的具体结构有关，计算机不同则机器语言也不相同。

(2) 汇编语言是一种将机器语言符号化的语言，它用便于记忆的字母、符号来代替数字编码的机器指令。汇编语言的语句与机器指令一一对应，不同的机器有不同的汇编语言。用汇编语言编写的汇编语言源程序，必须经过汇编程序将其翻译为机器语言的目标程序，才能够被机器执行。

(3) 高级语言是一类面向用户且与特定机器属性相分离的程序设计语言。它与机器指令之间没有直接的对应关系，所以可以在各种机型中通用。如果要在计算机上运行高级语言程序，必须配备语言处理程序。语言处理程序的作用是将用户利用高级语言编写的源程序转换为机器语言代码序列，然后由计算机硬件加以执行。不同的高级语言有着不同的语言处理程序。语言处理程序处理高级语言的方式有两种：解释和编译。解释方式是对源程序的每条指令边解释(翻译为一个等价的机器指令)边执行，这种语言处理程序称为解释程序。例如：BASIC 语言。编译方式是将用户源程序全部翻译成机器语言的指令序列，成为目标程序，执行时计算机直接执行目标程序。这种语言处理程序称为编译程序，目前大部分程序设计语言采用编译方式。

3) 系统服务程序

系统服务程序为计算机系统提供常用的必要的服务性功能，为用户使用计算机提供了方便，如故障诊断程序、调试程序、编辑程序等都是系统服务程序。其中故障诊断程序负责对计算机设备的故障及对某个程序中的错误进行检测、辨认和定位，以便操作者排除和纠正。

4) 数据库管理系统

数据库是按照一定联系存储的数据集合。数据库管理系统(Database Management System，DBMS)是能够对数据库进行加工处理和管理的系统软件。DBMS 能够有效地对数据库中的数据进行维护和管理，并能保证数据的安全，实现数据的共享。小型的 DBMS 有 FoxBASE、FoxPro、Visual FoxPro、Microsoft Access 等，大型的数据库管理系统有 Oracle、DB2、SYBASE 和 SQL Server 等。数据库、数据库管理系统及其应用程序就构成

了数据库系统。

2. 应用软件

应用软件是为解决某个应用领域中的具体任务而编制的程序，如各种科学计算程序、数据统计与处理程序、情报检索程序、企业管理程序、生产过程自动控制程序等。由于计算机已应用到几乎所有的领域，因而应用程序是多种多样的。目前应用软件正向标准化、模块化方向发展，许多通用的应用程序可以根据其功能组成不同的程序包供用户选择。应用软件是在系统软件的支持下工作的。

日常生活和工作中普通用户常用的软件有以下四类。

1) 文字处理软件

文字处理软件主要用于对文档进行编辑、修改、排版、打印等，该类软件的典型代表是 Microsoft Word、金山公司的 WPS 文字处理软件等。

2) 表格处理软件

表格处理软件主要用于处理各种电子表格，它可以根据用户的要求自动生成需要的表格，表格中的数据可以手动输入，也可以从数据库中自动读出。更重要的是，该类软件可以根据用户给出的公式完成复杂的计算，并将计算结果自动地写入对应的单元格中，如果修改了相关的原始数据，根据公式计算出的结果也会自动更新。该类软件的典型代表是 Microsoft Excel、金山公司的 WPS 表格等。

3) 图像处理软件

图像处理软件主要用于绘制和处理各种图形图像，用户可以根据需要使用该类软件绘制图像，也可以对已有图像进行加工和处理。Adobe Photoshop 是常用的图像处理软件。

4) 多媒体处理软件

多媒体处理软件主要用于处理音频、视频及动画，此类软件对计算机的软硬件配置要求较高。常用的多媒体软件有 Realplayer、Winamp、Flash 等。

1.4 微型计算机的结构

1.4.1 微型计算机系统的基本结构

1.3 节从逻辑功能的角度介绍了计算机系统的主要组成，对普通用户而言使用更多的是微型计算机，通用的计算机系统包括主机、显示器、键盘、鼠标、音箱等，如图 1.7 所示。其中主机是安装在主机箱内所有部件的统一体，除了功能意义上的主机之外，即除了微处理器 CPU 和内存，还包括主板、硬盘、显卡、声卡、光驱、电源等。

图 1.7 计算机系统概貌

微型计算机是由一组具有不同功能的部件组成的，系统中各功能部件的类型和它们之间的相互连接关系称为微型计算机的结构。微型计算机大多采用总线结构，因为在微型计算机系统中，无论是各部件之间的信息传送，还是处理器内部信息的传送，都是通过总线进行的。

所谓总线，是连接多个功能部件或多个装置的一组公共信号线。按照总线在系统中的不同位置，总线可以分为内部总线和外部总线。内部总线是 CPU 内部各功能部件和寄存器之间的连线；外部总线是连接系统的总线，即连接 CPU、存储器和 I/O 接口的总线，又称为系统总线。根据所传送信息的不同类型，总线可以分为数据总线 DB(Data Bus)、地址总线 AB(Address Bus)和控制总线 CB(Control Bus)三种类型，通常微型计算机采用三总线结构，如图 1.8 所示。

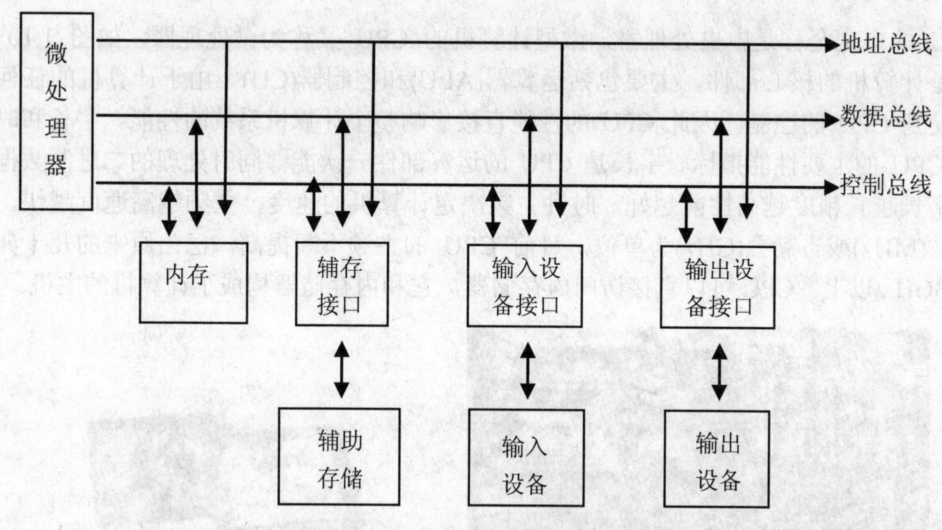

图 1.8　微机总线结构示意图

地址总线是微型计算机用来传送地址信息的信号线，地址总线的位数决定了 CPU 可以直接寻址的内存空间的大小。数据总线是 CPU 用来传送数据信息的信号线，数据既可以从 CPU 送到其他部件，也可以从其他部件传送给 CPU。数据总线的位数和处理器的位数相对应。控制总线是用来传送控制信号的一组总线，这组信号线比较复杂，由它来实现 CPU 对外部功能部件(包括存储器和 I/O 设备)的控制及接收外部传送给 CPU 的状态信号(不同的微处理器采用不同的控制信号)。通过总线连接计算机各部件，可使微机系统结构简洁、灵活、规范且容易扩充。

1.4.2　微型计算机系统的硬件组成

常见的微型计算机系统的硬件一般由主板、CPU、存储器、输入设备和输出设备组成。下面分别介绍这些硬件。

1. 主板

总线技术是目前微机中广泛采用的连接方法，总线体现在微机系统的硬件上就是主板(Main board)，也称为系统板(System Board)或母版(Mother Board)，如图 1.9 所示。

主板安装在机箱内，是微机最基本的也是最重要的部件之一。主板一般为矩形电路板，上面安装了组成计算机的主要电路系统，一般有 BIOS 芯片、I/O 控制芯片、键盘和面

板控制开关接口、指示灯插接件、扩充插槽、主板及插卡的直流电源供电接插件等元件。主板采用开放式结构，其上大都有 6～8 个扩展插槽，供 PC 外围设备的控制卡(适配器)插接。通过更换这些插卡，可以对微机的相应子系统进行局部升级，使厂家和用户在配置机型方面有更大的灵活性。总之，主板在整个微机系统中扮演着举足轻重的角色。可以说，主板的类型和档次决定着整个微机系统的类型和档次，主板的性能影响着整个微机系统的性能。

2. CPU

CPU 的中文全称是中央处理器，微型计算机的 CPU 又称为微处理器，如图 1.10 所示。它是计算机的核心部件，主要包括运算器(ALU)和控制器(CU)。由于计算机的任何操作都要受到 CPU 的控制，因此 CPU 的性能直接影响整个计算机系统的性能。字长和时钟主频是 CPU 的主要性能指标。字长是 CPU 的运算部件一次能够同时处理的二进制数据的位数，字长越长精度越高性能越好。时钟主频决定计算机的速度，主频越高速度越快，它以兆赫兹(MHz)或吉赫兹(GHz)为单位，目前 CPU 的主频不断提高，已由原来的几十兆赫发展到 3GHz 以上。CPU 可以直接访问内存储器，它和内存储器构成了计算机的主机。

图 1.9　主板示意图

图 1.10　CPU 示意图

3. 存储器

存储器分为两类：一类是内存储器，又叫主存储器，它是主机中的内部存储器，用于存放正在运行的程序及所用到的数据；另一类是外存储器，又叫辅助存储器，它属于计算机外设中的存储器，用于存储暂时不用的程序和数据。CPU 不能直接访问外存，程序运行时需要外存中的程序或数据时，必须首先调入内存，才能被 CPU 访问。

存储器由许多存储单元组成，每个存储单元可以存放若干二进制代码，该代码可以是数据或程序代码。为了有效地存取该单元内存储的内容，每个单元必须由唯一的编号来标识，此编号的号码称为存储单元的地址。

通常将每 8 位(bit，简写 b)二进制位组成一个存储单元，8 个二进制位称为一个字节(Byte，简写为 B)。存储器的容量通常用字节表示，下面是衡量存储器大小的常用单位及其换算关系：

1B=8b

1KB=1024B=2^{10}B

1MB=1024KB=2^{20}B

1GB=1024MB=2^{30}B

1TB=1024GB=2^{40}B

1) 内存

内存储器又分为随机存储器(Random Access Memory，RAM)和只读存储器(Read Only Memory，ROM)两类。

RAM 也叫读写存储器，用于存储当前正在使用的程序和数据。RAM 中的数据可以随时读出或写入，加电使用时 RAM 中的信息会完好无缺，然而一旦断电其中的数据就会消失，而且无法恢复。因此，RAM 又称为临时存储器，即俗称的内存条，如图 1.11 所示。

ROM 是只读存储器，顾名思义对其只能进行读出操作而不能写入，ROM 主要用于存放固定不变的系统程序和数据，包括常驻内存的监控程序、基本 I/O 系统(BIOS)、各种专用设备的控制程序以及计算机的硬件参数等，例如基本 I/O 系统存储安装在主板的 ROM 芯片中，其中的信息是在制造时使用专用设备一次性写入的，是永久性的，即使关机或掉电也不会丢失，CPU 只能读取不能修改其中的内容。

容量和时钟频率是内存的主要性能指标，如果 CPU 的主频很高，RAM 的容量小、频率低，RAM 的响应速度达不到 CPU 所要求的速度，这样就构成了整个系统的“瓶颈”，因此内存的性能直接关系到计算机的运行速度。

2) 外存

外存主要用于存放长期保存的程序和数据，其特点是存储量大，关机甚至掉电的情况下都不会丢失信息，因此外存又称为永久性存储器。主要的外存设备有硬盘、光盘、U 盘等。

硬盘是微型计算机中必不可少的存储设备，如图 1.12 所示，主要用于存放计算机操作系统、各种应用程序和用户数据文件。相对内存条、光盘或 U 盘而言，其容量较大，通常以吉字节(GB)为单位，目前硬盘容量已高达几百吉字节。除了容量，转速也是硬盘的性能指标，硬盘转速常见的主要有 5400 转/分钟和 7200 转/分钟两种，转速越高，硬盘的存取速度就越快。由于硬盘多固定在机箱中，不宜携带，移动硬盘就应运而生。移动硬盘体积小、重量轻、容量大、易插拔，使用方便。

图 1.11　内存条示意图

图 1.12　硬盘示意图

光盘采用光学的方式读写信息，其容量通常以兆字节(MB)衡量，相对硬磁盘而言，其价格较低，不怕磁性干扰。数据传输率(每秒钟向主机传输的数据量)是衡量光盘驱动器性能的重要指标，最初光驱的速率为 150KB/s，被称为单倍速的 CD-ROM 光驱。后来随着 CD-ROM 光驱技术的日新月异，其速率越来越快，为了区分不同速率的光驱，于是把最初的 150KB/s 作为基准进行衡量得到相应的倍速值。如 40 倍速的光驱，其速率为 150KB/s 的 40 倍，即 6000KB/s。而现在流行的 DVD-ROM 的速率算法也基本相同，只不过

DVD-ROM 的单倍速率要比 CD-ROM 高得多，一倍速的 DVD-ROM 速率理论上可以达到 1358KB/s。

U 盘的特点是重量轻、体积小，通常只有拇指大小。它是利用闪存(Flash Memory)技术在断电后还能保持存储数据的原理制成的。U 盘都带有 USB 接口，无须驱动程序，支持热插拔，使用非常方便。

4. 输入设备

输入设备主要用于把信息与数据转换成电信号，并通过计算机的接口电路将这些信息传送到计算机的存储设备中。常用的输入设备有键盘、鼠标等。

1) 键盘

键盘是计算机最常用的一种输入设备，通常包括主键区、数字键区、控制键区和功能键区，如图 1.13 所示。

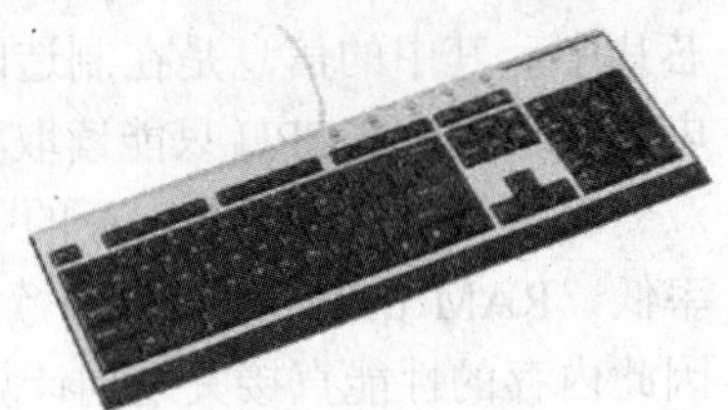

图 1.13　键盘示意图

(1) 键盘的工作原理。

键盘由一组安装在一起的按键、代码转换电路、一个 DIN 插头组成。

键盘内有一单片微处理器，负责控制整个键盘的工作，如加电时的键盘自检、键盘扫描码的缓冲以及与主机通信等。键按下后，根据其位置将该字符转换成对应的二进制码，并传送给主机和显示器。当 CPU 来不及响应时，先将键入字符送入主存中的“输入缓冲区”，待 CPU 能处理时，再从缓冲区取出送 CPU。一般微型计算机设置有 20 个字符的键盘缓冲区。

微型计算机最常用的键盘是 101 键盘和 104 键盘。

(2) 键盘的使用

按照各类按键的功能和排列位置，通常可将键盘分为四个主要部分：打字机键盘、功能键盘、编辑键(光标控制键)和数字小键盘。

① 打字机键盘。它是键盘的主要部分，除了有与普通打字机排列相同的字符键之外，在计算机上又附加了一些专用键。

- 字符键。

  字符键包括英文字母键、数字键和特殊符号键。它们位于键盘的中部。这些键又分为单字符键(每个键上只有一个字符)和双字符键(每个键上有两个字符)。当按下某一单字符键时，即可输入该键上的字符；当按下某个双字符键时，只可输入该键上的下挡字符，其上挡字符的输入方法将在专用键部分介绍。

- 专用键。

  ◆ Shift 键：称为“上挡控制键”，单独使用无意义。当需要输入上挡字符时，须先按下 Shift 键不释放，再按下某个双字符键，即可输入上挡字符。这种输入方法称为“双键输入”。

  ◆ Caps Lock 键：称为“字母大写锁定键”。按一次此键，对应的指示灯点亮。此时键盘中的字母键均处于“大写锁定状态”，输入的英文字母都呈大写形式；而用 Shift 键与英文字符键双键输入时，反而呈小写形式。再按一次此键，指示灯熄灭，又返回到小写字母输入状态。

- ◆ Ctrl 键：称为“控制键”。此键单独使用无意义，在与其他键配合使用时可产生各种功能效果，这些功能是由操作系统或其他应用程序自行定义的。
- ◆ Alt 键：称为“替换键”，具有与 Ctrl 键相类似的作用。即必须与其他键配合使用，并且也可给以不同的功能定义。
- ◆ Esc 键：称为“释放键”。不同的应用程序对它有不同的定义。在 Windows 环境下按下该键，则是取消进行的操作。
- ◆ Enter 键：称为“回车键”。该键的用途可由你所使用的程序设计语言或应用程序来定义。在通常情况下，它的功能是执行键入的命令，或表示一个输入行的结束。
- ◆ Backspace 键：称为“退格键”。用此键可以删除光标左边的一个字符，然后光标及其右边的字符自动左移。
- ◆ Tab 键：称为“跳格键”。每按一次，光标向右跳过若干个字符的位置，这取决于应用软件的有关约定。

② 功能键。功能键指的是 Fl～F12 键，若再加上 Esc 键共 13 个，它们的具体功能可由操作系统或应用程序自行定义。

③ 编辑键。编辑键指的是打字机键盘右边、数字键盘左边那些键，具体介绍如下。

- 光标移动键：包括→、↓、←、↑四个键。在具有全屏幕编辑功能的系统中，每按一次，光标将按箭头方向移动一个字符或一行。
- Insert 键：称为“插入/替换转换键”。按一次此键，进入插入状态。此时输入的字符将插入到当前光标的位置，原光标处及其右边的所有字符自动右移。再按一次该键，则返回到替换状态，替换状态下输入的字符会替换原光标处的字符。
- Delete 键：称“删除键”。按下此键则删除当前光标所在位置的字符，被删除字符右边的所有字符自动左移。
- Home 键和 End 键：都是光标快速移动键。Home 是向前移动，End 是向后移动，移动范围与操作系统或应用程序的具体定义有关。
- PgUp 键和 PgDn 键：也是光标快速移动键。一般 PgUp 是向前移动一页，PgDn 是向后移动一页。其具体用法也与操作系统或应用程序的定义有关。
- Print Screen(SySRq)键：称为“打印屏幕键”。按下此键可把屏幕上显示的内容在打印机上输出。
- Scroll Lock 键：称为“屏幕锁定键”。按下此键屏幕停止滚动，再按一次则恢复。
- Pause(Break)键：称为“暂停键”，可暂停程序的运行。按下 Ctrl+Break 键，可中止程序执行。

④ 数字小键盘。数字小键盘在键盘的右边，当输入大量的数字时，用右手在数字小键盘上击键可大大提高录入速度。小键盘上的双字符键具有数字键和编辑键的双重功能。开机后，系统约定下档的编辑状态。按一下数字锁定键 Num Lock 则可进入上档数字锁定状态，即可输入数字。再按一次，解除锁定。

2) 鼠标

鼠标是增强键盘输入功能的重要设备，由于其形状好似老鼠而得名，如图 1.14 所示。鼠标的主要用途是进行光

图 1.14 鼠标示意图

标定位或完成某种特定的输入。按照鼠标的工作原理通常可分为机械鼠标、光学鼠标和无线鼠标三种类型。按照鼠标的接口类型，鼠标又可分为 PS/2 接口的鼠标、串行接口的鼠标、USB 接口的鼠标等。使用鼠标时通常先移动鼠标器，使屏幕上的光标定位在某一指定位置上，然后再通过鼠标上的按键来确定所选项目或完成指定的功能。

鼠标器的用法有如下几种。

- 指向：将鼠标器指针移动到某一目标上，并不按键。
- 单击：将鼠标器指针指向目标后，按一下鼠标器左键。
- 双击：将鼠标器指针指向目标后，在短时间内快速地单击两次左键。
- 右击：将鼠标器指针指向目标后，按一下鼠标器右键。
- 拖动：将鼠标器指针移到目标上，按下鼠标器左键不释放，移动鼠标器到达新位置后释放。

鼠标上一般有三个按键，Windows 中，左键一般用于选择或打开操作对象，右键一般用于打开快捷菜单，左右键中间往往设有一个滚轮，用于上下翻屏。当鼠标在平面上滑动时，屏幕上的鼠标指针也跟着移动。鼠标不但可用于光标定位，还可用于选择菜单、命令和文件，大大简化了操作过程，因此鼠标已经成为微型计算机上必不可少的输入设备。

3) 扫描仪

扫描仪是一种捕获图像并将其转换为计算机可以显示、编辑、存储和输出的数字化输入设备。这里所说的图像是指照片、文本页面、图画和图例等。

4) 其他输入设备

除了鼠标和键盘外，还有许多其他类型的输入设备，如手写笔及麦克风等。手写笔使汉字输入变得更为方便快捷；麦克风是一种声音输入设备，增强了计算机的多媒体功能。

5. 输出设备

输出设备将计算机处理的结果，通过接口电路以人机能够识别的信息形式显示或打印出来。常用的输出设备有显示器、打印机等。

1) 显示器

显示器是微机中最重要的输出设备，可用于显示文本、图像等多种信息，是人机交互必不可少的设备。目前常用的显示器有 CRT(阴极射线管显示器)和 LCD(液晶显示器)两种类型，如图 1.15 和图 1.16 所示。

图 1.15 CRT 显示器

图 1.16 LCD 显示器

显示器通过显示卡接到系统总线上，两者一起构成显示系统，是“人机对话”不可或缺的外部设备。显示器是操作电脑时传递各种信息的窗口。它能以数字、字符、图形、图像等形式显示各种设备的状态和运行结果，编辑各种文件、程序和图形，从而建立起计算机和用户之间的联系。

显示器的显示方式可分为字符显示方式和图形显示方式两种。

字符显示方式：在这种工作方式下，计算机首先把显示字符的代码(ASCII 码或汉字代码)送入主存储器中的显示缓冲区；再由显示缓冲区送往字符发生器(ROM 构成)，将字符代码转换成字符的点阵图形；最后通过视频控制电路送给显示器显示。这种方式只需较小的显示缓冲区就可工作，而且控制简单，显示速度快。

图形显示方式：这种工作方式是直接将显示字符或图像的点阵(不是字符代码)送往显示缓冲区，再由显示缓冲区通过视频控制电路送给显示器显示。这种显示方式要求显示缓冲区很大，但可以直接对屏幕上的“点”进行操作。

显示器的主要技术参数和概念如下。

- 屏幕尺寸：用矩形屏幕的对角线长度表示，以英寸为单位，反映显示屏幕的大小。常见的有 14 英寸、15 英寸、17 英寸等。
- 宽高比：屏幕横向与纵向的比例，通常是 4∶3。
- 像素(Pixel)：指屏幕上能被独立控制其颜色和亮度的最小区域，即荧光点，是显示画面的最小组成单位。一个屏幕像素点数的多少与屏幕的尺寸和点距有关。
- 点距(Dot Pitch)：指显示器上荧光点的间距。它决定像素的大小以及能够达到的最高显示分辨率。现有的点距规格是 0.20、0.25、0.26、0.28、0.31、0.39(毫米)，显然点距越小越好。
- 显示分辨率(Resolution)：指显示设备所能表示的像素个数。像素越密，分辨率越高，图像越清晰。通常写成“水平点数×垂直点数”的形式，例如 320×200、640×480、800×600、1024×768 等。它取决于垂直方向和水平方向扫描线的线数，而这又与选择的显示卡类型有关。
- 灰度(Gray scale)和颜色(Color Depth)：灰度是指像素点亮度的差别，在单色显示方式下，灰度的级数越多，图像层次越清晰。
- 刷新频率(Refresh Rate)：屏幕上的像素点经过一遍扫描(每行自左向右、行间自上向下)之后，便得到一帧画面。每秒钟内屏幕画面更新的次数称为刷新频率。刷新频率越高，画面闪烁越小。

2) 打印机

打印机是微机系统中常用的输出设备之一，如图 1.17 所示。利用打印机可以将计算机中的信息打印到纸质介质上。

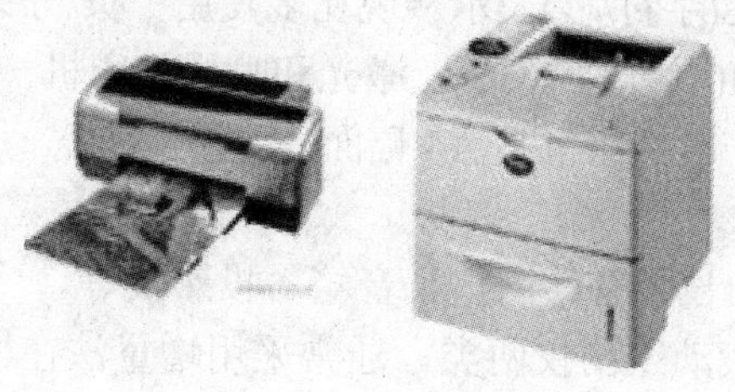

图 1.17　喷墨打印机和激光打印机

打印机的种类很多，但按印字工作原理分为两大类：击打式和非击打式。击打式打印机靠机械动作实现印字，如点阵式打印机、行式打印机都是击打式打印机，工作时噪声较大。激光打印机、喷墨打印机属于非击打式打印机，它们在印字过程中，无机械的击打动作，因此噪声较小。

(1) 点阵式打印机。

点阵式打印机打印的字符或图形是以点阵的形式构成的。点阵是由打印机上的打印头中的钢针通过色带打印在纸上。目前使用的都是 24 针打印机。所谓 24 针即打印头上有 24 根钢针来形成字符或图形。这 24 根钢针垂直排成两列，每列 12 根钢针。

点阵打印机按打印宽度分成宽行打印机(132 列)和窄行打印机(80 列)。如 Epson 的 LQ-1600K 就是宽行 24 针打印机，LQ-100 就是窄行 24 针打印机。有些打印机还带有汉字库，它有一个优点，就是在西文环境下，也能打印中文的文本文件，而不带汉字库的打印机要打印中文，必须在中文环境下。随着技术水平的发展，点阵式打印机的打印速度有了明显提高，每秒能打印几千个字符。

(2) 喷墨打印机。

喷墨打印机是利用喷墨替代针打及色带，直接将墨水喷到纸上实现印刷。它是利用换能器将墨点从喷墨头中喷出，然后根据字符发生器对喷出的墨点充以不同的电荷，在偏转系统的作用下，墨点在垂直方向偏转，充电越多偏移的距离越大，最后落在纸上，印刷出各种字符或图像。

由于喷墨打印机是非击打式，所以噪声较小，打印效果比点阵式打印机好。一般能达到每英寸 360 点(360DPI)。目前有些喷墨打印机已达到 1440DPI。它的缺点是打印费用较高，喷头容易堵塞。

(3) 激光打印机。

激光打印机是激光技术和电子照相技术的复合产物。它利用电子照相原理，类似于复印机。但复印机用的光源是灯光，而激光打印机用的是激光。其工作原理为：在控制电路的控制下输出的字符或图形变换成数字信号来驱动激光器的打开和关闭，对充电的感光鼓进行有选择的曝光，被曝光部分产生放电现象，而未曝光部分仍带有电荷。随着鼓的圆周运动，感光鼓充电部分通过碳粉盒时，使有字符式图像的部分吸附碳粉，当鼓和纸接触时，在纸反面施以反向静电电荷，将鼓上的碳粉附到纸上(这称为转印)，最后经高压区定影，使碳粉永久黏附在纸上。激光打印机噪声低，分辨率高(一般都在 600DPI 以上)，打印速度也较快，价格也高。

(4) 打印机主要技术参数。

- 打印速度：可用 CPS(字符/秒)表示。现在多使用“页/分钟”。
- 打印分辨率：用 DPI(点/英寸)表示。激光和喷墨打印机一般都达到 600DPI。
- 打印纸最大尺寸：一般打印机是 A4 幅面。

3) 其他输出设备

在微机上使用的其他输出设备有绘图仪、音箱、投影仪等。

绘图仪有平板绘图仪和滚动绘图仪两类，通常采用增量法在横向和纵向产生位移，从而绘制图形。

音箱分为有源音箱和无源音箱两种，有源音箱有自己独立的电源，无论在音量、音质或其他播放效果上都大大优于无源音箱。

投影仪是微机输出视频的重要的多媒体设备，目前主要有 CRT 投影仪和 LCD 投影仪两类。

1.4.3　微型计算机的主要性能指标

一台计算机的性能是由多项技术指标综合确定的，涉及体系结构、软硬件配置、指令系统等多种因素，既包含硬件的各类性能，又包括软件的各种功能，这里主要讨论硬件的技术指标。一般说来微型计算机主要有机器字长、存储容量、时钟主频、运算速度等几项技术指标。

1. 机器字长

机器字长是指计算机 CPU 中的运算部件一次能同时处理的二进制数据的位数。作为存储数据的字长越长，数的表示范围也越大，精度也越高；作为存储指令的字长越长，则计算机的处理能力就越强。机器的字长会影响机器的运算速度，倘若 CPU 字长较短，又要运算位数较多的数据，那么需要经过两次或多次的运算才能完成，这样势必影响整机的运行速度。但是，机器字长对硬件的造价也有较大的影响，它将直接影响加法器(或ALU)、数据总线以及存储字长的位数。所以机器字长的确定不能单从精度和数的表示范围来考虑，还要考虑硬件造价。计算机的字长一般是 8 的整数倍，如 8 位、16 位、32 位、64 位等，目前微机的字长通常是 32 位或 64 位。

2. 存储容量

存储器的容量应该包括内存容量和外存容量，这里主要指内存储器的容量。内存容量是指内存中存放二进制代码的总数。即：存储容量 = 存储单元个数×存储字长

现代计算机中常以字节的个数来描述容量的大小，因为一个字节已被定义为 8 位二进制代码，故用字节数便能反映主存容量。显然内存容量，越大机器所能运行的程序就越大，处理能力就越强。目前微机的内存容量一般是 1GB，甚至更高。辅存容量也可用字节数来表示，例如，某机辅存(如硬盘)容量为 320GB。

3. 时钟主频

计算机的时钟主频是指 CPU 的时钟频率，它的高低在一定程度上决定了计算机速度的高低，一般而言，主频越高速度越快。主频以兆赫兹(MHz)为单位，目前微处理器的主频已高达 3GHz 以上。

4. 运算速度

计算机的运算速度与许多因素有关，如机器的主频、执行的操作、主存本身的速度(主存速度快，取指、取数就快)等都影响着计算机的运算速度。早期用完成一次加法或乘法所需的时间来衡量运算速度，现在机器的运算速度普遍采用单位时间内执行指令的平均条数来衡量，并用 MIPS(Million Instruction Per Second)作为计量单位，即每秒执行百万条指令。例如：某机每秒能执行 200 万条指令，则记作 2MIPS。

1.4.4 微型计算机的组装

了解了微型计算机的结构和部件之后，就可以着手组装个人电脑了，当然，组装之前需要准备好安装的环境和进行组装使用的工具，最基本的组装工具是梅花头的螺丝刀。下面分步骤简单介绍组装微机的过程。

1. 固定主板

打开主机机箱的盖子，将机箱平放在桌面上，小心地将主板放入机箱，确保机箱后部各输出口都正确地对准位置，然后用螺丝刀将螺丝钉拧紧。

2. 安装 CPU

安装 CPU 之前，通常需要把主板上的 ZIF(零插拔力)插座旁的杠杆抬起，CPU 的形状一般是正方形的，其中一角有个缺角，找准 CPU 上的缺角和主板上 CPU 插座上的缺角，对准将 CPU 的插针插入插座上的插孔即可，然后将插座上的杠杆放下扣紧 CPU。

3. 安装内存

安装内存条之前，需要将主板上的内存插槽两端的夹脚往两边扳开，找准内存条上的豁口和插槽上的突起，对准用力将内存条按下插入插槽，内存条安装到位时会发出啪啪的声响，插槽两端的夹脚会自动扣住内存条。

4. 安装显卡

首先去掉主板上的 AGP 插槽处的金属挡板，然后将显卡的金手指垂直对准主板的 AGP 插槽，垂直向下用力直到显卡的金手指完全插入插槽，最后用螺丝刀将螺丝拧紧，固定好显卡。

5. 安装驱动器

驱动器包括光盘驱动器、硬盘驱动器、软盘驱动器等，在安装硬盘和光驱之前要设好跳线，设好跳线后即可将硬盘放至机箱内的硬盘架，最后用螺丝固定。

除了安装上述主要部件外，还要连接各类连线，如数据线、电源线、信号线、音频线等，必要的话可能还需要安装声卡、网卡等其他扩展卡，这里不再一一赘述。

最后，组装好机器后，还需要对其进行检测，安装成功的话即可扣上机箱的盖子，连接机箱后部的各种连线，待连线完成后，机器就可以投入使用了。

1.4.5 计算机常用配置

计算机的配置包括主机、显示器、键盘、鼠标、磁盘驱动器等，当前比较流行的配置如下。

① 主机 CPU 主要有 Intel、AMD、Cyrix 等几种品牌，CPU 的规格相应地决定了计算机的型号。例如，常见的型号有 Intel 酷睿 i73960X、Intel 酷睿 i73770、Intel 酷睿 i53550、Intel 酷睿 i33220、AMDFX-8150、AMD FX-6200、AMDA6-3850 等。

② 内存 DDR、DDR2、DDR3，容量一般为 512M～8G。

③ 键盘一般为普通 101 个键，鼠标一般为光电鼠标。

④ 显示器有三星 933BW(19"，分辨率 1440×900)、飞利浦 190CW9(19"，分辨率 1440×900)、LG W2252TE(22"，分辨率 1680×1050)等。

⑤ 硬盘有西部数据 IT、日立 1T、希捷酷鱼 500G 等。

⑥ 光盘驱动器有 SONY DVD16X、三星 DVD±RW/DVD-RAM 20X 等。

1.5　计算机软件系统概述

软件系统是计算机系统的重要组成部分，是计算机与用户之间的一座桥梁。如果计算机只有硬件设备，并不能真正运算，只有在配备了完善的软件系统之后才具有实际的使用价值。软件系统是支持计算机运行的各种程序以及开发、使用和维护这些程序的各种技术资料的总称。

1.5.1　软件系统的组成

软件系统分为系统软件和应用软件，如图 1.18 所示。

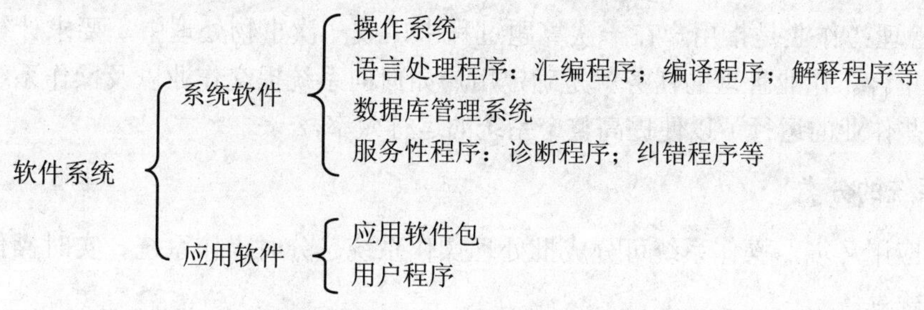

图 1.18　软件系统的组成

1. 系统软件

系统软件是计算机系统的一部分，它可以简化计算机操作，充分发挥计算机效能，支持应用软件的运行，并为用户开发应用系统提供一个平台。系统软件主要包括操作系统、各种计算机语言处理程序、数据库管理系统和计算机的一些服务性程序。

2. 应用软件

应用软件是用户利用计算机所提供的软硬件资源为解决各种实际问题而编制的程序。例如：文字处理软件、表格处理软件、计算机辅助设计软件等。

3. 软件系统的层次关系

各类软件之间形成层次关系，如图 1.19 所示。所谓层次关系指的是：处在内层的软件要向外层软

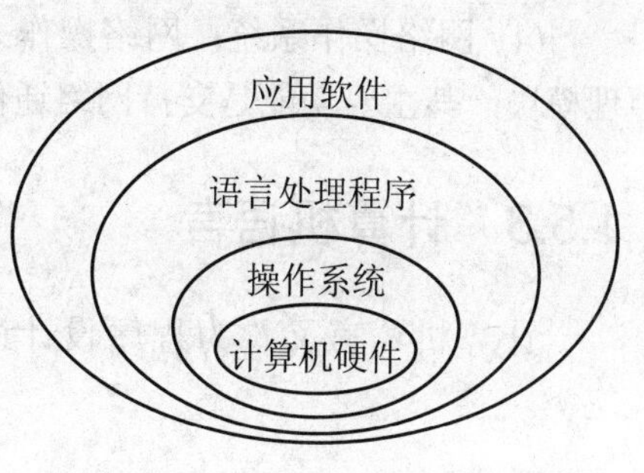

图 1.19　软件系统的层次关系

件提供服务，处在外层的软件必须在内层软件的支持下才能运行。

1.5.2 操作系统

为了使计算机系统的所有资源协调一致、有条不紊的工作，需要有一个软件来进行统一管理和统一调度，这种软件称为操作系统(Operating System，OS)。它是系统软件的核心，负责管理和控制计算机系统硬件资源和软件资源，是用户和计算机之间的接口。

1. 操作系统的功能

(1) 进程管理：主要是对处理器进行管理。为了提高 CPU 的利用率，采用了多道程序技术，通过进程管理协调多道程序之间的关系，使 CPU 得到充分利用。

(2) 存储管理：就是将有限的主存空间合理地进行分配，以满足多道程序运行的需要。

(3) 设备管理：是为计算机系统中除 CPU 和主存以外的所有输入、输出设备提供驱动程序或控制程序，使其尽可能与 CPU 并行工作，以提高设备的使用率，并提高整个系统的运行速度。

(4) 文件管理：文件是一组相关信息的集合，它包括范围很广，如用户作业、源程序、数据以及各种系统软件等。文件管理的任务是有效地组织存储、保护文件，以方便用户访问。

(5) 作业管理：作业是指用户在一次算题过程中，或一次事物处理中，要求计算机系统所做工作的集合。作业管理的任务就是确定用户如何向系统提交作业以及操作系统如何组织和调度这些作业的运行，以便提高整个系统的运行效率。

2. 操作系统的分类

按不同的应用环境，操作系统可分成批处理操作系统、分时操作系统、实时操作系统和网络操作系统等。

(1) 批处理操作系统：它的特点是作业进入计算机系统后，用户不再对作业进行人工干预，从而提高了系统的运行效率，但不便于程序的调试和人机对话。

(2) 分时操作系统：它的特点是计算机能分时轮流地为各终端用户服务，并能及时地对用户服务的请求予以响应。

(3) 实时操作系统：实时系统可分成实时控制系统和实时信息处理系统。实时系统设计的目标是实时响应及处理能力的可靠性。

(4) 网络操作系统：网络操作系统除了具有单机操作系统的功能之外，还具有网络管理模块，其主要功能是支持网络通信和提供各种网络服务。

1.5.3 计算机语言

计算机语言又称为程序设计语言，是人与计算机之间交换信息的工具，通常分为三类。

1. 机器语言

机器语言是能够被计算机硬件系统直接识别的计算机语言，是用二进制代码编写的代码序列。

机器语言由操作码和操作数组成。操作码指出应该进行什么样的操作，操作数指出参与操作的数本身或其在内存中的地址。使用机器语言编写的程序，难记忆、易出错、调试修改麻烦，但执行速度快。机器语言随机器型号不同而异，没有通用性，因此说它是“面向机器”的语言。

2. 汇编语言

汇编语言用助记符代替操作码，用地址符号代替操作数。用汇编语言编写的程序称为汇编语言“源程序”。汇编语言“源程序”不能直接运行，需要用“汇编程序”把它翻译成机器语言程序后方可执行，这一过程称为“汇编”。汇编语言比机器语言程序易读、易检查、易修改，同时又保持了机器语言执行速度快、占用存储空间少的优点。汇编语言也是“面向机器”的语言，不具有通用性和可移植性。

3. 高级语言

高级语言是由各种意义的“词”和“数学公式”按照一定的“语法规则”组成的，是与自然语言语法相近的语法体系，所以它的程序设计方法比较接近人们的习惯，编写出的程序更容易阅读和理解。高级语言最大的优点是它“面向问题，而不是面向机器”，编写的程序与具体机器无关，所以有很强的通用性和可移植性。常用的高级语言有 C 语言、C++、Java 等。用高级语言编写的程序称为高级语言“源程序”，它也不能直接运行，需要用“翻译程序”把它翻译成机器语言程序后方可执行。

4. 与语言处理有关的几个名词

(1) 源程序和目标程序：将高级语言程序(或汇编语言程序)翻译成与之等价的机器语言程序时，前者称为“源程序”，后者称为“目标程序”。

(2) 汇编程序和翻译程序：将汇编语言源程序翻译成目标程序的过程称为“汇编程序”；将高级语言源程序翻译成目标程序的过程称为“翻译程序”。

(3) 解释方式和编译方式：翻译高级语言“源程序”时，有两种解决方式，一种是解释方式，一种是编译方式。解释方式是对源程序逐条语句翻译，将每一条语句翻译成与之等价的机器语言，然后立即执行。即解释一句，执行一句，不生成任何目标程序文件。如 BASIC 语言就是采用解释程序的方式。编译方式是将源程序全部翻译后，生成一个与之等价的目标程序，目标程序再经过链接后，得到可执行程序，最后执行程序。如 C 语言就是采用编译程序的方式。

1.6　多媒体技术简介

1.6.1　多媒体技术的概念

CCITT(International Telephone and Telegraph Consu lative Committee，国际电报电话咨

询委员会)把媒体分成 5 类。

(1) 感觉媒体：指直接作用于人的感觉器官，使人产生直接感觉的媒体。如引起听觉反应的声音，引起视觉反应的图像等。

(2) 表示媒体：指传输感觉媒体的中介媒体，即用于数据交换的编码。如图像编码(JPEG、MPEG 等)、文本编码(ASCII 码、GB2312 等)和声音编码等。

(3) 表现媒体：指进行信息输入和输出的媒体。如键盘、鼠标、扫描仪、话筒、摄像机等为输入媒体；显示器、打印机、喇叭等为输出媒体。

(4) 存储媒体：指用于存储表示媒体的物理介质。如硬盘、软盘、磁盘、光盘、ROM 及 RAM 等。

(5) 传输媒体：指传输表示媒体的物理介质。如电缆、光缆等。

通常所说的“媒体”(Media)包括两点含义，一是指信息的物理载体(即存储和传递信息的实体)，如书本、挂图、磁盘、光盘、磁带以及相关的播放设备等；另一层含义是指信息的表现形式(或者说传播形式)，如文字、声音、图像、动画等。多媒体计算机中所说的媒体是指后者，即计算机不仅能处理文字、数值之类的信息，而且还能处理声音、图形、电视图像等各种不同形式的信息。上述所说的对各种信息媒体的“处理”是指计算机能够对它们进行获取、编辑、存储、检索、展示、传输等各种操作。

一般而言，具有对多种媒体进行处理能力的计算机可称为多媒体计算机。多媒体(Multimedia)一般理解为多种媒体的综合。多媒体技术不是各种信息媒体的简单复合，它是一种把文本(Text)、图形(Graphics)、图像(Images)、动画(Animation)和声音(Sound)等形式的信息结合在一起，并通过计算机进行综合处理和控制，能支持完成一系列交互式操作的信息技术。多媒体技术的发展改变了计算机的使用领域，使计算机由办公室、实验室中的专用品变成了信息社会的普通工具，广泛应用于工业生产管理、学校教育、公共信息咨询、商业广告、军事指挥与训练，甚至家庭生活与娱乐等领域。

1.6.2 多媒体技术的特点

与传统媒体相比，多媒体技术主要有以下几个特点。

(1) 集成性：将多种媒体信息有机地组织在一起，共同表达一个完整的多媒体信息，使文字、图形、声音、图像一体化。多媒体技术能够对信息进行多通道统一获取、存储、组织与合成。

(2) 交互性：交互性是多媒体应用有别于传统信息交流媒体的主要特点之一。从用户角度来讲，交互性是多媒体技术中最重要的一个特性。它改变了以往单向的信息交流方式，用户不再像看电视、听广播那样被动地接收信息，而是能够主动地与计算机进行交流。

(3) 控制性：多媒体技术是以计算机为中心，综合处理和控制多媒体信息，并按照人的要求以多种媒体形式表现出来，同时作用于人的多种感官。

(4) 实时性：在多媒体系统中，像文本、图像等媒体是静态的，与时间无关。而声音及活动的视频图像则完全是实时的。多媒体技术提供了对这类实时性媒体信息的处理能力。当用户给出操作命令时，相应的多媒体信息都能够得到实时控制。

(5) 方便性：用户可以按照自己的需要、兴趣、任务要求、偏爱和认知特点来使用信息，任意选取图、文、声等信息表现形式。

1.6.3　多媒体技术的应用

多媒体技术是一种实用性很强的技术，其社会影响和经济影响都十分巨大，多媒体技术几乎覆盖了计算机应用的绝大多数领域，进入了社会生活的各个方面。具体来说，多媒体技术的应用主要包括以下几个方面。

1. 教育与培训

多媒体系统的形象化和交互性可为学习者提供全新的学习方式，进行模拟演示，辅助教学，使接受教育和培训的人能够主动并创造性地去学习，具有更高的效率。传统的教育和培训通常是听教师讲课或者自学，两者都有其自身的不足之处。多媒体的交互教学改变了传统的教学模式，不仅教材丰富生动，教育形式灵活，而且有真实感，更能激发人们学习的积极性。多媒体教学软件十分丰富。模拟演示生动直观，它们图文并茂，可用清楚悦耳的声音讲解各学科知识，又能配合相应的图形、动画，可达到很好的教学效果，使现代教育进入了信息化时代。

2. 电子出版物

伴随着多媒体技术的发展，出版业突破了传统出版物的种种限制进，入了新时代。多媒体技术使静止枯燥的读物变成了融合的文字、声音、图像和视频，同时光盘的应用使出版物的容量增大而体积大大缩小。

3. 娱乐应用

精彩的游戏和风行的 VCD、DVD 都可以利用计算机的多媒体技术来展现，计算机产品与家电娱乐产品的区别越来越小。视频点播(Video on Demand，VOD)也得到了应用，电视节目中心将所有的节目以压缩后的数据形式存入图像数据库，用户只要通过网络与中心相连，就可以在家里按照指令菜单调取任何一套节目或节目中的任何一段，实现家庭影院般的享受。

4. 视频会议

视频会议的应用是多媒体技术最重大的贡献之一。这种应用使人的活动范围扩大而距离更近，其效果和方便程度比传统的电话会议优越得多。通过网络技术和多媒体技术，视频会议系统使两个相隔万里的与会者能够像面对面一样随意交流。

5. 商业演示

在旅游、邮电、交通、商场、宾馆等公共场所，通过多媒体技术可以提供高效的咨询服务。在销售、宣传等活动中，使用多媒体技术能够图文并茂地展示产品，从而使客户对商品有一个感性、直观的认识。

6. 虚拟现实

虚拟现实是一项与多媒体技术密切相关的边缘技术，它通过综合应用计算机图像处理、模拟与仿真、传感技术、显示系统等技术和设备，以模拟仿真的方式给用户提供一个真实反映操作对象变化与相互作用的三维图像环境，从而构成虚拟世界，并通过特殊设备(如头盔和数据手套)提供给用户一个与虚拟世界相互作用的三维交互式用户界面。

1.6.4 多媒体应用中的媒体分类

多媒体的媒体元素是指多媒体应用中可能展示给用户的媒体组成，目前主要包括文本、超文本、图形、图像、声音动画和视频等媒体元素。

1. 文本

文本(Text)是指各种文字，包括各种字体、尺寸、格式及色彩的文字。文本是计算机文字处理的基础，也是多媒体应用程序的基础。通过对文本显示方式的组织，多媒体应用系统可以使显示的信息形式多样化，更易于理解。通常情况下，多媒体文本大多直接在图形制作编辑软件或多媒体编辑软件中随其他媒体一起制作。

2. 图形和静态图像

图形(Graphic)是指从点、线、面到三维空间的黑白或彩色几何图，也称矢量图(Vector Graphic)。图形主要由直线和弧线(包括圆)等实体线条组成，直线和弧线比较容易用数学的方法表示。这使得计算机中图形的表示常常用“矢量法”而不是采用位图来表示，从而使存储量大大减少，也便于绘图仪的输出。

图形有二维(2D)和三维(3D)之分。

静态图像(Still Image)不像图形那样有明显规律的线条，因此在计算机中难以用矢量来表示，基本上只能用点阵来表示，其元素代表空间的一个点，也称之为像素(pixel)，这种图像也称位图。位图中的位(bit)用来定义图像中每个像素点的颜色和亮度。位图图像适用于表现层次和色彩比较丰富、包含大量细节的图像。

图像数据化后，可以用不同类型的文件保存在外部存储器中，最常用的图像文件类型有如下几种。

- BMP 文件：BMP 是 bitmap 的缩写，即位图文件，它是图像文件的原始格式，也是最常用的格式，但其存储量极大。
- JPG 文件：JPG 又称为 JPEG，是一种图像压缩标准。这个标准的压缩算法用来处理静态图像，去掉冗余信息，比较适合存储自然景物的图像。JPG 文件占据的存储空间小，具有较强的表示 24 位真彩色的能力，还可以用参数调整压缩倍数，以便在保持图像质量和争取文件尽可能小两个方面进行权衡。
- GIF 文件：GIF 文件格式是由美国最大的增值网络公司 CompuServe 研制的，适合在网上传输，用户在传送 GIF 的同时，就可以粗略看到图像的内容，并决定是否放弃传输。GIF 采用 LZW 法进行无损压缩，减少了传输量，但压缩的倍数不大(压至原来的 1/2～1/4)。
- TIF 文件：这是一个作为工业标准的文件格式，应用较普遍。

此外，还有较常用的 PCX、PCT、TGA、PSD 等许多格式。

3. 视频

视频(Video)是一种活动影像，它与电影(Movie)和电视的原理是一样的，都是利用人眼的视觉暂留现象，将足够的画面(Frame，帧)连续播放，只要能够达到每秒 20 帧以上，人的眼睛就觉察不到画面的不连续性。电影是以每秒 24 帧的速度播放，而电视依视频标准的不同，播放速度有 25 帧/秒(PAL 制式，中国用)和 30 帧/秒(NTSC 制式，北美用)之分。

视频的每一帧都是一幅静态图像，存储量大，需要压缩。在对每幅图像进行 JPEG 压缩后，还可以采用移动补偿算法去掉时间方向上的冗余信息，这就是 MPEG 动态图像压缩技术。

视频影像文件的格式在 PC 中主要有以下 3 种。

- AVI：AVI(Audio Video Interleaved，声音/影像交错)是 Windows 使用的动态图像格式，不需要特殊的设备就可以将声音和影像同步播出，数据量较大。
- MPG：MPG 是 MPEG(Motion Photographic Experts Group，活动图像专家组)制定出来的压缩标准所确定的文件格式，供动画和视频图像使用，数据量较小。
- ASF：ASF(Advanced Streaming Format)是微软采用的流媒体播放的格式，比较适合在网上进行连续的视像播放。

视频图像输入计算机是通过摄像机、录像机或电视机等视频设备的 AV 输出信号，送至计算机内视频图像捕获卡进行数字化而实现的。数字化后的图像通常以 AVI 格式存储，如果图像捕获卡有 MPEG 压缩功能，或用软件对 AVI 进行压缩，则以 MPG 格式存储。新型数字摄像机可直接得到数字化的图像，通过计算机的并行口、USB 口等数字接口，输入给计算机。

4. 音频

音频(Audio)包括语音、音乐及各种音响效果。将音频信号集成到多媒体应用中，可以获得其他媒体不能取代的效果，不仅能烘托气氛，而且增加活力。由于声音是模拟信号，需要通过采样将模拟信号数字化后才能利用计算机对其进行处理。所谓数字化，就是在捕捉声音时以固定的时间间隔对波形进行离散采样，这个过程将产生波形的振幅值，以后这些值可以重构原始波形。

声音数字化后的质量与采样频率、量化精度和声道数密切相关。

采样后的声音以文件方式存储后，就可以进行声音处理了。声音文件有多种格式，目前常用的有以下 4 种格式。

- 波形音频文件(WAV)：是计算机常用的文件格式，它实际上是通过对声波的高速采集直接得到的，这种类型的文件所占存储空间很大。
- 数字音频文件(MID)：这是 MIDI(音乐设备数字接口)协会设计的音乐文件标准。MIDI 文件并不记录声音采样数据，而是包含了编曲的数据，它需要具有 MIDI 功能的乐器的配合才能编曲和演奏。由于不存在声音采样数据，所需的存储空间非常小。
- 光盘数字音频文件(CD-DA)：其采样频率为 44.1kHz，每个采样使用 16 位存储信息，它不仅为开发者提供了高质量的音源，还无须硬盘存储声音文件，声音直接通过光盘由 CD-ROM 驱动器处理后发出。

- 压缩存储音频文件(MP3)：MP3是根据MPEG-1视像压缩标准中对立体声伴音进行第三层压缩得到的声音文件，它保持了CD激光唱盘的立体声高音质，压缩比达到12∶1。

5. 动画

动画(Animation)也是一种活动影像，最典型的是“卡通”片。它与视频影像不同的是：视频影像一般是指生活上所发生的事件的记录，而动画通常是指人工创作出来的连续图形组合成的动态影像。

FCI/FLC是Autodesk公司设计的动画格式，MPG和AVI也可以用于动画。最有名的三维动画制作软件有Autodesk公司的3ds Max和Alias/Wavefront公司研制的Maya。

6. 超文本

超文本(Hyper Text)是一种非线性的信息组织和表达方式，这种形式类似于人类思维中的“联想”。它在文本的适当位置建有连接信息(通常称为“超链点”)，用来指向和文本相关的内容，使阅读者对感兴趣的内容进行跳跃式阅读。通常只需用鼠标单击超链点，就可以直接转移到与该超链点关联的内容。

与超链点关联的内容可以是普通文本，也可以是图像、声音、图形、动画、视频等多媒体信息，还可以是相关资源的网络站点。

通常用超文本编辑工具如Help Builder for Windows、Word、FrontPage等创建超文本。

1.6.5 多媒体计算机系统的组成

多媒体计算机系统是把多种媒体技术综合应用到一个计算机系统中，以实现各种媒体信息的输入、处理、输出等多种功能。

一个完整的多媒体计算机系统由多媒体计算机硬件和多媒体计算机软件组成。

1. 多媒体计算机的硬件

多媒体计算机(Multimedia Computer，MC)，是指具有能捕获、处理和展示包括文字、声音、图形、图像、动画和视频等多种信息形式的计算机。MC具有三大特性：集成性、交互性、数字化。

多媒体计算机硬件系统包括多媒体计算机、多媒体输入输出设备(如打印机、绘图仪、音响、电视机、录像机、录音机、喇叭、高分辨率屏幕等)、多媒体存储设备(如硬盘、光盘、声像磁带等)、多媒体功能卡(视频卡、声卡、压缩卡、视频捕捉卡、通信卡)、操纵控制设备(如鼠标器、键盘、操纵杆、触摸屏等)等。

下面介绍一些常见设备的功能。

- 声卡(Sound Card)：也叫音频卡，用来处理音频信息。它可以把话筒、录音机、电子乐器等输入的声音进行模数转换(A/D)、压缩等处理，也可以把经过计算机处理的数字化的声音信号通过还原(解压缩)、数模转换(D/A)后用音箱播放出来，或者用录音设备记录下来。

- 视频卡(Video Card)：用来支持视频信号(如电视)的输入与输出。
- 采集卡：能将电视、数码相机、数码摄像机等设备的信息转换成计算机的数字信号，便于使用软件对转换后的数字信号进行剪辑处理、加工和色彩控制。还可将处理后的数字信号输出到录像带中。
- 扫描仪：将摄影作品、绘画作品或其他印刷材料上的文字和图像，甚至实物扫描到计算机中，以便加工处理。
- 光驱：分为只读光驱(CD-ROM、DVD-ROM)和可读写光驱(CD-RW、DVD-RW)，而可读写光驱又称刻录机，用于读取或存储大容量的多媒体信息。

2. 多媒体计算机的软件

多媒体计算机的软件以多媒体操作系统为基础平台，扩充了多媒体资源管理与信息处理的功能。

多媒体编辑工具包括字处理软件、绘图软件、图像处理软件、动画制作软件、声音编辑软件以及视频编辑软件。

多媒体应用软件的创作工具用来帮助应用开发人员提高开发工作效率，它们大体上都是一些应用程序生成器，能将各种媒体素材按照超文本节点和链接的形式进行组织，形成多媒体应用系统。Flash、Authorware、Director、Multimedia Tool Book 等都是比较有名的多媒体制作工具。

1.7　计算机病毒及其防治

计算机病毒自 1984 年开始蔓延，已对社会化、开放化的计算机系统造成了严重的危害。计算机病毒是一段计算机程序，它能够进行自我复制、快速传播，危害性极大，它能对计算机的数据程序及各种信息进行干扰和破坏，影响计算机的正常工作，严重时会引起系统瘫痪。

1.7.1　计算机病毒概述

1. 什么是计算机病毒

计算机领域引入“病毒”的概念，只是对生物学病毒的一种借用，用以形象地刻画这些“特殊程序”的特征。1994 年 2 月 28 日出台的《中华人民共和国计算机安全保护条例》中，对病毒的定义为：计算机病毒是指编制或者在计算机程序中插入的破坏计算机功能或者毁坏数据、影响计算机使用、并能自我复制的一组计算机指令或者程序代码。

简单地说，计算机病毒是一种特殊的危害计算机系统的程序，它能在计算机系统中驻留、繁殖和传播，具有与某些生物学病毒类似的特征：传染性、潜伏性、破坏性、变异性。

2. 计算机病毒的主要特征

计算机病毒是一种特殊的程序，与其他程序一样可以存储和执行，但它具有其他程序没有的特性。计算机病毒通常具有以下特征。

- 传染性：计算机病毒的传染性是指病毒具有把自身复制到其他程序中的特性。病毒可以附着在程序上，通过磁盘、光盘、计算机网络等载体进行传染，被传染的计算机又成为病毒生存的环境及新传染源。
- 隐蔽性：病毒一般是具有很高编程技巧、短小精悍的程序，通常附着在正常程序中或磁盘较隐蔽的地方，用户难以发现它的存在。其隐蔽性主要表现在传染的隐蔽性和自身存在的隐蔽性。
- 潜伏性：计算机病毒的潜伏性是指计算机病毒具有依附其他媒体而寄生的能力。计算机病毒可能会长时间潜伏在计算机中，病毒的发作是由触发条件来确定的，在触发条件不满足时，系统没有异常症状。
- 破坏性：计算机系统被计算机病毒感染后，一旦病毒发作条件满足时，就在计算机上表现出一定的症状。其破坏性包括：占用 CPU 时间；占用内存空间；破坏数据和文件；干扰系统的正常运行。病毒破坏的严重程度取决于病毒制造者的目的和技术水平。
- 变异性：某些病毒可以在传播的过程中自动改变自己的形态，从而衍生出另一种不同于原版病毒的新病毒，这种新病毒被称为病毒变种。有变异能力的病毒能更好地在传播过程中隐蔽自己，使之不易被反病毒程序发现及清除。有的病毒能产生几十种变种病毒。
- 不可预见性：不同种类的病毒，它们的代码千差万别，并且随着计算机病毒制作技术的不断提高，使人防不胜防。病毒对反病毒软件来说永远是超前的。

3. 网络时代计算机病毒的特点

网络时代计算机病毒的特点如下：

1) 通过网络和邮件系统传播

从当前流行的计算机病毒来看，许多病毒都是通过邮件系统和网络进行传播的。

2) 传播速度快、难以控制

由于病毒主要通过网络传播，一种新型病毒出现后，可以在一两天内通过互联网传播到世界各地的计算机网络。

3) 利用 Java 和 ActiveX 技术

Java 和 ActiveX 的执行方式是把程序代码写在网页上，当用户访问网站时，浏览器就执行这些程序代码，这就为病毒制造者提供了可乘之机。当用户浏览网页时，利用 Java 和 ActiveX 编写的病毒程序就会在系统里执行，使系统遭到不同程度的破坏。

4) 具有病毒、蠕虫和黑客程序的功能

随着网络技术的发展，病毒技术也在不断地变化和提高。现在的计算机病毒除了具有传统病毒的特点，还具有蠕虫的特点，可以利用网络进行传播。同时，有的病毒还具有了黑客程序的功能，一旦侵入了计算机系统，病毒可能从入侵的系统中窃取信息，以实现远程控制系统。

1.7.2 计算机病毒的危害

在使用计算机时，有时会碰到一些莫名其妙的现象，如计算机无缘无故地重新启动，运行某个应用程序时突然出现死机，屏幕显示异常，硬盘中的文件或数据丢失等。这些现象有可能是因硬件故障或软件配置不当引起，但多数情况下是计算机病毒引起的。计算机病毒的危害是多方面的，归纳起来，大致可以分成如下几方面。

- 破坏硬盘的主引导扇区，使计算机无法启动。
- 破坏文件中的数据或删除文件。
- 对磁盘或磁盘特定扇区进行格式化，使磁盘中的信息丢失。
- 产生垃圾文件，占据磁盘空间，使磁盘可用空间逐渐减少。
- 占用 CPU 运行时间，使运行效率降低。
- 破坏屏幕正常显示，破坏键盘输入程序，干扰用户操作。
- 破坏计算机网络中的资源，使网络系统瘫痪。
- 破坏系统设置或对系统信息加密，使用户系统紊乱。

1.7.3 计算机病毒的结构与分类

1. 计算机病毒的结构

由于计算机病毒是一种特殊程序，因此，病毒程序的结构决定了病毒的传染能力和破坏能力。

计算机病毒程序主要包括三大部分：一是传染部分(传染模块)，是病毒程序的一个重要组成部分，它负责病毒的传染和扩散；二是表现和破坏部分(表现模块或破坏模块)，是病毒程序中最关键的部分，它负责病毒的破坏工作；三是触发部分(触发模块)，病毒的触发条件是预先由病毒设计者设置的，触发程序判断触发条件是否满足，并根据判断结果来控制病毒的传染和破坏动作，触发条件一般由日期、时间、某个特定程序、传染次数等多种形式组成。例如，Jerusalem(黑色星期五)病毒是一种文件型病毒，它的触发条件之一是：如果计算机系统日期是 13 日，并且是星期五，病毒发作，删除在计算机上运行的 COM 文件或 EXE 文件。

2. 计算机病毒分类

目前计算机病毒的种类很多，其破坏性的表现方式也很多。据资料介绍，全世界目前已发现的计算机病毒已超过 4 万种，它们的种类不一，分类的方法也很多，一般有以下三种分类方法。

(1) 按感染方式可分为引导型病毒、文件型病毒、混合型病毒。

- 引导型病毒：在系统启动、引导或运行的过程中，病毒利用系统扇区及相关功能的疏漏，直接或间接地修改扇区，实现直接或间接地传染、侵害或驻留等功能。
- 文件型病毒：这种病毒感染磁盘上以 COM、EXE、SYS 为扩展名的文件，使用户无法正常使用程序或直接破坏系统和数据。
- 混合型病毒：兼有以上两种病毒的特点，既传染引导扇区又传染文件。这样的病毒通常具有复杂的算法，同时使用了加密和变形的算法。

(2) 按寄生方式可分为操作系统型病毒、外壳型病毒、入侵型病毒、源码型病毒。

- 操作系统型病毒：这是最常见也是危害最大的病毒。这类病毒把自身贴附到一个或多个操作系统模块或系统设备驱动程序或一些高级的编译程序中，保持主动监视系统的运行，用户一旦调用这些系统软件时，即实施感染和破坏。
- 外壳型病毒：此类病毒把自己隐藏在正常程序的开头或结尾，一般情况下不对原程序进行修改。微机中许多病毒都属于外壳型病毒。
- 入侵型病毒：此类病毒将自身插入到感染的目标程序中，使病毒程序和目标程序成为一体。这类病毒的数量不多，但破坏力极大，而且很难检测，有时即使查出病毒并将其杀除，但被感染的程序已被破坏，无法使用了。
- 源码型病毒：该病毒在源程序被编译之前，隐藏在用高级语言编写的源程序中，随源程序一起被编译成目标代码。

(3) 按破坏情况可分为良性病毒、恶性病毒。

- 良性病毒：该病毒发作方式往往是显示信息、奏乐、发出声响。对计算机系统的影响不大，破坏较小，但干扰计算机正常工作。
- 恶性病毒：此类病毒干扰计算机运行，使系统变慢、死机、无法打印等。极恶性病毒会导致系统崩溃、无法启动，其采用的手段通常是删除系统文件、破坏系统配置等。毁灭性病毒对于用户来说是最可怕的，它通过破坏硬盘分区表、引导记录、删除数据文件等行为使用户的数据受损，如果没有做好数据备份则会损失严重。

1.7.4 计算机病毒举例

1. CIH 病毒

CIH 病毒是一种针对 Windows 98、NT 系统的病毒，它使用了 Windows 下的 VxD(虚拟设备驱动程序)技术，实时性和隐蔽性都很强，一般的反病毒软件难以发现和遏制它。

CIH 病毒是一种文件型病毒，通过上网下载文件或执行程序等方式潜伏在计算机中。一旦执行含有 CIH 病毒的相关文件，就迅速而直接地将病毒扩散到其他文件程序，进行破坏。它破坏的是计算机的 BIOS、分区表、硬盘数据。

2. 宏病毒

“宏病毒”是由一系列宏命令(如 Word 宏)组成的代码，感染 Word 文档和模板文件，当用户处理文件时宏代码被自动执行，从而达到传染和破坏系统的目的。

宏病毒具有以下特点。

- 传播速度极快，可以跨越不同的硬件平台生存、传染和流行。
- 制造非常容易。可以使用 Visual Basic 等编写，有很好的开放性。
- 种类繁多，有很强的隐蔽性，有的宏病毒(如幽灵病毒)能通过自身代码随机加密，产生多种变形。
- 破坏性极强。某些宏病毒(如 Nuclear)会造成整个操作系统瘫痪。

3. “爱虫”病毒

“爱虫”病毒是一个标有“我爱你”主题的电子邮件病毒，主要攻击使用 Windows 操作系统的软件和 Outlook 电子邮件的计算机系统。“爱虫”病毒于 2000 年 5 月肆虐以来，全球数以百计的大企业受损，损失上百亿美元。

“爱虫”病毒还能衍生出新变种，以新的名字继续攻击网络用户。其中最具破坏力的是一种用立陶宛文书写的转发附加文档，元凶是一位菲律宾人。

4. “欢乐时光”病毒

“欢乐时光”病毒属于 VBS/HTM 蠕虫类病毒，主要通过电子邮件传播，当用户接收到带病毒的邮件时，即使不打开邮件，只要将鼠标指向邮件，通过预览功能也会被自动激活，并开始感染计算机硬盘中的文件，修改计算机内的数据。“欢乐时光”病毒的传播性很强，被感染的计算机会自动给地址簿中的所有邮箱发送标题为“Help”的带毒邮件，使病毒很快传播。当计算机内的日期为日+月=13 时，该病毒将逐步删除硬盘中的文件，最终使系统瘫痪。

5. “红色代码”病毒

2001 年 7 月，名为“红色代码(CodeRed)”的病毒在美国等大面积蔓延，这个专门攻击服务器的病毒攻击了白宫网站，造成了恐慌。同年 8 月初，其变种“红色代码Ⅱ”病毒针对中文系统作了修改，增强了对中文网站的攻击力，开始在国内蔓延。

“红色代码”病毒结合了病毒和黑客的共同特点，它通过一种黑客攻击手段利用服务器的内存来传播，在攻击行为取得成功后，会为系统种植危害极大的“后门木马程序”。它只存在于内存，传染时不通过文件这一常规的载体，直接从一台电脑内存到另一台电脑内存。

“红色代码”病毒主要攻击的是 Windows2000 和 Windows NT 等系统，大量服务器因此受到攻击而瘫痪，对正常的网络通信和服务构成了重大的威胁。

6. 后门病毒

后门病毒的前缀是 Backdoor。该类病毒的公有特性是通过网络传播，给系统开后门，给用户计算机带来安全隐患。例如经常见到的 IRC 后门 Backdoor.IRCBot 病毒。

7. 病毒种植程序病毒

这类病毒的公有特性是运行时会从体内释放出一个或几个新的病毒到系统目录下，由释放出来的新病毒产生破坏。例如冰河播种者(Dropper.BingHe2.2C)和 MSN 射手(Dropper.Worm.Smibag)等病毒。

8. 破坏性程序病毒

破坏性程序病毒的前缀是 Harm。这类病毒的公有特性是本身具有好看的图标以诱惑用户点击，当用户点击这类病毒时，病毒便会直接对用户计算机产生破坏。例如格式化 C 盘(Harm.formatC.f)和杀手命令(Harm.Command.Killer)等病毒。

9. 玩笑病毒

玩笑病毒的前缀是 Joke，也称恶作剧病毒。这类病毒的公有特性是本身具有好看的图标以诱惑用户点击，当用户点击这类病毒时，病毒会作出各种破坏操作来吓唬用户，其实病毒并没有对用户计算机进行任何破坏。例如女鬼(Joke.Girlghost)病毒。

10. 捆绑机病毒

捆绑机病毒的前缀是 Binder。这类病毒的公有特性是病毒作者会使用特定的捆绑程序将病毒与一些应用程序(如 QQ、IE)捆绑起来，表面上看是一个正常的文件，当用户运行这些捆绑病毒时，表面上会运行这些应用程序，然后隐藏运行捆绑在一起的病毒，从而给用户造成危害。例如捆绑 QQ(Binder.QQPass.QQBin)和系统杀手(Binder.killsys)等病毒。

1.7.5 计算机病毒的防治

随着以 Internet 为中心的现代信息技术的迅猛发展，计算机病毒的发展也出现了强劲的势头，每月以 300～500 种的速度增长，面对病毒肆无忌惮的挑战，反病毒软件的功能也在不断强大。

计算机病毒及反病毒是两种以软件编程技术为基础的技术，它们的发展是交替进行的，因此，对计算机病毒应以预防为主，防止病毒的入侵要比病毒入侵后再去发现和排除要好得多。

1. 计算机病毒的传播途径

计算机病毒的传播途径主要有以下 3 种。

- 通过不可移动的计算机硬件设备进行传播，如计算机硬盘。
- 通过移动存储设备来传播，如软盘、U 盘、光盘等，大多数计算机病毒都是通过这类途径传播的。
- 通过计算机网络进行传播。

2. 计算机病毒的防治

1) 机房安全措施

实践证明，计算机机房采用了严密的机房管理制度，可以有效地防止病毒入侵。机房安全措施的目的主要是切断外来计算机病毒的入侵途径。这些措施主要有以下几项。

- 定期检查硬盘及所用到的软盘，及时发现病毒，消除病毒。
- 慎用公用软件和共享软件。
- 给系统盘和文件加上写保护。
- 不用外来软盘引导计算机。
- 不在系统盘上存放用户的数据和程序。
- 保存所有的重要文件的复件，对主要数据进行经常备份。
- 新引进的软件必须确认不带病毒方可使用。
- 教育机房工作人员严格遵守制度，不准留病毒样品，防止有意或无意扩散病毒。

对于网络上的计算机，除上述注意事项外，还要注意尽量限制网络中程序的交换。

2) 社会措施

计算机病毒具有很大的社会危害，它已引起社会各领域及各国政府的注意，为了防止病毒传播，应当成立跨地区、跨行业的计算机病毒防治协会，密切监视病毒疫情，搜集病毒样品，组织人力、物力研制解毒、免疫软件，使防治病毒的方法比病毒传播更快。

为了减少新病毒出现的可能性，国家应当制定有关计算机病毒的法律，认定制造和有意传播计算机病毒为严重犯罪行为。同时，应教育软件人员和计算机爱好者认识到病毒的危害性，加强自身的社会责任感，不从事制造和改造计算机病毒的犯罪行为。

3. 常用杀毒软件

检查和清除病毒的一种有效方法是使用各种防杀病毒的软件。一般来说，无论是国外还是国内的杀毒软件，都能够不同程度地解决一些问题，但任何一种杀毒软件都不可能解决所有问题。国内杀毒软件在处理“国产病毒”或国外病毒的“国产变种”方面具有明显优势。但随着国际互联网的发展，解决病毒国际化的问题也很迫切，所以选择杀毒软件应综合考虑。

在我国，病毒的清查技术已日臻成熟，市场上已出现的世界领先水平的杀毒软件有：360 杀毒软件、瑞星杀毒软件、KV2013、金山毒霸等。

- 360 杀毒软件：360 杀毒软件是 360 安全中心出品的一款免费的云安全杀毒软件。360 杀毒具有以下优点：查杀率高，资源占用少，升级迅速等。
- 瑞星杀毒软件：瑞星杀毒软件是由北京瑞星电脑科技开发公司推出的，它具有开机扫描、定时扫描、屏保扫描等功能，使用简单。在瑞星网站和瑞星 BBS 上都有它的升级程序，或按瑞星的网址发 E-mail 索取瑞星杀毒软件升级文件，这一切都是免费的。
- KV2013：KV2013 是由江民公司推出的反病毒软件，能查杀各种常见病毒，包括一些二维变形病毒，用户可通过网络信息或有关专业报刊获得新病毒特征码或杀毒代码自行升级。
- 金山毒霸：金山毒霸是由金山软件公司推出的，具有主动实时升级、抢先启动杀毒、主动漏洞修复、木马防火墙等功能。

国外的杀毒软件常见的有：Symantec 公司的 Norton AntiVirus、卡巴斯基实验室的 Kaspersky、罗马尼亚的 BitDefender 等。

1.8 本章小结

本章主要介绍了计算机的发展简史、计算机的特点及分类、计算机的主要应用、计算机的构成和计算机的基本工作原理、一级计算机中的数制和编码、多媒体技术、计算机病毒及其防治等内容。

通过本章的学习，要求了解计算机的发展简史和应用领域，了解计算机的硬件、软件基本知识，熟悉计算机的基本构成以及其工作原理，并能够完成各种数制和码制之间的数值转换。

1.9 上 机 实 训

实训内容

1. 实训目的

(1) 掌握计算机的开机、关机操作步骤。

(2) 了解微机标准键盘的布局及各种键的功能；掌握微机键盘操作的基本指法以及一些常用快捷键。

(3) 键盘熟悉并进行指法练习，掌握中英文的输入。

2. 操作要求

1) 开机练习

按下显示器开关，然后按下主机的电源开关，启动计算机。

2) 关机练习

选择【开始】|【关机】命令，关闭计算机。

3) 调节显示器

开机后适当调节显示器的亮度、对比度、颜色设置、显示设置等按钮。

4) 指法训练

具体操作如下。

(1) 指法操作。

微机上使用的是标准键盘，键盘上的字符分布是根据字符的使用频度确定的。人的十个手指的灵活程度不一样，灵活一点的手指分管使用频率较高的键位，反之，不太灵活的手指分管使用频率较低的键位。将键盘一分为二，左右手分管两边，键位的指法分布如图 1.20 所示。

图 1.20 指法分布

除大拇指外，每个指头都负责一小部分键位。击键时，手指上下移动，这样的分工，指头移动的距离最短，错位的可能性最小且平均速度最快。

大拇指因其特殊性，最适合敲击空格键。

“ASDF……JKL；”所在行位于键盘基本区域的中间位置，此行离其他行的平均距离最短，把这一行定为基准行，这一行上“ASDF”和“JKL；”8 个键定为基准键。基准键位是手指头的常驻键位，即手指头一直落在基准键上，当击其他键时，手指头移动击键后，立即返回到基准键位上，再准备去击其他键。

基本键区周围的一些键，按照就近击键的原则，属于小指击键的范围。

操作数字小键盘区时，右手中指落在“5”(基准键位)上，中指分管 2、5、8，食指分管1、4、7，无名指分管3、6、9，小指专击Enter键，0键由大拇指负责。

操作方向键的方法是，右手中指分管↑和↓键，食指和无名指分别击←和→键。

(2) 击键要求。

只有通过大量的指法练习，才能熟记键盘上各个键的位置，从而实现盲打。用户可以先从基准键位开始练习，再慢慢向外扩展直至整个键盘。

在打字前，最好是记住整个键盘的结构，这样就不会忙于找字符而耽误时间了。要想高效准确地输入字符，还要掌握击键的正确姿势和击键方法。

① 正确的击键姿势。

- 稿子放在左侧，键盘稍向左放置。
- 身体坐正，腰脊挺直。
- 座位的高度适中，便于手指操作。
- 两肘轻贴身体两侧，手指轻放在基准键位上，手腕悬空平直。
- 眼睛看稿子，不要盯着键盘。
- 身体其他部位不要接触工作台和键盘。

② 正确的击键方法。

- 按照手指划分的工作范围击键，注意是“击”键，而不是“按”键。
- 手指的全部动作只限于手指部分，手腕要平直，手臂不动。指关节用力击键，胳膊不要用力，但可结合使用腕力。
- 手腕至手指呈弧状，指头的第一关节与键面垂直。
- 击键时以指尖垂直向键位瞬间爆发冲击力，并立即由反弹力返回。
- 击键力量不可太重或太轻。击键声音清脆，有节奏感。

(3) 指法训练。

为了提高打字速度，更快地实现盲打，按照以下方法进行练习，可以收到事半功倍的效果。

- 首先从基准键开始练习，先练习“ASDF”及“JKL；”。
- 加上“EI”键进行练习。
- 加上“GH”进行练习。
- 依次加上“RTYU”、“WQMN”键、“CXZ”键……进行练习。
- 最后练习所有的键位。

5) 英文打字练习

打开计算机中的Word 2010软件或Windows附件中自带的写字板或记事本进行中英文打字练习(或利用金山打字通软件进行指法、英文和中文输入的练习)，同时熟悉键盘的布局和使用。

(1) 练习输入以下一段英文。

There are various ways in which individual economic units can interact with one another. There basic ways may be described as the market system, the administered system, and the traditional system.

(2) 练习输入以下几段中文。

文章一

顾名思义，中医是中国的医学，或者说是中国汉民族的医学。中医在其发生、发展的过程中，吸收与融合了其他兄弟民族乃至外国的医疗经验和方法，但其始终植根于中国传统文化的土壤之中，这是没有争议的。一个民族的文化，可以表现为极其多样的形态，却往往有着基本一致的内核。文化的形态可以随着年代变迁而有所不同，但精神的内核则往往历久而恒新。中医在中国的土地上迁演数千年之久，药物从数百种增加到数千种乃至上万种，方剂从数百首增加到数万首乃至数十万首，文献从医经七家、经方十一家增加到洋洋万种之多，理论的更新、方法的丰富、技术的创新、疗效的提高，自不必言说，但其内在精神则一直是稳定的，并且总是贯穿于从理论到临床的各个方面的。从这个意义上讲，中医在它的千年之旅中是变而不变的，变的是形态与数量，不变的是精神。因此，中医可以成为我们民族的文化符号。

文章二

档案查询检索，当然是越快越好，但是现在一个“毫秒级”的档案全文检索对目前我国的档案管理工作的意义到底有多大？对普通使用者而言，只要检索速度达到秒级，便已非常足够。所谓毫秒级检索，是否已经钻进了一味追求速度更快的牛角尖？因为一来，就算档案检索速度再快，但如果连想要检索的内容都匮乏或者陈旧，那么还是不能满足我们检索的需求；再有，档案查询关键还要考虑并行检索。如果系统对并发的检索要求并无多大的支撑力，那即使有了“毫秒级”，也是没有多大意义的。

文章三

这些概念的核心就是互联网——“网络”，它无规划地收集存在于世界各地并高速连接在一起的计算机上的数据。专家提示我们，存储在一台个人计算机上的任何数据都会进入因特网，这给了我们更大的灵活性并让我们的生活被网络包围起来。因此，核心的问题是互联网进入了我们的生活。事实上现在很多作者拼写 Internet 的时候不大写“I”，而是写成 internet，就像 Telephone 变成 telephone 一样，因为两个系统不属于一个人，而是属于整个世界。本书也将遵循这一新的习惯。

文章四

对于网络设备来讲，它需要几种采集方式，往往这些设备都是在远端进行工作。Micromuse 工程技术经理梁艳荣表示：远程管理可能是一种集中式的管理，而集中式管理的概念现在实际上可能越来越被客户所采纳。原因就是网络速度变快了，在物理层面上为远程管理提供了最基础的手段，同时可以实现集中化的管理。对企业来讲，直接的好处就是运营成本的降低。但同时也会带来一个问题。

1.10 习题

1. 世界上第一台电子数字计算机研制成功的时间是________年。

   A. 1936　　B. 1946　　C. 1956　　D. 1975

2. 世界上第一台电子数字计算机取名为________。

A. UNIVAC　B. EDSAC　C. ENIAC　D. EDVAC

3. 从第一代电子计算机到第四代计算机的体系结构都是相同的，都是由运算器、控制器、存储器以及输入输出设备组成的，称为________体系结构。

A. 艾伦·图灵　B. 罗伯特·诺依斯

C. 比尔·盖茨　D. 冯·诺依曼

4. 计算机的发展阶段通常是按计算机所采用的________来划分的。

A. 内存容量　B. 电子器件　C. 程序设计语言　D. 操作系统

5. 最先实现存储程序的计算机是________。

A. EDIAC　B. EDSAC　C. UNIVAC　D. EDVAC

6. 第一代计算机采用的电子器件是________。

A. 晶体管　B. 电子管

C. 中小规模集成电路　D. 超大规模集成电路

7. 第二代计算机采用的电子器件是________。

A. 晶体管　B. 电子管

C. 中小规模集成电路　D. 超大规模集成电路

8. 在软件方面，第一代计算机主要使用________。

A. 机器语言　B. 高级程序设计语言

C. 数据库管理系统　D. BASIC 和 FORTRAN

9. 现代计算机之所以能自动地连续进行数据处理，主要是因为________。

A. 采用了开关电路　B. 采用了半导体器件

C. 具有存储程序的功能　D. 采用了二进制

10. 一个完整的计算机系统通常应包括________。

A. 系统软件和应用软件　B. 计算机及其外部设备

C. 硬件系统和软件系统　D. 系统硬件和系统软件

11. 我们通常所说的“裸机”指的是________。

A. 只装备有操作系统的计算机　B. 不带输入输出设备的计算机

C. 未装备任何软件的计算机　D. 计算机主机暴露在外

12. 我国自行设计研制的银河II型计算机是________。

A. 微型计算机　B. 小型计算机　C. 中型计算机　D. 巨型计算机

13. 在下列叙述中，正确的是________。

A. 最先提出存储程序思想的是英国科学家艾伦·图灵

B. ENIAC 计算机采用的电子器件是晶体管

C. 在第三代计算机期间出现了操作系统

D. 第二代计算机采用的电子器件是集成电路

14. MIPS 常用来描述计算机的运算速度，其含义是________。

A. 每秒钟处理百万个字符　B. 每分钟处理百万个字符

C. 每秒钟执行百万条指令　D. 每分钟执行百万条指令

15. 计算机内部信息的表示及存储采用二进制形式的最主要原因是________。
    A. 产品的成本低　　B. 避免与十进制混淆
    C. 与逻辑电路硬件相适应　　D. 容易记忆和计算
16. 微型计算机中存储数据的最小单位是________。
    A. 字节　　B. 字　　C. 位　　D. KB
17. 使用 Pentium/200 芯片的微机，其 CPU 的时钟频率为________。
    A. 200MHz　　B. 200Hz　　C. 200MB　　D. 200KB
18. 通常我们所说的 32 位机，指的是这种计算机的 CPU________。
    A. 是由 32 个运算器组成的　　B. 能够同时处理 32 位二进制数据
    C. 包含有 32 个寄存器　　D. 一共有 32 个运算器和控制器
19. 64 位机的字长为________个二进制位。
    A. 32　　B. 16　　C. 8　　D. 64
20. 计算机辅助教学的英文缩写是________。
    A. CAD　　B. CAI　　C. CAM　　D. CAT
21. 计算机辅助设计的英文缩写是________。
    A. CAD　　B. CAI　　C. CAM　　D. CAT
22. 办公自动化(OA)是计算机的一项应用，按计算机应用的分类，它属于________。
    A. 数据处理　　B. 科学计算　　C. 实时控制　　D. 辅助设计
23. 关于计算机病毒，正确的说法是________。
    A. 计算机病毒可以烧毁计算机的电子器件
    B. 计算机病毒是一种传染力极强的生物细菌
    C. 计算机病毒是一种人为特制的具有破坏性的程序
    D. 计算机病毒一旦产生，便无法清除
24. 下列软件中，专用于检测和清除病毒的软件是________。
    A. Word　　B. WPS　　C. Excel　　D. KV2013
25. 为了预防计算机病毒，应采取的正确措施之一是________。
    A. 每天都要对硬盘和软盘进行格式化
    B. 绝不玩任何计算机游戏
    C. 不同任何人交流
    D. 不用盗版软件和来历不明的磁盘
26. 计算机病毒会造成________。
    A. CPU 的烧毁　　B. 磁盘驱动器的损坏
    C. 程序和数据的破坏　　D. 硬盘的物理损坏
27. 计算机病毒是对计算机系统有极大危害性的________。
    A. 一种计算机装置　　B. 一块计算机芯片
    C. 一种计算机程序　　D. 一种计算机部件
28. 防止软盘感染计算机病毒的有效方法是________。
    A. 不要把软盘和有病毒的软盘放在一起
    B. 对软盘进行写保护

C. 保持软盘清洁

D. 定期对软盘进行格式化

29. 计算机病毒除有破坏性、潜伏性和激发性外，还有一个明显的特性是________。

A. 传染性　B. 自由性　C. 隐藏性　D. 危险性

30. 十进制数 1385 转换成十六进制数为________。

A. 567　B. 568　C. 569　D. 56A

31. 五笔字型是一种________汉字输入方法。

A. 音码　B. 形码　C. 音形结合　D. 流水码

32. 汉字的两种编码是________。

A. 简体字和繁体字　B. 国标码和机内码

C. ASCII 和 EBCDIC　D. 二进制和八进制

33. 在下列输入法中，属于纯形码方式的是________。

A. 五笔字型　B. 自然码　C. 区位码　D. 智能拼音

34. 当用全拼汉字输入法输入汉字时，汉字的编码必须用________输入。

A. 小写英文字母　B. 大写英文字母

C. 大小写英文字母混合　D. 数字或字母

35. 计算机存储数据的最小单位是二进制的________。

A. 位(比特)　B. 字节　C. 字长　D. 千字节

36. 我国国家标准局于________年颁布了“中华人民共和国国家标准信息交换汉字编码字符集基本集”，即《信息交换用汉字编码字符集基本集》。

A. 1979　B. 1980　C. 1981　D. 1985

37. 《信息交换用汉字编码字符集基本集》的代号是________。

A. GB 2312－80　B. GB 2312－87　C. GB 3122－80　D. GB 2215－87

38. 在《信息交换用汉字编码字符集基本集》中，共包括______个汉字和图形符号。

A. 6763　B. 12000　C. 682　D. 7445

39. KB 是用于表示存储器容量的一种常用单位，其准确含义是________。

A. 1000 兆字节　B. 1024 兆字节　C. 1000 字节　D. 1024 字节

40. 在表示存储器的容量时，MB 的准确含义是________。

A. 1024KB　B. 1024B　C. 1000KB　D. 1000B

41. 与十进制数 56 等值的二进制数是________。

A. 111000　B. 111001　C. 101111　D. 110110

42. 在计算机内部，一切信息的存取、处理和传送都是以________形式进行的。

A. EBCDIC 码　B. ASCII 码　C. 十六进制　D. 二进制

43. 下列数据中，有可能是八进制数的是________。

A. 488　B. 317　C. 597　D. 189

44. 二进制数 10111 转换成十进制数是________。

A. 53　B. 32　C. 23　D. 46

45. 二进制数 10111101110 转换成八进制数是________。

A. 2743　B. 5732　C. 6572　D. 2756

46. 二进制数 111010011 转换成十六进制数是________。

A. 323　B. 1D3　C. 133　D. 3D1

47. 下面几个不同进制的数中，最大的数是________。

A. 二进制数 1100010　B. 八进制数 225

C. 十进制数 500　D. 十六进制数 1FE

48. 下面几个不同进制的数中，最小的数是________。

A. 二进制数 1011100　B. 十进制数 35

C. 八进制数 47　D. 十六进制数 2E

49. 在下列无符号十进制数中，能用 8 位二进制数表示的是________。

A. 255　B. 256　C. 317　D. 289

50. 有一个数值 152，它与十六进制数 6A 相等，那么该数值是________。

A. 十进制数　B. 二进制数　C. 四进制数　D. 八进制数

51. “美国信息交换标准代码”的简称是________。

A. EBCDIC　B. ASCII　C. GB 2312—80　D. BCD

52. 关于基本 ASCII 码在计算机中的表示方法准确的描述是________。

A. 使用 8 位二进制数，最右边一位为 1

B. 使用 8 位二进制数，最左边一位为 1

C. 使用 8 位二进制数，最右边一位为 0

D. 使用 8 位二进制数，最左边一位为 0

53. 关于扩充 ASCII 码在计算机中的表示方法正确的描述是________。

A. 使用 8 位二进制数，最右边一位为 1

B. 使用 8 位二进制数，最左边一位为 1

C. 使用 8 位二进制数，最右边一位为 0

D. 使用 8 位二进制数，最左边一位为 0

54. 数字字符“4”的 ASCII 码为十进制数 52，字符“9”的 ASCII 码为十进制数________。

A. 57　B. 58　C. 59　D. 60

55. 已知英文大写字母“A”的 ASCII 码为十进制数 65，则英文大写字母“E”的 ASCII 码为十进制数________。

A. 67　B. 68　C. 69　D. 70

56. 已知英文小写字母“d”的 ASCII 码为十进制数 100，则英文小写字母“h”的 ASCII 码为十进制数________。

A. 103　B. 104　C. 105　D. 106

57. 汉字“川”的区位码为“2008”，正确的说法是________。

A. 该汉字的区码是 20，位码是 08

B. 该汉字的区码是 08，位码是 20

C. 该汉字的机内码高位是 20，机内码低位是 08

D. 该汉字的机内码高位是 08，机内码低位是 20

58. 在微机汉字系统中，一个汉字的机内码占的字节数是________。

A. 1　　B. 2　　C. 4　　D. 8

59. 汉字“灯”的十进制区位码为“2138”，它的十六进制国际码为________。

A. 4138H　　B. 4158H　　C. 3526H　　D. 3546H

60. 在 16×16 点阵的汉字字库中，存储 20 个汉字的字模信息需要________个字节。

A. 64　　B. 640　　C. 128　　D. 320

61. 下列设备组中，完全属于输入设备的一组是________。

A. CD-ROM 驱动器，键盘，显示器

B. 绘图仪，键盘，鼠标器

C. 键盘，鼠标器，扫描仪

D. 打印机，硬盘，条码阅读器

62. 假设某台式计算机的内存储器容量为 128MB，硬盘容量为 10GB，硬盘的容量是内存容量的________。

A. 40 倍　　B. 60 倍　　C. 80 倍　　D. 100 倍

63. CPU 主要技术性能指标有________。

A. 字长、主频和运算速度　　B. 可靠性和精度

C. 耗电量和效率　　D. 冷却效率

64. 计算机系统软件中，最基本、最核心的软件是________。

A. 操作系统　　B. 数据库管理系统

C. 程序语言处理系统　　D. 系统维护工具

65. 计算机指令主要存放在________。

A. CPU　　B. 内存　　C. 硬盘　　D. 键盘

66. 防火墙是________。

A. 一个特定软件　　B. 一个特定硬件

C. 执行访问控制策略的一组系统　　D. 一批硬件的总称

第 2 章　Windows 7 操作系统

Windows 7 是微软公司于 2009 年 10 月 22 日发布(正式版)的新一代操作系统。它在继承了 Windows XP 实用性和 Windows Vista 华丽的同时，也完成了很大变革。Windows 7 包含 6 个版本，能够满足不同用户使用时的需要。本系统围绕用户个性化设计、应用服务设计、用户易用设计、娱乐视听设计等方面增加了很多特色功能。本章将对操作系统的概念和操作系统的发展过程进行回顾，对现今常用的操作系统进行介绍，并对典型的 Windows 7 操作系统的环境及使用方法进行详细说明。通过本章的学习，应掌握以下几点。

(1) 桌面、任务栏、菜单、窗口和对话框的基本操作。

(2) 使用资源管理器管理文件和文件夹。

(3) Windows 7 应用程序的使用。

(4) Windows 7 的系统设置。

2.1　Windows 7 概述

2.1.1　Windows 发展

Windows 是一个为个人计算机和服务器用户设计的操作系统，也被称为“视窗操作系统”。它的第一个版本 Windows 1.0 由美国微软(Microsoft)公司于 1985 年发行。Windows 2.0 于 1987 年发行，由于当时硬件和 DOS 操作系统的限制，这两个版本并没有取得很大的成功。此后 Microsoft 公司对 Windows 的内存管理、图形界面作了很大改进，使图形界面更加美观并支持虚拟内存，于 1990 年 5 月推出的 Windows 3.0 在商业上取得惊人的成功，从而一举奠定了 Microsoft 在操作系统上的垄断地位。1992 年，Windows 3.1 发布。1994 年，Windows 3.2 的中文版本发布并很快流行起来。1995 年，Microsoft 推出了新一代操作系统 Windows 95，它可以独立运行而无须 DOS 支持。1998 年推出了 Windows 98，2000 年推出了 Windows Me、Windows 2000，2001 年推出了 Windows XP 操作系统，以及 2007 年推出了 Windows Vista 操作系统。

2009 年 10 月 22 日微软在美国正式发布的 Windows 7 是现在最流行的操作系统，核心版本号为 Windows NT 6.1。Windows 7 具有 6 个版本，可供家庭及商业工作环境、笔记本电脑、平板电脑、多媒体中心等使用。

2.1.2　Windows 7 的新特点

Windows 7 与以前微软公司推出的操作系统相比，具有以下特色。

1. 易用

Windows 7 提供了很多方便用户的设计，如窗口半屏显示、快速最大化、跳转列表等。

2. 快速

Windows 7 大幅缩减了 Windows 的启动时间，据实测，在 2008 年的中低端配置下运行时，系统加载时间一般不超过 20 秒，这与 Windows Vista 的 40 余秒相比，是一个很大的进步。

3. 特效

Windows 7 效果很华丽，除了有碰撞效果、水滴效果，还有丰富的桌面小工具。与 Windows Vista 相比，这些方面都增色很多，并且在拥有这些新特效的同时，Windows 7 的资源消耗却是最低的。

4. 简单安全

Windows 7 改进了安全和功能合法性，还把数据保护和管理扩展到外围设备。改进了基于角色的计算方案和用户帐户管理，在数据保护和坚固协作的固有冲突之间搭建沟通桥梁，同时也能够开启企业的数据保护和权限许可。

2.2　Windows 7 操作系统基础

2.2.1　Windows 7 的基本知识

1. Windows 7 的硬件要求

CPU：1GHz 及以上。

内存：1GB。

硬盘：20GB 以上可用空间。

显卡：支持 DirectX 9 或更高版本的显卡，若低于此版本，Aero 主题特效可能无法实现。

其他设备：DVD R/W 驱动器。

2. Windows 7 的版本介绍

Windows 7 包括 6 个版本，分别为 Windows 7 Starter(初级版)、Windows 7 Home Basic(家庭基础版)、Windows 7 Home Premium(家庭高级版)、Windows 7 Professional(专业版)、Windows 7 Enterprise(企业版)和 Windows 7 Ultimate(旗舰版)，这六个版本的操作系统功能都存在差异，主要是为了针对不同用户的需求而设计的。

3. Windows 7 的安装方式

Windows 7 提供三种安装方式：升级安装、自定义安装和双系统共存安装。

(1) 升级安装。这种方式可以将用户当前使用的 Windows 版本替换为 Windows 7，同时保留系统中的文件、设置和程序。如果原来的操作系统是 Windows XP 或更早的版本，建议进行卸载之后再安装 Windows 7。或者采用双系统共存安装的方式将 Windows 7 系统安装在其他硬盘分区。如果系统是 Windows Vista，则可以采用升级安装方式升级到

Windows 7 系统。

(2) 自定义安装。此方式将用户当前使用的 Windows 版本替换为 Windows 7 后不保留系统中的文件、设置和程序，也叫清理安装。在进行安装时首先将 BIOS 设置为光盘启动方式，由于不同的主板 BIOS 设置项不同，建议大家先参看使用手册来进行设置。BIOS 设置完之后放入安装盘，根据安装盘的提示和自己的需求完成安装。

(3) 双系统共存安装。即保留原有的系统，将 Windows 7 安装在一个独立的分区中，与机器中原有的系统相互独立，互不干扰。双系统共存安装完成后，会自动生成开机启动时的系统选择菜单，这些都和 Windows XP 十分相像。

4. Windows 7 的启动和退出

1) Windows 7 的启动

打开计算机显示器和机箱开关，计算机进行开机自检后出现欢迎界面，根据系统的使用用户数，分为单用户登录和多用户登录，如图 2.1 和图 2.2 所示。

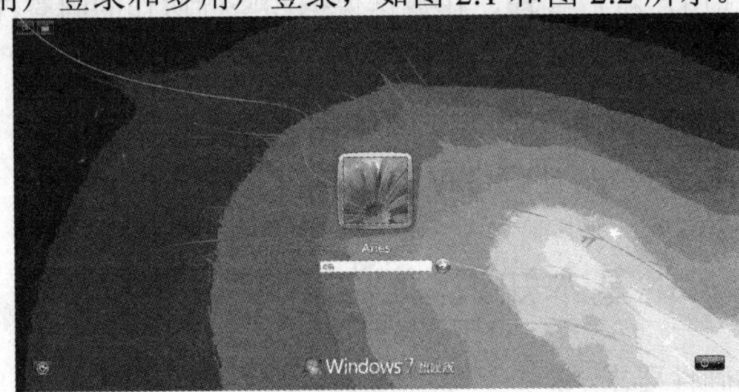

图 2.1　单用户登录

图 2.2　多用户登录

单击需要登录的用户名后，如果有密码，输入正确密码后按下 Enter 键或文本框右边的按钮，即可进入系统。

2) Windows 7 的退出

Windows 7 中提供了关机、休眠/睡眠、锁定、注销和切换用户操作等方式来退出系统，用户可以根据自己的需要来进行选择。

(1) 关机。

正常关机：使用完计算机要退出系统并且关闭计算机时的关机方式。单击【开始】按钮，弹出【开始】菜单，单击【关机】按钮，即可完成关机。

非正常关机：当用户的计算机出现“花屏”、“黑屏”、“蓝屏”等情况，不能通过【开始】菜单关闭计算机时，可以采用长按主机机箱上的电源开关关闭计算机。

(2) 休眠/睡眠。

Windows 7 提供了休眠和睡眠两种待机模式，它们的相同点是进入休眠或者睡眠状态的计算机电源都是打开的，当前系统的状态会保存下来，但是显示器和硬盘都停止工作，当需要使用计算机时进行唤醒后就可进入刚才的状态，这样可以在暂时不使用系统时起到省电的效果。这两种方式的不同点在于休眠模式系统的状态保存在硬盘里，而睡眠模式是保存在内存里。进入这两种模式的方法是：单击【开始】按钮，在弹出的【开始】菜单中单击【关机】按钮旁的右拉按钮，在弹出的菜单中根据需要选择【睡眠】或者【休眠】命令。

(3) 锁定。

当用户暂时不使用计算机但又不希望别人对自己的计算机进行查看时，可以使用计算机的锁定功能。实现锁定的操作方法是：单击【开始】按钮，再单击【关机】按钮右边的右拉按钮，在弹出的菜单中选择【锁定】命令即可完成。当用户再次需要使用计算机，时只需输入用户密码即可进入系统。

(4) 注销。

Windows 7 提供多个用户共同使用计算机操作系统的功能，每个用户可以拥有自己的工作环境，当用户使用完需要退出系统时可以通过【注销】命令退出系统环境。具体操作方法是：单击【开始】按钮，在弹出的菜单中单击【关机】按钮右边的右拉按钮，选择【注销】命令即可。

(5) 切换用户。

这种方式使用户之间能够快速地进行切换，当前用户退出系统回到用户登录界面。操作方法为：单击【开始】按钮，在弹出的【开始】菜单中单击【关机】按钮右边的右拉按钮，选择【切换用户】命令。

5. Windows 7 的桌面

当用户登录进入 Windows 7 操作系统之后，就可以看到系统桌面。桌面包括背景、图标、【开始】按钮和任务栏等主要部分，如图 2.3 所示。

用户可以根据自己的喜好进行桌面设置，包括设置桌面主题、桌面背景、背景图标个性化、屏幕保护程序和更改桌面小工具等操作。用户可以双击桌面图标来快速打开文件、文件夹或应用程序。任务栏主要由程序按钮区、通知区域和【显示桌面】按钮组成，Windows 7 的任务栏比之前的系统都进行了很大创新，使用户使用起来更为方便灵活。

6. Windows 7 窗口

当用户在 Windows 7 系统中打开文件、文件夹和应用程序时，内容将在其窗口中显示

如图 2.4 所示，Windows7 窗口一般由标题栏、菜单栏、控制按钮区、搜索栏、滚动条、状态栏、功能区、细节窗格、导航窗格等部分组成。

图 2.3　Windows 7 桌面

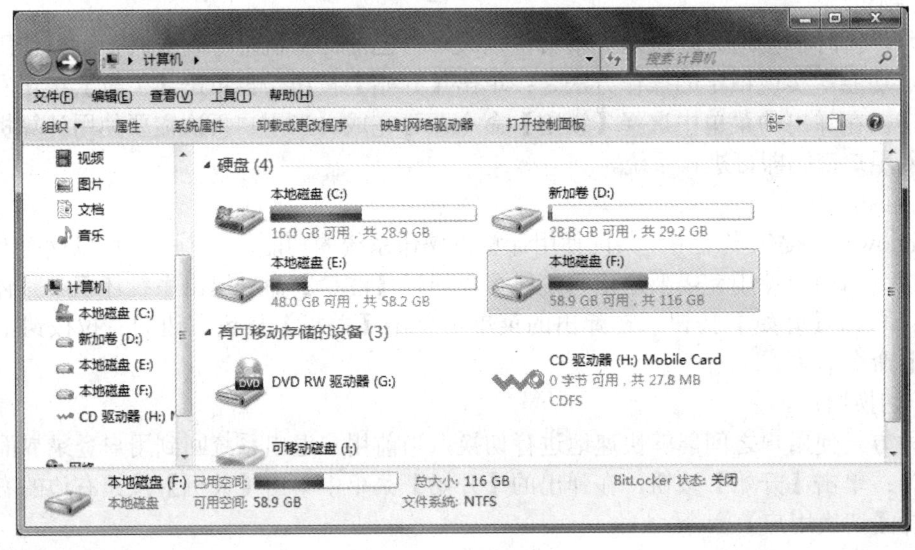

图 2.4　Windows 7 窗口

7. 菜单和对话框

1) 菜单

菜单中存放着系统程序的运行命令，它由多个命令按照类别集合在一起构成。一般分为下拉菜单和快捷菜单两种。下拉菜单统一都放在菜单栏中，使用的时候只需单击菜单栏相应项就可以出现下拉菜单，通过单击菜单中的命令系统即可进行相应操作。下拉菜单如图 2.5 所示。而图 2.6 所示为通过右击出现的快捷菜单，其中包含了对选中对象的一些操作命令，虽然没有菜单栏里的命令全面，但这种方式使用起来更为快捷。

2) 对话框

对话框在用户对对象进行操作时出现，主要是对对象的操作进行进一步的说明和提示，对话框可以进行移动、关闭操作，但不能进行改变对话框大小的操作。图 2.7 所示为【鼠标 属性】对话框。

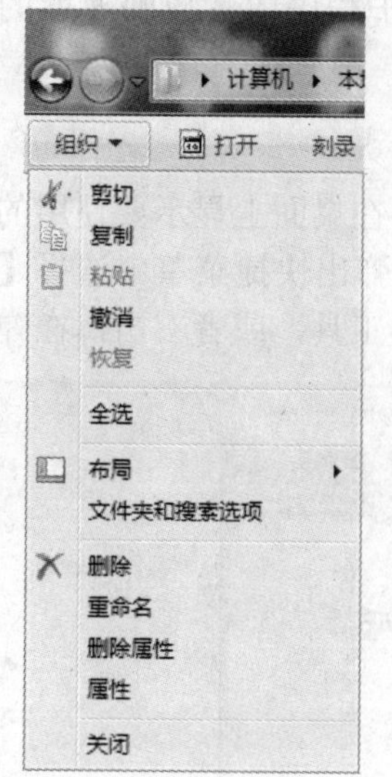

图 2.5　下拉菜单

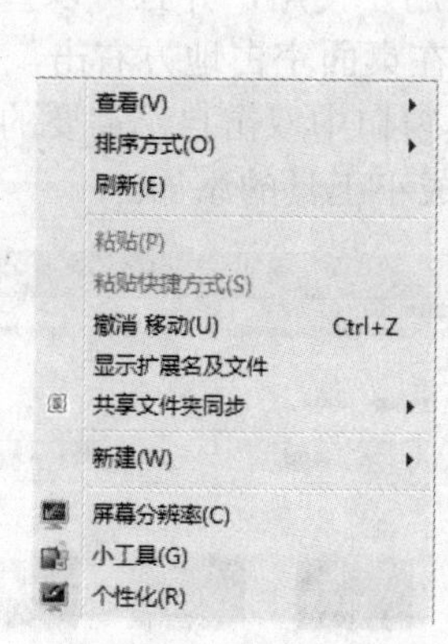

图 2.6　快捷菜单

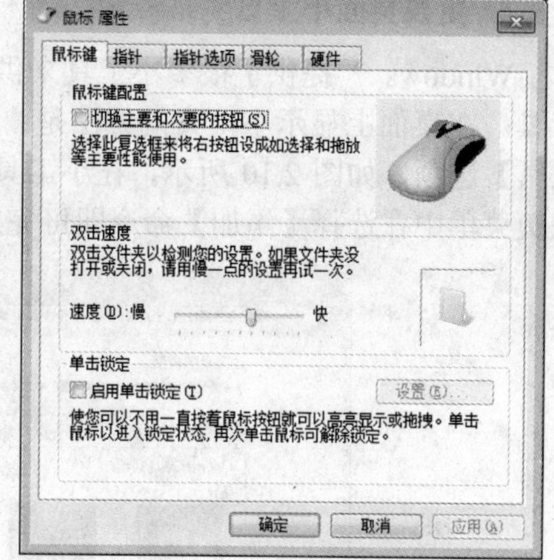

图 2.7　【鼠标 属性】对话框

2.2.2　Windows 7 的基本操作

1. 桌面主题设置

Windows 7 系统为用户提供了一个良好的个性化设置方式，能够满足不同用户的喜好。设置桌面主题的方法为：在桌面空白处右击，在弹出的快捷菜单中选择【个性化】命令，弹出【更改计算机上的视觉效果和声音】窗口，根据需要在窗口中选择相应主题即可。

2. 桌面背景设置

Windows 7 系统和以前的 Windows 操作系统一样，提供了桌面背景设置功能，操作步骤为：打开【更改计算机上的视觉效果和声音】窗口，选择【桌面背景】选项，弹出【桌面背景】窗口，在【图片位置】下拉列表框中选择要使用图片的文件夹，并选中所需图片，再在【图片位置】下拉列表框中设置适合的选项，单击【保存修改】按钮即可完成设置。若要选择用户自己的图片，可以在窗口中单击【浏览】按钮，打开【浏览文件夹】对话框，选中所需图片，单击【保存修改】按钮即可完成设置，如图 2.8 所示。另外还可以先找到需要设置为桌面背景的图片，右击，在弹出的快捷菜单中选择【设置为桌面背景】命令，即可完成桌面背景的设置。

3. 屏幕保护程序的设置

在计算机使用的过程中设置屏幕保护程序可以减少耗电、保护计算机显示器和个人隐私等，在 Windows 7 中设置屏幕保护程序的方法是打开【更改计算机上的视觉效果和声音】窗口，选择【屏幕保护程序】选项，在弹出的【屏幕保护程序设置】对话框中根据用户需要选择系统自带的屏幕保护程序，如图 2.9 所示，对等待时间设置之后单击【应用】按钮，再单击【确定】即可完成屏幕保护程序的设置。用户也可以利用个人图片来进行屏

幕保护程序的设置，方法为在【屏幕保护程序】下拉列表框中选择【照片】选项，单击【设置】按钮，在出现的【照片屏幕保护程序设置】对话框中单击【浏览】按钮选择所需照片，通过【幻灯片放映速度】后的下拉按钮选择完成屏幕保护程序图片放映速度的设置，最后单击【保存】按钮即可完成设置。

4. 更改桌面小工具

Windows 7 提供了很多小工具来供用户使用，并且可以直接在桌面上显示要使用的小工具。在桌面上显示小工具的方法是：在桌面空白地方右击，在弹出快捷菜单中选择【小工具】选项，如图 2.10 所示，在小工具窗口中双击自己需要的小工具，或者右击，在弹出快捷菜单中在选择【添加】命令即可完成小工具的添加。

图 2.8　选择桌面背景

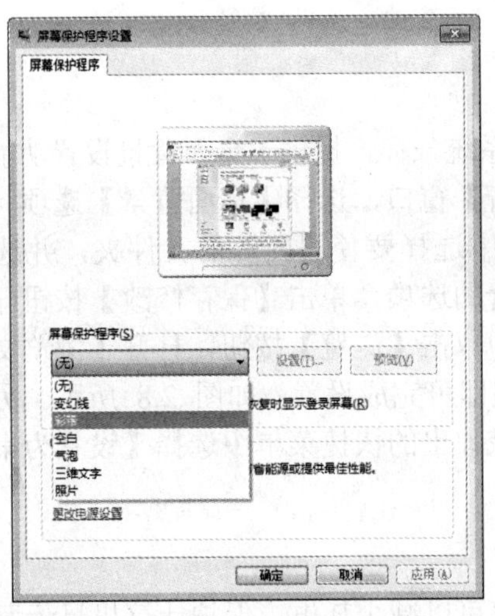

图 2.9　屏幕保护程序的设置

图 2.10　更改桌面小工具

5. 任务栏操作

Windows 7 对任务栏进行了重新设计，新增了一些功能，可以让用户更灵活地对任务栏进行操作。

(1) 隐藏显示任务栏。在任务栏空白处右击，在弹出的快捷菜单中选择【属性】选项，在弹出的【任务栏和「开始」菜单属性】对话框中通过选中【自动隐藏任务栏】复选项，就可以完成任务栏的隐藏和显示。

(2) 调整任务栏的大小和位置。完成此项操作前需对任务栏进行解锁，方法是在任务栏空白处单击右键，在弹出的快捷菜单中取消【锁定任务栏】选项即可解锁任务栏。接着将鼠标移到任务栏空白区域的上方，待鼠标变化之后，单击进行推动，即可改变任务栏的大小。而在任务栏空白区域，利用鼠标拖动任务栏到适当位置后释放，即可完成任务栏位置的改变。

2.2.3　程序管理

应用程序管理的操作主要包括安装应用程序、删除应用程序和设置打开文件的默认程序。

1. 安装应用程序

Windows 系统中安装应用程序的方式基本相同，都是通过执行应用程序的安装文件，并按安装向导指引设置安装参数来实现的。下面我们以安装 QQ 程序为例，介绍安装应用程序的具体步骤。

(1) 下载或者复制 QQ 应用程序的安装文件后，双击该安装文件启动安装向导，如图 2.11 所示。

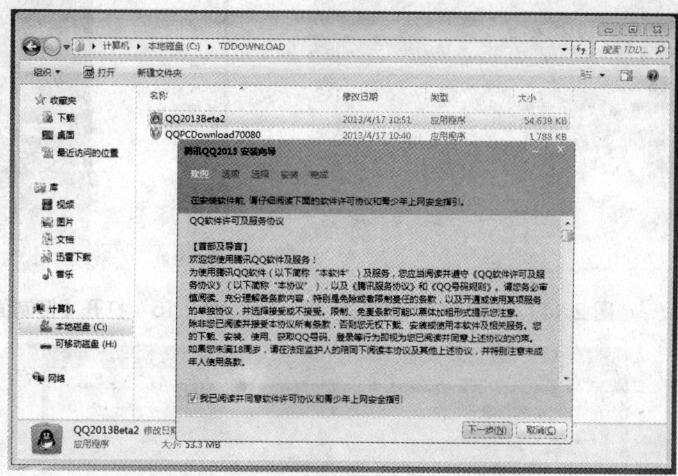

图 2.11　安装程序界面

(2) 选择同意软件许可协议，并单击【下一步】按钮。

(3) 选择安装参数，根据需要选中相应复选框，然后单击【下一步】按钮，如图 2.12 所示。

(4) 根据需求设置安装路径，单击【安装】按钮则开始安装应用程序，如图 2.13 所示。经过一段时间之后出现如图 2.14 所示的界面，选择相应项后单击【完成】按钮即可。

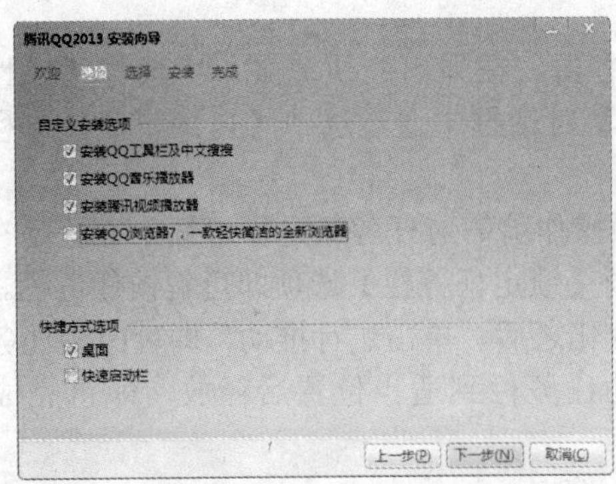

图 2.12　设置安装选项

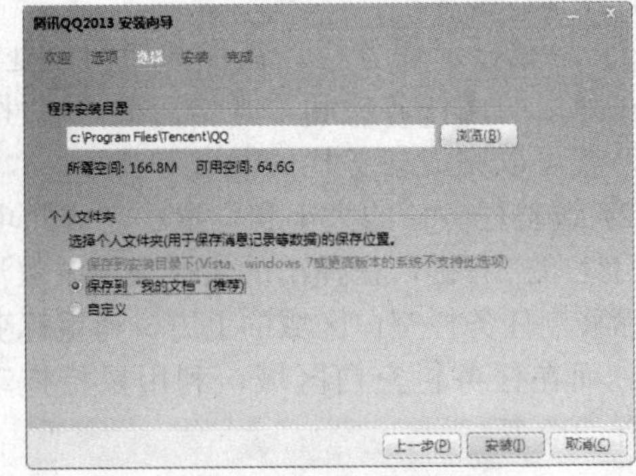

图 2.13　选择安装路径

2. 卸载应用程序

当用户不再需要某个应用程序时，可以将其从系统中卸载，步骤如下。

(1) 如图 2.15 所示，单击【开始】按钮，选择【控制面板】选项，打开如图 2.16 所示的【控制面板】窗口后选择【程序】选项，打开如图 2.17 所示的窗口。

(2) 图 2.17 中列出了这台计算机中所安装的全部应用程序，找到需要卸载的应用程序后，单击【卸载】按钮，在弹出的对话框中根据揭示操作即可卸载相应的应用程序，如图 2.18 所示就是卸载 QQ 程序。

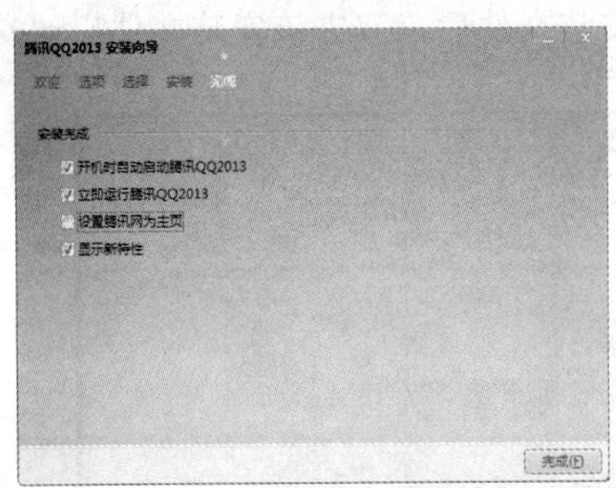

图 2.14　安装完毕

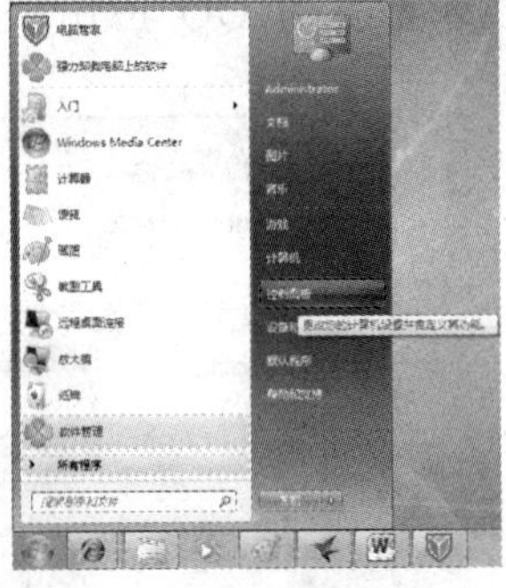

图 2.15　打开【控制面板】

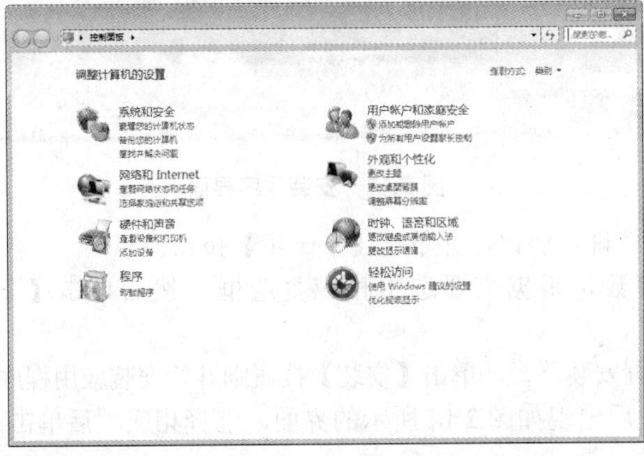

图 2.16　控制面板

高等学校应用型特色规划教材

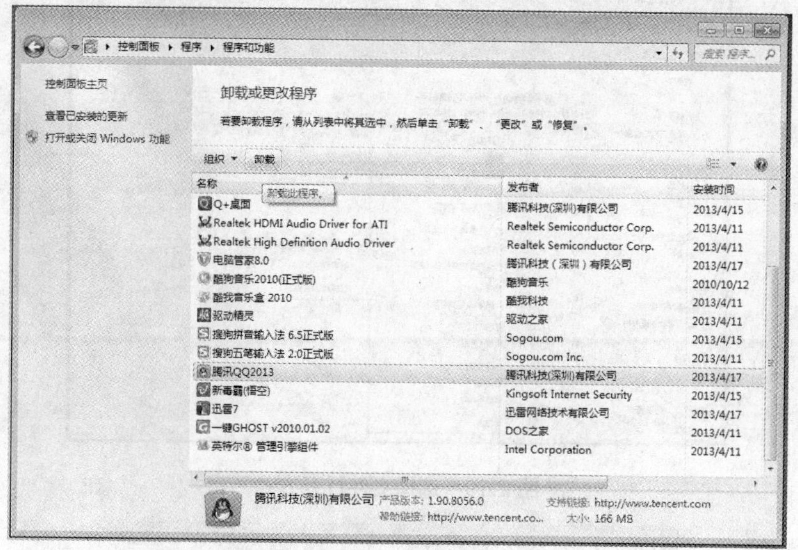

图 2.17　卸载程序

图 2.18　确认卸载程序

许多程序本身带有卸载程序功能，用户也可以通过【开始】菜单，在该应用程序目录中选择卸载程序来卸载该应用程序。若卸载过程中出现一些提示对话框，只需按照对话框中相应的提示进行操作即可。

3. 设置打开文件的默认程序

系统中安装应用程序之后，通常会将文档的打开方式与应用程序关联。也就是说，系统将指明在双击某类文档时，使用特定的应用程序打开文件。例如，安装了 Word 2010 程序之后，系统将.docx 文件与 Word 2010 关联，用户双击.docx 文件时，系统会启动 Word 2010 程序来打开该文件。但是当安装的应用程序较多时，文件的关联会显得混乱，有时系统并没有使用用户所需要的应用程序来打开文件。这时用户可以通过设置打开文件的默认程序来修改文件的打开方式。具体操作步骤如下。

(1) 选中一个希望修改打开方式的文件。

(2) 右击，在弹出的快捷菜单中选择【打开方式】命令，如图 2.19 所示。

(3) 在【打开方式】子菜单中选择要使用的应用程序即可。若在【打开方式】子菜单中没有用户所需的应用程序，可以在图 2.19 中选择【选择默认程序】选项，在如图 2.20 所示的【打开方式】对话框中，可以通过【浏览】按钮直接选择所需要的应用程序。

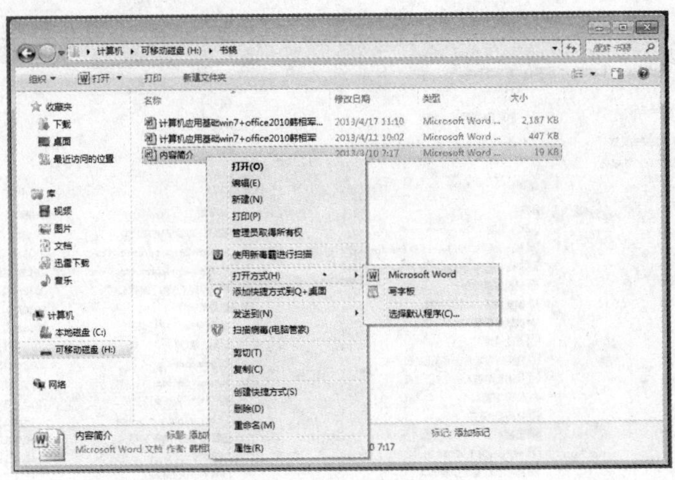

图 2.19　选择文件打开方式

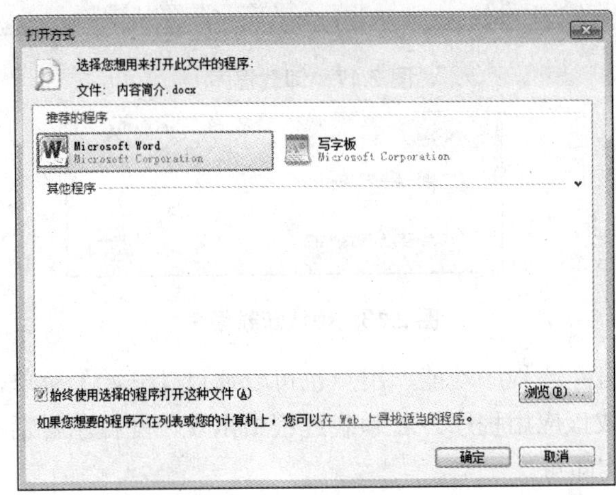

图 2.20　【打开方式】对话框

2.2.4　鼠标的使用

在 Windows 环境下，鼠标是常用的输入工具，利用它可以方便地选取菜单、按下工具栏上的按钮、移动标尺、改变窗口大小等。鼠标操作控制着屏幕上的一个指针，当移动鼠标时，指针也会随着移动。

鼠标的 5 种基本操作如下。

(1) 指向：将鼠标指针移动到某对象上，如快捷图标、文件或文件夹、图片等。

(2) 单击：将鼠标的左键快速按下后放开。通常用于选中对象。

(3) 双击：将鼠标的左键连续快速按下两次。通常用于打开对象。

(4) 拖动：将鼠标指向对象，按下左键不放，移动鼠标到新的位置后放开。通常用于移动或复制对象。

(5) 右键单击(右击)：将鼠标的右键快速按下后放开。通常右击某对象后会弹出一个关于该对象常用操作命令的快捷菜单，也称为右键菜单，其中包含了可用于该项的常规命令。

2.2.5 文件和文件夹管理

操作系统在管理计算机中的软、硬件资源时，一般都将数据以文件的形式存储在硬盘上，并以文件夹的方式对计算机中的文件进行管理，以便于用户的使用。因此文件和文件夹的管理在操作系统中是很重要的一个部分。

1. 文件和文件夹

1) 文件

模糊地说文件是一段程序或数据的集合，具体地说，在计算机系统中文件是一组赋名的相关联字符流的集合或者是相关联记录的集合。计算机系统中每个文件都对应一个文件名，文件名由主文件名和扩展名构成。主文件名表示文件的名称，一般由用户给出，扩展名主要说明文件的类型。常用的文件扩展名和文件类型见表 2.1。

表 2.1 文件扩展名

文件扩展名	文件类型
exe	可执行文件
txt	文本文件
doc、docx	Word 文件
xls、xlsx	Excel 文件
Ppt、pptx	PowerPoint 文件
html	超文本文件
avi	视频文件
wav	音频文件
mp3	利用 MPEG-1 Layout3 标准压缩的文件
rar	WinRar 文件
bmp	位图文件
jpeg	图像压缩文件
sys	系统文件
pdf	图文多媒体文件

文件的种类非常多，了解文件扩展名对文件的管理和操作具有很重要的作用。

2) 文件夹

文件夹是操作系统中用来存放文件的工具。文件夹中可以包含文件夹和文件，但在同一个文件夹中不能存放名称相同的文件或文件夹。为方便对文件的有效管理，经常将同一类的文件放在同一个文件夹中。

2. 文件或文件夹隐藏和显示

Windows 系统为了保证文件重要信息的安全性，提供了对文件属性进行设置的方法，从而能为用户更好地保护数据信息。

1) 隐藏文件或文件夹

在隐藏文件和文件夹时，首先要对文件和文件夹的属性进行设置，然后再修改文件夹选项。具体步骤为：选中需要隐藏的文件或文件夹，右击，在弹出的快捷菜单中选择【属性】命令，在弹出的对话框中选中【隐藏】复选项，单击【确定】按钮即可(需注意的是在对文件夹进行设置时，系统提供了两种方式供用户选择，一种为只隐藏文件夹，另一种为隐藏文件夹以及其中的全部子文件夹和文件)。然后单击工具栏上的【组织】按钮，在其下拉列表中选择【文件夹和搜索选项】选项，在【查看】选项卡的【高级设置】列表中选中【不显示隐藏的文件、文件夹或驱动器】复选项，单击【确定】按钮即可。

2) 显示文件或文件夹

利用上述的方法进入到高级设置，将选中的【不显示隐藏的文件、文件夹和驱动器】取消选中即可显示隐藏的信息。

3. 加密、解密文件或文件夹

Windows 系统除了提供隐藏的方法来保证信息安全外，还提供了一种更强的保护方法：加密文件或文件夹。操作步骤如下：选中需要加密的对象，右击，在弹出的快捷菜单中选择【属性】命令，弹出属性对话框，在【常规】选项卡下单击【高级】按钮，选中【加密内容以便保护数据】复选框，单击【确定】按钮返回上一级，单击【应用】按钮，再单击【确认属性更改】对话框，选中【将更改应用于此文件夹、子文件夹和文件】选项，最后单击【确定】按钮即可完成加密操作。解密时只需按照加密操作的步骤进入【高级属性】对话框，将【加密内容以便保护数据】复选框取消选中即可对加密数据进行了解密。

4. 文件或文件夹的基本操作

文件或文件夹的基本操作包括新建、删除、复制、移动、重命名和快捷方式的创建等。由于文件夹和文件的操作方式是一致的，因此本章将不再分别介绍。例如用户需要移动文件夹时，可以参考下文中文件的移动操作来进行。

1) 新建文件或文件夹

打开要建立新文件或文件夹的目录后，在窗口空白处右击，选择【新建】子菜单，然后在其子菜单中选择所需建立文件或文件夹的类型，即可新建文件或文件夹，如图 2.21 所示。

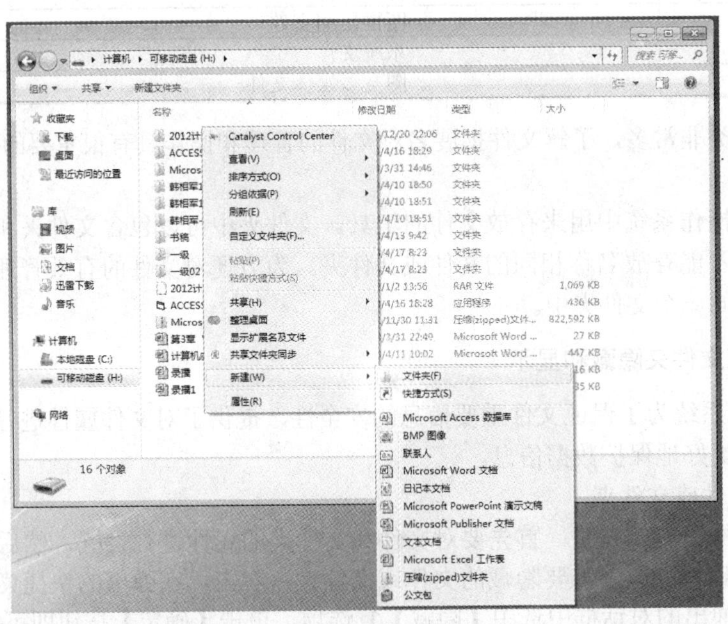

图 2.21　新建文件

2) 删除文件或文件夹

当用户不再需要某个文件或文件夹时，可以将该文件或文件夹从计算机中删除，以释放其占用的空间。具体操作如下：首先将鼠标移动到需要删除的文件或文件夹上，右击，在弹出的快捷菜单中选择【删除】命令，在弹出的提示对话框中单击【是】按钮，即可删除该文件，如图 2.22 和图 2.23 所示。

为了避免用户误操作删除了正确的文件，系统并未将如上操作所删除的文件从计算机中彻底删除，而是将其移动到回收站里，用户可以通过回收站还原文件。如果用户需要彻底地删除文件，只需在回收站图标上右击，选择【清空回收站】命令，则回收站内的文件将被永久删除，如图 2.24 所示。

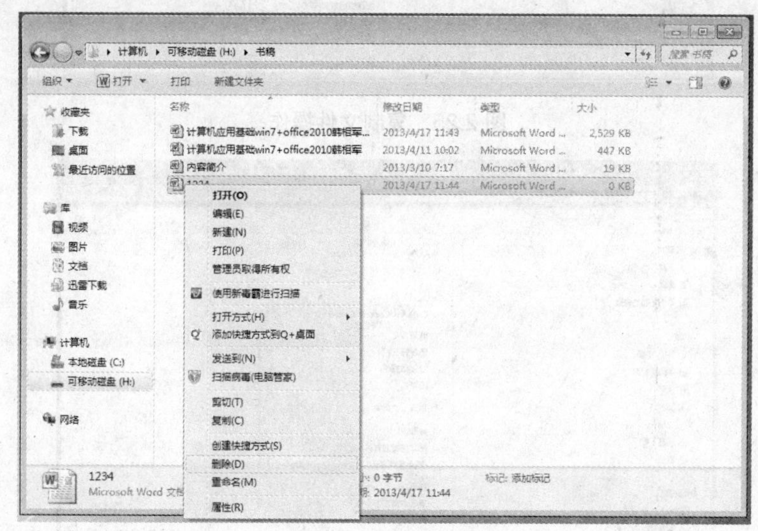

图 2.22　删除文件

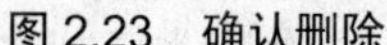
图 2.23　确认删除

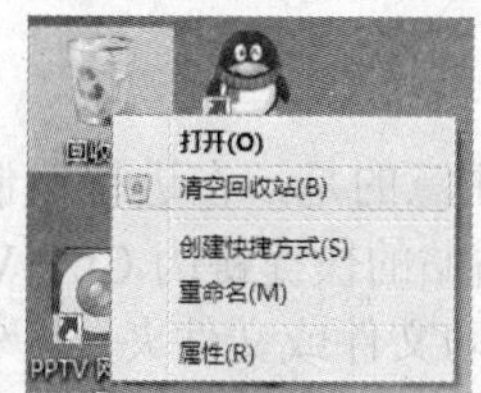

图 2.24　清空回收站

注意： 如果用户想直接删除文件，而不移动到回收站，可选中所需删除的文件，按住 Shift 键后按 Delete 键。

3) 复制文件或文件夹

在用户需要将某个文件或文件夹复制一份到其他目录时，可以进行复制文件或文件夹的操作。首先打开想要复制的文件所在的文件夹，选中该文件或文件夹，右击，在弹出的快捷菜单中选择【复制】命令。然后，打开要复制到的目标文件夹，在窗口中的空白处单击鼠标右键，在快捷菜单中选择【粘贴】命令即可，如图 2.25 和图 2.26 所示。

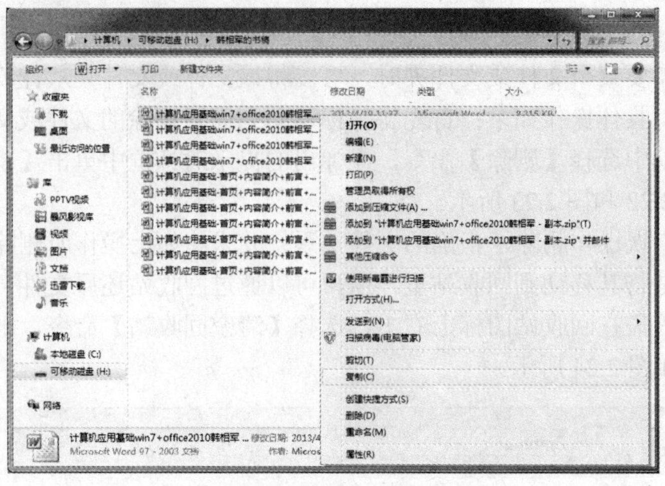

图 2.25　复制文件操作

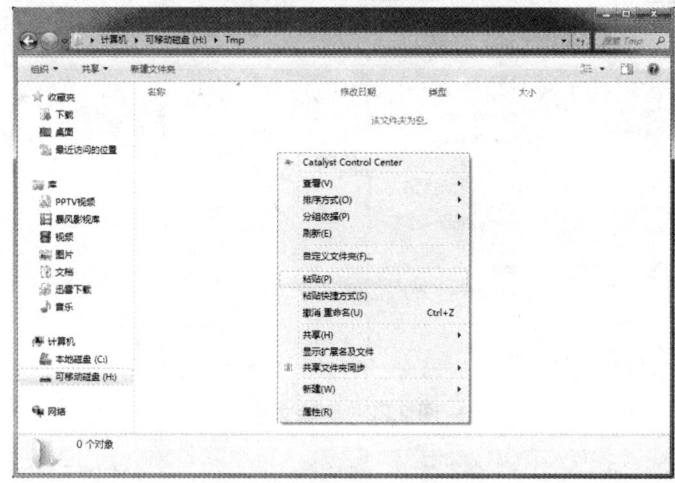

图 2.26　粘贴文件操作

应该注意的是，在进行复制和粘贴时，可以使用快捷键来代替完成。复制的快捷键为 Ctrl+C，粘贴的快捷键为 Ctrl+V。

4) 移动文件或文件夹

需要将一个文件或文件夹移动到其他位置时，可以进行移动文件或文件夹的操作。移动文件或文件夹的操作和复制文件或文件夹类似，不同的是，复制文件或文件夹是对源文件采取复制命令，这时源文件将保留；而在进行移动文件或文件夹的操作时，对原文件或文件夹进行的是剪切操作。

首先打开所需移动的文件或文件夹，选中该文件或文件夹，右击，在快捷菜单中选择【剪切】命令，如图 2.27 所示。之后，打开要移动到的目标文件夹，在窗口中的空白处右击，在快捷菜单中选择【粘贴】命令即可。

同样，在进行剪切也可以使用快捷键来代替完成。剪切的快捷键为 Ctrl+X。

5) 重命名文件或文件夹

有时用户需要改变文件或文件夹的名称，这时可采用重命名操作来实现。首先打开需要改名的文件或文件夹所在目录，选中该文件或文件夹，右击，在快捷菜单中选择【重命名】命令后，文件或文件夹名将变为编辑框，这时可以输入新的文件或文件夹名称，完成后按 Enter 键或者单击窗口其他地方即可，如图 2.28 和图 2.29 所示。

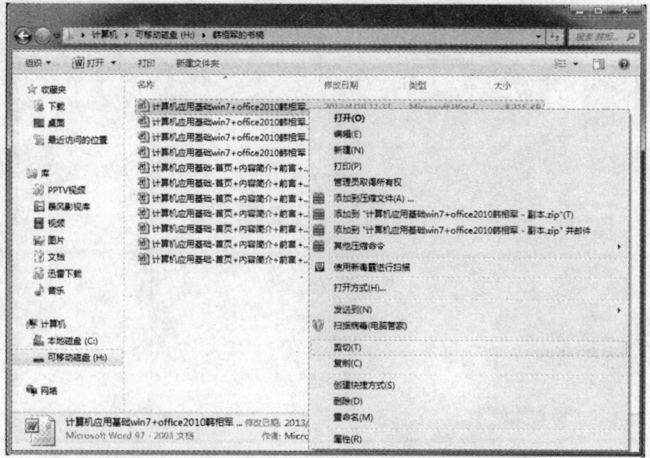

图 2.27 剪切文件操作

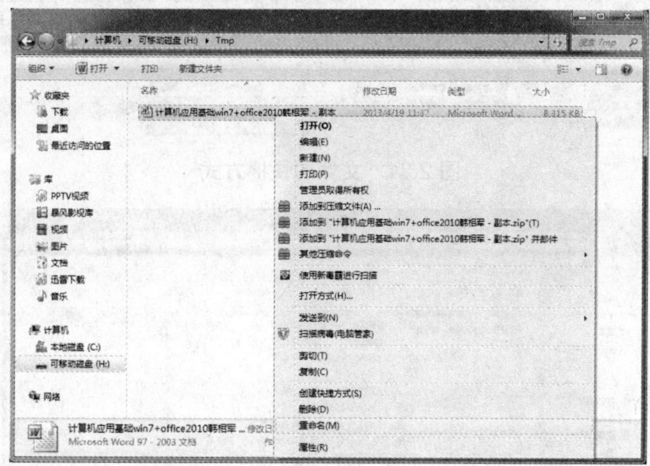

图 2.28 选择【重命名】命令

图 2.29 修改文件名

重命名文件也可以使用快捷键完成，相应的快捷键为 F2。

6) 快捷方式的创建

为了能方便快捷地找到所需的文件，可以为文件建立快捷方式，通过快捷方式能快速地找到并打开该文件。

首先打开文件所在的文件夹，选中文件，右击，在快捷菜单中选择【创建快捷方式】命令，如图 2.30 所示，这时将在文件所在目录中建立一个该文件的快捷方式，如图 2.31 所示，用户可以根据需要将该快捷方式移动到所需的地方，也可以在选中文件后右击，在

快捷菜单中选择【发送到】|【桌面快捷方式】命令，如图 2.32 所示，直接在系统桌面上建立该文件的快捷方式。

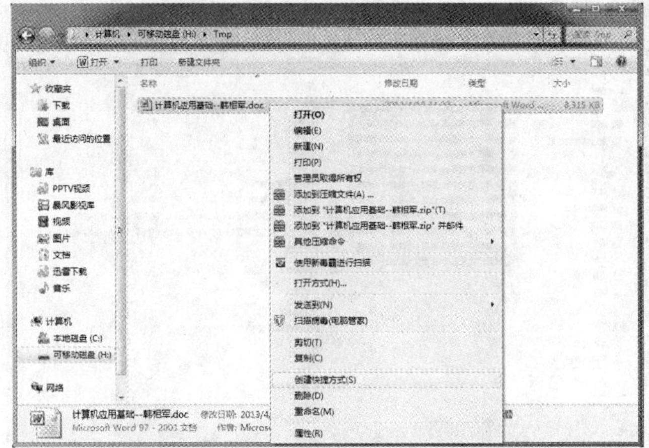

图 2.30　选择【创建快捷方式】命令

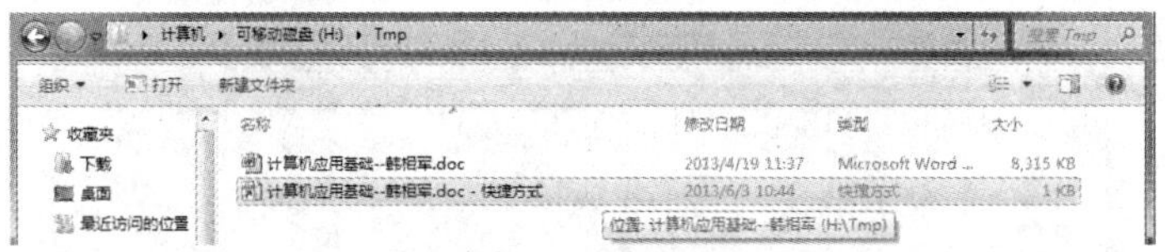

图 2.31　文件的快捷方式

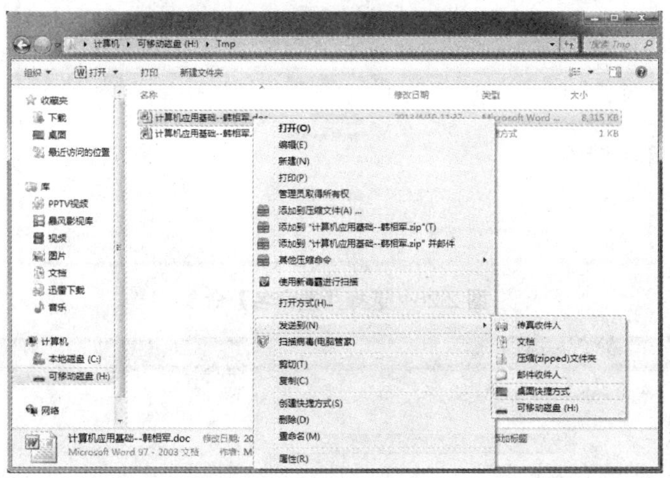

图 2.32　选择【发送到】|【桌面快捷方式】命令

应该注意的是，文件的快捷方式仅仅是该文件的一个指向，并不是该文件本身。所以当文件不存在时，其快捷方式是无法打开的。

2.2.6　控制面板

在 Windows 系列操作系统中，控制面板是重要的系统设置工具。通过控制面板中提供的工具，用户可以直观地查看系统状态，修改所需的系统设置。相比 Windows 以前的版本，Windows 7 系统中的控制面板有一些操作上的改进。下面我们介绍一下 Windows 7 系统的控制面板的使用技巧。

单击【开始】菜单中的【控制面板】选项，即可打开 Windows 7 系统的控制面板。为了方便用户快速地打开控制面板，也可将控制面板作为快捷方式放在桌面上。

在 Windows 7 系统中控制面板默认以“类别”来显示功能菜单，分为系统和安全、用户帐户和家庭安全、网络和 Internet、外观和个性化、硬件和声音、时钟、语言和区域、程序、轻松访问等几项，每一项下显示了具体的功能选项。除了“类别”的显示方式外，Windows 7 系统还提供了“大图标”和“小图标”的显示方式，用户可单击【查看方式】进行选择。在“小图标”显示方式下，所有的功能项都一一罗列，虽然查找所需功能略显不便，但功能全面。

同时 Windows 7 系统还为用户提供了两种快捷的功能查找方式。用户可以单击地址栏中向右的小箭头展开子菜单，选择其中的功能选项。也可以利用查找功能快速找到所需设置。

下面我们对控制面板中的常用功能进行介绍。用户帐户和家庭安全、网络和 Internet 及时钟语言和区域进行介绍。其他功能在这里不再详述。

1. 用户帐户和家庭安全

Windows 7 操作系统允许安置多个用户，每个用户有自己的权限，可以独立地完成对计算机的使用，保证了不会因多人共同使用计算机而带来的安全问题。微软公司在家庭安全设置中专门加入家长控制功能，使家长对计算机的使用安全进行控制。

1) 添加用户帐号

Windows 7 可以对原有用户帐号进行管理，也提供了用户帐号的新建功能，具体操作为：单击【开始】按钮，选择【控制面板】选项，在如图 2.33 所示的【控制面板】窗口中选择【用户帐户和家庭安全】下的【添加或删除用户帐号】选项。

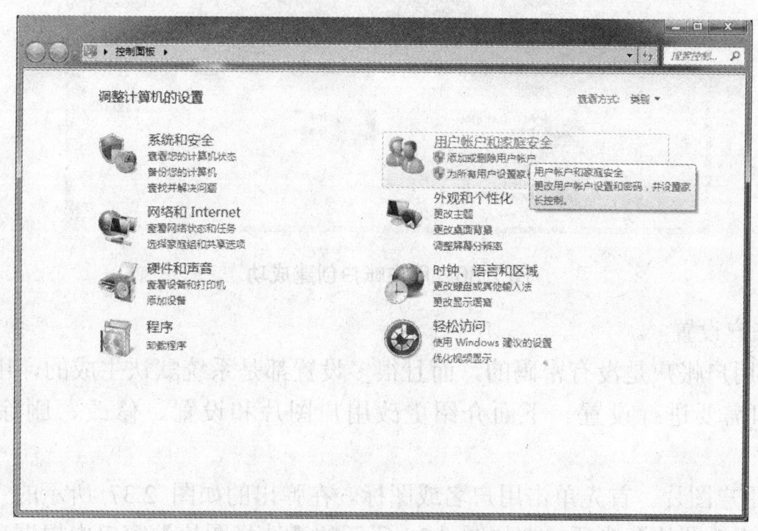

图 2.33　用户帐户和家庭安全

在弹出的【管理帐户】窗口中选择【创建一个新帐户】选项，如图 2.34 所示。在弹出的【创建新帐户】窗口中输入新帐户名，并设置用户的权限类型，如图 2.35 所示，最后单

击【创建帐户】按钮即可完成添加操作，如图 2.36 所示。

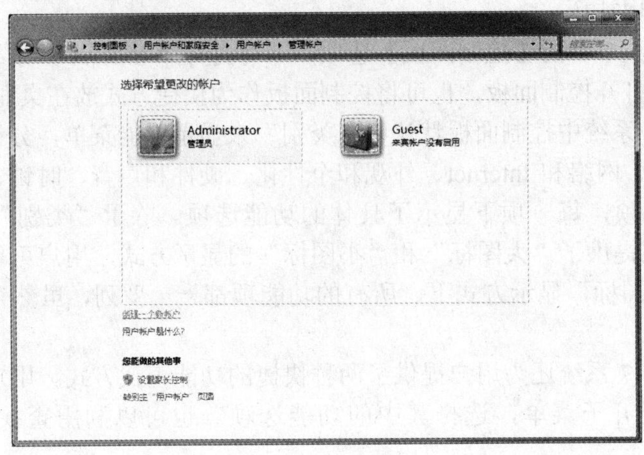

图 2.34　创建帐户

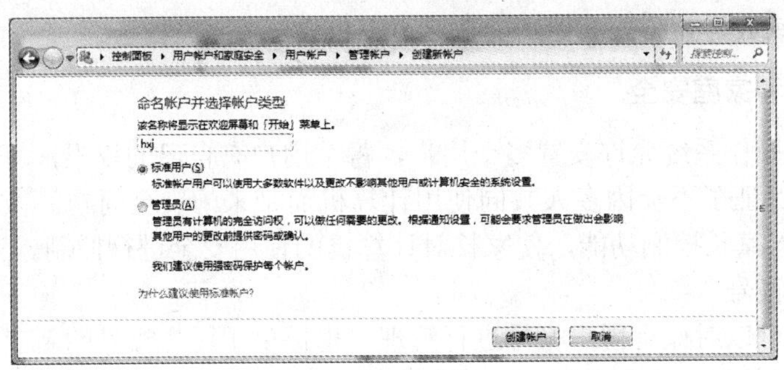

图 2.35　选择帐户类型

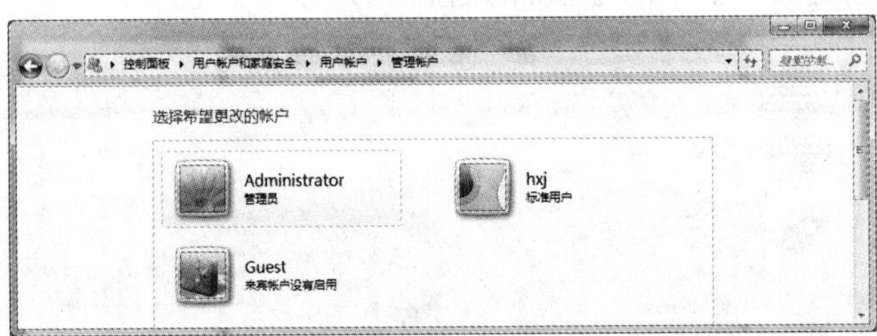

图 2.36　用户帐户创建成功

2) 用户帐户设置

新创建的用户帐户是没有密码的，而且很多设置都是系统默认生成的，用户可以根据自己的喜欢和需要进行设置。下面介绍更改用户图片和设置、修改、删除用户密码的操作。

(1) 更改用户图片。首先单击用户名或图标。在弹出的如图 2.37 所示的【更改帐户】窗口中选择【更改图片】选项，在如图 2.38 所示的【选择图片】窗口中根据自己需要选择系统自带的图片进行设置，也可以通过浏览更多图片来进行设置，最后单击【更改图片】按钮即可完成修改。

图 2.37　更改帐户图片

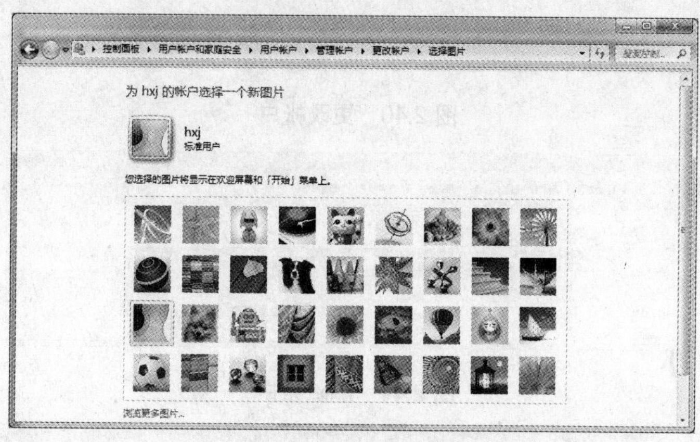

图 2.38　选择图片

(2) 设置、修改、删除用户密码。利用和更改图片一样的方法进入到【更改帐户】窗口。选择【创建密码】选项，进入如图 2.39 所示的【创建密码】窗口后，通过【新密码】和【确认新密码】文本框进行密码的设置，注意，两次设置的密码必须相同。在输入完密码提示之后单击【创建密码】按钮就完成了密码的设置。

修改密码选项和删除密码都是通过【更改帐户】窗口中的【更改密码】和【删除密码】选项来实现，方法和设置密码基本相同，这里就不再详细介绍。

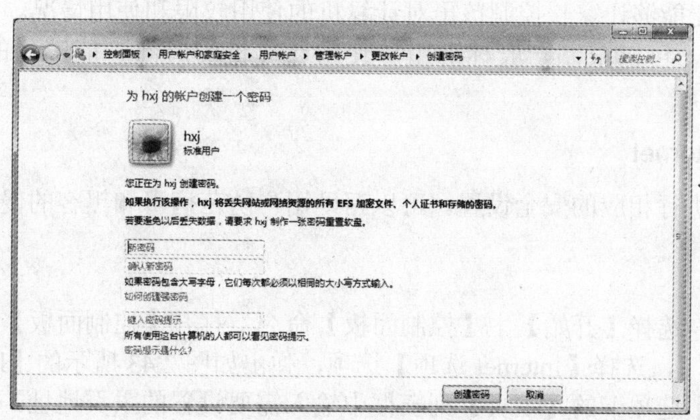

图 2.39　创建密码

(3) 删除用户帐户。当某个用户以后不再使用本系统时，就需要对相应的帐户信息进行删除，具体方法为：在【更改帐户】窗口中选择【删除帐户】选项，如图 2.40 所示，在打开的【删除帐户】窗口中单击【删除文件】按钮如图 2.41 所示，最后在如图 2.42 所示的【确认删除】窗口中单击【删除帐户】按钮，即可删除用户帐户。

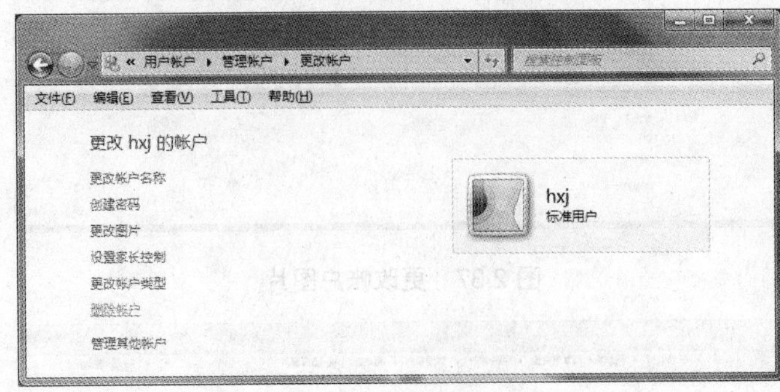

图 2.40　更改帐户

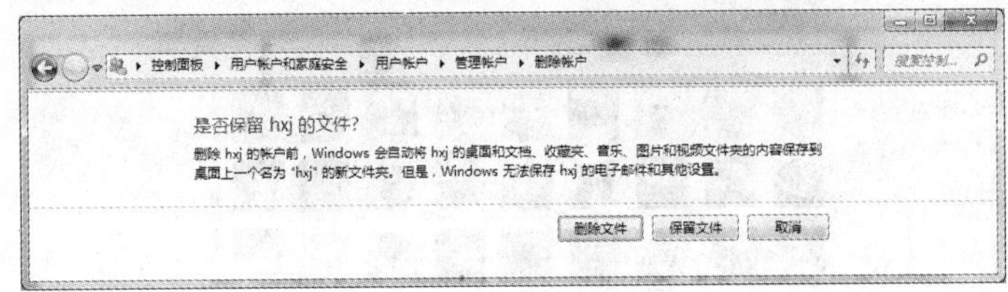

图 2.41　删除帐户

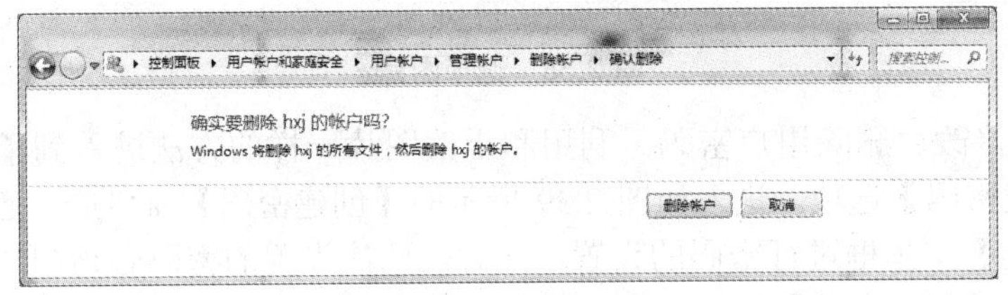

图 2.42　确认删除

3) 家长控制功能

家长控制功能能够让家长控制孩子对计算机的使用权限和使用情况。实现的方法是家长为管理员身份，可以限制一般标准用户使用计算机的时间、能够玩的游戏和可以执行的程序。

2. 网络和 Internet

对 Internet 进行相应的安全设置。可以帮助用户防范病毒和黑客的侵扰。下面介绍一些相关设置。

1) 更改主页

具体方法为：选择【开始】|【控制面板】命令，打开【控制面板】窗口，选择【网络和 Internet】选项，选择【Internet 选项】选项，弹出如图 2.43 所示的【Internet 属性】对话框，在【常规】选项卡的【主页】列表框中输入需要设置的主页地址，单击【确定】按钮，就完成了更改设置。

2) 设置安全级别

用户可以通过设置 IE 浏览器的安全级别来提高浏览器的安全性。设置 IE 浏览器的安全级别的具体操作步骤如下：单击【控制面板】窗口中的【网络和 Internet】选项，选择其中的【Internet 选项】选项，如图 2.44 所示。

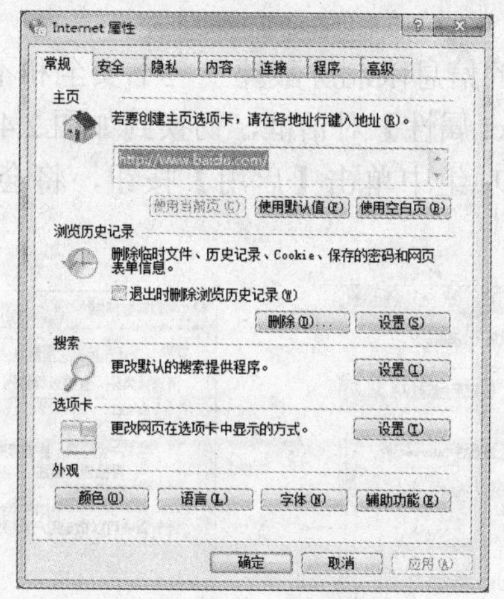

图 2.43　【Internet 属性】对话框

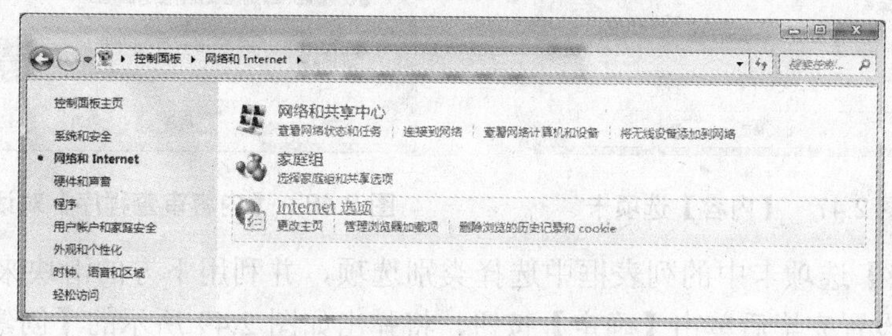

图 2.44　【网络和 Internet】窗口

弹出【Internet 属性】对话框，切换到【安全】选择卡，如图 2.45 所示。

在【选择区域以查看或更改安全设置】列表框中选择要设置的区域。选择 Internet 选项后，用户可以拖动【该区域的安全级别】选项组中的滑块来更改所选择的默认安全级别设置。当然，用户也可以根据自己的具体需求来自定义安全级别。单击【自定义级别】按钮，将会弹出如图 2.46 所示的【安全设置-Internet 区域】对话框，用户可根据需要对【设置】列表框中各个选项进行具体的设置。

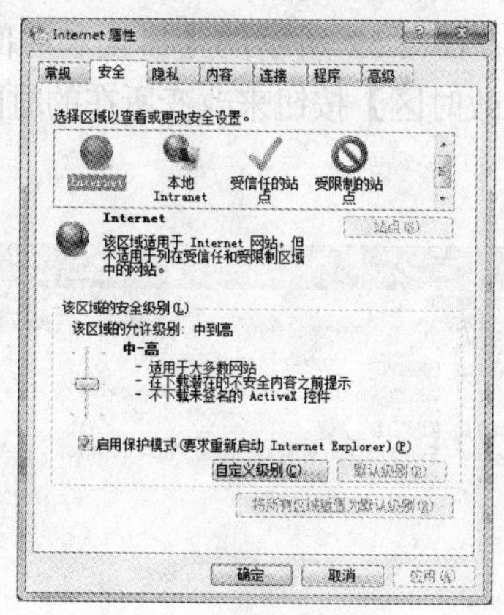

图 2.45　【Internet 属性】对话框中的【安全】选项卡

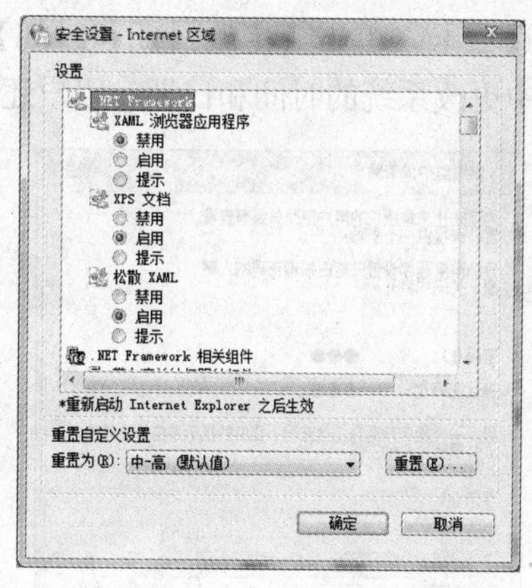

图 2.46　【安全设置-Internet 区域】对话框

3) 设置信息限制

用户可以利用浏览器中的信息限制屏蔽掉一些不安全和不健康的网站站点。首先按前面所叙述的方法打开【Internet 属性】对话框，切换到如图 2.47 所示的【内容】选项卡。

在【内容审查程序】选项组中单击【启用】按钮，将会弹出【内容审查程序】对话框，如图 2.48 所示。

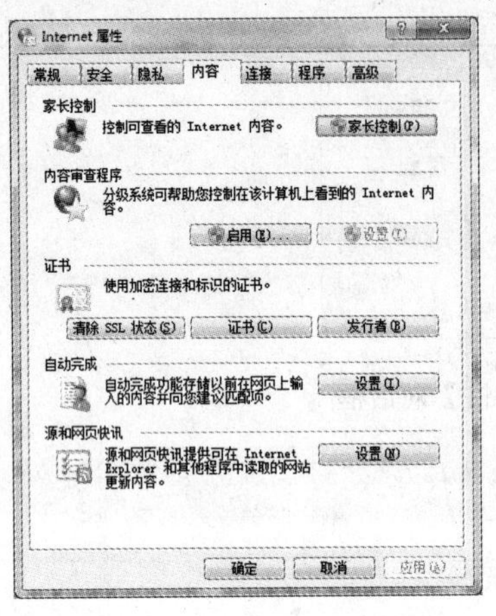

图 2.47　【内容】选项卡

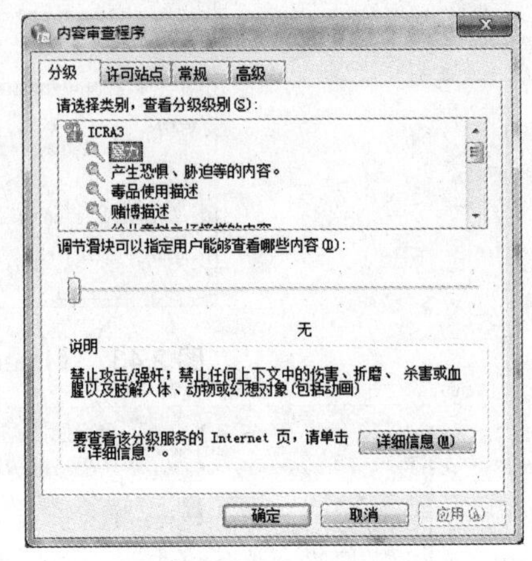

图 2.48　【内容审查程序】对话框

在【分级】选项卡中的列表框中选择类别选项，并利用下方的滑块来指定用户能够查看的内容。设置完毕后单击【确定】按钮，将弹出如图 2.49 所示的【创建监护人密码】对话框，在文本中填入相应的信息即可创建监护人密码信息。

3. 时钟、语言和区域

和以前的 Windows 系统版本一样，在 Windows 7 系统中，用户可以通过【时钟、语言和区域】选项设置系统的时间和输入法等。图 2.50 所示为【时钟、语言和区域】窗口，用户可从中进行相应设置。

1) 设置系统时间

单击【日期时间】选项，在如图 2.51 所示的【日期和时间】对话框中选择【日期和时间】选项卡，单击【更改日期和时间】按钮，即可在图 2.52 所示的【日期和时间设置】对话框中更改系统的时间和日期。用户还可以单击【更改时区】按钮来改变所在的时区设置。

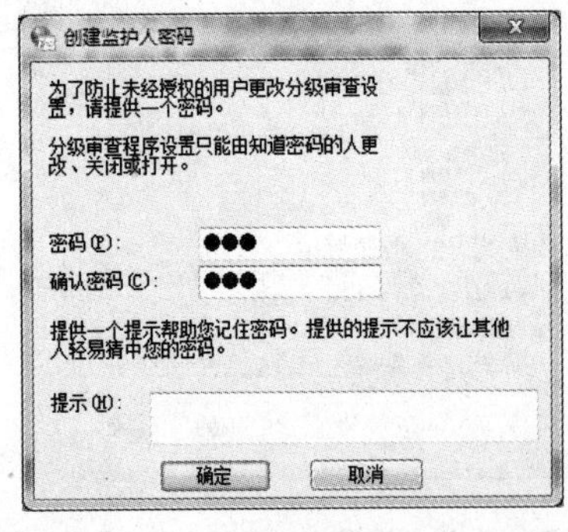

图 2.49　【创建监护人密码】对话框

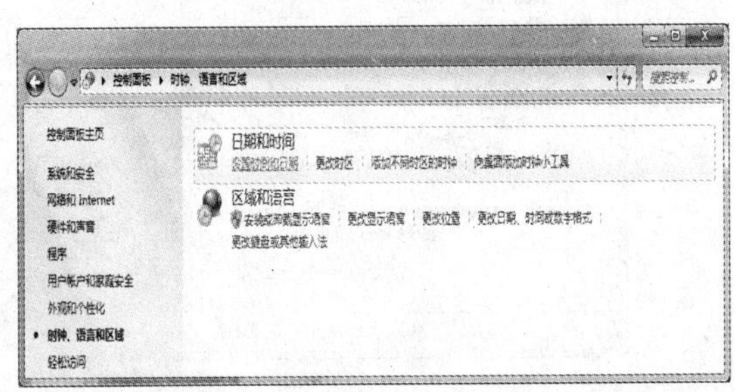

图 2.50　【时钟、语言和区域】窗口

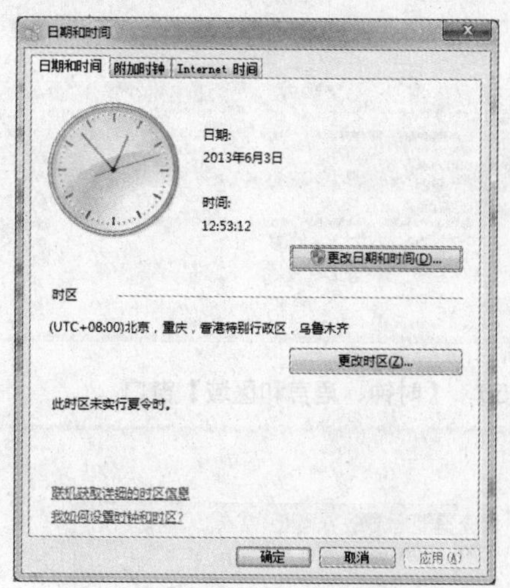

图 2.51　【日期和时间】对话框

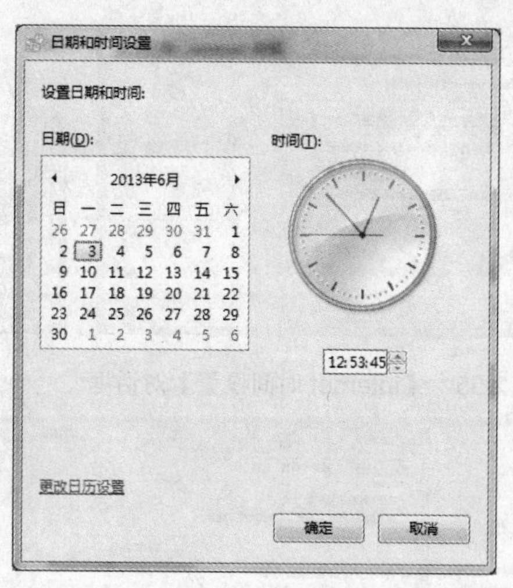

图 2.52　【日期和时间设置】对话框

此外，在【日期和时间】对话框中还有如图 2.53 所示的【附加时钟】和如图 2.54 所示的【Internet 时间】两个选项卡。【附加时钟】选项卡可以让用户增加多个时钟。而【Internet 时间】选项卡则能帮助用户将计算机设置为自动与 Internet 上的报时网站链接，同步时间。单击【更改设置】，出现如图 2.55 所示的【Internet 时间设置】对话框。

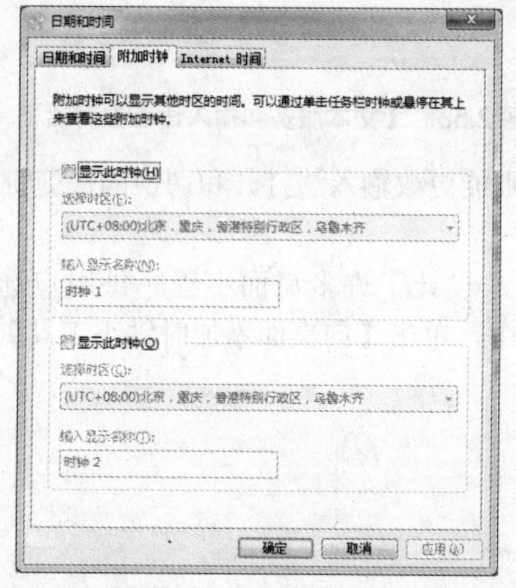

图 2.53　【附加时钟】选项卡

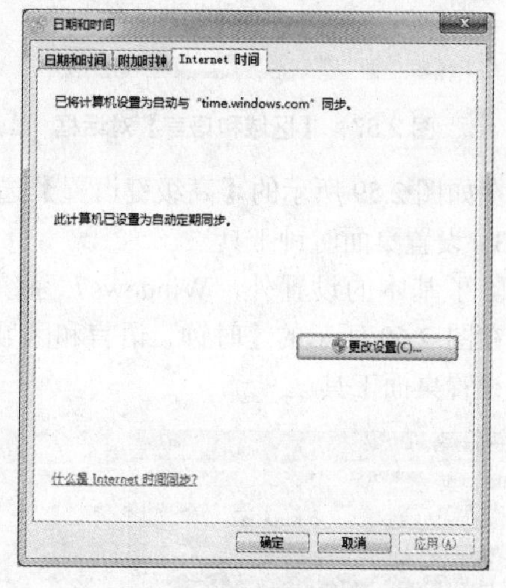

图 2.54　【Internet 时间】选项卡

2) 设置输入法

在【语言和区域】窗口中，用户不仅可以设置系统中日期和时间的格式，也可以对输入法进行相关的设置。具体的操作方法是：首先单击【更改键盘或其他输入法】选项如图 2.56 所示，打开如图 2.57 所示的【区域和语言】对话框。选择【键盘和语言】选项卡，单击【更改键盘】按钮。打开如图 2.58 所示的【文本服务和输入语言】对话框，在【常规】选项卡中即可对输入法进行添加、删除等操作。

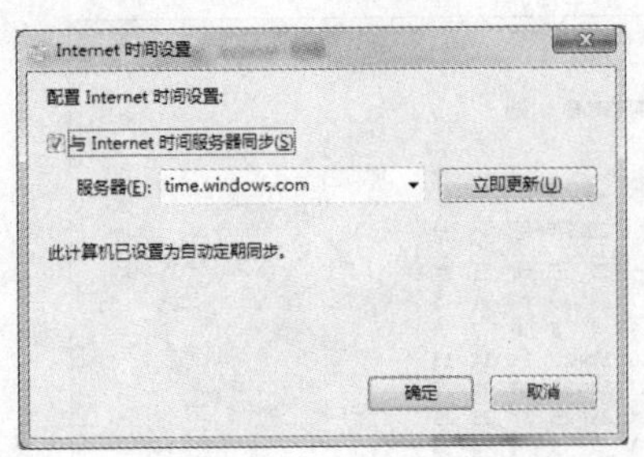

图 2.55 【Internet 时间设置】对话框

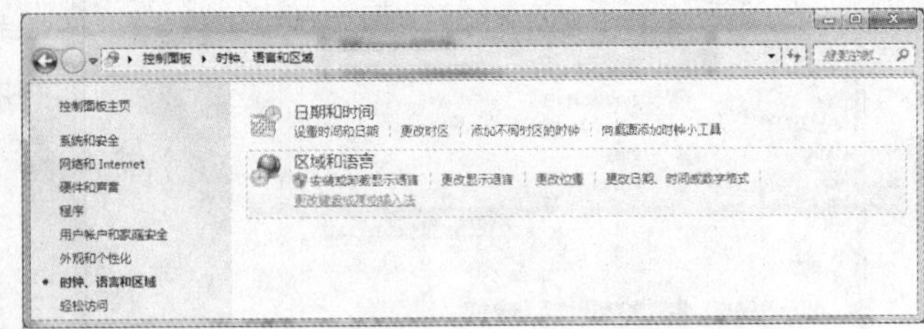

图 2.56 【时钟、语言和区域】窗口

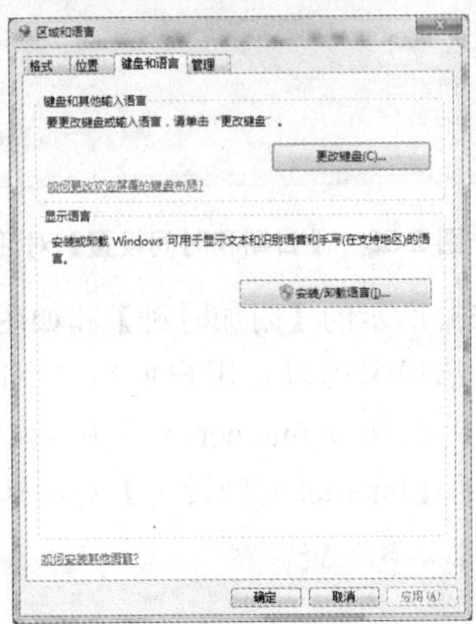

图 2.57 【区域和语言】对话框

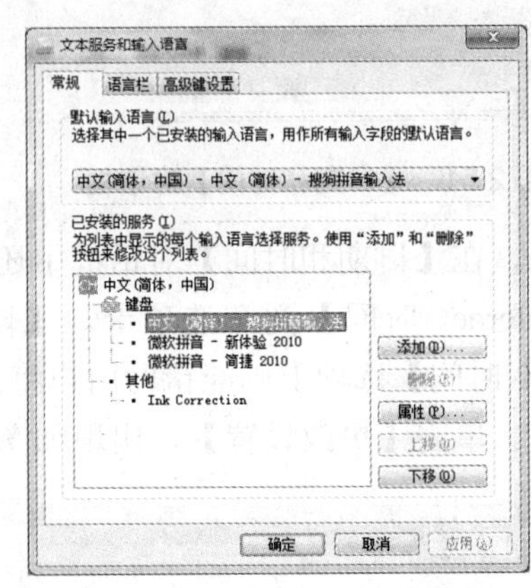

图 2.58 【文本服务和输入语言】对话框

在如图 2.59 所示的【高级键设置】选项卡中则能更改输入法打开和切换的快捷键。

3) 设置桌面时钟工具

除了基本的设置外，Windows7 系统还为用户设计了许多桌面小程序供用户选择使用。在图 2.60 所示的【时钟、语言和区域】窗口中，单击【向桌面添加时钟小工具】选项可以设置桌面工具。

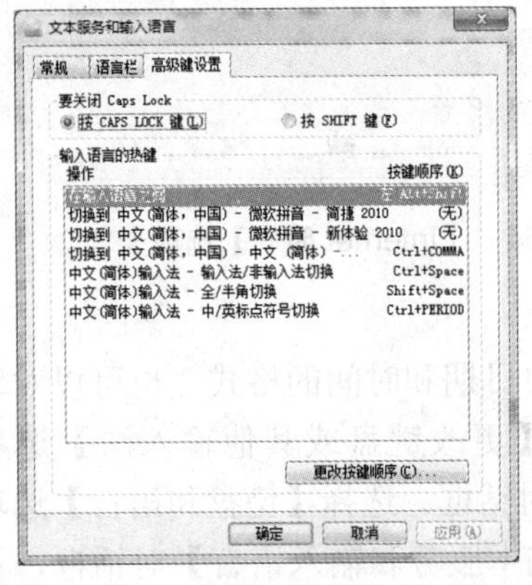

图 2.59 【高级键设置】选项卡

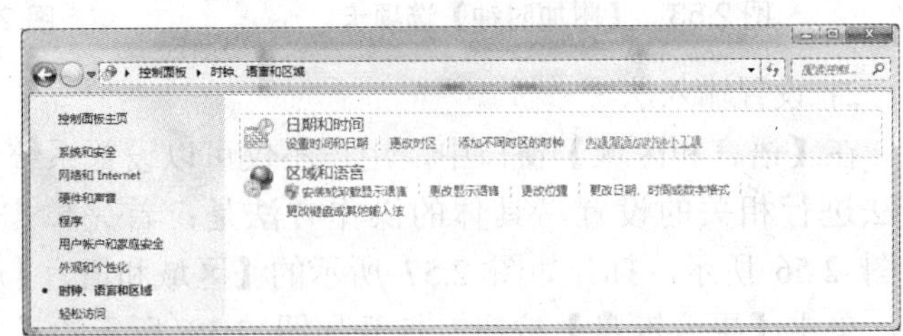

图 2.60 【时钟、语言和区域】窗口

在打开的如图 2.61 所示对话框中，列出了 Windows 7 系统所提供的一些桌面小工具。

用户选择并双击相应的工具图标，即可在桌面添加相应的小工具。例如，双击时钟工具就能在桌面添加一个时钟的工具，如图 2.62 所示。

图 2.61 显示桌面小工具

图 2.62 桌面显示时钟

用户还可以通过单击时钟右边的小扳手图标打开时钟工具的设置菜单，对时钟进行相应的设置。

2.2.7 Windows 任务管理器

借助于 Windows 任务管理器，用户不仅可以管理当前运行的应用程序，还可以监测系统状态、各项进程、网络使用状态和用户状态。

按 Ctrl+Alt+Delete 组合键，或右击任务栏后单击【启动任务管理器】命令，出现【Windows 任务管理器】窗口。【任务管理器】窗口主要包括三个部分：菜单栏、选项卡和状态栏。对于用户来说，需要掌握的是 6 个选项卡和状态栏上显示的信息，如图 2.63 所示。

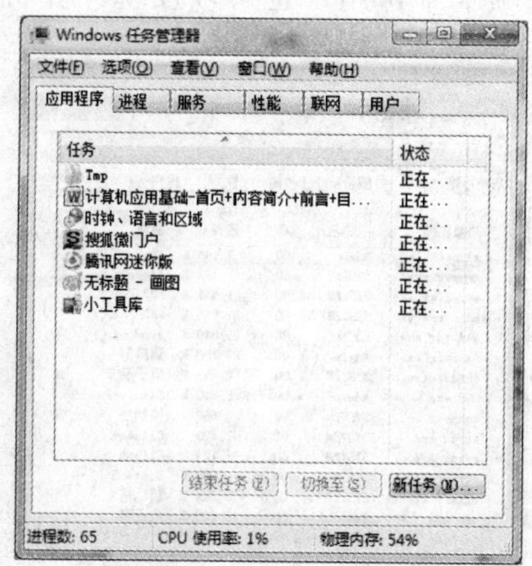

图 2.63 【Windows 任务管理器】窗口

1. 状态栏

在状态栏中，用户可以看到当前的进程数、CPU 使用状态和内存使用状态。从图 2.63 中可以看出，当前打开的进程数为 65 个，CPU 使用率为 1%，当前使用的内存为 54%。如果 CPU 使用率总是很高，那么就说明 CPU 速度太慢；如果当前使用的内存总是和可以使用的内存数接近，那么说明计算机内存太小或者虚拟内存太小，这都将影响计算机的性能和运行速度。

2. 【应用程序】选项卡

如图 2.63 所示，【应用程序】选项卡中显示了当前运行的应用程序。如果应用程序在运行过程中出现问题，若该程序长时间不响应，用户无法使用正常方式关闭，此时就可以通过【应用程序】选项卡强行终止程序。操作步骤如下。

(1) 按 Ctrl+Alt+Delete 组合键，打开【Windows 任务管理器】窗口，在【应用程序】选项卡中单击选中需要结束运行的应用程序。

(2) 单击对话框下方的【结束任务】按钮，在弹出的【结束程序】对话框中单击【立即结束】按钮，系统将强行终止该应用程序。当系统性能恢复正常时，用户可以尝试再次启动先前结束的应用程序。

该种结束应用程序的方法，通常应用在出现程序故障，系统长时间不响应的时候。一般不建议使用该方法关闭正在运行的应用程序，因为该方法会导致应用程序打开的数据、文件丢失。

3. 【进程】选项卡

在【Windows 任务管理器】窗口中单击【进程】标签，即可切换到【进程】选项卡，如图 2.64 所示。在【进程】选项卡中，显示了系统进程和用户当前打开的进程以及进程占用 CPU 和内存的数量。其中【用户名】栏中显示 LOCAL SERVICE 的进程是当前用户启动的进程，其他为系统进程。

对于某些非系统进程，用户可以如同关闭应用程序那样关闭进程。虽然结束进程可以释放内存和减少 CPU 使用率，但是对于系统进程，用户不能随便结束，否则将导致系统错误。另外，从【进程】选项卡中，用户也可以发现计算机受到黑客程序侵犯的不正常进程。

图 2.64 【进程】选项卡

4. 【服务】、【性能】、【联网】和【用户】选项卡

在【服务】、【性能】、【联网】和【用户】选项卡中，用户可以查看当前计算机的运行服务、性能、联网状态和已运行的用户(多用户切换的时候)。

5. 锁定计算机

用户在使用计算机的过程中，如果希望离开一会儿，但不想关闭计算机，同时又不希望其他人使用计算机，此时可以借助于系统的锁定功能将计算机预定。操作方法有如下两种。

方法一：按 Ctrl+Alt+Delete 组合键之后，在出现的界面上选择【锁定该计算机】命令即可。

方法二：单击【开始】|【关机】的右拉按钮，选择【锁定】命令即可。

2.3 本章小结

本章除了介绍操作系统的基本知识外，还将现在比较常用的几种操作系统进行比较，力求使读者能够对现有主流操作系统有更好的了解。最后对 Windows 7 操作系统的基础知识、基本操作、程序管理、文件和文件夹以及控制面板等常用操作进行详细介绍。通过本章的学习，可以掌握 Windows7 操作系统的基本使用方法和操作。

2.4 上机实训

实训内容

1. 实训目的

(1) 熟悉并掌握 Windows 基本操作。

(2) 熟练掌握单击、双击、移动、拖动与键盘组合等操作。

(3) 了解微机标准键盘的布局及各种键的功能，掌握微机键盘操作的基本指法以及一些常用快捷键。

(4) 掌握应用程序的运行方式。

(5) 掌握 Windows 的桌面、窗口、对话框、菜单、工具栏和剪贴板基本操作，区分窗口和对话框。

2. 实训要求

(1) 将屏幕分辨率设置为 1024×768 像素，刷新频率为 75Hz。

(2) 为左手习惯的用户设置鼠标。

(3) 将计算机时钟调整为当前时间和日期。

(4) 为计算机添加一个名为“AAAA”的系统管理员帐户。

(5) 清理 D 盘驱动器，然后进行磁盘碎片整理。

(6) 练习文件及文件夹的相关操作。

实训步骤

1. 练习一：

(1) 在 D 盘 ABC 文件夹下新建 HAB1 文件夹和 HAB2 文件夹。

(2) 在 D:\ABC 文件夹下新建 DONG.DOC 文件，在 D:\HAB2 文件夹下建立名为 PANG 的文本文件。

(3) 为 D:\ABC\HAB2 文件夹建立名为 KK 的快捷方式，存放在 D 盘根目录下。

(4) 将 D:\ABC\DONG. DOC 文件复制在本文件夹中，命名为 NAME.DOC。

(5) 将 D:\ABC\HAB1 文件夹设置为【只读】属性。

(6) 搜索 C 盘中的 SHELL.DLL 文件，然后将其复制在 D:\HAB2 文件夹下。

(7) 将 D:\ABC\HAB1 文件夹的【只读】属性撤消，并设置为【隐藏】属性。

(8) 将 D:\HAB2\PANG.TXT 文件移动到桌面上，并重命名为 BEER.TXT。

(9) 删除 D:\ABC\NAME.DOC 文件。

(10) 搜索 D 盘中第一个字母是 T 的所有 PPT 文件，将其文件名的第一个字母更名为 B，原文件的类型保持不变。

2. 练习二：

(1) 将学生文件夹下 A1 文件夹中的文件 a.SOP 复制到同一文件夹中，更名为 a.BAS。

(2) 在学生文件夹下 A1 文件夹中建立一个新文件夹 B。

(3) 将学生文件夹下 A1\F 文件夹中的文件 b.STP 的属性修改为【只读】属性。

(4) 将学生文件夹下 A1 文件夹中的文件 c.CRP 删除。

(5) 在学生文件夹下 A1\F 文件夹中建立一个新的文件夹 T。

3. 练习三：

(1) 在学生文件夹下分别建立 KANG1 和 KANG2 两个文件夹。

(2) 将学生文件夹下 MING.FOR 文件复制到 KANG1 文件夹中。

(3) 将学生文件夹下 HWAST 文件夹中的文件 XIAN.TXT 重命名为 YANG.TXT。

(4) 搜索学生文件夹中的 FUNC.WRI 文件，然后将其设置为【只读】属性。

(5) 为学生文件夹下 SDTA\LOU 文件夹建立名为 KLOU 的快捷方式，并存放在学生文件夹下。

2.5 习　题

1. 在窗口中关于当前窗口的有关信息显示在________中。

   A. 标题栏　　B. 任务窗格　　C. 状态栏　　D. 地址栏

2. 下面元素中________不是窗口中含有的。

   A. 标题栏　　B. 状态栏　　C. 地址栏　　D. 选项卡

3. 下列元素中________不是对话框中含有的。

   A. 标题栏　　B. 状态栏　　C. 复选框　　D. 选项卡

4. 要在多个窗口中进行切换，应按________键。

   A. Alt+Tab　　B. Ctrl+Alt+Tab

   C. Alt+F4　　D. Ctrl+Alt+F4

5. 如果要设置窗口和按钮、色彩方案以及字体大小，应在【显示属性】对话框的______选项卡中进行设置。

A. 主题　　B. 桌面　　C. 外观　　D. 设置

6. ________对计算机的操作权限最大。

A. 计算机管理员　　B. 受限帐户

C. 来宾帐户　　D. 所有用户权限相同

7. 要选中某个对象时，通常使用鼠标的________操作。

A. 单击　　B. 双击　　C. 右击　　D. 拖动

8. 可执行文件的扩展名为________。

A. COM　　B. EXE　　C. BAK　　D. BAT

第 3 章　字处理软件 Word 2010

Word 2010 是一个具有丰富的字处理功能，图、文、表格混排，所见即所得，易学易用等特点的字处理软件，是当前深受广大用户欢迎的字处理软件之一。本章主要介绍 Word 2010 的基本概念、编辑、排版、页面设置、表格制作和图形绘制等基本操作。通过本章学习，应掌握以下几点。

(1) Word 2010 的运行环境，启动与退出。

(2) 文档的创建、打开、输入、保存、保护和打印等基本操作。

(3) 文本的选定、插入与删除、复制与移动、查找与替换等基本编辑技术；多窗口和多文档的编辑。

(4) 字体格式设置、段落格式设置、文档页面设置和文档分栏等基本排版技术。

(5) 表格的创建、修改；表格中数据的输入与编辑；数据的排序与计算。

(6)图形和图片的插入；图形的建立与编辑；文本框的使用。

3.1　Word 2010 概述

3.1.1　Office 2010 系列组件

Office 是 Microsoft 公司开发并推出的办公套装软件，主要版本有 Office 97/2000/2003/2007/2010 等。Office 2010 提供了一套完整的办公工具，其拥有的强大功能使它几乎涉及了计算机办公的各个领域，主要包括 Word、Excel、PowerPoint、Access 和 Outlook 等多个实用组件，用于制作具有专业水准的文档、电子表格、演示文稿以及进行数据库的管理和邮件的收发等操作。

1. 字编排软件—— Word 2010

Word 2010 用于制作和编辑办公文档，通过它不仅可以进行文字的输入、编辑、排版和打印，还可以制作出图文并茂的各种办公文档和商业文档。使用 Word 2010 自带的各种模板，还能快速地创建和编辑各种专业文档，如图 3.1 所示。

2. 数据处理软件—— Excel 2010

Excel 2010 用于创建和维护电子表格，通过它不仅可以方便地制作出各种各样的电子表格，还可以对其中的数据进行计算、统计等操作，甚至能将表格中的数据转换为各种可视性图表显示或打印出来，方便对数据进行统计和分析，如图 3.2 所示。

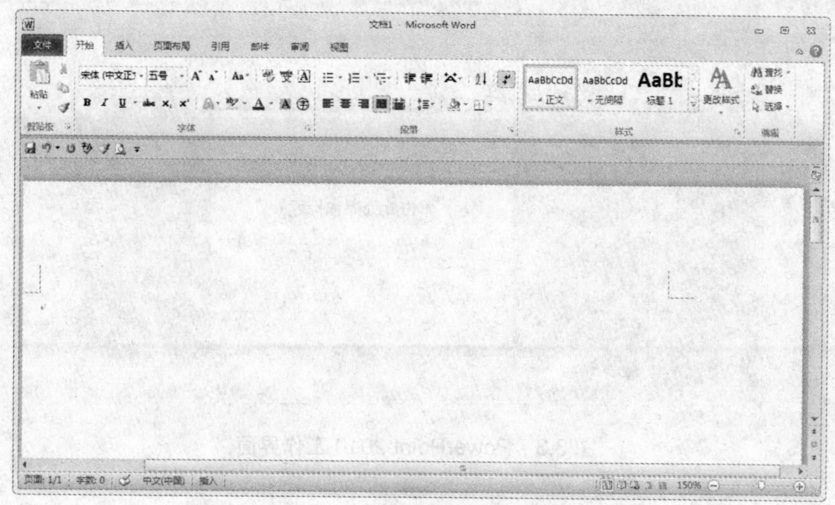

图 3.1　Word 2010 工作界面

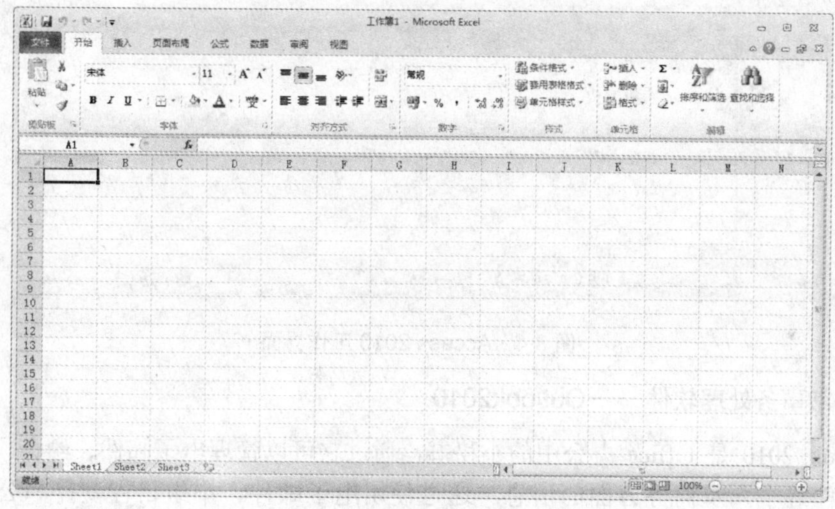

图 3.2　Excel 2010 工作界面

3. 演示文稿制作软件——PowerPoint 2010

PowerPoint 2010 用于制作和放映演示文稿，利用它可以制作产品宣传片、课件等资料。在其中不仅可以输入文字、插入表格和图片、添加多媒体文件，还可以设置幻灯片的动画效果和放映方式，能制作出内容丰富有声有色的幻灯片，如图 3.3 所示。

4. 数据库管理软件——Access 2010

Access 2010 是一个设计和管理数据库的办公软件。通过它不仅能方便地在数据库中添加、修改、查询、删除和保存数据，还能根据数据库的输入界面进行设计以及生成报表，并且支持 SQL 指令，如图 3.4 所示。

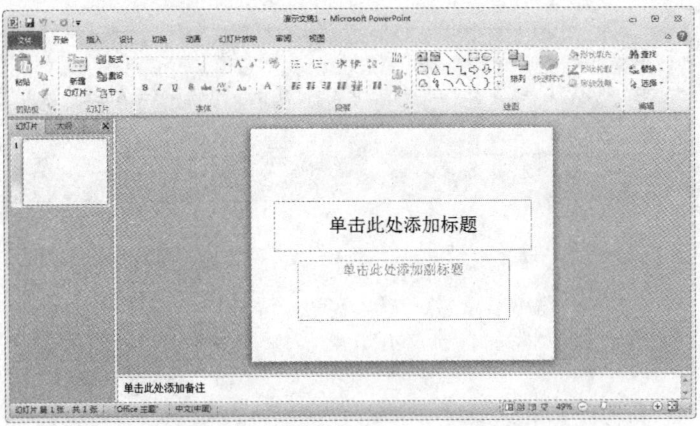

图 3.3　PowerPoint 2010 工作界面

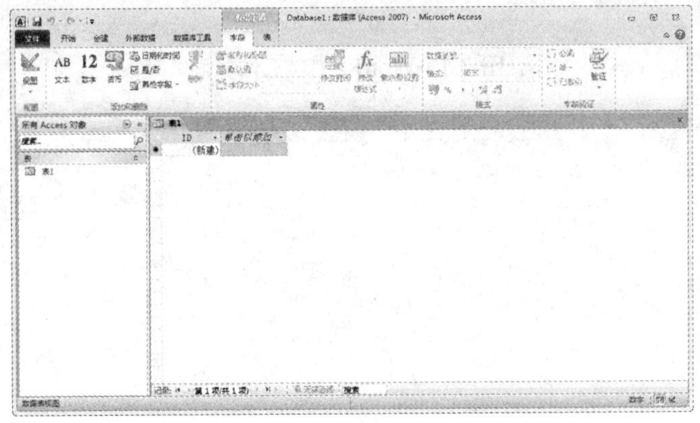

图 3.4　Access 2010 工作界面

5. 日常事务处理软件—— Outlook2010

Outlook 2010 是 Office 办公中的小秘书，通过它可以管理电子邮件、约会、联系人、任务和文件等个人及商务方面的信息。通过使用电子邮件、小组日程安排和公用文件夹等，还可以与小组共享信息，如图 3.5 所示。

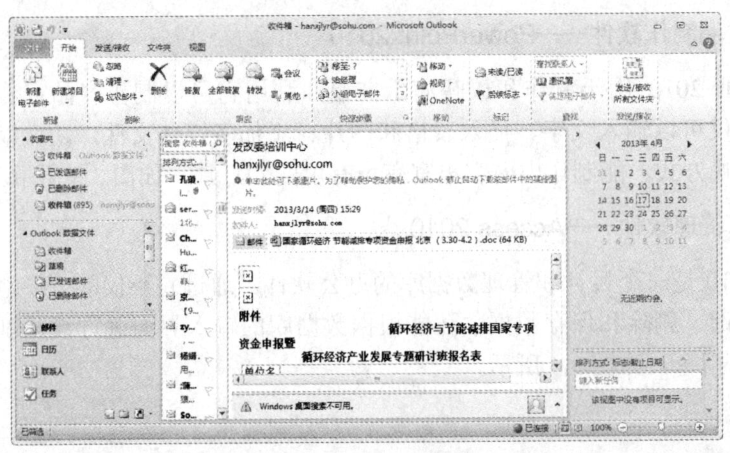

图 3.5　Outlook 2010 工作界面

3.1.2　Office 2010 的安装与卸载

在使用 Office 2010 之前，需要先将其安装到计算机。

1. 安装 Office 2010

安装 Office 2010 与安装一般的程序差不多，双击其安装文件后，即可根据向导提示进行安装，可以选择安装所有组件，也可以自定义安装自己需要的组件。

双击自动安装图标，系统自动打开 Microsoft Office 2010 安装对话框，可从中选择【立即安装】或【自定义】，如图 3.6 所示。

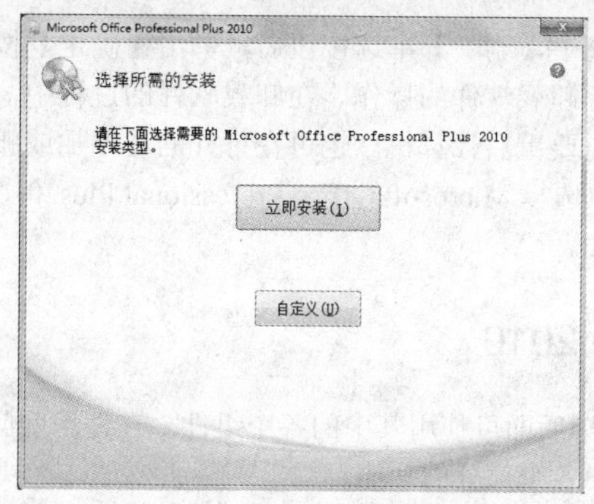

图 3.6　Office 2010 安装界面

单击【立即安装】按钮，即显示安装进度，如图 3.7 所示。

安装完毕(如图 3.8 所示)后单击【关闭】按钮，即可完成安装。

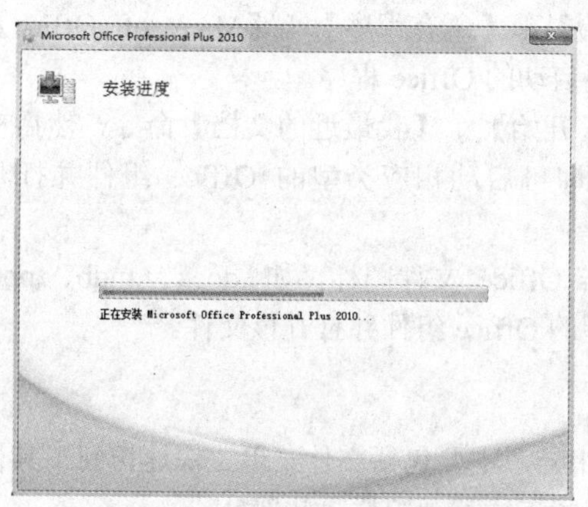

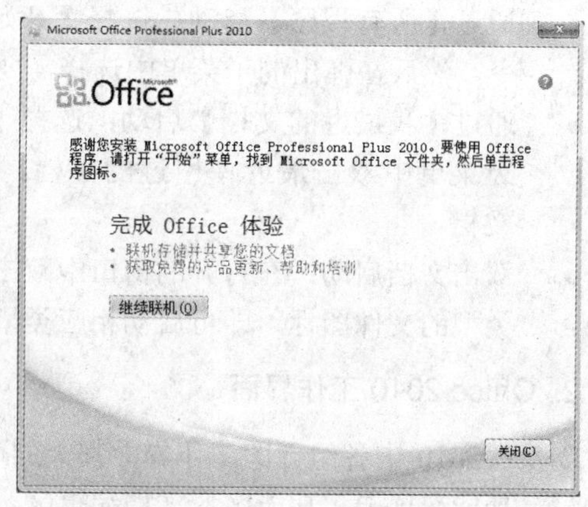

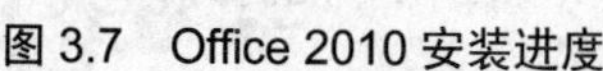

图 3.7　Office 2010 安装进度　　图 3.8　Office 2010 安装完成

2. 卸载 Office 2010

在使用 Office 2010 的过程中，如果软件出现问题，可将其卸载后重新安装。其卸载方法为：选择【开始】菜单中的【控制面板】命令，出现如图 3.9 所示的窗口，在打开的窗口中单击【程序】图标下的【卸载程序】链接。

图 3.9　卸载程序界面

在打开的对话框中选中【删除】单选按钮后，单击【确定】按钮，在打开的提示对话框中单击【是】按钮执行卸载软件的操作。在卸载软件的过程中，同样会出现显示卸载进度的窗口，完成卸载后需要重启计算机。也可在打开的【添加或删除程序】对话框的【当前安装的程序】列表框中选择 Microsoft Office Professional Plus2010 选项后单击【删除】按钮，直接卸载 Office 2010。

3.1.3　认识 Office 2010

Office 2010 安装完毕后即可使用其中的各个组件。在使用前应先熟悉其启动和退出方法，并了解其工作界面中各个部分的功能。

1. 启动 Office 2010

在 Windows 操作系统中启动 Office 2010 的方法与启动其他软件的方法一样，可以通过【所有程序】、【我最近的文档】和双击 Office 相关文档启动，其方法分别如下。

- 通过【所有程序】启动：选择【开始】|【所有程序】|【Microsoft Office】命令，然后在弹出的子菜单中选择需要启动的 Office 程序。
- 通过【我最近的文档】启动：选择【开始】|【我最近的文档】命令，然后在次级菜单中双击最近使用过的文档，即可启动相应类型的 Office 组件并打开该文档。
- 双击文档启动：在打开的窗口中双击 Office 文件图标，如 .docx、.mdb、.ppt 等类型的文件图标，即可启动相应类型的 Office 组件并打开该文件。

2. Office 2010 工作界面

Office 2010 中各组件的工作界面都大同小异，主要包括文件菜单、快速访问工具栏、标题栏、功能选项卡、功能区、文档编辑区、状态栏和视图栏等几部分。

本章首选对 Word 2010 的工作界面进行详解。

启动 Word 2010 后，打开该软件的工作界面，其中主要包括标题栏、功能选项卡、文档编辑区和状态栏等组成部分，各部分作用如下。

1) 标题栏

标题栏从左至右包括窗口控制图标、快速访问工具栏、标题显示区和窗口控制按钮。

其中窗口控制图标和控制按钮都用于控制窗口最大化、最小化和关闭等状态；标题显示区用于显示当前文件名称信息；快速访问工具栏则用于快速实现保存、打开等使用频率较高的操作。

2) 功能选项卡

其作用是分组显示不同的功能集合。选择某个选项卡，其中包括了多种相关的操作命令或按钮。

3) 文档编辑区

文档编辑区用于对文档进行各种编辑操作，是 Word 2010 最重要的组成部分之一。该区域中闪烁的短竖线便是文本插入点。

4) 状态栏

状态栏左侧显示当前文档的页数/总页数、字数、当前输入语言及输入状态等信息；中间的 4 个按钮用于调整视图方式；右侧的滑块用于调整显示比例，如图 3.10 所示。

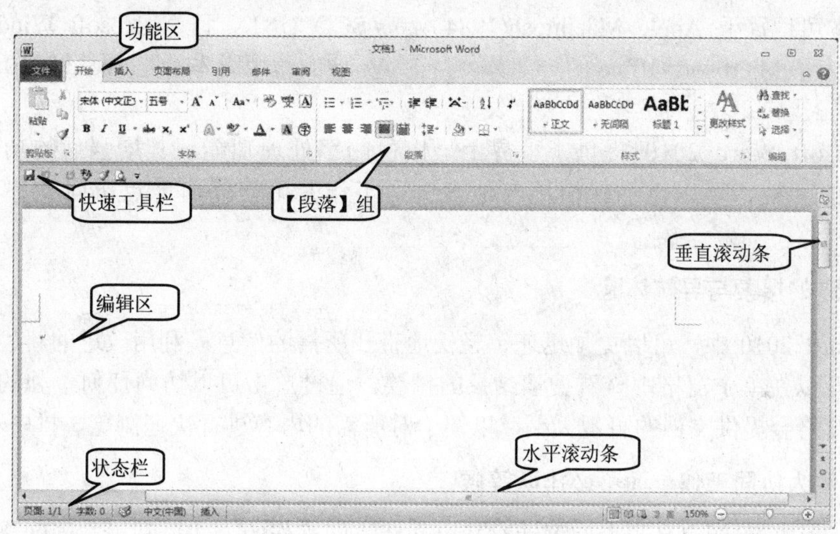

图 3.10　Word 2010 工作界面

3. 调整 Office 2010 的工作界面

完成安装后，Office 2010 中各组件在启动后显示的是默认工作界面，用户可以根据自己的习惯自定义工作界面，下面以 Word 2010 为例进行介绍。

(1) 启动 Word 2010，在快速访问工具栏中右击，在弹出的快捷菜单中选择【自定义快速访问工具栏】命令。

(2) 在打开的【Word 选项】对话框中默认选择【快速访问工具栏】选项卡，在左侧的列表框中选择【打印预览和打印】命令，单击【添加】按钮，在右侧列表框中显示出添加的命令，按照同样的方法添加【打开最近使用过的文件】命令。

(3) 单击【确定】按钮返回到工作界面，在快速访问工具栏中可以看到添加的命令按钮。在快速访问工具栏中右击，在弹出的快捷菜单中选择【功能区最小化】命令。

(4) 在 Word 工作界面中可以看到功能区只显示出各个选项卡的名称，其中的各个命令已经被隐藏起来。

4. 退出 Office 2010

退出 Office 2010 的方法较多，仍以 Word 2010 为例，常用的有以下几种。

(1) 单击 Word 2010 工作界面右上角的【关闭】按钮退出该软件。

(2) 在 Word 2010 工作界面的左上方选择【文件】按钮，然后选择【退出】命令。

(3) 在任务栏的 Word 2010 的缩略图上单击鼠标右键，在弹出的快捷菜单中选择【关闭所有窗口】命令。

(4) 单击 Word 2010 工作界面左上角的控制图标，在弹出的下拉菜单中选择【关闭】命令。

3.1.4 Word 2010 的特色

Word 的最初版本是由 Richard Brodie 在 1983 年为了运行 DOS 的 IBM 计算机而编写的。随后的版本可运行于 Apple Macintosh(1984 年)、SCO UNIX 和 Microsoft Windows(1989 年)，并成为了 Microsoft Office 的一部分，目前 Word 的常用版本就是 Word 2010，于 2010 年 6 月 18 日上市。

Microsoft Word 2010 提供了世界上最出色的字处理功能，其增强后的功能可创建专业水准的文档，可以更加轻松地与他人协同工作并可在任何地点访问文件。具体特色如下。

1. 改进的搜索与导航体验

在 Word 2010 中，可以更加迅速、轻松地查找所需的信息。利用改进的新“查找”体验，现在可以在单个窗格中查看搜索结果的摘要，通过单击可以访问任何单独的结果。改进的导航窗格会提供文档的直观大纲，以便于对所需的内容进行快速浏览、排序和查找。

2. 与他人协同工作，而不必排队等候

Word 2010 重新定义了人们可针对某个文档协同工作的方式。利用共同创作功能，可以在编辑论文的同时，与他人分享你的观点。也可以查看正与你一起创作文档的他人的状态，并在不退出 Word 的情况下轻松发起会话。

3. 几乎可从任何位置访问和共享文档

在线发布文档，然后通过任何一台计算机或你的 Windows 电话对文档进行访问、查看和编辑。借助 Word 2010，可以从多个位置使用多种设备来体会非凡的文档操作过程。

Microsoft Office Mobile2010 就是利用专门适合于你的 Windows 电话的移动版本的增强型 Word，保持更新并在必要时立即采取行动。

4. 向文本添加视觉效果

利用 Word 2010，可以像应用粗体和下划线那样，将诸如阴影、凹凸效果、发光、映像等格式效果轻松应用到文档文本中。而且可以对使用了可视化效果的文本执行拼写检查，并将文本效果添加到段落样式中。现在可将很多用于图像的相同效果同时用于文本和形状中，从而能够无缝地协调全部内容。

5. 为文本添加视觉效果

Word 2010 提供了用于使文档增加视觉效果的更多选项。从众多的附加 SmartArt 图形中进行选择，从而只需要输入项目符号列表，即可构建精彩的图表。使用 SmartArt 可将基本的要点语句文本转换为引人入胜的视觉画面，以更好地阐释观点。

6. 为文档增加视觉冲击力

利用 Word 2010 中提供的新型图片编辑工具，可在不使用其他照片编辑软件的情况下，添加特殊的图片效果。可以利用色彩饱和度和色温控件来轻松调整图片，还可以利用所提供的改进工具来更轻松、精确地对图像进行裁剪和更正，从而有助于将一个简单的文档转化为一件艺术作品。

7. 恢复认为已丢失的工作

在某个文档上工作片刻之后，若在未保存该文档的情况下意外地将其关闭，利用 Word 2010，可以像打开任何文件那样轻松恢复最近编辑文件的草稿版本，即使从未保存过该文档也是如此。

8. 跨越沟通障碍

Word 2010 有助于跨不同语言进行有效地工作和交流。比以往更轻松地翻译某个单词、词组或文档。针对屏幕提示、帮助内容和显示，分别对语言进行不同的设置。利用英语文本到语音转换播放功能，为以英语为第二语言的用户提供额外的帮助。

9. 将屏幕截图插入到文档

直接从 Word 2010 中捕获和插入屏幕截图，可快速、轻松地将插图纳入到工作中。如果使用已启用 Tablet 的设备(如 Tablet PC 或 Wacom Tablet)，则经过改进的工具使设置墨迹格式与设置形状格式一样轻松。

10. 利用增强的用户体验完成更多工作

Word 2010 可简化功能的访问方式。新的 Microsoft Office Backstage 视图将替代传统的【文件】菜单，从而只需单击几次鼠标即可保存、共享、打印和发布文档。利用改进的功能区，可以更快速地访问常用命令，方法为：自定义选项卡或创建自己的选项卡，从而使工作风格体现出个性化经验。

3.1.5　Word 2010 功能区简介

Microsoft Word 从 Word 2007 升级到 Word 2010，其最显著的变化就是使用【文件】按钮代替了 Word 2007 中的 Office 按钮，使用户更容易从 Word 2003 和 Word 2000 等旧版本中迁移。另外，Word 2010 同样取消了传统的菜单操作方式，而代之以各种功能区。在 Word 2010 窗口上方看起来像菜单的名称其实是功能区的名称，当单击这些名称时并不会打开菜单，而是切换到与之相对应的功能区面板。每个功能区根据功能的不同又分为若干个组，每个功能区所拥有的功能如下。

1. 【开始】功能区

【开始】功能区中包括剪贴板、字体、段落、样式和编辑 5 个组，对应 Word 2003 的【编辑】和【段落】菜单部分命令，如图 3.11 所示。该功能区主要用于帮助用户对 Word 2010 文档进行文字编辑和格式设置，是用户最常用的功能区。

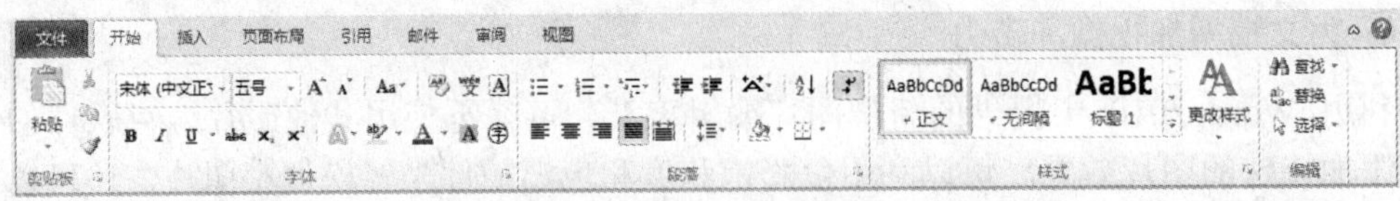

图 3.11 【开始】功能区

2. 【插入】功能区

【插入】功能区包括页、表格、插图、链接、页眉和页脚、文本以及符号 7 个组，对应 Word 2003 中【插入】菜单的部分命令，如图 3.12 所示。该功能区主要用于在 Word 2010 文档中插入各种元素。

图 3.12 【插入】功能区

3. 【页面布局】功能区

【页面布局】功能区包括主题、页面设置、稿纸、页面背景、段落、排列 6 个组，对应 Word 2003 的【页面设置】和【段落】菜单中的部分命令，如图 3.13 所示。该功能区用于帮助用户设置 Word 2010 文档页面样式。

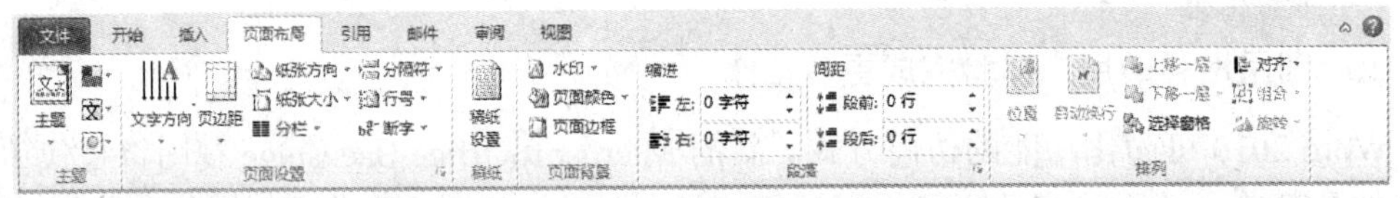

图 3.13 【页面布局】功能区

4. 【引用】功能区

【引用】功能区包括目录、脚注、引文与书目、题注、索引和引文目录 6 个组，用于实现在 Word 2010 文档中插入目录等比较高级的功能，如图 3.14 所示。

图 3.14 【引用】功能区

5. 【邮件】功能区

【邮件】功能区包括创建、开始邮件合并、编写和插入域、预览结果和完成 5 个组，该功能区的作用比较专一，专门用于在 Word 2010 文档中进行邮件合并方面的操作，如图 3.15 所示。

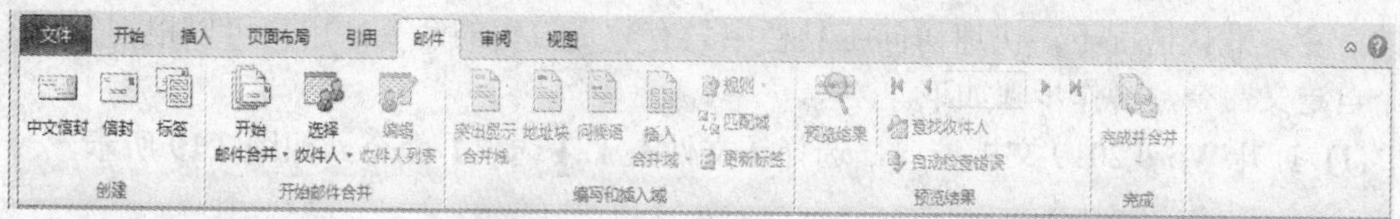

图 3.15　【邮件】功能区

6. 【审阅】功能区

【审阅】功能区包括校对、语言、中文简繁转换、批注、修订、更改、比较和保护 8 个组，主要用于对 Word 2010 文档进行校对和修订等操作，适用于多人协作处理 Word 2010 长文件，如图 3.16 所示。

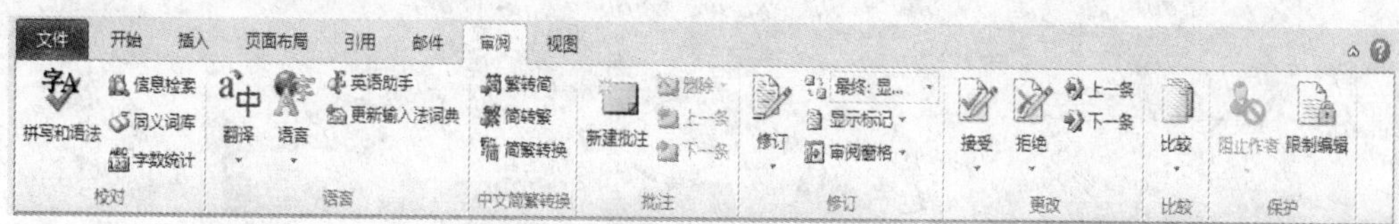

图 3.16　【审阅】功能区

7. 【视图】功能区

【视图】功能区包括文档视图、显示、显示比例、窗口和宏 5 个组，主要用于帮助用户设置 Word 2010 操作窗口的视图类型，以方便操作，如图 3.17 所示。

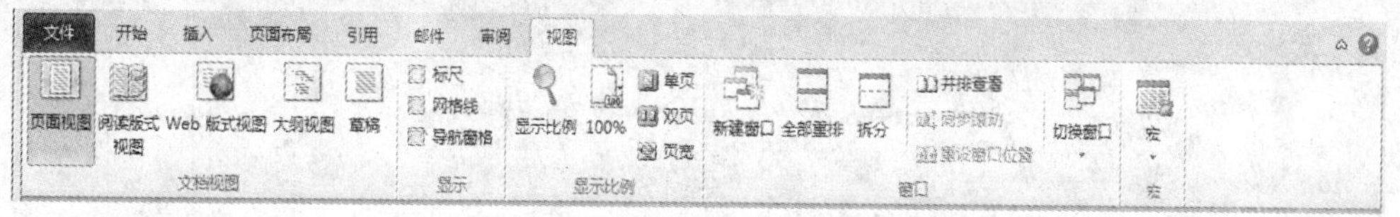

图 3.17　【视图】功能区

8. 【开发工具】功能区

选择【文件】|【选项】命令，在打开的【Word 选项】对话框中，选择【自定义功能区】选项，在界面的右侧选中【开发工具】，单击【确定】按钮即可在 Word 中出现【开发工具】功能区，它包括代码、加载项、控件、XML、保护、模板 6 个分组，加载项是可以为 Word 2010 安装的附加属性，如自定义的工具栏或其他命令扩展。【开发工具】功能区则可以在 Word 2010 中添加或删除加载项，如图 3.18 所示。

图 3.18　【开发工具】功能区

9. 在 Word 2010 快速访问工具栏中添加常用命令

Word 2010 文档窗口中的快速访问工具栏用于放置命令按钮，使用户快速启动经常使用的命令。默认情况下，快速访问工具栏中只有数量较少的命令，用户可以根据需要添加多个自定义命令，操作步骤如下。

(1) 打开 Word 2010 文档窗口，选择【文件】|【选项】命令，如图 3.19 所示。

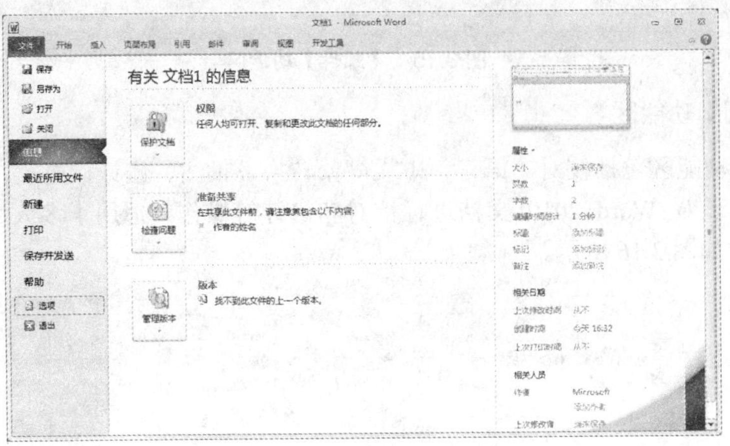

图 3.19　选择【选项】命令

(2) 在打开的【Word 选项】对话框中切换到【快速访问工具栏】选项卡，然后在【从下列位置选择命令】列表中单击需要添加的命令，并单击【添加】按钮即可，如图 3.20 所示。

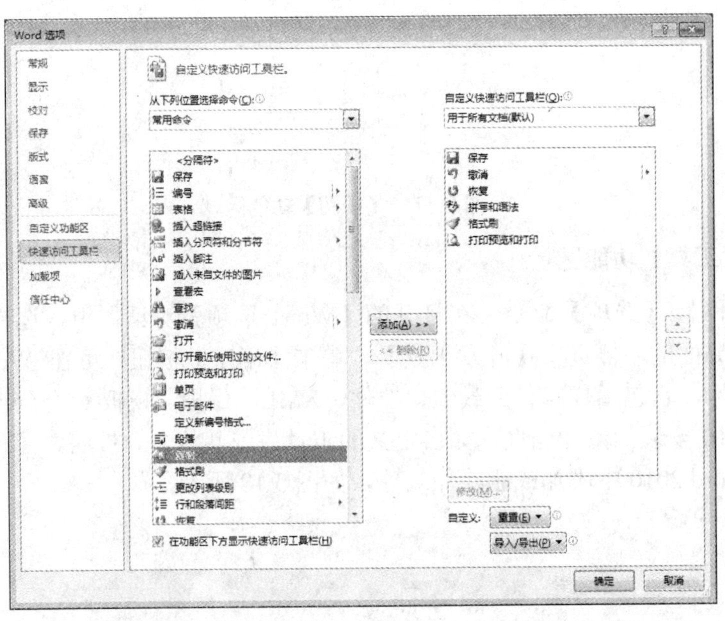

图 3.20　选择添加的命令

(3) 重复步骤(2)，可以向 Word 2010 快速访问工具栏添加多个命令，选择【重置】|【仅重置快速访问工具栏】命令，可将快速访问工具栏恢复到原始状态，如图 3.21 所示。

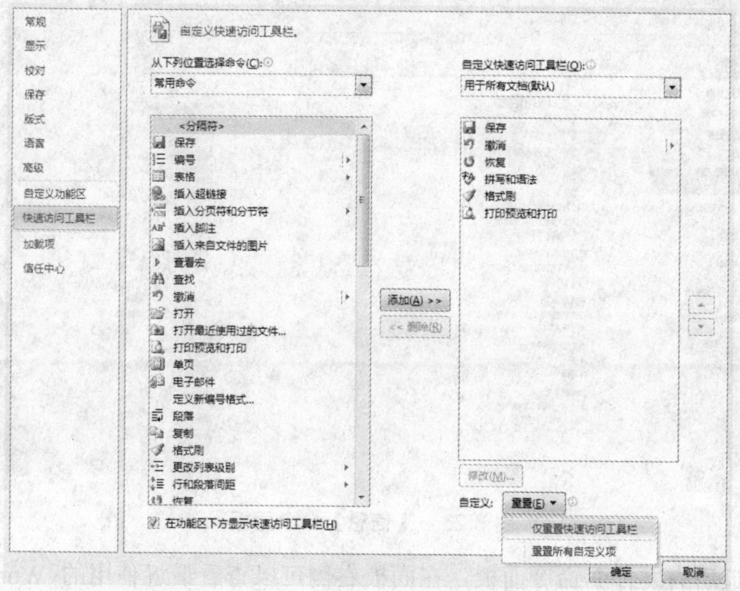

图 3.21　单击【重置】按钮

10. 全面了解 Word 2010 中的【文件】按钮

相对于 Word 2007 的 Office 按钮，Word 2010 中的【文件】按钮更有利于 Word 2003 用户快速迁移到 Word 2010。【文件】按钮是一个类似于菜单的按钮，位于 Word 2010 窗口左上角。单击【文件】按钮可以打开【文件】面板，包含【保存】、【另存为】、【打开】、【关闭】、【信息】、【最近所用文件】、【新建】、【打印】等常用命令，如图 3.22 所示。

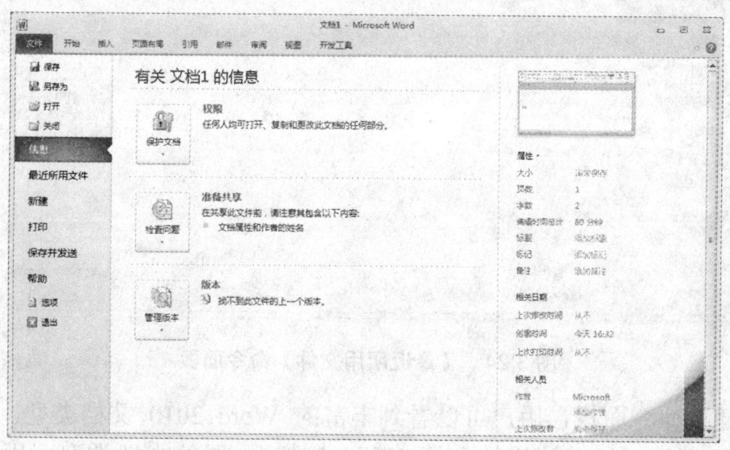

图 3.22　【文件】面板

在默认打开的【信息】命令面板中，用户可以进行旧版本格式转换、保护文档(包含设置 Word 文档密码)、检查问题和管理自动保护的版本，如图 3.23 所示。

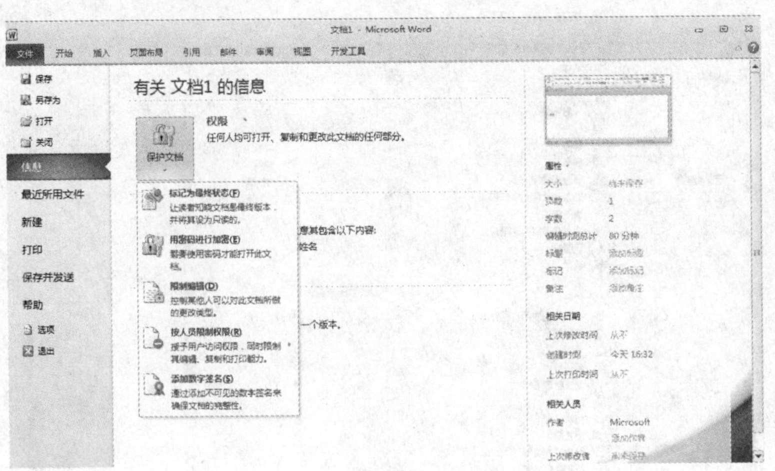

图 3.23 【信息】命令面板

打开【最近所有文件】命令面板，在面板右侧可以查看最近使用的 Word 文档列表，用户可以通过该面板快速打开最近使用的 Word 文档。在每个 Word 文档名称的右侧有一个固定按钮，单击该按钮可以将该记录固定在当前位置，而不会被后续使用的 Word 文档名称替换，如图 3.24 所示。

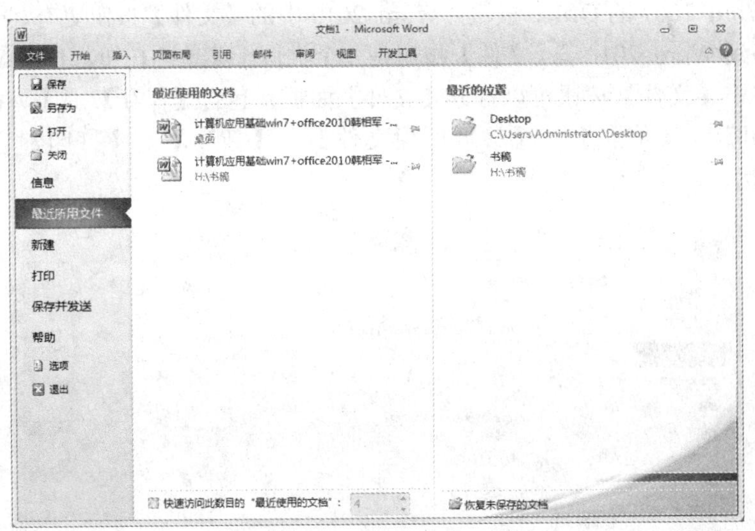

图 3.24 【最近所用文件】命令面板

打开【新建】命令面板，用户可以看到丰富的 Word 2010 文档类型，包括“空白文档”、“博客文章”、“书法字帖”等 Word 2010 内置的文档类型。用户还可以通过 Office.com 提供的模板新建诸如“会议议程”、“证书、奖状”、“小册子”等实用 Word 文档，如图 3.25 所示。

打开【打印】命令面板，可以详细设置多种打印参数，例如双面打印、指定打印页等参数，从而有效控制 Word 2010 文档的打印结果，如图 3.26 所示。

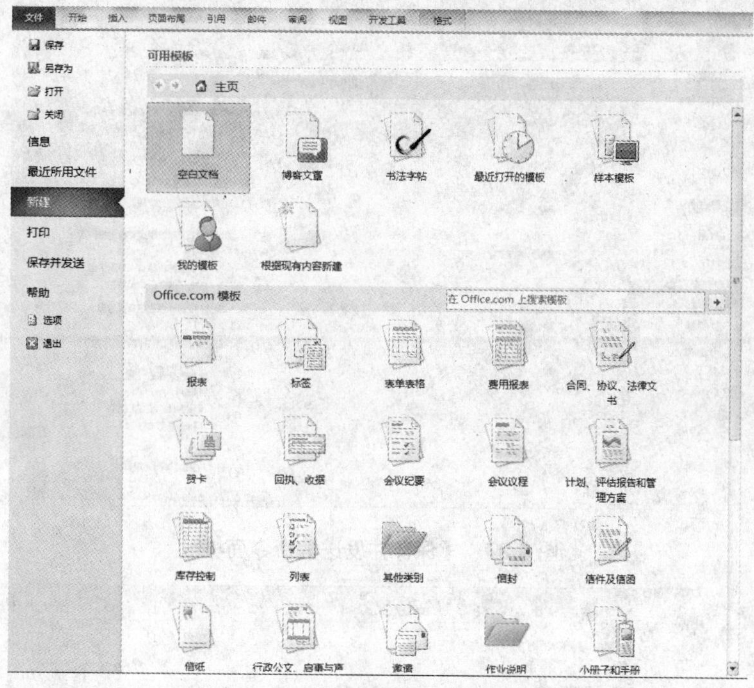

图 3.25　【新建】命令面板

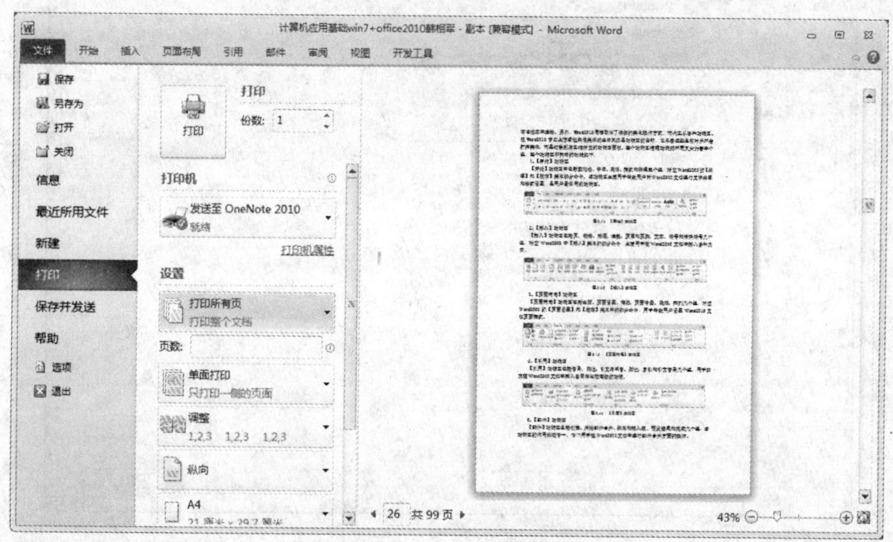

图 3.26　【打印】命令面板

打开【保存并发送】命令面板，用户可以在面板中将 Word 2010 文档发布为博客文章、使用电子邮件发送或创建 PDF 文档，如图 3.27 所示。

选择【文件】|【选项】命令，可以打开【Word 选项】对话框。在【Word 选项】对话框中可以开启或关闭 Word 2010 中的许多功能或设置参数，如图 3.28 所示。

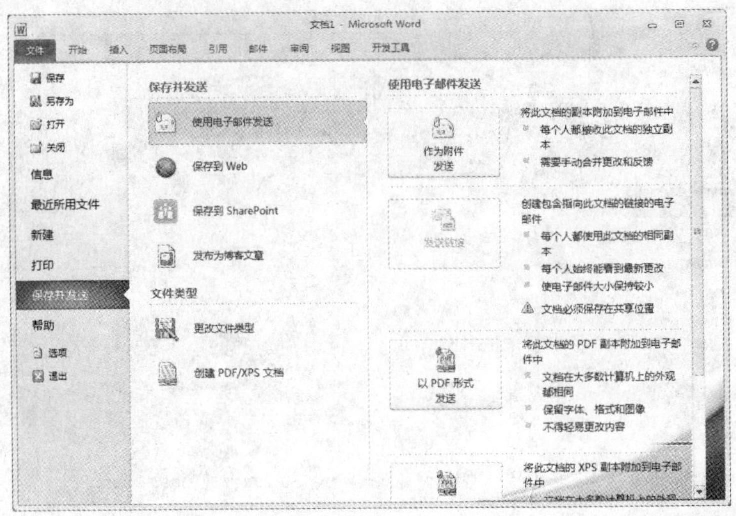

图 3.27 【保存并发送】命令面板

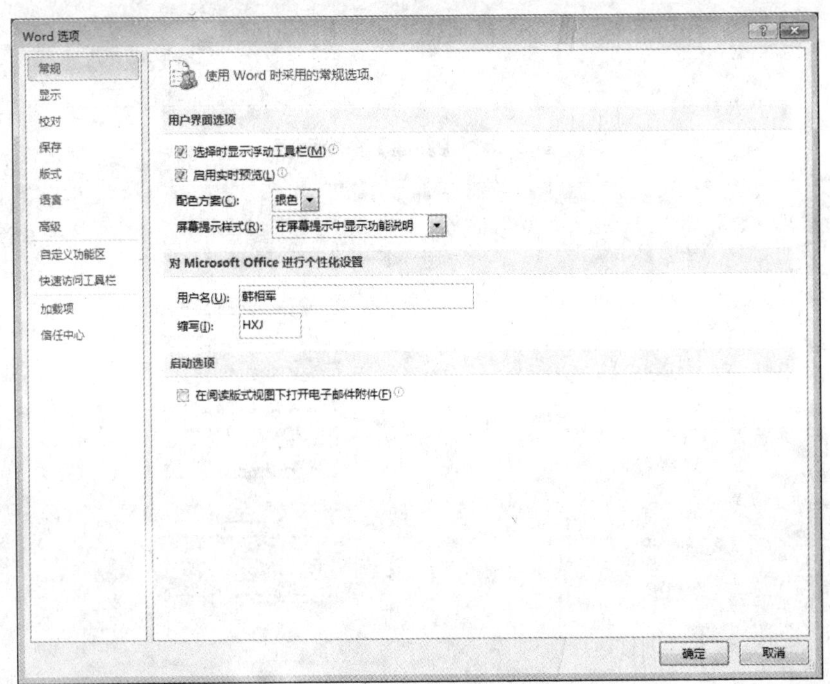

图 3.28 【Word 选项】对话框

11. 在 Word 2010 中显示或隐藏标尺、网格线和导航窗格

在 Word 2010 文档窗口中，用户可以根据需要显示或隐藏标尺、网格线和导航窗格。在【视图】功能区的【显示】组中，选中或取消选中相应复选框可以显示或隐藏对应的项目。

1) 显示或隐藏标尺

【标尺】包括水平尺和垂直标尺，用于显示 Word 2010 文档的页边距、段落缩进、制表符等。选中或取消选中【标尺】复选框可以显示或隐藏标尺，如图 3.29 所示。

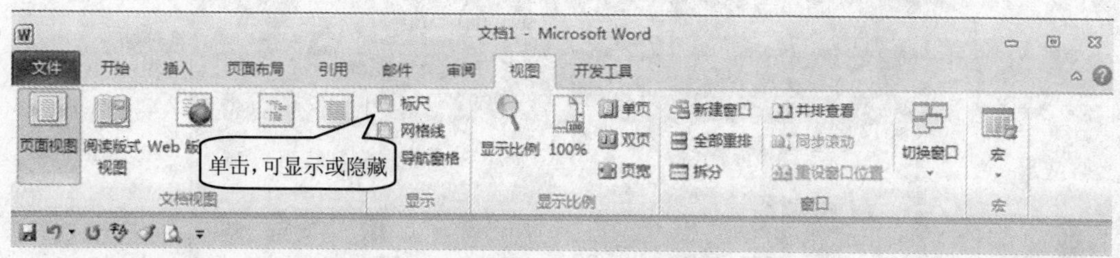

图 3.29　Word 2010 文档窗口标尺

2) 显示或隐藏网格线

“网格线”能够帮助用户将 Word 2010 文档中的图形、图像、文本框、艺术字等对象沿网格线对齐，并且在打印时网格线不被打印出来。选中或取消选中【网格线】复选框可以显示或隐藏网格线。

3) 显示或隐藏导航窗格

“导航窗格”主要用于显示 Word 2010 文档的标题大纲，用户单击文档结构图中的标题可以展开或收缩下一级标题，并且可以快速定位到标题对应的正文内容，还可以显示 Word 2010 文档的缩略图。选中或取消选中【导航窗格】复选框可以显示或隐藏导航窗格。

3.2　文档的基本操作

创建文档是编辑文档的基础，在 Word 2010 中进行字处理对于编辑文档而言是必不可少的操作，文档的操作主要用了移动与复制、粘贴、查找与替换等操作。本节主要学习文档的几种视图方式以及如何通过调整文档比例大小来查看文档，如何创建文档以及文档的基本操作，在 Word 文档中输入各种文本的方法以及编辑文本的一些操作知识。

文档的基本操作包括创建文档、打开文档、保存文档和关闭文档等，这些操作也是其他 Office 组件的基本操作。

3.2.1　文档视图方式

文档视图是用来查看文档状态的工具，不同的文档视图显示了文档不一样的效果，有利于用户对文档进行查看和编辑。

Word 2010 提供了多种视图方式，用户可以根据编辑文档的用途来进行选择，这些视图模式包括“页面视图”、“阅读版式视图”、“Web 版式视图”、“大纲视图”和“草稿”等。用户可以在【视图】功能区中选择需要的文档视图模式，也可以在 Word 2010 文档窗口的右下方单击视图按钮选择视图。

1. 页面视图

“页面视图”可以显示 Word 2010 文档的打印结果外观，主要包括页眉、页脚、图形对象、分栏设置、页面边距等元素，是最接近打印结果的视图，如图 3.30 所示。

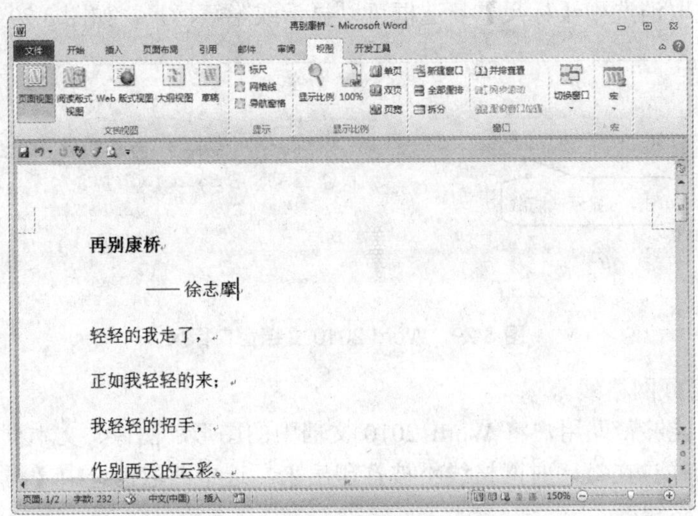

图 3.30　页面视图

2. 阅读版式视图

“阅读版式视图”以图书的分栏样式显示 Word 2010 文档，【文件】按钮、功能区等窗口元素被隐藏起来。在阅读版式视图中，用户还可以单击【工具】按钮选择各种阅读工具，按 Esc 键退出阅读版式视图，方便用户进行审阅和编辑，如图 3.31 所示。

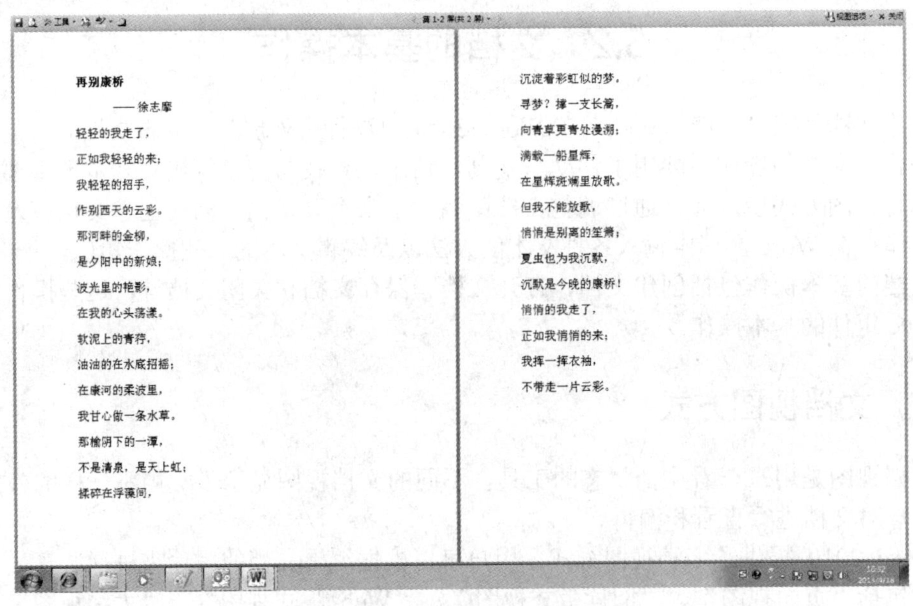

图 3.31　阅读版式视图

3. Web 版式视图

“Web 版式视图”以网页的形式显示 Word 2010 文档，是使用 Word 编辑网页时采用的视图方式，可将文档显示为不带分页符的长文档，且其中的文本和表格会随着窗口的缩放而自动换行，适用于发送电子邮件和创建网页，如图 3.32 所示。

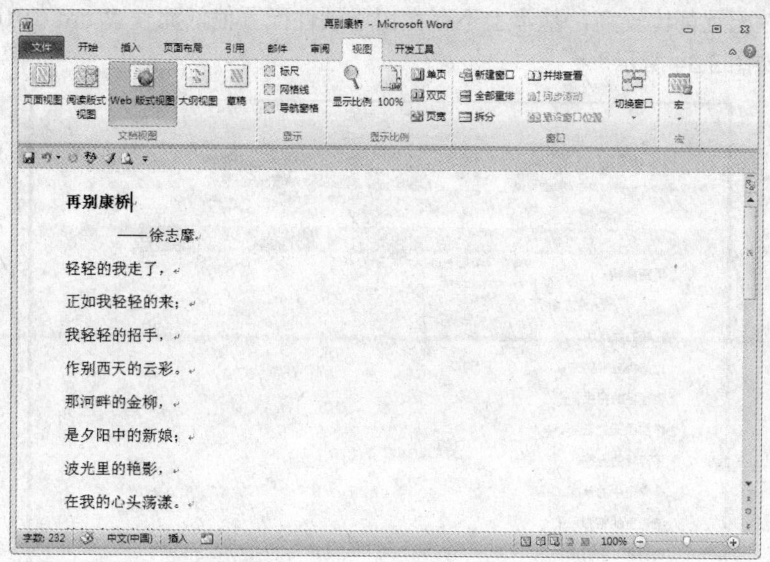

图 3.32　Web 版式视图

4. 大纲视图

“大纲视图”是一种用缩进文档标题的形式表示标题在文档结构中的级别的视图显示方式，简化了文本格式的设置，用户可以很方便地进行页面跳转，大纲视图主要用于设置和显示 Word 2010 文档的标题的层级结构，并可以方便地折叠和展开各种层级的文档。“大纲视图”广泛用于 Word 2010 长文档的快速浏览和设置，如图 3.33 所示。

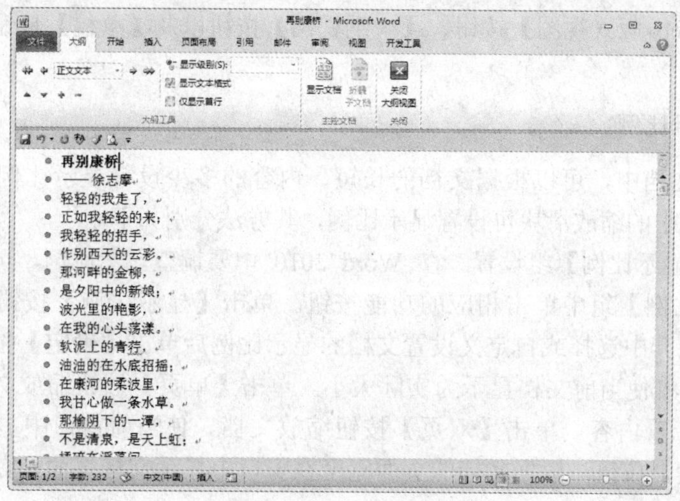

图 3.33　大纲视图

5. 草稿

“草稿”视图简化了页面的布局，用来输入、编辑和设置文本格式，只适用于编辑一段的文档，和实际打印效果会有些出入，草稿视图取消了页面边距、分栏、页眉页脚和图片等元素，仅显示标题和正文，是最节省计算机系统硬件资源的视图方式。当然现在计算机系统的硬件配置都比较高，基本上不存在由于硬件配置偏低而使 Word 2010 运行遇到障碍的问题，如图 3.34 所示。

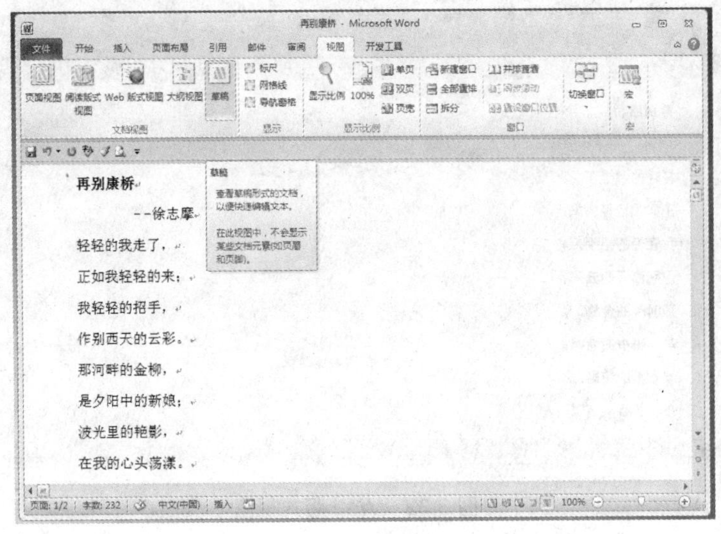

图 3.34　草稿视图

6. 切换视图方式

在编辑和浏览 Word 文档的过程中，可以根据需要选择合适的视图方式，通过【视图】功能区的【文档视图】组中的按钮可对视图方式进行切换，其方法如下：在打开的文档中，在【视图】功能区的【文档视图】组中分别单击【页面视图】按钮、【阅读版式视图】按钮、【Web 版式视图】按钮、【大纲视图】按钮以及【草稿】按钮即可切换到对应的视图方式。

7. 设置显示比例

在 Word 文档中，可以根据文档的长短、内容的多少设置显示比例。通过【显示比例】组和状态栏中的缩放滑块可设置显示比例，其方法分别如下。

(1) 通过【显示比例】组设置。在 Word 2010 中要调整显示比例，可以在【视图】功能区的【显示比例】组中单击相应的功能按钮。单击【显示比例】按钮，打开【显示比例】对话框，在其中选择或自定义设置文档的显示比例后单击【确定】按钮应用设置。单击 100%按钮，将使当前文档显示为实际大小。单击【单页】按钮缩放文档，使当前窗口中显示完整的一页内容。单击【双页】按钮缩放文档，使当前窗口中显示完整的两页内容。单击【页宽】按钮，根据文档的页面宽度在窗口中显示文档页面，使页面宽度与窗口宽度一致。

(2) 通过状态栏设置。单击状态栏中的【缩放级别】按钮可快速打开【显示比例】对话框，拖动状态栏中的缩放滑块，可以快速调整显示比例。

3.2.2　创建文档

创建文档是编辑文档的前提，在 Word 2010 中可以新建一个没有任何内容的空白文档，也可以通过 Word 2010 中的模板快速新建具有特定内容、格式或作用的文档。

1. 新建空白文档

新建空白文档是文档编辑过程中最简单、最重要的操作之一。

(1) 启动 Word 2010，系统会自动新建一个名为“文档 1”的空白文档。

(2) 如果还需要新建文档，选择【文件】|【新建】命令，在右侧界面的列表框中选择【可用模板】栏中的【空白文档】选项，然后单击【创建】按钮即可创建空白文档，如图 3.35 所示。新建的文档自动命名为“文档 2”，如图 3.36 所示。

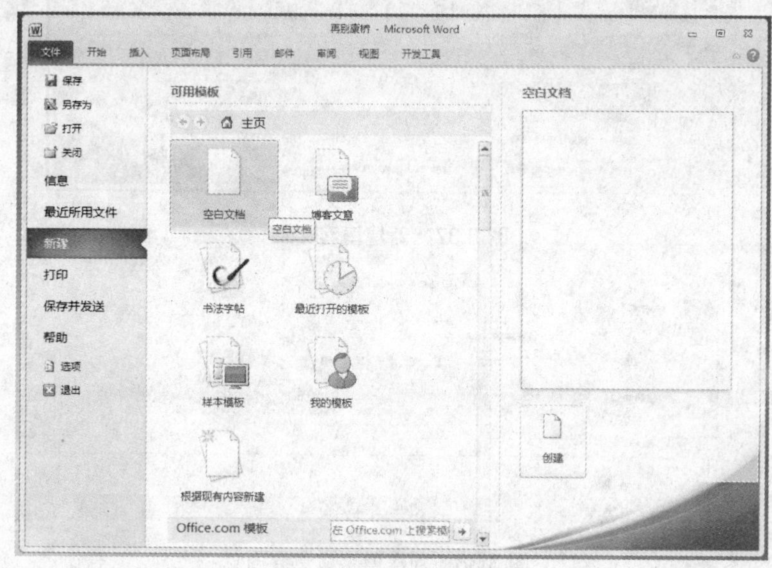

图 3.35　创建空白文档

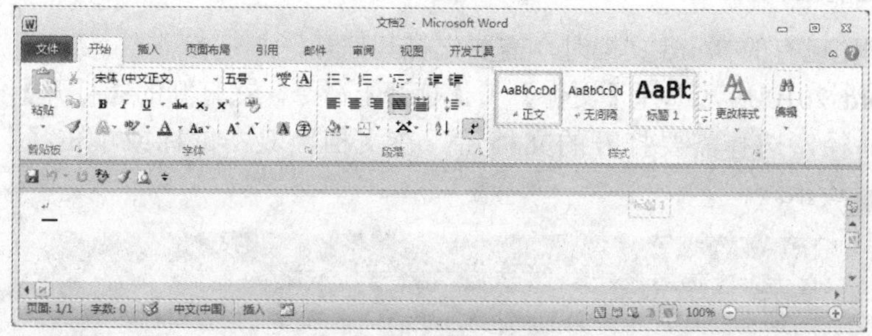

图 3.36　新建文档

2. 利用模板新建文档

新建文档时可利用 Word 2010 中预置的文档模板，快速地创建出具有固定格式的文档，如报告、备忘录、论文以及日历等，从而达到提高工作效率的目的。

(1) 启动 Word 2010，选项【文件】|【新建】命令，在右侧界面的列表框中选择【可用模板】列表框中的【博客文章】选项，如图 3.37 所示。

(2) 单击【创建】按钮，此时将根据用户所选择的模板创建一份文档，文档中已经定义了版式与内容的样式，如图 3.38 所示。

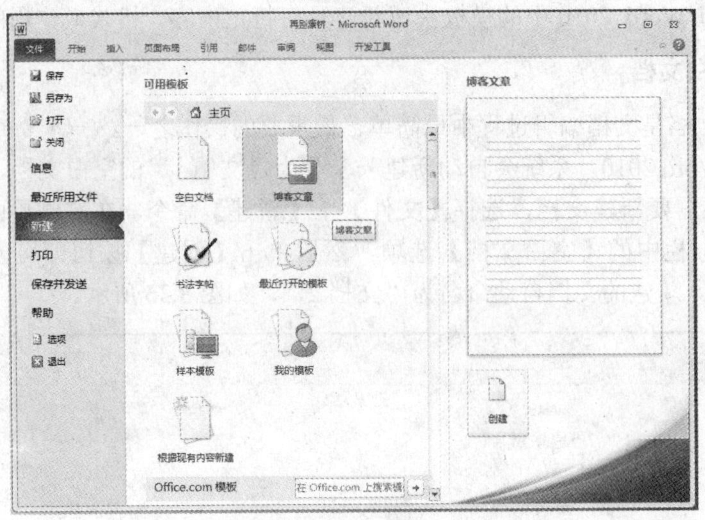

图 3.37　新建博客文章

图 3.38　创建博客文章界面

3. 打开已有文档

当需要浏览已有的 Word 文档时，需要先将其打开。

启动 Word 2010 后，选择【文件】|【打开】命令，在打开的【打开】对话框中找到文档的保存路径，选择需要打开的文档后，在文档上双击鼠标或单击【打开】按钮即可，如图 3.39 所示。

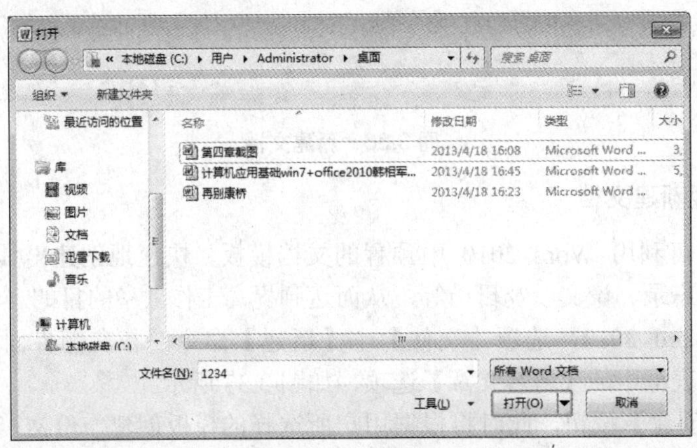

图 3.39　打开文档界面

在启动 Word 2010 的情况下，按快捷键 Ctrl+O，也可打开【打开】对话框。然后，根据保存路径，找到需要打开的文档，双击即可。

4. 保存文档

新建一篇文档后，需执行保存操作后才能将其存储到计算机中。保存文档分为保存新建文档和设置自动保存两种方式。

1) 保存新建的文档。

新建文档后，可马上将其保存，也可在编辑过程中或编辑完成后再进行保存。对于新建的 Word 文档，在第一次保存时会打开【另存为】对话框，从中可指定文档的保存路径、名称与类型。文档进行过一次保存后，下次再保存到同样的位置时，不会再打开【另存为】对话框，而直接按原类型、原文件名进行保存。

(1) 对于新建的文档，选择【文件】|【保存】命令，将打开【另存为】对话框。

(2) 在【保存位置】下拉列表框中选择保存路径，在【文件名】下拉列表框中输入要保存的文件名为“再别康桥”，然后设置【保存类型】，最后单击【保存】按钮，即可将文档保存到计算机中，如图 3.40 所示。

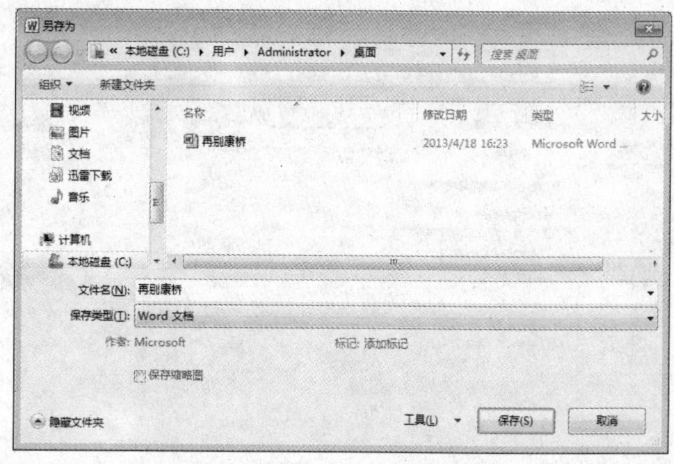

图 3.40　保存文档

(3) 对文档进行保存后，Word 窗口标题栏中显示的文档名称已更改为“再别康桥”。

技巧： 如果不是第一次保存，可以使用快捷键 Ctrl+S 快速保存文档。

2) 设置自动保存

在编辑文档过程中，为了防止意外情况出现导致当前编辑内容丢失，Word 2010 提供了自动保存功能。

例 3.1　设置文档的自动保存时间为“5 分钟”。

(1) 在 Word 文档的编辑窗口中选择【文件】|【选项】命令，如图 3.41 所示，打开【Word 选项】对话框。

(2) 在该对话框中选择左侧列表框中的【保存】选项卡，在右侧的【保存文档】选项组中选中【保存自动恢复信息时间间隔】复选框，并在后面的微调框中输入数值“5”，如图 3.42 所示，再单击【确定】按钮即可设置文档的自动保存时间为“5 分钟”。

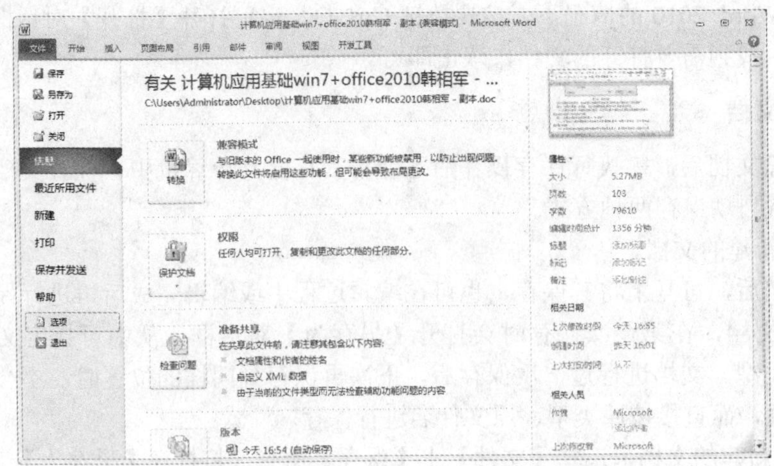

图 3.41　打开 Word 选项

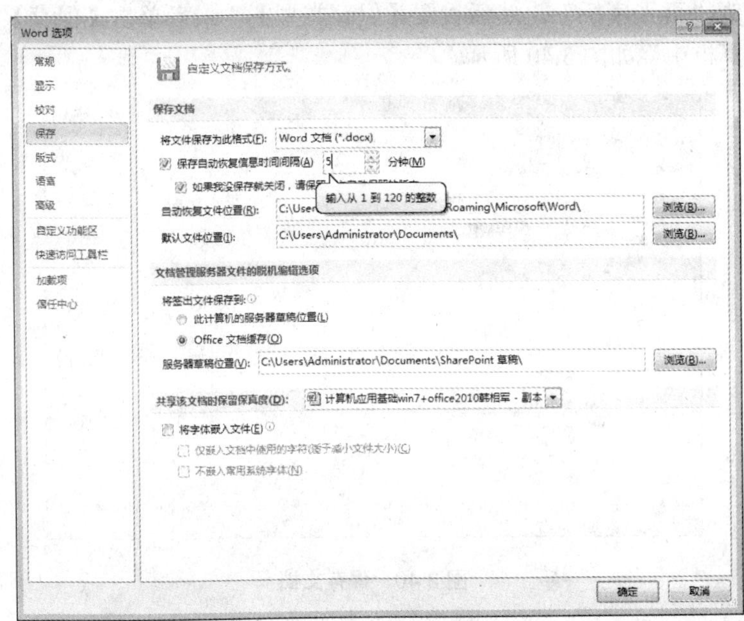

图 3.42　设置自动保存

5. 关闭文档

当执行完文档的编辑操作后则需要关闭该文档。关闭文档的方法有以下 4 种。

(1) 在标题栏空白处右击，在弹出的快捷菜单中选择【关闭】命令。

(2) 单击标题栏右侧的【关闭】按钮关闭当前文档。

(3) 选择【文件】|【关闭】命令。

(4) 按快捷键 Alt+F4。

3.3　文本的输入与图片的插入

新建 Word 2010 文档之后，还需要在文档中输入文本内容，并对其进行编辑处理，从而使文档更加完整，内容更加完善。文本的输入是 Word 基本操作的基础。

3.3.1　定位文本插入点

当新建一个 Word 文档后，在文档的开始位置将出现一个闪烁的光标“I”，称之为文本插入点。在进行文本的输入与编辑操作之前，必须先将文本插入点定位到需要编辑的位置。定位文本插入点的方法有以下两种。

(1) 将鼠标指针移至需要定位文本插入点的文本处，当其变为“I”形状后在需定位的目标位置处单击，即可将文本插入点定位于此。

(2) 按【←】键可将文本插入点向左移动一个字符；按【→】键可将文本插入点向右移动一个字符；按【↑】键可将文本插入点移到上一行的相同位置；按【↓】键可将文本插入点移到下一行的相同位置。

3.3.2　插入文本

在 Word 2010 中输入文本就是在文档编辑区的文本插入点处利用鼠标和键盘输入所需的文本内容。当输入文本到达 Word 默认边界后，Word 会自动进行换行。

1. 输入普通文本

输入普通文本的方法很简单，只需要在文档编辑区的文本插入点处通过键盘和鼠标输入所需的文本内容即可。

例 3.2　在文档中输入汉字、英文字符和数字。

(1) 在新建的空白文档中，单击语言栏中的输入法图标，选择一种输入法，这里以“搜狗输入法”为例。输入“人生成功的重要因素”的拼音编码“rscgdzhongyys”，如图 3.43 所示，然后按空格键和数字键进行选择，即可输入相应的汉字。

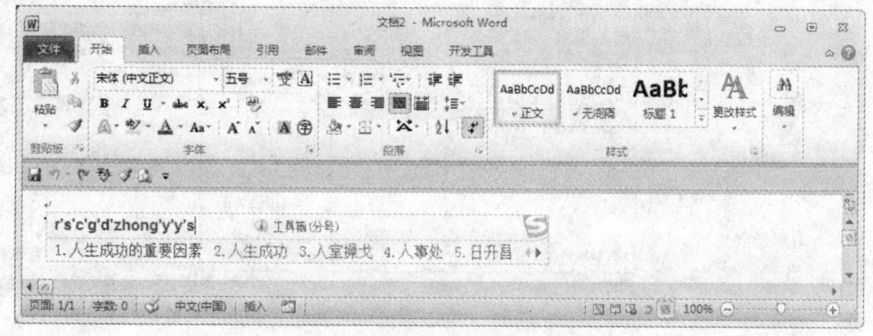

图 3.43　普通文本的输入

(2) 按 Enter 键强制换行，按下 Caps Lock 键，输入大写英文字母，切换到中文输入法

状态下，可以输入小写的英文字母。

(3) 按 Enter 键将光标定位到下一行，使用键盘上的数字键输入相应的数字等。

2. 输入符号与特殊符号

在输入文本时，符号的输入是不可避免的。对于普通的标点符号可以通过键盘直接输入，但对于一些特殊符号，则可以通过 Word 2010 提供的“插入”功能进行输入。

例 3.3 在文档中插入符号和特殊符号。

采用如图 3.44 所示的方式和步骤即可插入符号和特殊符号。选择所需的特殊字符，单击【插入】按钮将其插入到文档中，单击【关闭】按钮关闭对话框并返回文档中，快捷键 Ctrl+S 可保存对文档所作的修改。

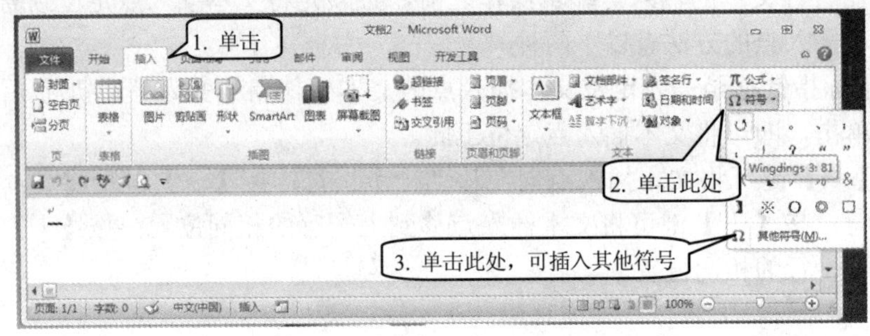

图 3.44 插入符号和特殊符号

3. 输入日期和时间

在 Word 文档中，通过输入文本和数字可输入日期和时间，如果需要输入当前时间，也可通过【日期和时间】对话框快速插入。

例 3.4 在“再别康桥.docx”文档中插入系统的当前日期。

首先，将光标定位于要插入日期的位置，然后选择【插入】功能区，选择【文本】组，单击【日期和时间】按钮，在弹出的【日期和时间】对话框中选择一定的日期和时间格式，最后单击【确定】按钮，即可插入系统的当前日期，如图 3.45 所示，然后按快捷键 Ctrl+S 保存对文档所作的修改。

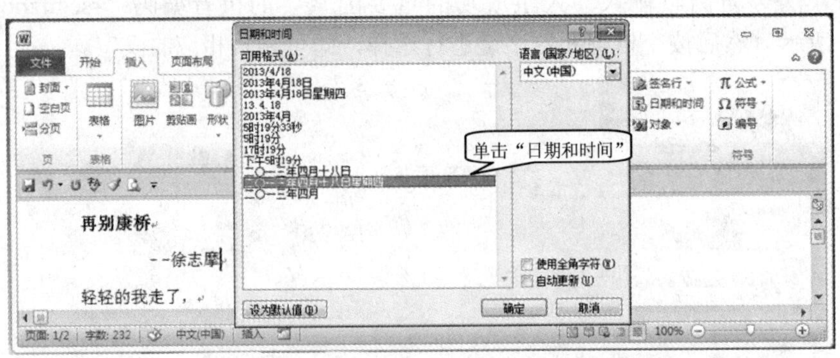

图 3.45 插入日期和时间

4. 插入公式

首先将光标定位于要插入公式的地方，选择【插入】功能区，找到【符号】组，单击

【公式】按钮右侧的下拉按钮，在弹出常用的公式列表中选选择相应的公式，也可单击【插入新公式】选项打开公式编辑器，输入其他公式，如图 3.46 所示。

打开【公式工具】|【设计】功能区后，可进行公式的输入，如图 3.47 所示。

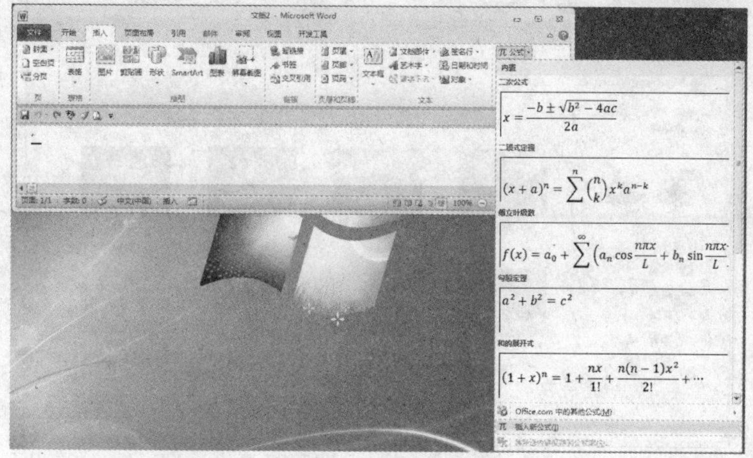

图 3.46　插入公式

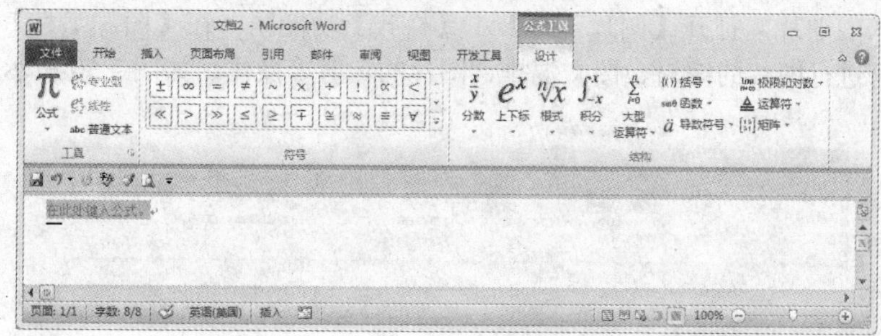

图 3.47　输入公式

3.3.3　插入图片

1. 插入图片

选择【插入】功能区，单击【插图】组中的【图片】按钮，如图 3.48 所示。

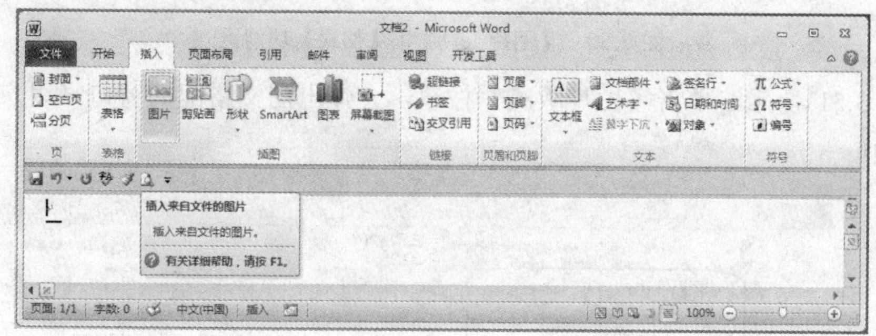

图 3.48　单击【图片】按钮

在弹出的对话框中选择插入图片的路径和文件，然后单击【插入】按钮即可插入图片，如图 3.49 所示。

图 3.49　插入图片

双击插入的图片，打开【图片工具】|【格式】功能区，在【图片工具】|【格式】功能区中，可进行图片的编辑、图文混排、图片的裁剪等操作，如图 3.50 所示。

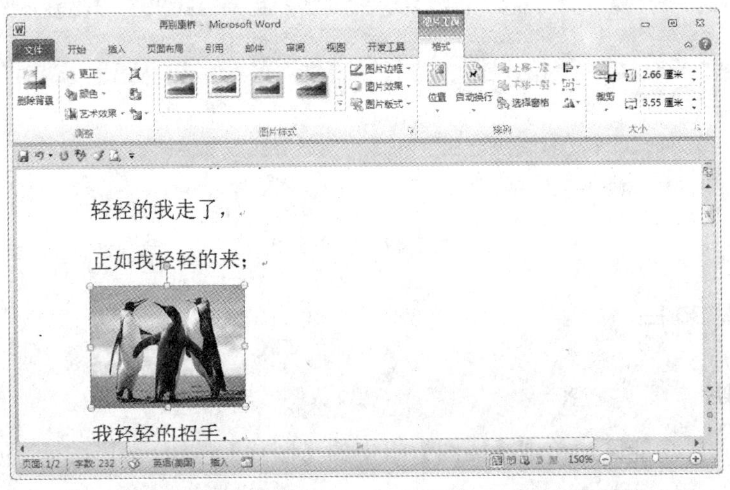

图 3.50　【图片工具】|【格式】功能区

如图 3.51 所示，单击【图片版式】按钮，会弹出图文搭配的窗口，用户可根据需要进行选择。

图 3.51　单击【图片版式】按钮

2. 图片的编辑

在【图片工具】|【格式】功能区中，可对图片艺术效果、旋转方式、裁剪和图片与文字的环绕方式进行设置，如图 3.52 所示。

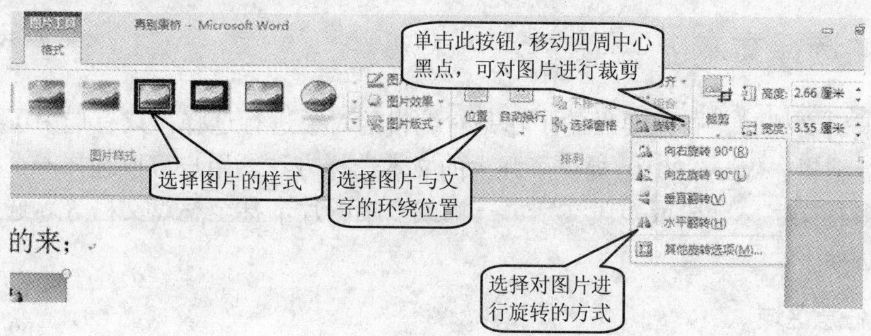

图 3.52　对图片编辑

3. 插入图形

图形的插入与图片的插入类似，单击【形状】按钮，在打开的列表中选择所需的形状，光标变成十字光标后在需要插入图形的地方绘制图形即可，如图 3.53 所示。

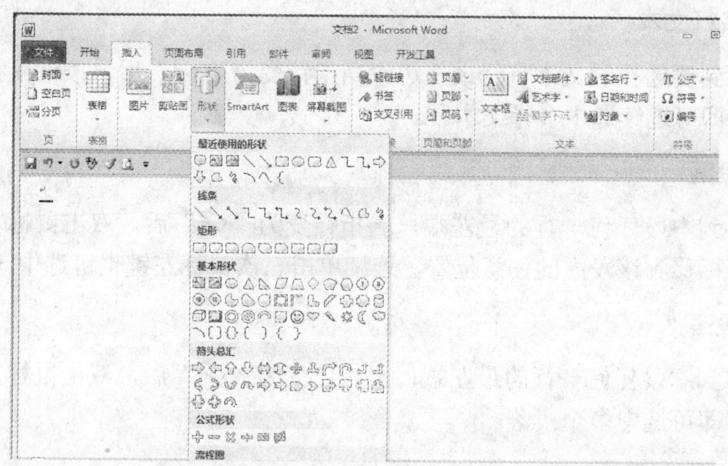

图 3.53　插入图形

其他艺术字、图表等对象的插入与上述操作类似，在此不再赘述。

3.4　文档的编辑

文档的编辑工作是其他文档操作的基础，因此，制作一份优秀文档的必备条件就是熟练掌握文档的编辑功能。用户经常需要在新建或打开的文档中对文档中的文本进行格式的编辑操作，然后对输入的文字和段落进行更为复杂的处理。Word 2010 提供了更为强大的功能选项，使用起来更加方便、简单。同时，使用 Word 2010 中的即时预览功能，更加便于用户快速实现预想设计。因此，在处理文档时，无论是文档版面的设置、段落结构的调

整，还是字句的增删，利用快捷键和功能区都显得十分方便。本节将介绍 Word 2010 处理文字的编辑操作，包括文本的选择、复制、移动、删除、查找和替换以及在文本输入时进行自动更正、拼写与语法检查等。

3.4.1 选择文本

在编辑文档时，首先要做的工作是对编辑的对象进行选择，只有选中了要编辑的对象才能进行编辑。Word 2010 提供了强大的文本选择方法。用户可以选择一个或多个字符、一行或多行文字、一段或多段文字、一幅或多幅图片，甚至整篇文档等。选择文本的几种主要方法如下。

1. 任意区域

将光标移至要选择区域的开始位置，单击并拖动鼠标左键至区域结束位置后松开鼠标即可选中相应区域。这是最常用的文本选择方法。

2. 一整行文字

将鼠标移到该行的最左边，当指针变为“⇗”后，单击鼠标左键，将选中整行文字。

3. 连续多行文本

将鼠标移到要选择的文本首行最左边，当指针变为“⇗”后，按下鼠标左键，然后向上或向下拖动即可连续选中多行文本。

4. 一个段落

将鼠标移到本段任何一行的最左端，当指针变为“⇗”后，双击鼠标左键即可选中该段落。或将鼠标移到该段内的任意位置，连续单击三次鼠标左键也可选中该段落。

5. 多个段落

将鼠标移到本段任何一行的最左端，当指针变为“⇗”后，双击鼠标左键，并向上或向下拖动鼠标即可选中多个段落。

6. 选中一个词组

将插入点置于词组中间或左侧，双击鼠标左键可快速选中该词组。

7. 选中一个矩形文本区域

将鼠标的插入点置于矩形文本的一角，然后按住 Alt 键，拖动鼠标左键到文本块的对角，即可选定该矩形文本。

8. 整篇文档

在【开始】功能区的【编辑】组中，使用【选择】菜单下的【全选】命令，或按快捷键 Ctrl+A 即可选中整篇文档。或将鼠标移到文档任一行的左边，当指针变为“⇗”后，连续单击三下鼠标左键也可选中整篇文档。

9. 配合 Shift 键选择文本区域

将鼠标的插入点置于要选定的文本之前，单击鼠标左键，确定要选择文本的初始位置，移动鼠标到要选定的文本区域末端后，按住 Shift 键的同时单击鼠标左键即可选中该文本区域。此方法适合所选文档区域较大时使用。

10. 选择格式相似的文本

首先选中某一格式的文本，如具有某一标题格式的文本，单击鼠标右键，在弹出的菜单中选择【样式】|【选定所有格式类似的文本】命令，或是在【开始】功能区的【编辑】组中，单击【选择】下拉列表中的【选定所有格式类似的文本】命令，即可选中文档中所有具有同种格式的文本。

提示：【选定所有格式类似的文本】命令需要在【Word 选项】对话框中设置后才可用。具体操作方法是：在功能区单击鼠标右键，在弹出菜单中选择【自定义快速访问工具栏】命令。在弹出的【Word 选项】对话框中选择【高级】选项卡，在【编辑选项】选项组中选中【保持格式跟踪】复选框即可。

11. 调节或取消选中的区域

按住 Shift 键并按【↑】、【↓】、【→】、【←】箭头键可以扩展或收缩选择区，或按住 Shift 键，单击，则选择区将扩展或收缩到该点为止。

要取消选中的文本，可以用鼠标单击选择区域外的任何位置，或按任何一个可在文档中移动的键(如【↑】、【↓】、【→】、【←】、Page Up 和 Page Down 键等)。

3.4.2　修改文本

在对文档进行编辑的过程中，若输入的文本有错误就需要进行修改，其方法如下：选择需要修改的文本，按 Delete 键(删除光标“I”后的一个字符)或 Backspace 键(删除光标“I”前的一个字符)删除后，再输入正确的文本。

如果要对修改的文本进行恢复，随时可以使用快捷键 Ctrl+Z。

3.4.3　移动文本

移动文本是指将选择的文本从当前位置移动到文档的其他位置。在输入文字时，如果需要修改某部分内容的先后次序，可以通过移动操作进行调整，有如下 3 种方法。

(1) 打开文档，选择需要移动的文本，按住鼠标左键不放，拖动鼠标至目标位置后释放鼠标左键即可移动文本。

(2) 选择需移动的文本，右击，在弹出的快捷菜单中选择【剪切】命令，将光标移至目标位置，右击，在弹出的快捷菜单中选择【粘贴】命令即可。

(3) 选择需移动的文本，按快捷键 Ctrl+X，将光标移至目标位置，再按快捷键 Ctrl+V 即可。

3.4.4 复制文本

当需要输入相同的文字时，可通过复制操作快速完成。复制与移动两种操作的区别在于：移动文本后原位置的文本消失，复制文本后原位置文本仍然存在。具体方法有如下几种。

(1) 打开文档，选择需要复制的文本，按住 Ctrl 键不放，将光标移至被选择的文本块区域中，按住鼠标左键不放，拖动鼠标至目标位置后，先释放鼠标左键，再释放 Ctrl 键即可。

(2) 选择需要复制的文本，将光标移至被选择的文本区域中，右击，在弹出的快捷菜单中选择【复制】命令。

(3) 选择需复制的文本，按快捷键 Ctrl+C，将光标移至目标位置，再按快捷键 Ctrl+V 即可。

3.4.5 查找和替换文本

通过查找功能，可以在 Word 2010 中快速地查找指定字符或文本，并以选中的状态显示，利用替换功能可将查找到的指定字符或文本替换为其他文本。

1. 查找文本

当文档中需要对关键信息进行查看时，可采用查找文本的方式进行查看。方法如下。

(1) 选择【开始】|【编辑】组，单击【查找】按钮右侧的下拉按钮，在弹出的下拉列表中选择【高级查找】命令，如图 3.54 所示。

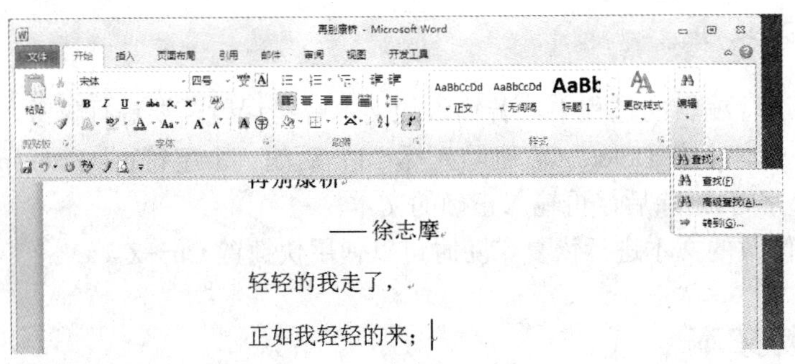

图 3.54 查找文本

(2) 打开【查找和替换】对话框，在【查找内容】下拉列表框中输入要查找的内容，单击【查找下一处】按钮，要查找的文本以选中状态显示。

技巧： 在当前文档中，按快捷键 Ctrl+F 将弹出【查找和替换】对话框。

2. 替换文本

当需要对整个文档中某一词组进行统一修改时，可以使用“替换”功能实现。

(1) 打开文档，选择【开始】|【编辑】命令，单击【替换】按钮，打开【查找和替换】对话框。

(2) 在【查找内容】下拉列表框中输入要查找的内容，如“图象”，在【替换为】下拉列表框中输入“图像”，如图 3.55 所示。单击【替换】按钮，即从光标位置开始处替换第一个查找到的符合条件的文本，并选择下一个需要替换的文本。

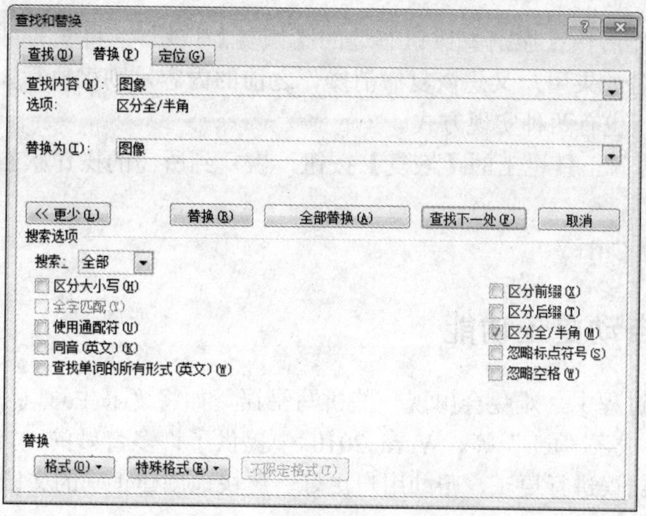

图 3.55　【查找和替换】对话框

(3) 逐次单击【替换】按钮，则按顺序逐个进行替换，当替换完文档中所有需要替换的文本后，将弹出提示对话框，提示用户替换的数目。

(4) 单击【确定】按钮，返回【查找和替换】对话框，单击【关闭】按钮，关闭该对话框并返回到文档中，即可看到所有“图象”文本被替换为“图像”文本。

(5) 按快捷键 Ctrl+S 保存对文档所作的修改。

3.4.6　撤消与恢复

当进行文档编辑时，难免会出现输入错误，常常对文档的某一部分内容不太满意，或在排版过程中出现误操作，那么撤消和恢复以前的操作就显得很重要。Word 2010 提供了撤消和恢复操作来修改这些错误和避免误操作。因此，即使误操作了，只需单击【撤消】按钮，就能恢复到误操作前的状态，从而大大提高了工作效率。

1. 撤消操作

Word 会随时观察用户的工作，并能记住操作细节，当出现了误操作时可以执行撤消操作。撤消操作有以下几种实现方式。

(1) 单击快速访问工具栏上的【撤消】按钮右侧的下拉按钮，打开如图 3.56 所示的撤消操作列表，里面保存了可以撤消的操作。无论单击列表中的哪一项，该项操作及其以前的所有操作都将

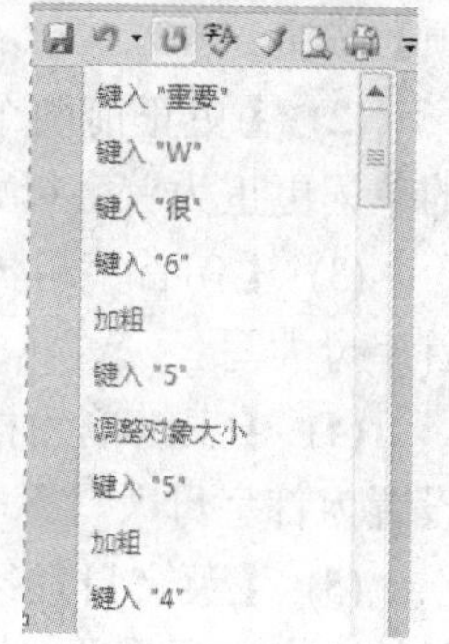

图 3.56　撤消操作列表

被撤消，例如将光标移到【键入“很”】选项上，Word 2010 会自动选定这些操作，单击即可撤消这些操作，从而恢复到原来的样子。可见该方法可一次撤消多步操作。

(2) 如果只撤消最后一步的操作，可直接单击快速访问工具栏上的【撤消】按钮，或使用快捷键 Ctrl+Z。

2. 恢复操作

执行完撤消操作后，【撤消】按钮右边的【恢复】按钮将变为可用，表明已经进行过撤消操作。此时如果用户又想恢复撤消操作之前的内容，则可执行恢复操作。恢复操作同撤消操作一样，也有两种实现方式。

(1) 单击快速访问工具栏上的【恢复】按钮，恢复到所需的操作状态。该方法可恢复一步或多步操作。

(2) 使用快捷键 Ctrl+Y。

3.4.7 Word 自动更正功能

在文本的输入过程中，难免会出现一些拼写错误，如将“书生意气”写成了“书生义气”，将“the”写成了“teh”等。Word 2010 中提供了许多奇妙的“自动”功能，它们能自动地对输入的错误进行更正，帮助用户更好、更快地创建正确的文档。

1. 自动更正

“自动更正”功能关注常见的输入错误，并在出错时自动更正它们，有时在用户意识到这些错误之前它就已经进行自动更正了。

1) 设置自动更正选项

要设置自动更正选项，需在功能区右击，选择【自定义快速访问工具栏】命令，或单击【文件】按钮，在打开的文件管理中心中单击左侧的【选项】按钮，打开【Word 选项】对话框，单击【校对】选项卡，单击【自动更正选项】按钮，在弹出的【自动更正】对话框中，选择【自动更正】选项卡。

【自动更正】选项卡中给出了自动更正错误的多个选项，用户可以根据需要选择相应的选项。在【自动更正】选项卡中，各选项的功能如下。

(1) 【显示“自动更正选项”按钮】复选框：选中该复选框后可显示【自动更正选项】按钮。

(2) 【更正前两个字母连续大写】复选框：选中该复选框后可将前两个字母连续大写的单词更正为首字母大写。

(3) 【句首字母大写】复选框：选中复选框后可将句首字母没有大写的单词更正为句首字母大写。

(4) 【表格单元格的首字母大写】复选框：选中该复选框后可将表格单元格中的单词设置为首字母大写。

(5) 【英文日期第一个字母大写】复选框：选中该复选框后可将输入的英文日期单词的第一个字母设置为大写。

(6) 【更正意外使用大写锁定键产生的大小写错误】复选框：选中该复选框后可对由

于误按大写锁定键(Caps Lock 键)产生的大小写错误进行更正。

(7) 【键入时自动替换】复选框：选中该复选框可打开自动更正和替换功能，即更正常见的拼写错误，并在文档中显示【自动更正】图标，当鼠标定位到该图标后，显示【自动更正选项】图标。

(8) 【自动使用拼写检查器提供的建议】复选框：选中该复选框后可在输入时自动用功能词典中的单词替换拼写有误的单词。

有时自动更正也很让人讨厌。例如，一些著名的诗人从不用大写字母来开始一个句子。要让 Word 忽略某些看起来是错误的但实际无误的特殊用法，可以单击【例外项】按钮。例如可以设置在有句点的缩写词后首字母不大写，如图 3.57 所示。

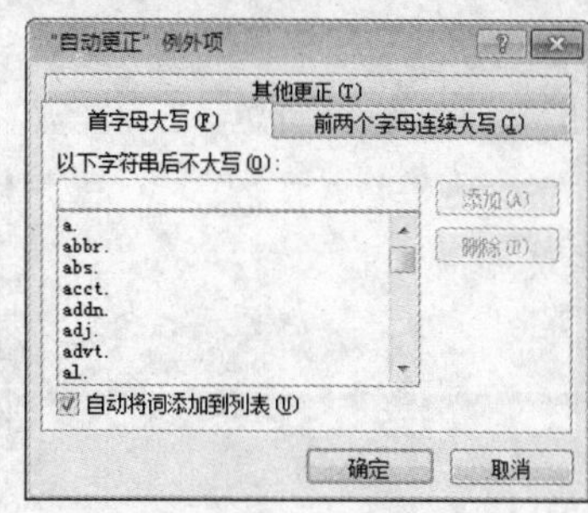

图 3.57　自动更正例外项

2) 添加自动更正词条

Word 2010 提供了一些自动更正词条，通过滚动【自动更正】选项卡下面的列表框可以仔细查看自动更正词条。用户也可以根据需要逐渐添加新的自动更正词条。方法是：打开【自动更正】对话框，在【自动更正】选项卡的【替换】文本框中输入要更正的单词或文字，在【替换为】文本框中输入更正后的单词或文字，然后单击【添加】按钮即可，此时添加的新词条将自动在下方的列表框中进行排序。如果要删除【自动更正】列表框中已有的词条，在选中该词条后单击【删除】按钮即可。

将“图像”词条添加到 Word 中，当用户输入“图象”时，自动更新为“图像”。操作步骤如下。

(1) 在功能区右击，选择【自定义快速访问工具栏】命令，打开【Word 选项】对话框，单击【校对】选项卡，单击【自动更正选项】按钮，在弹出的【自动更正】对话框中，选择【自动更正】选项卡。

(2) 选中【键入时自动替换】复选框，并在【替换】文本框中输入“图象”，在【替换为】文本框中输入“图像”。

(3) 单击【添加】按钮，即可将其添加到自动更正词条并显示在列表框中，如图 3.58 所示。

(4) 单击【确定】按钮，关闭【自动更正】对话框。

在其后输入文本时，当输入“图象”后，可看到输入的“图象”被替换为“图像”。

自动更正的一个非常有用的功能是可以实现快速输入。因为在【自动更正】对话框中，除了可以创建较短的更正词条外，还可以将在文档中经常使用的一大段文本(纯文本或带格式文本)作为新建词条，添加到列表框中，甚至一幅精美的图片也可作为自动更正词条保存起来，然后为它们赋予相应的词条名。这样，在输入文档时只要输入相应的词条名，再按一次空格键就可以转换为该文本或图片。例如在【替换】文本框中输入“qhdxcbs”，在【替换为】文本框中输入“清华大学出版社”，以后再输入文本时只要输入“qhdxcbs”后，再输入空格符，“qhdxcbs”就被“清华大学出版社”词条替换。

当使用某一词条实现快速输入具有某一格式的文本或图片时，可先选中带有格式的文本或图片，然后打开【自动更正】对话框，单击【自动更正】选项卡，此时可看到在【替换为】文本框中已经显示出复制的带格式的文本(此时需选择【带格式文本】单选按钮)或图片(由于文本框大小的限制，图片看不到)，在【替换】文本框中输入词条后，单击【添加】按钮将其加入词条列表框中，然后单击【确定】按钮关闭对话框。以后输入此词条后，再输入空格符，该词条就会被带格式文本或图片所取代。

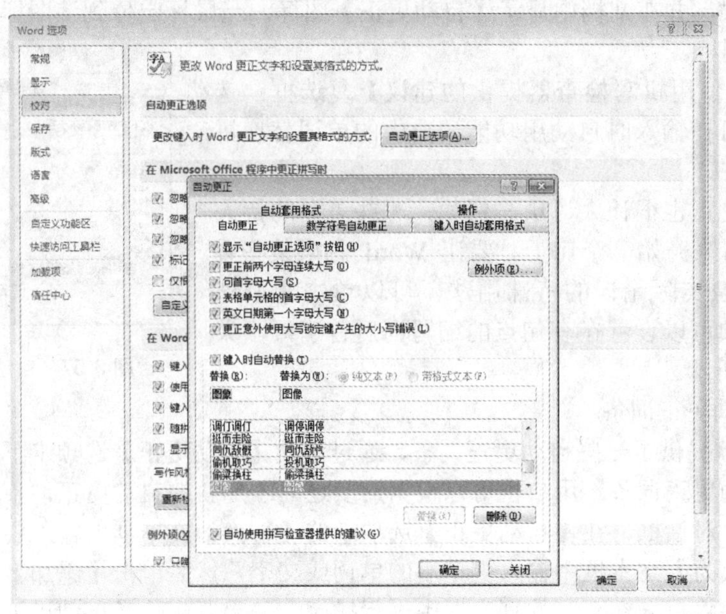

图 3.58　自动更正设置

2. 键入时自动套用格式

Word 2010 不仅能自动更正错误，还可以自动套用格式。使用“键入时自动套用格式”功能，用户可以对文字快速应用标题、项目符号和编号列表、边框、表格、符号以及分数等格式。

用户要设置“键入时自动套用格式”功能，可在功能区右击选择【自定义快速访问工具栏】命令，打开【Word 选项】对话框，单击【校对】选项卡，单击【自动更正选项】按钮，在弹出的【自动更正】对话框中，选择【键入时自动套用格式】选项卡，如图 3.59 所示。

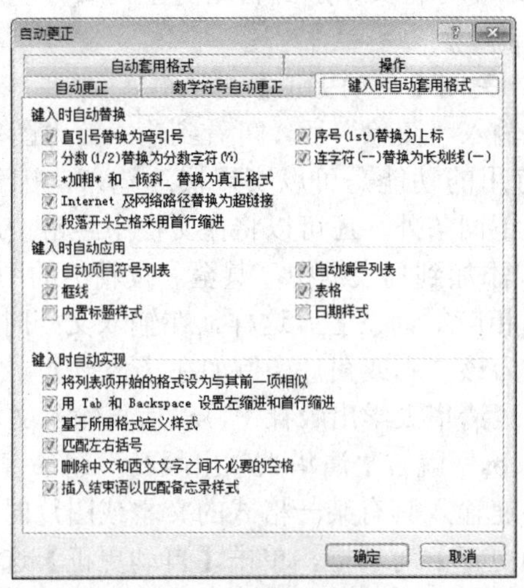

图 3.59　【键入时自动套用格式】选项卡

此选项卡下有三个选项组：【键入时自动替换】、【键入时自动应用】、【键入时自动实现】。每一个选项组又有若干复选框选项，用户可根据需要进行相应选择。

3. 自动图文集

自动图文集用于存储用户经常要重复使用的文字或图形，它可为选中的文本、图形或其他对象创建相应词条。当用户需输入自动图文集中的词条时，直接插入即可，极大地提高了用户的工作效率。自动图文集与自动更正的区别在于，前者的插入需要使用【自动图文集】命令来实现，而后者是在输入时由 Word 自动插入词条。

自动图文集是构建基块的一种类型，每个所选的文本或图形都存储为“构建基块管理”中的一个“自动图文集”词条，并给词条分配唯一的名称，以便在使用时方便查找。设置方法分三步：一是创建“自动图文集”词条；二是更改自动图文集词条的内容；三是将自动图文集词条插入文档中。

Word 2010 提供的自动图文集词条被分成若干类，如“表格”、“封面”、“公式”等，用户在需要插入自动图文集词条的时候，不仅可以按名称进行查找，也可以按这些类别查找。将自动图文集词条插入文档的操作步骤如下。

(1) 将插入点设置于需要插入自动图文集词条的位置。

(2) 在【插入】功能区下的【文本】组中，单击【文档部件】按钮，在展开的下拉列表中选择【构建基块管理器】选项，如图 3.60 所示。在弹出的【构建基准块管理】对话框中，如果知道构建基块的名称，可单击【名称】栏，使其按字母排序。如果知道构建基块所属库名，可单击【库名】栏，按所属类别进行查找。

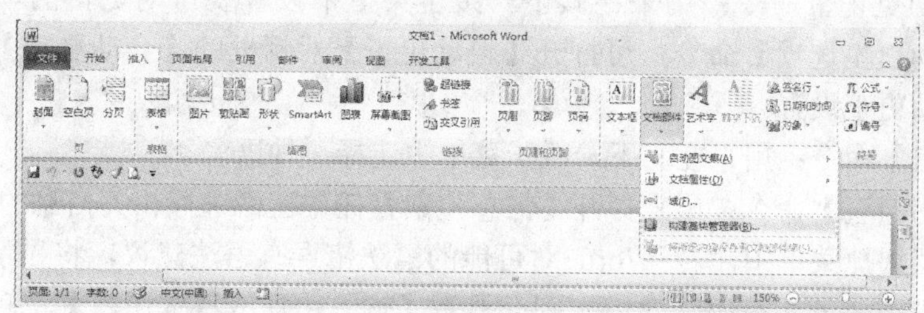

图 3.60 构建基块管理器

(3) 设置完成后单击【插入】按钮即可。用户还可以用快捷插入自动图文集词条，其方法是在文档中输入自动图文集词条名称，按下 F3 键可以确认插入该词条。

3.4.8 拼写和语法检查

Word 2010 提供的“拼写和语法”功能，可以将文档中的拼写和语法错误检查出来，以避免因为拼写和语法错误而造成的麻烦，从而大大提高工作效率。默认情况下，Word 2010 在用户输入词语的同时自动进行拼写检查。用红色波浪下划线表示可能出现的拼写问题，用绿色波浪下划线表示可能出现的语法问题，以提醒用户注意。此时用户可以立刻检查拼写和语法错误。

1. 更正拼写和语法错误

对于文档中的拼写和语法错误，用户可以随时进行检查并更改。在更改拼写和语法错

误时，可将鼠标置于波浪线上右击，打开如图 3.61 所示的快捷菜单，在拼写错误快捷菜单中，会显示多个相近的正确拼写的建议，在其中选择一个正确的拼写方式即可替换原有的错误拼写。

在拼写错误快捷菜单中，各选项的功能如下。

- 【忽略】命令：忽略当前的拼写，当前的拼写错误不再显示错误波浪线。
- 【全部忽略】命令：用来忽略所有相同的拼写，不再显示拼写错误波浪线。

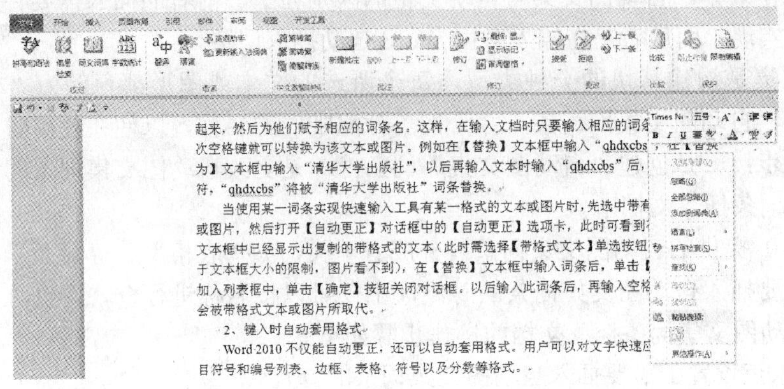

图 3.61　拼写和语法错误快捷菜单

- 【添加到词典】命令：用来将该单词添加到词典中，当用户再次输入该单词时，Word 就会认为该单词是正确的。
- 【自动更正】命令：用来在其下一级子菜单中设置要自动更正的单词。若选择【自动更正选项】命令，可打开【自动更正】对话框的【自动更正】选项卡，进行自动更正设置。
- 【语言】命令：用来在其下一级子菜单中选择一种语言。
- 【拼写检查】命令：用来打开【信息检索】任务窗格进行相关信息的检索。

在语法错误快捷菜单中，若 Word 对可能的语法错误有语法建议，将显示在语法错误快捷菜单的最上方；若没有语法建议，则会显示【输入错误或特殊用法】选项。在该快捷菜单中，部分选项的功能如下。

- 【忽略一次】命令：用来忽略当前的语法错误，但若在其他位置仍然有该语法错误，则仍然会以绿色波浪线标出。
- 【语法】命令：用来打开【语法】对话框进行语法检查设置。

2. 启用/关闭输入时自动检查拼写和语法错误功能

在输入文本时自动进行拼写和语法检查是 Word 默认的操作，但如果文档中包含有较多特殊拼写或特殊语法时，启用键入时自动检查拼写和语法错误功能就会对用户编辑文档带来一些不便。因此在编辑一些专业性较强的文档时，可先将键入时自动检查拼写和语法错误功能关闭。

若要关闭键入时自动检查拼写和语法错误功能，可在功能区右击，选择【自定义快速访问工具栏】命令，打开【Word 选项】对话框，单击【校对】选项卡，在【在 Word 中更正拼写和语法时】选项组中取消对【键入时检查拼写】复选框及【随拼写检查语法】复选框的选择，如图 3.62 所示。

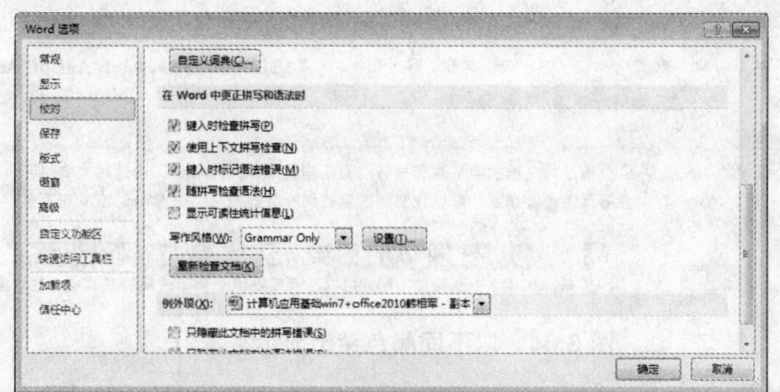

图 3.62　更正拼写和语法

3.5 文 档 排 版

每个文档都有不同的格式要求，通过对文档进行排版可得到不同的效果。本节主要学习在 Word 2010 文档中设置字符格式、段落格式、项目符号和编号、边框和底纹以及页面设置等方法。

3.5.1　设置字体格式

通过对文档的文本进行排版，可显示出文本的外观效果。通过对文本的字体、大小、颜色等属性进行设置，可以使文档内容达到所需的效果。在 Word 2010 中有多种设置字体格式的方法，分别介绍如下。

1. 使用浮动工具栏设置字体格式

在 Word 2010 中选择文本时，可以显示或隐藏一个半透明的工具栏，称为浮动工具栏，在浮动工具栏中可以快速地设置字体格式。具体方法如下。

(1) 打开要进行排版的文档，选择标题文本，在弹出的浮动工具栏的【字体】和【字号】下拉列表框中分别选择【黑体】和【二号】选项，效果如图 3.63 所示。

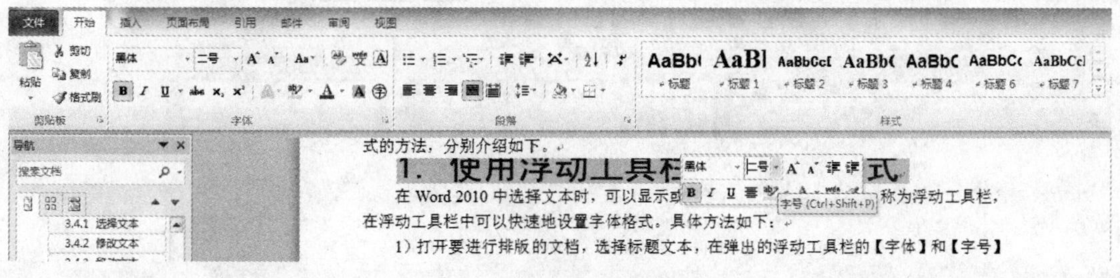

图 3.63　设置字体格式

(2) 再次选择标题文本，在弹出的浮动工具栏中单击【以不同颜色突出显示文本】按钮，可为选中的文本设置底色，如图 3.64 所示。

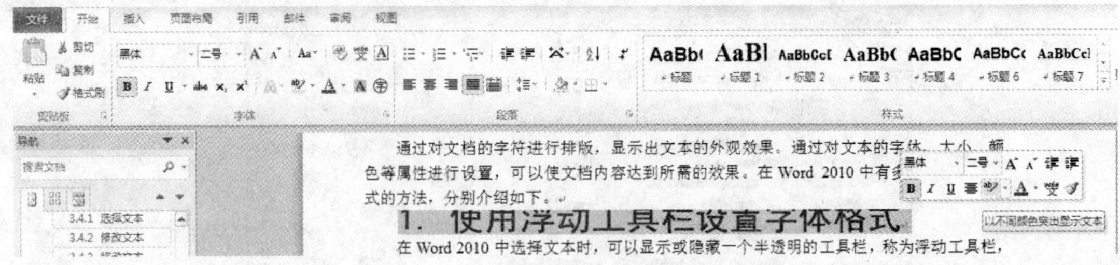

图 3.64　以不同颜色突出显示文本

(3) 按快捷键 Ctrl+S 保存对文档所作修改。

2. 使用【字体】组快捷设置字体格式

利用【开始】功能区的【字体】组中的参数可快速对选择的文本进行格式设置。通过它可实现对文本字体的外观、字号、字形、字体颜色等的设置，功能十分强大。

(1) 打开要进行排版的文档，选择标题文本，在【开始】功能区的【字体】组中单击【下划线】按钮，如图 3.65 所示。

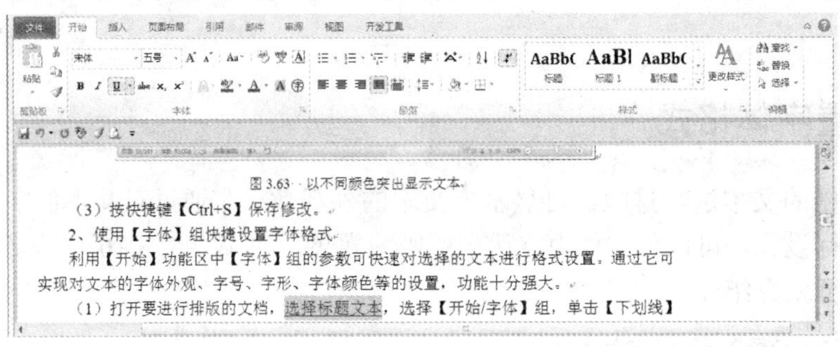

图 3.65　设置下划线

(2) 保持文本的选择状态，单击【字体颜色】按钮右侧的下拉按钮，在弹出的下拉列表中选择【红色】选项，如图 3.66 所示。

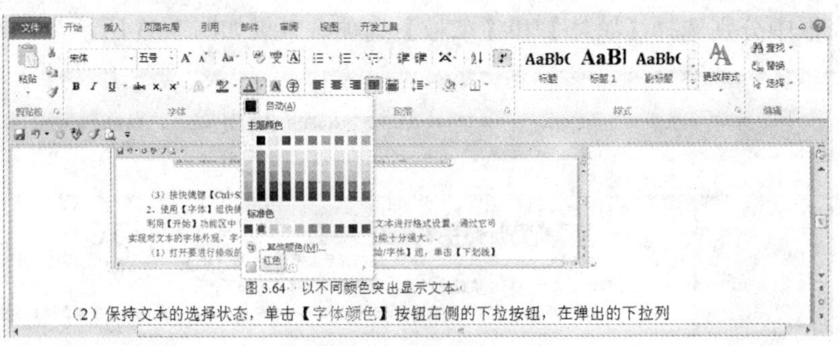

图 3.66　设置字体颜色

(3) 按快捷键 Ctrl+S 保存对文档所作的修改。

3. 使用【字体】对话框设置字体格式

除了通过浮动工具栏和【字体】组设置字体格式外，还可以通过【字体】对话框进行设置。

(1) 打开要排版的文档，选择第 3 行文本，单击【开始】功能区中【字体】组右下角的按钮。

(2) 打开【字体】对话框，选择【字体】选项卡，在【中文字体】下拉列表框中选择【黑体】选项，在【字形】列表框中选择【加粗】选项，在【着重号】下拉列表框中选择【·】选项。

(3) 单击【字体颜色】下拉列表框右侧的下拉按钮，在弹出的下拉列表中选择【主题颜色】栏中的【蓝色，强调文字颜色 1】选项，如图 3.67 所示。

(4) 单击【确定】按钮，关闭【字体】对话框，在文档编辑区的空白区域单击鼠标，此时便可看到所选文本已发生改变。最后保存对文档所作的修改。

总之，凡是涉及对字符的排版，首先选中文本，然后调出【字体】对话框，或者利用快速工具栏，或者利用【开始】功能区下的【字体】组进行设置即可。

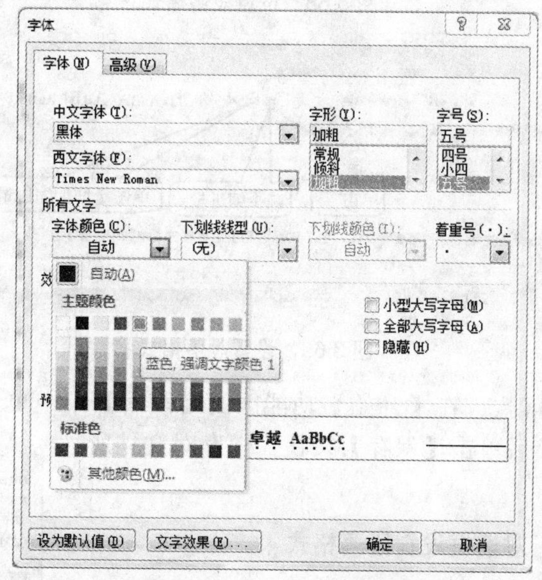

图 3.67　【字体】对话框

3.5.2　设置段落格式

在办公文档中，为提高文档的层次表现性，常常需要对段落的缩进方式、行间距等格式进行设置和调整。这样不仅使文档更符合标准的办公文档格式，也使文档具有可读性。

1. 利用浮动工具栏设置段落格式

在浮动工具栏中，可快速设置居中对齐、增加缩进量和减少缩进量 3 种段落格式。单击按钮，可使当前段落居中对齐。单击按钮可减少段落的缩进量；单击按钮可增加段落的缩进量。

2. 使用【段落】组快速设置段落格式

(1) 打开需要进行排版的文档，选择文档标题。在【开始】功能区的【段落】组中单击【居中】按钮，如图 3.68 所示。

(2) 选择正文第 2 行和第 3 行文本，在【开始】功能区的【段落】组中单击【增加缩进量】按钮，如图 3.69 所示。

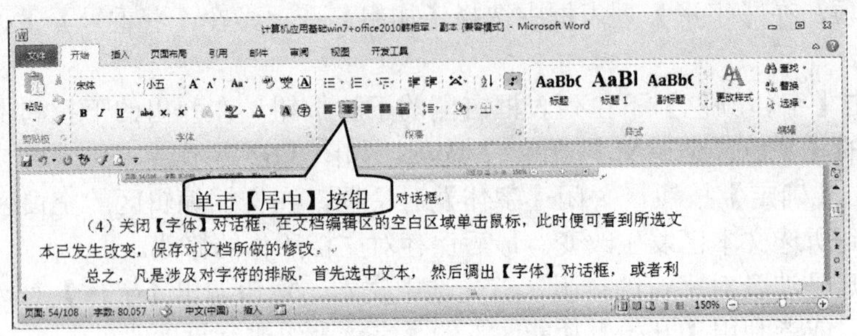

图 3.68　设置段落格式

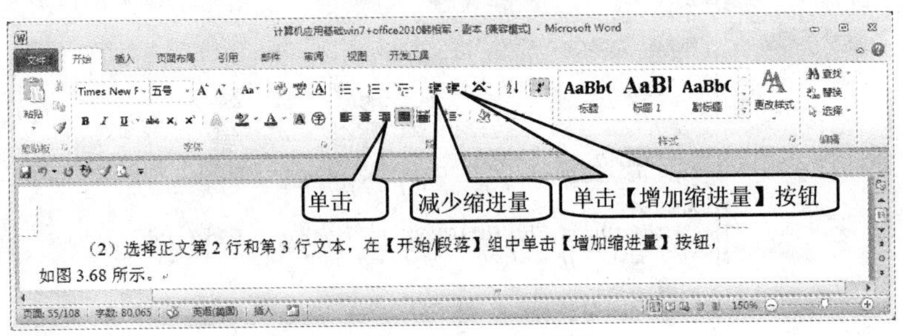

图 3.69　设置段落格式

(3) 选择文档的落款，在【开始】功能区的【段落】组中单击【文本右对齐】按钮 ≡，使其右对齐。最后单击【保存】按钮，保存对文档所作的修改。

3. 使用【段落】对话框设置段落格式

除了通过浮动工具栏和【段落】组设置段落格式外，还可以使用【段落】对话框进行更详细的设置。

(1) 打开要进行排版的文档，选择正文前 3 行文本。单击【开始】功能区中【段落】组右下角的 按钮。

(2) 打开【段落】对话框，选择【缩进和间距】选项卡，在【间距】选项组的【段前】和【段后】微调框中均输入“0.5 行”，单击【确定】按钮。

(3) 选择正文需要进行排版的文本，打开【段落】对话框，选择【缩进和间距】选项卡，在【特殊格式】下拉列表框中选择【首行缩进】选项，单击【确定】按钮，如图 3.70 所示。最后保存对文档所作的修改。

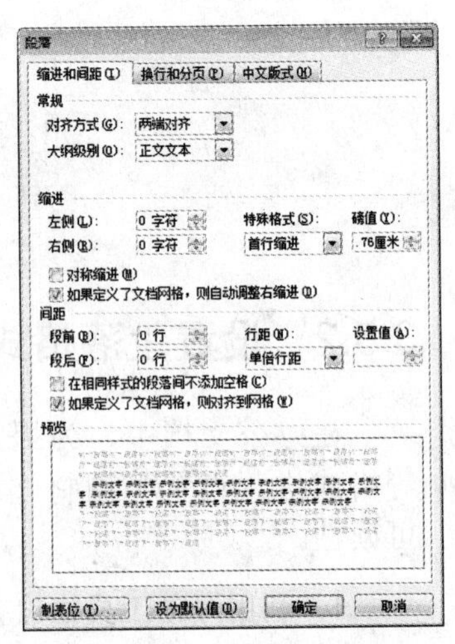

图 3.70　【段落】对话框

3.5.3　设置项目符号和编号

在文档中添加相应的项目符号或编号，可以起到强调作用，使文档的层次更清晰，内容更醒目。

1. 设置项目符号样式

项目符号主要使用在具备并列关系的段落文本之前，起强调作用。在 Word 2010 文档中可以快速为文本设置项目符号。在打开的文档中，选中需要设置的内容，在【开始】功能区的【段落】组中单击【项目符号】按钮 ☰ 右侧的下拉按钮，在弹出的下拉列表中选择需要的项目符号样式(这里选择 ➢ 样式)即可。

2. 设置标号

Word 2010 提供了多种预设的编号样式，包括“1，2，3…”、“一，二，三…”、“A，B，C…”等，用户在使用时可依据不同的情况选择编号，还可以根据自己的喜好自定义新编号格式。

(1) 打开需设置编号的文档，选择相关的段落文本。

(2) 在【开始】功能区的【段落】组中单击【编号】按钮右侧的下拉按钮，在弹出的下拉列表中选择编号库中的“1)，2)，3)…”样式，如图 3.71 所示。

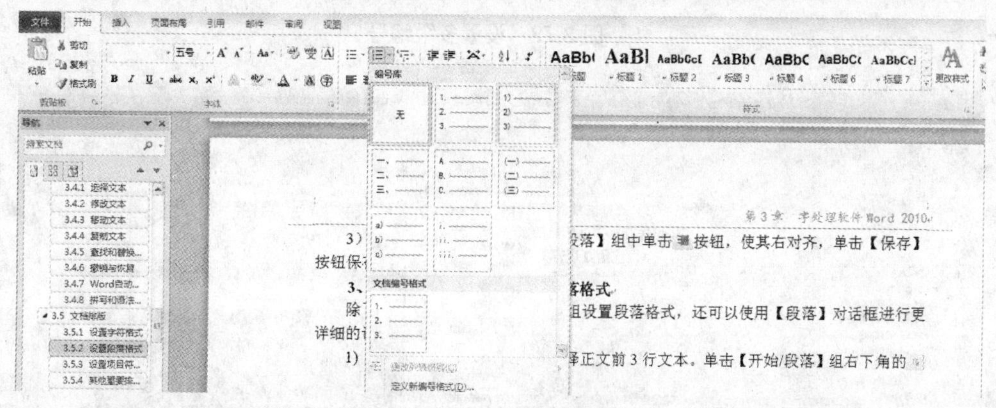

图 3.71　设置编号

(3) 按快捷键 Ctrl+S，保存对文档所作的修改。

3. 使用多级编号

在 Word 2010 文档中，用户可以通过更改编号列表级别创建多级编号列表，使 Word 编号列表的逻辑关系更加清晰。具体操作如下。

(1) 打开待排版的文档，选择段落标题文本。在【开始】功能区的【段落】组中单击【多级列表】按钮 ☰ 右侧的下拉按钮，在弹出的下拉列表中选择编号库中“1，1.1，1.1.1”样式。

(2) 选择段落标题下的二级标题，单击【开始】功能区的【段落】组，再单击【多级列表】按钮右侧的下拉按钮，在弹出的下拉列表中选择编号库中的“1，1.1，1.1.1”样式，如图 3.72 所示。

(3) 再次单击【多级列表】按钮右侧的下拉按钮，在弹出的下拉列表中选择【更改列表级别】选项，在弹出的子菜单中选择 2 级编号。

(4) 按照同样的方法为标题下方的另一段 2 级文本设置编号，单击选择设置的编号，单击鼠标右键，在弹出的快捷菜单中选择【继续编号】命令自动更正编号。

(5) 与此类似，选择其他段落文本，按照和前面的方法为其设置 1 级编号，为其下方的文本设置 2 级编号。

(6) 选择 1.1 级下方的文本，为其设置 3 级编号，单击鼠标右键，在弹出的快捷菜单中选择【继续编号】命令自动更正编号，如图 3.73 所示。

(7) 保存对文档所作的修改。

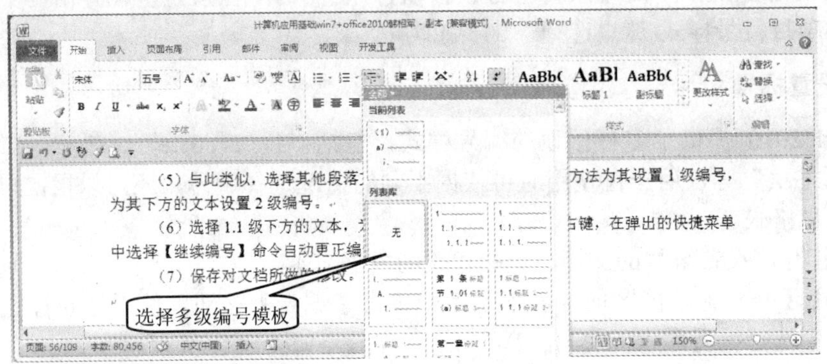

图 3.72　设置多级编号

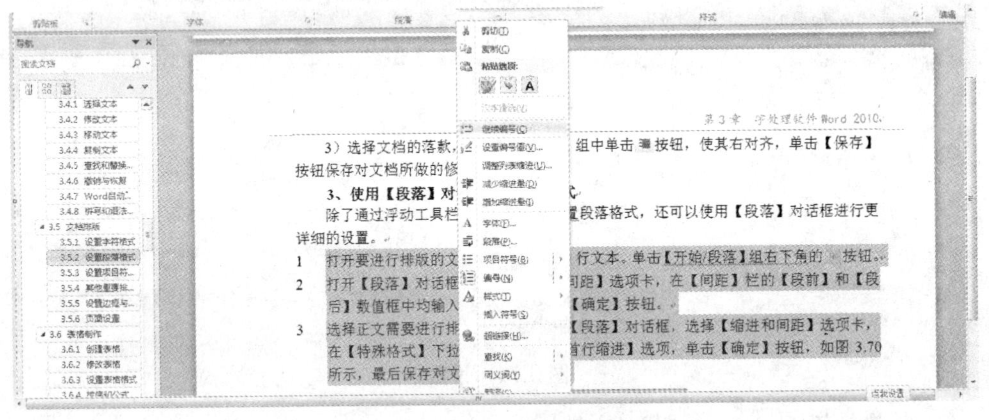

图 3.73　选择【继续编号】命令

3.5.4　其他重要排版方式

在编辑论文、杂志、报纸等一些带有特殊效果的文档时，通常需要使用一些特殊排版方式，如分栏排版、首字下沉、设置文字方向等，这些排版方式可以使文档更美观、内容更生动醒目。

1. 分栏排版

分栏排版是一种新闻排版方式，被广泛应用于报纸、杂志、图书和广告单等印刷品中。使用分栏排版功能可制作别出心裁的文档版面，从而使整个页面更具可观性。

设置分栏的方法为：在打开的文档中，选择需要进行分栏的文档内容，在【页面布局】功能区的【页面设置】组中单击【分栏】按钮，如图 3.74 所示。在弹出的下拉列表中选择需要的选项即可为选择的文本分栏。如果想要对分栏的宽度和间距进行更详细的设置，可选择【更多分栏】选项，在打开的【分栏】对话框中对分栏的效果进行自定义设置，如图 3.75 所示。

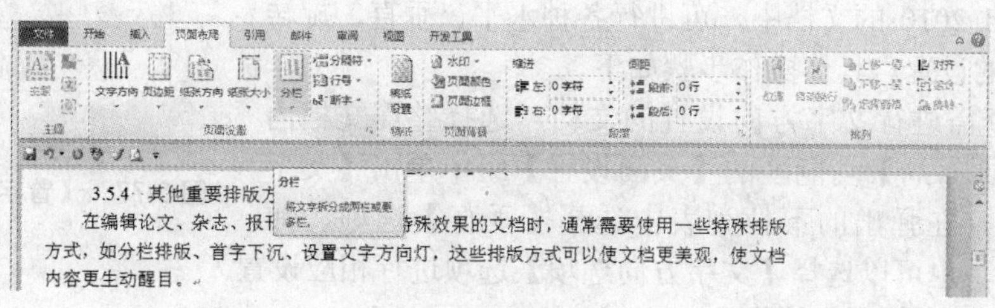

图 3.74　分栏选项

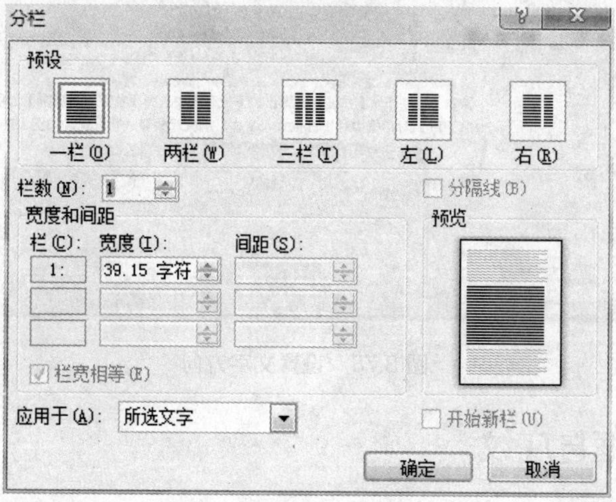

图 3.75　【分栏】对话框

2. 首字下沉

在报纸、杂志等一些特殊文档中，为了突出段落中的第一个汉字，使其更醒目，通常会使用首字下沉的排版方式。具体操作方法为：将文本插入点定位在打开的文档中需设置首字下沉的位置，在【插入】功能区的【文本】组中单击【首字下沉】按钮，在弹出的下拉列表中选择【下沉】选项，即可设置这种特殊的排版方式，如图 3.76 所示。

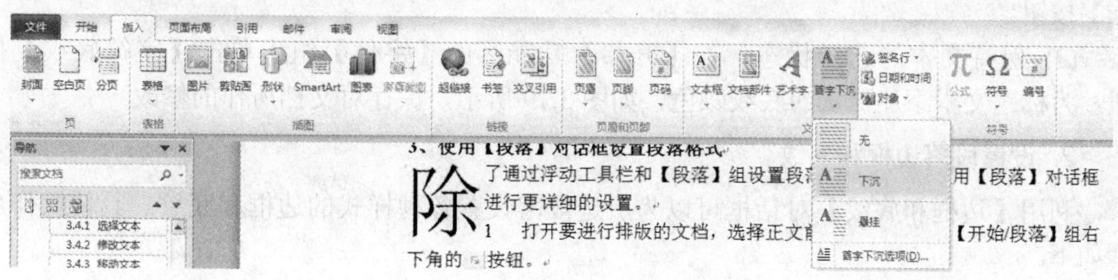

图 3.76　选择【下沉】选项

若单击【首字下沉】按钮后，在弹出的下拉列表中选择【首字下沉选项】选项，可打开【首字下沉】对话框，从中可对下沉位置、字体、下沉行数等进行设置，如图 3.77 所示。

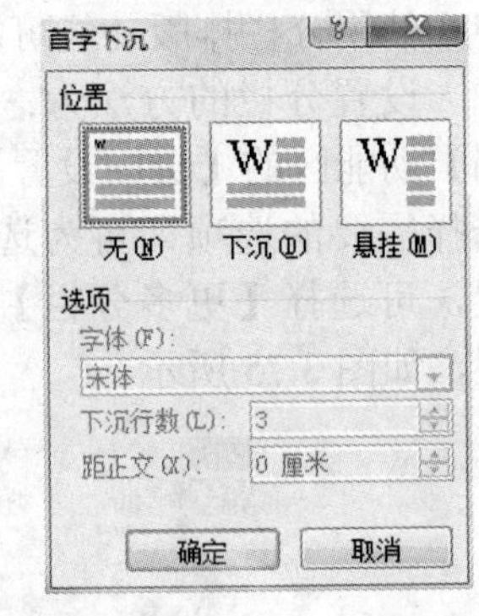

图 3.77　【首字下沉】对话框

3. 设置文字方向

在 Word 2010 的文档中，可进行各种水平、垂直、旋转等文字方向的设置。具体操作步骤如下。

(1) 打开需进行文字方向设置的文档，选择整篇文档内容，在【页面布局】功能区的【页面设置】组中单击【文字方向】按钮，在弹出的下拉列表中选择【垂直】选项，如图 3.78 所示，也可以选择【文字方向选项】选项进行相应设置。

(2) 保存对文档所作的修改。

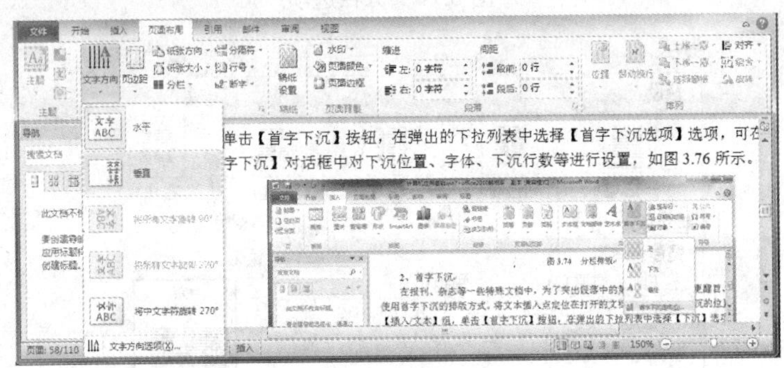

图 3.78　设置文字方向

3.5.5　设置边框与底纹

在制作如邀请函、备忘录、海报、宣传画等有特殊用途的 Word 文档时，通过为文档中的文本、段落和整个页面添加边框和底纹，可以使文档更加美观，同时也突出重点。

1. 设置文字边框和底纹

为了突出显示某些文本，使重要的文本内容区别于其他普通文本，可以为文字添加边框和底纹。具体操作步骤如下。

(1) 打开待排版的文档，选择文本在【开始】功能区的【字体】组中单击【字符边框】按钮。

(2) 保持文本的选择状态，在【开始】功能区的【字体】组中单击【字符底纹】按钮，为标题文本添加默认的底纹颜色，如图 3.79 所示，保存对文档所作的修改。

2. 设置段落边框和底纹

利用【边框和底纹】对话框可以为所选段落设置各种样式的边框和底纹。具体操作步骤如下。

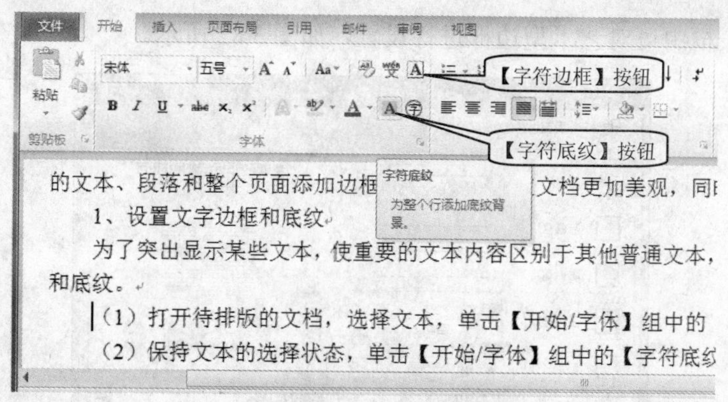

图 3.79　设置文字边框和底纹

(1) 打开待排版的文档，选择第一段正文文本。在【开始】功能区的【段落】组中单击【下框线】按钮右侧的下拉按钮，在弹出的下拉列表中选择【边框和底纹】选项。

(2) 在打开的【边框和底纹】对话框中选择【边框】选项卡，单击【设置】选项组中的【方框】按钮，在【样式】列表框中选择第 3 种样式，在【颜色】下拉列表框中选择【深红】选项，在【宽度】下拉列表框中选择【1.0 磅】选项，如图 3.80 所示。

(3) 选择【底纹】选项卡，在【填充】下拉列表框中选择【橙色，强调文字颜色 6，样式 25%】色块对应的选项，单击【确定】按钮，如图 3.81 所示。

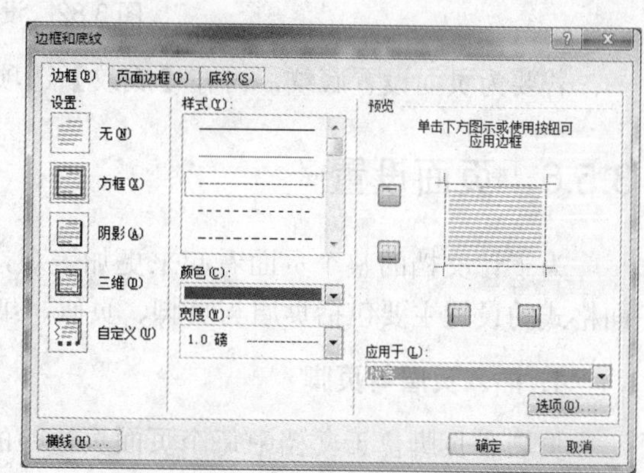

图 3.80　设置段落的边框

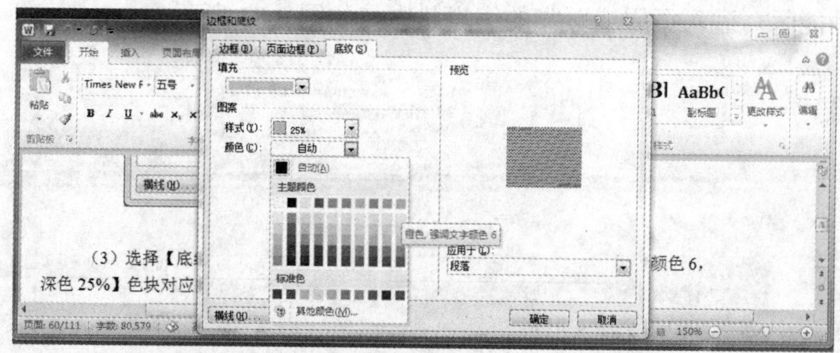

图 3.81　设置段落的底纹

3. 设置页面边框和底纹

设置页面边框和底纹的做法与设置段落边框和底纹的做法类似。将光标定位于需要设置边框和底纹的页面中，在【开始】功能区中的【段落】组中单击【下框线】按钮右侧的下拉按钮，在弹出的下拉列表中选择【边框和底纹】选项，在打开的【边框和底纹】对话框中选择【页面边框】选项卡，对【样式】、【颜色】、【宽度】进行设置后，单击【预览】选项组中的各按钮可选择在页面的上、下、左、右方向添加边框。此外，还可在【艺术型】下拉列表框中可对艺术型边框进行设置，如图 3.82 所示。

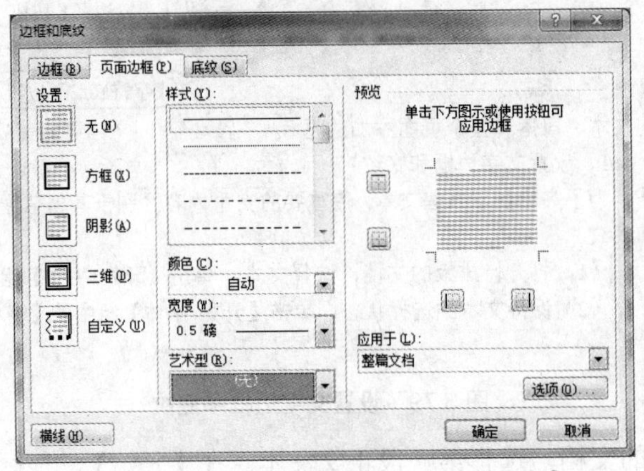

图 3.82　设置页面边框

若要为页面设置底纹，可在【底纹】选项卡进行相应设置。

3.5.6　页面设置

为了让文档的整个页面看起来更加美观，可根据文档内容的需要自定义页面格式。页面格式的设置主要包括页眉与页脚、页码、纸张大小和页边距等。

1. 插入页眉与页脚

页眉和页脚位于文档中每个页面页边距的顶部和底部，在编辑文档时，可以在页眉和页脚中插入文本或图形，如页码、公司徽标、日期或作者名等。具体操作步骤如下。

(1) 打开待排版的文档，双击要插入页眉或页脚的位置，激活【页眉和页脚工具】下的【设计】功能区，进入页眉或页脚的编辑状态，如图 3.83 所示。

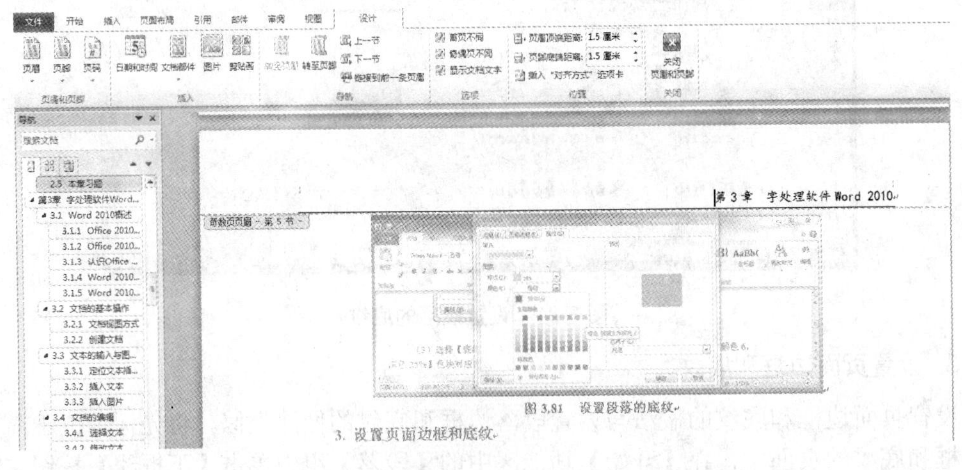

图 3.83　插入页眉

(2) 在页眉或页脚中可以插入页码和时间等，也可直接输入页眉或页脚的内容。单击【页脚】按钮，在弹出的下拉列表中选择页脚的样式后在页脚输入相关内容即可，如图

3.84 所示。

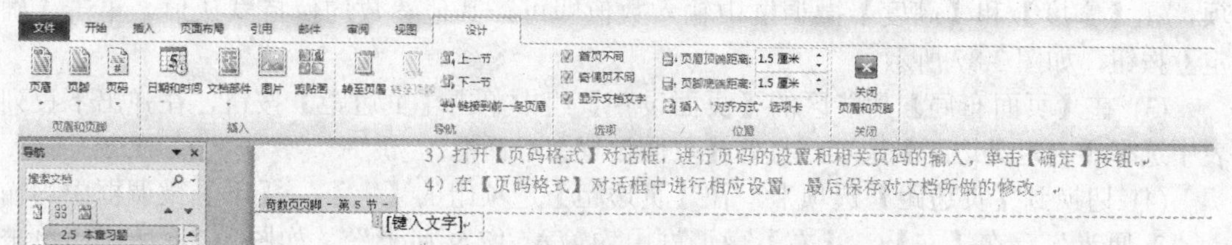

图 3.84　插入页脚

(3)在文档中双击鼠标退出页眉或页脚的编辑状态，保存对文档所作的修改。

2. 插入页码

为便于查找，常常在一篇文档中添加页码来编辑文档的顺序。页码可以添加到文档的顶部、底部或页边距处。Word 2010 中提供了多种页码编号的样式库，可直接从中选择合适的样式将其插入，也可对其进行修改。具体操作步骤如下。

(1) 打开需要插入页码的文档，在【插入】功能区的【页眉和页脚】组中单击【页码】按钮，在弹出的下拉列表中选择【页面底端】选项，如图 3.85 所示。

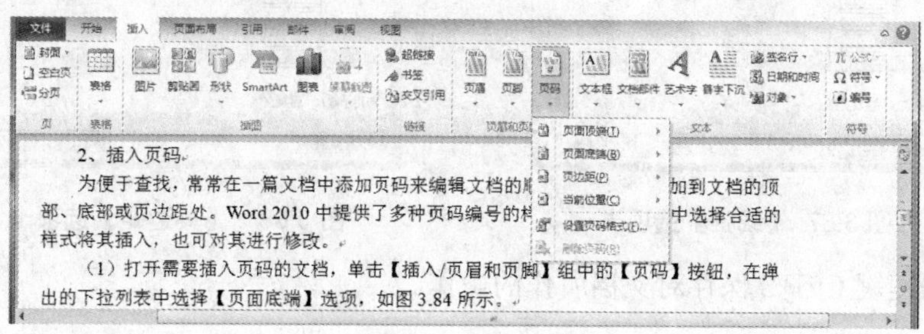

图 3.85　插入页码

(2) 将所选页码样式插入到页面底端，且激活【页眉和页脚工具】下的【设计】功能区，在【页眉和页脚】组中单击【页码】按钮，在弹出的下拉列表中选择【设置页码格式】选项。

(3) 打开【页码格式】对话框，如图 3.86 所示，进行页码的设置和相关页码的输入后，单击【确定】按钮。

(4) 保存对文档所作的修改。

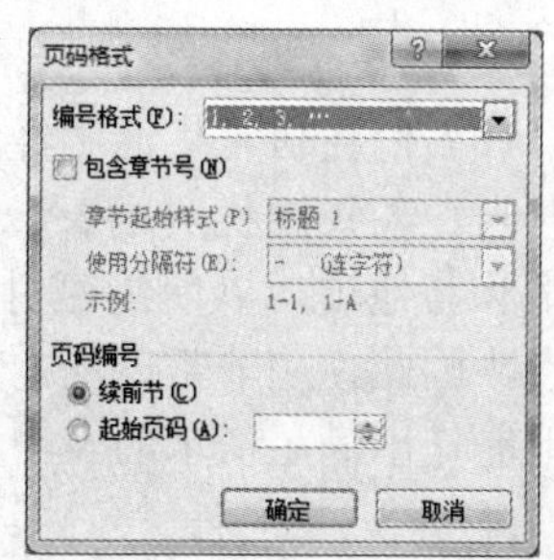

图 3.86　【页码格式】对话框

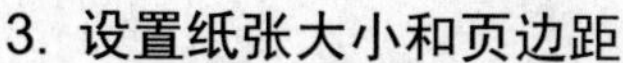

3. 设置纸张大小和页边距

页边距是指页面四周的空白区域，即页面边线到文字的距离。常使用的纸张大小一般为 A4、B5、16 开和 32 开等，不同文档要求的页面大小也不同，用户可以根据需要自定义设置纸张大小。具体操作步骤如下。

(1) 打开需设置纸张大小和页边距的文档，在【页面布局】功能区的【页面设置】组中单击【纸张大小】按钮，在弹出的下拉列表中选择【其他页面大小】选项，打开【页面设置】对话框。

(2) 切换到【纸张】选项卡，在【纸张大小】下拉列表框中选择【自定义大小】选项，在【宽度】和【高度】微调框中输入数值即可，其他参数均保持默认值，单击【确定】按钮，如图 3.87 所示。

(3) 在【页面布局】功能区的【页面设置】组中单击【页边距】按钮，在弹出下拉列表中选择【自定义边距】选项，打开【页面设置】对话框。

(4) 切换到【页边距】选项卡，在【页边距】选项组的【上】、【下】微调框中均输入“2 厘米”，在【左】、【右】微调框中均输入“2.5 厘米”，如图 3.88 所示，单击【确定】按钮即可完成对页边距的设置。

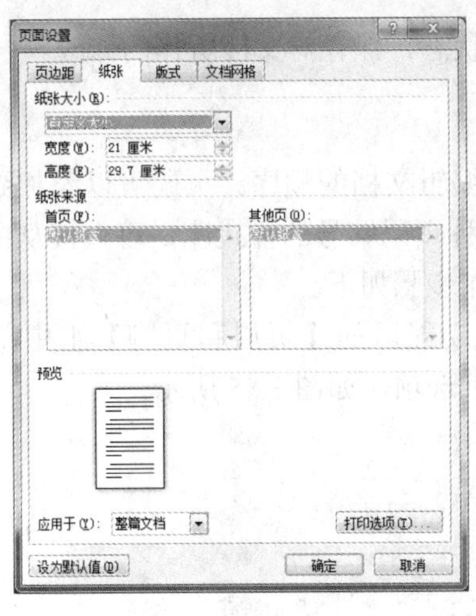

图 3.87 【纸张】选项卡

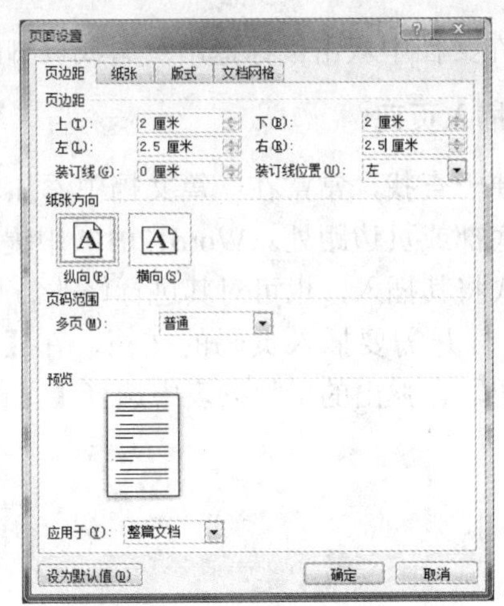

图 3.88 【页边距】选项卡

(5) 按快捷键 Ctrl+S 保存对文档所作的操作。

3.6 表格制作

人们在日常生活中经常会遇到各种各样的表格，如统计数据表、个人简历表、学生信息表、各种评优奖励表、课程表等。表格作为显示成组数据的一种形式，主要用于显示数字和其他项，以便快速引用和分析数据。表格具有料理清楚、说明性强、查找速度快等优点，因此使用非常广泛。Word 2010 中提供了非常完善的表格处理功能，用户可以很容易地制作出满足需求的表格。

3.6.1 创建表格

Word 2010 提供了多种建立表格的方式，切换到【插入】功能区，单击【表格】按钮后弹出的下拉列表中提供了创建表格的 6 种方式：用单元格选择板直接创建表格、使用【插入表格】命令、使用【绘制表格】命令、使用【文本转换成表格】命令、使用【Excel 电子表格】命令、使用【快速表格】命令。

1. 创建基本表格的方法

Word 2010 提供了多种创建基本表格的方法。下面介绍一下主要的方法。

方法 1：使用下拉菜单中的单元格选择板直接创建表格。具体操作步骤如下。

(1) 在【插入】功能区的【表格】组中单击【表格】按钮，将鼠标移到下拉列表中最上方的单元格选择板中。随着鼠标的移动，系统会自动根据当前鼠标位置在文档中创建相应大小的表格。使用该单元格选择板创建的表格大小最大为 8 行 10 列，每个方格代表一个单元格。单元格选择板上面的数字表示选择的行数和列数，如图 3.89 所示。

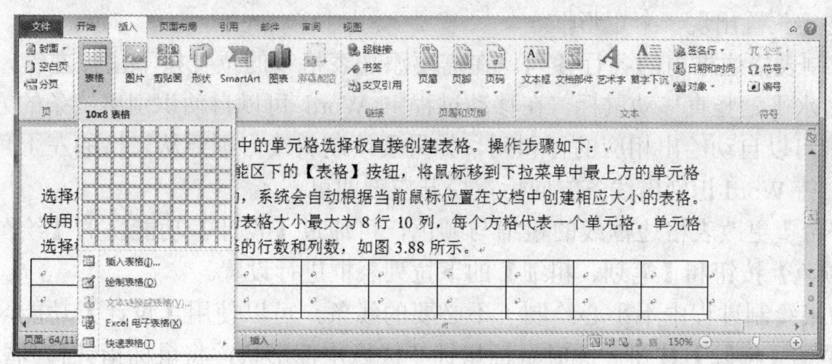

图 3.89　创建表格

(2) 用鼠标向右下方拖动以覆盖单元格选择板，覆盖的单元格变为深颜色的显示，表示被选中，同时文档中会自动出现相应大小的表格。此时，单击鼠标左键，文档中插入点的位置会出现相应行列数的表格，同时单元格选择板自动关闭。

方法 2：使用【插入表格】命令可以创建任意大小的表格。具操作步骤如下。

(1) 单击要创建表格的位置。

(2) 在【插入】功能区的【表格】组中单击【表格】按钮，在打开的下拉列表中选择【插入表格】命令，打开【插入表格】对话框。

(3) 在【表格尺寸】选择组下面相应的微调框中输入需要的列数和行数，这里分别输入列数 6 和行数 8。

(4) 在【“自动调整”操作】选项组中，设置表格调整方式和列宽。

- 固定列宽：输入一个值，使所有的列宽度相同。其中，选择“自动”项可创建一个列宽值低于页边距，具有相同列宽的表格，等同于选择【根据窗口调整表格】选项。
- 根据内容调查表格：本选项表格会根据内容自动调整到合适的列宽和行高。
- 根据窗口调整表格：本选项用于创建 Web 页面。当表格按照 Web 方式显示时，应使表格适应窗口大小。

(5) 如果以后还要制作相同大小的表格，选中【为新表格记忆此尺寸】复选框。这样下次再使用这种方式创建表格时，在插入点处即可生成相应形式的表格。

(6) 单击【确定】按钮，在文档插入点处即可生成相应形式的表格。

方法 3：使用【绘制表格】命令创建表格，该方法常用来绘制更复杂的表格。

除了前两种利用 Word 2010 功能自动生成表格的方法，还可以通过【绘制表格】命令来创建更复杂的表格。例如，单元格的高度不同或每行包含不同列数的单元格，其操作方法如下。

(1) 在文档中确定准备创建表格的位置，将光标放置于插入点。

(2) 在【插入】功能区的【表格】组中单击【表格】按钮，在弹出的下拉列表中选择【绘制表格】命令。

(3) 首先要确定表格的外围边框，这里可以先绘制一个矩形。把鼠标移动到准备创建表格的左上角，按住左键向右下方拖动，虚线显示了表格的轮廓，到达合适位置时松开左键，即在选定位置出现一个矩形框。

(4) 绘制表格边框内的各行各列。在需要添加表格线的位置按下鼠标左键，此时鼠标变为笔形，水平、竖直移动鼠标，在移动过程中 Word 可以自动识别出线条的方向，然后放开左键则可以自动绘出相应的行和列。如果要绘制斜线，则要从表格的左上角开始向右下方移动，待 Word 识别出线条方向后，松开左键即可。

(5) 若希望更改表格边框线的粗细与颜色，可通过【设计】功能区的【绘图边框】组中的【笔颜色】按钮和【笔划、粗细】的下拉列表框进行设置。

(6) 如果绘制过程中不小心绘制了不必要的线条，可以使用【设计】功能区的【绘图边框】组中的【擦除】按钮。此时鼠标指针变成橡皮擦形状，将鼠标指针移到要擦除的线条上按鼠标左键，系统会自动识别出要擦除的线条(变成深红色显示)，松开鼠标左键，则系统会自动删除该线条。如果需要擦除整个表格，可以用橡皮擦在表格外围画一个大的矩形框，待系统识别出要擦除的线条后，松开左键即可自动擦除整个表格。

方法 4：使用从文字创建表格的方式创建表格。

Word 2010 提供了直接从文字创建表格的方式，即利用表格中的转换功能，将文字转换成表格，在本章的后面将会详细介绍。

方法 5：使用【快速表格】功能快速创建表格。其操作步骤如下。

(1) 单击文档中需要插入表格的位置。

(2) 在【插入】功能区的【表格】组中单击【表格】按钮，在弹出的下拉列表中选择【快速表格】选项，然后再选择所需要使用的表格样式即可，如图 3.90 所示。

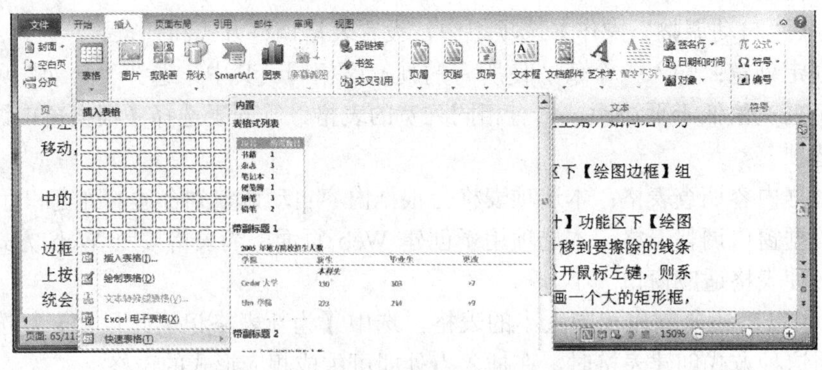

图 3.90　利用【快速表格】创建表格

方法 6：使用在文档中插入 Excel 电子表格的方式创建表格。

Excel 电子表格具有强大的数据处理能力，单击【插入】功能区的【表格】组中的【表格】按钮，在弹出的下拉列表中选择【Excel 电子表格】选项。即可将 Excel 电子表格嵌入到 Word 文档中。双击该表格进入编辑模式后，可以发现 Word 功能区会变成 Excel 的功能区，用户可以像操作 Excel 一样使用该表格。

2. 表格嵌套

Word 2010 允许在表格中建立新的表格，即嵌套表格。创建嵌套表格可采用以下两种办法。

(1) 首先在文档中插入或绘制一个表格，然后再在需要嵌套表格的单元格内插入或绘制表格。

(2) 首先建立好两个表格，然后把一个表格拖到另一个表格的单元格中即可。

3. 添加数据

在表格中输入数据与在文档中其他地方输入数据一样。首先要选择需要输入文本的单元格，把光标移动到相应的位置后就可以直接输入任意长度的文本。需要注意的是，若一个单元格中的文字过多，会导致该单元格变得过大，从而挤占其他的单元格的位置；如果需要在该单元格中压缩多余的文字，在【布局】功能区的【表】组中单击【属性】按钮，或右击，在弹出的快捷菜单中选择【表格属性】命令，打开【表格属性】对话框，选中该对话框中的【单元格】选项卡，单击【选项】按钮，然后在弹出的【单元格选项】对话框中选中【适应文字】复选框，单击【确定】按钮即可。

3.6.2　修改表格

用户创建的表格常常需要修改才能符合要求，另外由于实际情况的变更，表格也需要相应地进行一些调整。

1. 增加或删除表格的行、列和单元格

要增加或删除行、列和单元格必须要先选定表格。选定表格后，右击，选择相应选项，即可完成对表格中单元格或行、列的增加或删除操作。

1) 选定单元格

(1) 在【布局】功能区的【表】组中单击【选择】按钮，在弹出的下拉列表中选择所需选取的类型(表格、行、列、单元格)。

(2) 选定一个单元格。把鼠标指针放在要选定的表格的左侧边框附近，指针变为斜向右上方的实心箭头⬈，这个时候单击左键，就可以选定相应的单元格。

(3) 选定一行或多行。移动鼠标指针到表格该行左侧外边，鼠标变为斜向右上方的空心箭头⇗形状，单击左键即可选中该行。此时再上下拖动鼠标可以选中多行。

(4) 选定一列或多列。移动鼠标指针到表格该列顶端外边，鼠标变为竖直向下的实心箭头⬇形状，单击左键即可选中该列。此时再左右拖动鼠标可以选中多列。

(5) 选中多个单元格。按住鼠标左键在所要选中的单元格上拖动，可以选中连续的单元格。如果需要选择分散的单元格，则首先需要按照前面的办法选中第一个单元格，然后按住 Ctrl 键，依次选中其他的单元格即可。

(6) 选中整个表格。将鼠标拖过表格，表格左上角将出现表格移动控点，单击该控点或者直接按住鼠标左键，将鼠标拖过整张表格即可。

选择了表格后就可以执行插入操作了，插入行、列和插入单元格的操作略有不同。

2) 插入行、列

(1) 在表格中，选择待插入行(或列)的位置。所插入行(或列)必须要在所选行(或列)的上面或下面(或左边、右边)。

(2) 在【布局】功能区的【行和列】组中单击相应按钮进行相应操作，或右击，在弹出的快捷菜单中选择【插入】|【在左侧插入列】、【插入】|【在右侧插入列】或者【插入】|【在上方插入行】、【插入】|【在下方插入行】命令。

3) 插入单元格

(1) 在表格中，选择待插入单元格的位置。

(2) 单击【布局】功能区下的【行和列】组的对话框启动器按钮，进行相应的操作，或右击，在弹出的快捷菜单中选择【插入】|【在左侧插入列】、【插入】|【在右侧插入列】或者【插入】|【在上方插入行】、【插入】|【在下方插入行】命令。

(3) 选择相应的操作方式后，单击【确定】按钮即可。

4) 删除行、列和单元格

(1) 在表格中，选中要删除的行、列或单元格。

(2) 在【布局】功能区的【行和列】组中单击【删除】按钮，在弹出的下拉列表中，可根据删除内容的不同，选择相应的删除命令。若选择【删除单元格】命令会弹出【删除单元格】对话框，从中进行相应操作后单击【确定】按钮即可。

2. 合并、拆分表格或单元格

合并单元格是指将同一行或同一列中的两个或多个单元格合并为一个单元格。拆分单元格与合并单元格的含义相反。

1) 合并单元格

(1) 选中要合并的单元格。

(2) 在【布局】功能区的【合并】组中单击【拆分单元格】按钮，或选中单元格后单击鼠标右键，在弹出的快捷菜单中选择【合并单元格】命令。

如果合并的单元格中有数据，那么每个单元格中的数据都会出现在新单元格内部。

2) 拆分单元格

(1) 选择要拆分的单元格，单元格可以是一个或多个连续的单元格。

(2) 在【布局】功能区的【合并】组中单击【拆分单元格】按钮；或右击，在弹出的快捷菜单中选择【拆分单元格】命令。

(3) 设置要将选定的单元格拆分成的列数或行数后单击【确定】按钮即可。

3) 修改单元格大小

(1) 选择要修改的单元格。

(2) 若要修改单元格的高度，在【布局】功能区下的【单元格大小】组中，可直接在【高度】微调框中输入所需高度的数值，或直接使用微调框中的上、下微调按钮调节其高度。

(3) 若要修改单元格的宽度，可直接在【布局】功能区下的【单元格大小】组中的

【宽度】微调框中输入所需宽度的数值，或直接使用微调框中的上、下按微调钮调节其宽度。

4) 拆分表格

拆分表格可将一个表格分成两个表格，其操作步骤如下。

(1) 单击要成为第二个表格的首行的行。

(2) 在【布局】功能区的【合并】组中单击【拆分表格】按钮，或按下快捷键 Ctrl+Shift+Enter 即可。

如果要将拆分后的两个表格分别放在两页上，在执行步骤(2)后，使光标位于两个表格间的空白处，按下快捷键 Ctrl+Enter 即可。如果希望将两个表格合并，只需删除表格中间的空白即可。

当然还可以利用表格边框，把一张表格拆分为左、右两部分，其操作步骤如下。

(1) 首先选中表格中间的一列。

(2) 单击【设计】功能区的【绘图、边框】组的对话框启动器按钮，或单击鼠标右键，选择【边框和底纹】命令，弹出【边框和底纹】对话框，再单击【边框】选项卡。

(3) 在【设置】选项组中，选中【方框】选项，然后单击【预览】选项组下面的按钮和按钮，把【预览】区中表格的上、下两条框线取消。

(4) 单击【确定】按钮，即可看到原表格被拆分成左、右两个表格。

3.6.3　设置表格格式

为了使表格达到需要的外观效果，需要进一步对表格的边框、颜色、字体以及文本等进行一定的排版，以美化表格，使表格内容更清晰。

1. 表格自动套用格式

Word 2010 内置了许多种表格格式，自动套用表格格式的操作步骤如下。使用任何一种内置的表格格式都可以为表格应用专业的格式设计。

(1) 选中要修饰的表格，将会出现【设计】功能区，可以看到【表格样式】组中提供了几种简单的表格样式。用鼠标在样式上滑动，在文档中可以预览到表格应用该样式后的效果。

(2) 在预览效果满意的样式上单击鼠标左键，文档中的表格就会自动应用该样式。

(3) 选择任一样式后，可以在【设计】功能区的【表格样式选项】组中选中相应的复选框来对样式进行调整，同时可以随时观察表格样式发生的变化。

2. 表格中文字的字体设置

表格中文字的字体设置与文本中的设置方法一样，参照文本中字体的相关设置即可，本处主要讨论文字对齐方式和文字方向两个方面。

1) 文字对齐方式

Word 2010 提供了 9 种不同的文字对齐方式。在【布局】功能区的【对齐方式】组中显示了这 9 种文字的对齐方式。默认情况下，Word 2010 将表格中的文字与单元格的左上角对齐。

用户可以根据需要更改单元格中文字的对齐方式，操作步骤如下。

(1) 选中要设置文字对齐方式的单元格。

(2) 根据需要，在【布局】功能区的【对齐方式】组中单击相应的对齐方式按钮；或右击，在弹出的快捷菜单中选择【单元格对齐方式】选项，然后再选择相应的对齐方式命令；或使用【开始】功能区的【段落】组中的文字对齐方式按钮，进行文字对齐方式的设置。

2) 文字方向

默认情况下，单元格的文字方向为水平排列，在实际工作中，可以根据需要更改表格单元格中的文字方向，使文字垂直或水平显示。

改变文字方向的操作步骤如下。

(1) 单击包含要更改文字方向的表格单元格。如果要同时修改多个单元格，选中所要修改的单元格。

(2) 在【页面布局】功能区的【页面设置】组中单击【文字方向】按钮；或单击鼠标右键，在弹出的快捷菜单中选择【文字方向】命令，弹出【文字方向】对话框。设置所需的文字方向后单击【确定】按钮即可。

3. 设置表格中的文字至表格线的距离

表格中每一个单元格中的文字与单元格的边框之间都有一定的距离。字号大小不同，距离也就不相同。如果字号过大，或者文字内容过多，就会影响表格的展示效果，这时就要考虑设置单元格中的文字与表格线之间的距离了。调整的操作步骤如下。

(1) 选择要作调整的单元格。

(2) 在【布局】功能区的【表】组中单击【属性】按钮(或单击鼠标右键，在弹出的快捷菜单中选择【表格属性】命令)，打开【表格属性】对话框。

(3) 如果要针对整个表格进行调整，选择【表格】选项卡，单击【选项】按钮，打开【表格选项】对话框。在【默认单元格边框】选项组的【上】、【下】、【左】、【右】微调框中输入适当的值，并单击【确定】按钮。

(4) 如果只调整所选中的单元格，选择【单元格】选项卡，然后单击【选项】按钮，弹出【单元格选项】对话框。首先取消【与整张表格相同】复选框，然后在【单元格边距】选项组的【上】、【下】、【左】、【右】微调框中输入适当的值。

(5) 设置好后单击【确定】按钮即可。

4. 表格的分页设置

处理大型表格时，它常常会被分割成几页来显示。通过操作可以对表格进行调整，以便表格标题能显示在每页上(注：只能在页面视图或打印出的文档中看到重复的表格标题)。具体操作方法如下。

(1) 选择一行或多行标题行。注意选定内容时必须包括表格的第一行。

(2) 在【布局】功能区的【数据】组中单击【重复标题行】按钮即可。

5. 表格自动调整

在表格编辑完毕后，为了达到满意的效果，常常需要对表格的效果进行调整。Word 2010 提供了自动调整的功能，方法如下：

单击【布局】功能区的【单元格大小】组中的【自动调整】按钮(或右击，在弹出的快捷菜单中选择【自动调整】命令)，弹出的下拉列表中给出了三种自动调整功能：【根据内容自动调整表格】、【根据窗口自动调整表格】和【固定列宽】。另外，使用【布局】功能区下的【单元格大小】组中的【分布行】按钮和【分布列】按钮，也可以对表格进行自动调整。

- 根据内容自动调整表格：自动根据单元格的内容调整相应单元格的大小。
- 根据窗口自动调整表格：根据单元格的内容以及窗口的大小自动调整相应单元格的大小。
- 固定列宽：单元格的宽度值固定，不管内容怎么变化，仅有行高可变化。
- 分布行：保持各行行高一致，这个命令会使选中的各行行高平均分布，不管各行内容怎么变化，仅列宽可变化。
- 分布列：保持各列列宽一致，这个命令会使选中的各列列宽平均分布，不管各列内容怎么变化，仅行高可变化。

6. 改变表格的位置和环绕方式

新建的表格在默认情况下是沿着页面左端对齐的，根据需要可以对表格的位置进行移动和改变。

1) 移动表格

(1) 在页面视图上，将指针置于表格的左上角，直到表格移动控点出现。

(2) 单击该控点并按住鼠标左键进行拖动，即可将表格拖动到新的位置。

2) 对齐表格

(1) 在【布局】功能区的【表】组中单击【属性】按钮(或单击鼠标右键，在弹出的快捷菜单中选择【表格属性】命令)，弹出【表格属性】对话框。

(2) 切换到【表格】选项卡。

(3) 在【对齐方式】选项组中选择所需的选项。例如选择【左对齐】选项，且在【左缩进】微调框中输入数值，并选择【文字环绕】选项组下的【无】选项。

3) 设置表格的文字环绕方式

在【表格属性】对话框的【表格】选项卡下的【文字环绕】选项组中选择【环绕】选项，可以直接设定文字环绕方式。如果对表格的位置及文字环绕的效果仍不满意，可单击【定位】按钮，弹出【表格定位】对话框。在【水平】、【垂直】选项组下的【位置】和【相对于】下拉列表框中有多种选项，用户可以根据需要进行选择，然后在【距正文】选项组的【上】、【下】、【左】、【右】微调框中输入相应的数值。设置完毕后单击【确定】按钮即可。

7. 表格的边框和底纹

在建立表格之后，可以为整个表格或表格中的某个单元格添加边框或填充底纹。除了前面介绍的使用系统提供的表格样式来使表格具有精美的外观外，还可以通过进一步的设置来使表格符合要求。

Word 2010 提供了两种不同的设置方法。

(1) 选中需要修饰的表格的某个部分，在【设计】功能区的【表格样式】组中单击【底纹】按钮(或者单击【边框】按钮)右端的下拉按钮，可以显示一系列的底纹颜色(或边

框设置)，选择相应选项即可。

(2) 选中需要修饰的表格的某个部分，单击【设计】功能区下的【绘图边框】组右下角的按钮或单击鼠标右键，在弹出的快捷菜单中选择【边框和底纹】命令，打开【边框和底纹】对话框，选择【边框】选项卡，在【设置】选项组中，选择【方框】选项，则仅在表格最外层应用选定格式，不给每个单元格加上边框。选择【全部】选项，则每个线条都应用选定格式。选择【虚框】选项，则自动为表格内部的单元格加上边框。

8. 设置表格列宽和行高

单击表格，可以直接对表格进行行、列的拖动以改变列宽和行高。若要进行精确的拖动，在单击表格的时候会出现相应的行、列标尺，通过标尺可以进行列宽和行高的精确调整。如果需要改变整个表格的大小，把鼠标指针移到表格的右下角，按住鼠标左键拖动即可。

另外，也可以使用【表格属性】对话框来对表格的行高和列宽进行设置。

9. 制作具有单元格间距的表格

在建立表格之后，可以通过更改表格中单元格的间距来制作具有单元格间距的表格。具体操作步骤如下。

(1) 选中表格。

(2) 在【布局】功能区的【对齐方式】组中单击【单元格边距】按钮(或右击，在弹出的快捷菜单中选择【表格属性】命令，弹出【表格选项】对话框，选中【默认单元格间距】选项组下的【允许调整单元格间距】复选框，并在其右边输入相应的间距值。

3.6.4 排序和公式

Word 2010 提供了将表格中的文本、数字或数据按“升序”或“降序”两种顺序排列的功能。升序为：字母从 A 到 Z，数字从 0 到 9，或最早的日期到最晚的日期。降序为：字母：从 Z 到 A，数字从 9 到 0，或最晚的日期到最早的日期。

1. 对表格中的内容进行排序

在表格中对文本进行排序时，可以选择对表格中单独的列或整个表格进行排序，也可在表格中的单独列中使用多于一个的单词或域进行排序。例如，如果一列同时包含名字和姓氏，可以按姓氏或名字进行排序。具体操作步骤如下。

(1) 选择需要排序的列。

(2) 在【布局】功能区的【数据】组中单击【排序】按钮，打开【排序】对话框。

(3) 在【类型】下拉列表框中选择所需选项。

(4) 单击【选项】按钮，打开【排序选项】对话框，在【排序选项】组下取消选中【仅对列排序】复选框。在【分隔符】组下，选择要排序的单词或域的字符类型，然后单击【确定】按钮，关闭【排序选项】对话框。

(5) 在【排序】对话框的【主要关键字】下拉列表框中，输入包含要排序的数据的列，然后在【使用】下拉列表框中，选择要依据其排序的单词或域。

(6) 在【排序】对话框的【次要关键字】下拉列表框中，输入包含要排序的数据的列，然后在【使用】下拉列表框中，选择要依据其排序的单词或域。

(7) 如果还希望依据另一列进行排序，在【第三关键字】下拉列表框中重复操作步骤(6)即可。

(8) 单击【确定】按钮，关闭【排序】对话框，完成排序。

2. 使用公式

Word 2010 的表格提供了强大的计算功能，可以帮助用户完成常用的数字计算。

计算行或列中数值的总和的操作步骤如下。

(1) 单击要放置求和结果的单元格。

(2) 在【布局】功能区的【数据】组中单击【公式】按钮，打开【公式】对话框。

(3) 如果选定的单元格位于一列数值的底端，建议采用公式“=SUM(ABOVE)”进行计算。如果选定的单元格位于一行数值的右边，建议采用公式“=SUM(LEFT)”进行计算。如果该公式正确，单击【确定】按钮即可完成相应的计算。

其他的计算，如求平均值 AVERAGE 和上面类似。

3.6.5　表格和文本之间的转换

Word 2010 中允许在文本和表格之间进行互相转换。当用户需要将文本转换为表格时，首先应将需要进行转换的文本格式化，即把文本中的每一行用段落标记隔开，每一列用分隔符(如逗号、空格、制表符等)分开，否则系统将不能正确识别表格的行、列，从而导致不能正确地进行转换。

1. 将表格转换为文本

将表格转换为文本的操作步骤如下。

(1) 选择要转换为文本的表格或表格内的行。

(2) 在【布局】功能区的【数据】组中单击【转换为文本】按钮，打开【表格或转换成文本】对话框。

(3) 在【文字分隔符】选项组下，单击所需的选项，例如，可选择【制表符】单选按钮，用制表符作为替代列边框的分隔符。

2. 将文本转换成表格

将文本转换为表格时，使用逗号、制表符或其他分隔符标记新的列开始的位置。具体操作步骤如下。

(1) 选择要转换的文本。

(2) 在准备转换成表格的文本中，用逗号、制表符或其他分隔符标记新的列开始的位置。例如，在有两个字的一行中，在第一个字后插入逗号或制表符，从而创建一个两列的表格。

(3) 在【插入】功能区的【表格】组中单击【表格】按钮，在弹出的下拉列表中选择【文本转换成表格】命令，弹出【将文字转换成表格】对话框。

(4) 在【表格尺寸】选项组中的【列数】微调框中输入所需的列数，如果设置的列数大于原始数据的列数，后面会添加空列；在【文字分隔位置】选项组中单击所需的分隔符选项，如选择【制表符】单选按钮。

(5) 单击【确定】按钮关闭对话框，即可完成相应的转换。

3.7 高 级 排 版

为了提高工作效率，常常需要对长文档进行高级处理。本节将具体讲解样式的使用和长文档编辑的方法。

3.7.1 样式的使用

由于办公人员日常处理的文档大部分格式都类似，所以用户可以将文档中具有代表性的文档格式定义为样式，在创建类似的文档时，直接调用该类文档样式即可。

1. 应用自带样式

Word 2010 自带的样式库提供了丰富的样式，用户可以直接应用，也可以对标题、字体和背景等样式进行修改，得到新的样式。具体操作步骤如下。

(1) 打开文档，选择标题文本，在【开始】功能区的【样式】组中单击【快速样式】按钮，在弹出的下拉列表中选择【标题 1】样式。

(2) 选择标题文本，在【开始】功能区的【样式】组中单击【更改样式】按钮，在弹出的下拉列表中选择【样式集】|【简单】选项。

(3) 按快捷键 Ctrl+S 保存文档。

2. 创建或修改样式

如果对 Word 2010 提供的样式不满意，可以重新创建或修改样式。修改样式的方法为：选择需要的样式的文本后，单击【样式】组右下角的按钮直接在打开【样式】任务窗格中选择需要的样式进行修改即可。要新创建样式，可在【根据格式设置创建新样式】对话框中进行设置。具体操作步骤如下。

(1) 打开文档，将文本插入点定位到正文第一段落中，单击【开始】功能区的【样式】组右下角的按钮，打开【样式】任务窗格，单击【新建样式】按钮。

(2) 打开【根据格式设置创建新样式】对话框，在【名称】文本框中输入“新建样式”，在【格式】选项组的【字体】下拉列表框中选择【宋体】选项，在【字号】下拉列表框中选择【小四】选项，单击【确定】按钮。

(3) 将文本插入点定位到正文第二段落中，在【样式】任务窗格中单击【新建样式】按钮，按照步骤(2)为第三段落应用同样的样式，依次类推，完成后单击【关闭】按钮。

(4) 按快捷键 Ctrl+S 保存文档。

3.7.2 长文档的编辑

在对科研报告、调研报告、毕业(论文)设计等进行排版的过程中，常常需要编排目录和索引，在文档中插入脚注、尾注和批注等说明性文字。

1. 插入目录

在长文档中插入目录可以更清楚地理解文档的内容，单击目录中的某个标题可快速跳转到相应位置。如果对插入的目录不满意，还可以根据自己的需要对其进行修改。具体操作步骤如下。

(1) 打开文档，对各类标题进行设置，分别设置为一级标题、二级标题、三级标题等。将文本插入点定位到文档中标题下方的空行处，在【引用】功能区的【目录】组中单击【目录】按钮，在弹出的下拉列表中选择【插入目录】选项，如图 3.91 所示。

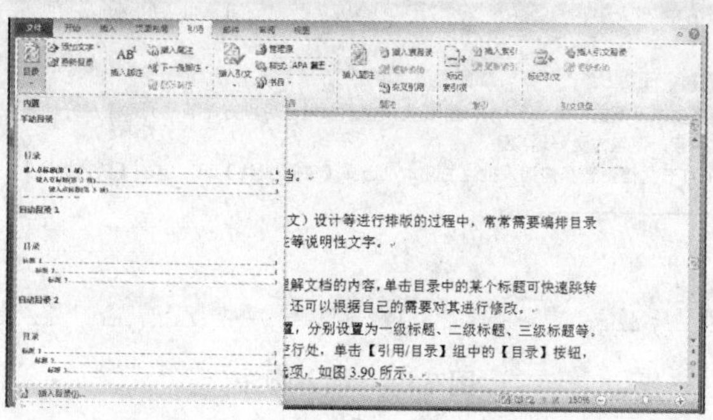

图 3.91　选择【插入目录】选项

(2) 打开【目录】对话框，在【制表符前导符】下拉列表框中选择第 2 种制表符，在【显示级别】微调框中输入“3”，如图 3.92 所示，单击【修改】按钮，再在打开的【样式】对话框中单击【修改】按钮。

(3) 打开【修改样式】对话框，在【格式】选项组中设置字体为【黑体】，字号为【四号】，然后依次单击【确定】按钮即可如图 3.93 所示。

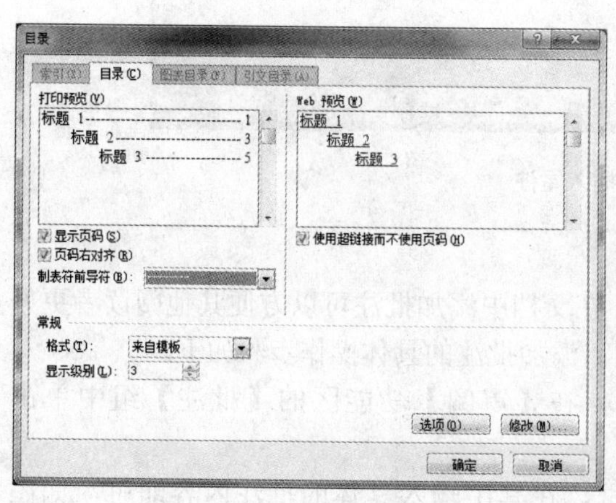

图 3.92　【目录】对话框

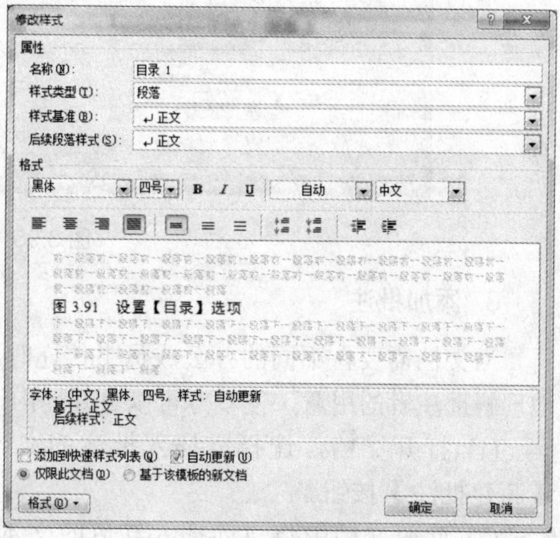

图 3.93　【修改样式】对话框

(4) 按快捷键 Ctrl+S 保存对文档所作的修改。

2. 插入脚注和尾注

脚注和尾注用于对文档中的一些文本进行解释、延伸或批注等，其中脚注位于每一页的下方，尾注位于文档结尾。插入脚注和尾注的具体操作步骤如下。

(1) 打开文档，选择需创建脚注的文本，在【引用】功能区的【脚注】组中单击【插入脚注】按钮。此时所选文本右上角将出现数字 1，其意为文档中的第一处脚注。同时当前页面下方将出现可编辑区域，在其中输入具体的脚注内容即可，如图 3.94 所示。

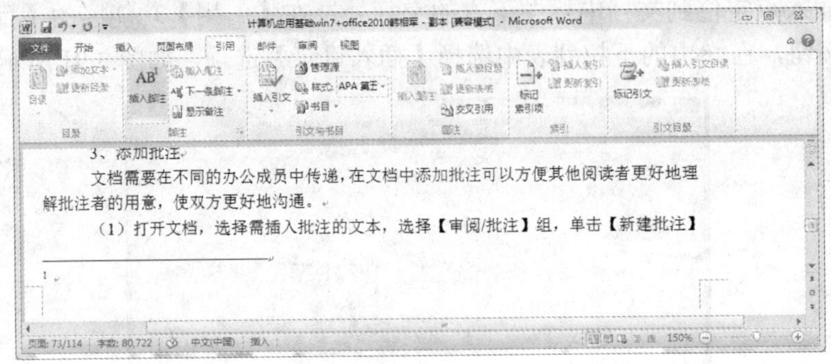

图 3.94　插入脚注

(2) 首先选中需创建尾注的文本，在【引用】功能区的【脚注】组单击【插入尾注】按钮。此时所选文本右上角将出现罗马字母 i，同时文档结尾出现可编辑区域，直接输入尾注内容即可。

(3) 最后按快捷键 Ctrl+S 保存对文档所作的修改，如图 3.95 所示。

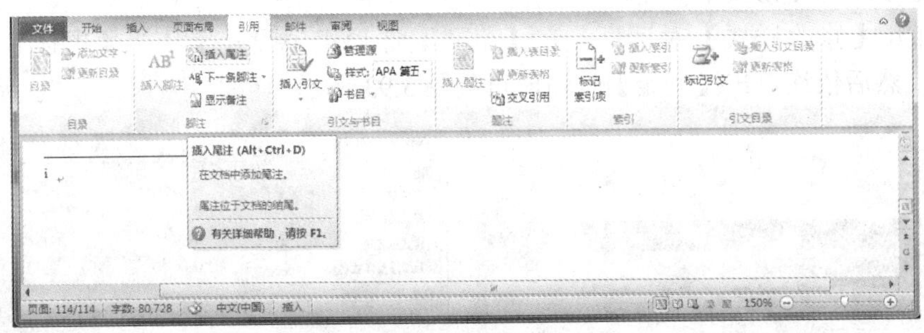

图 3.95　插入尾注

3. 添加批注

当文档需要在不同的办公成员中传递时，在文档中添加批注可以方便其他阅读者更好地理解批注者的用意，使双方可以更好地沟通。添加批注的具体操作步骤如下。

(1) 打开文档，选择需插入批注的文本，在【审阅】功能区的【批注】组中单击【新建批注】按钮。

(2) 此时文档中将自动插入红色的文本框，在其中输入具体的批注内容即可，如图 3.96 所示。按照相同的方法可为文档的多处文本添加需要的批注。

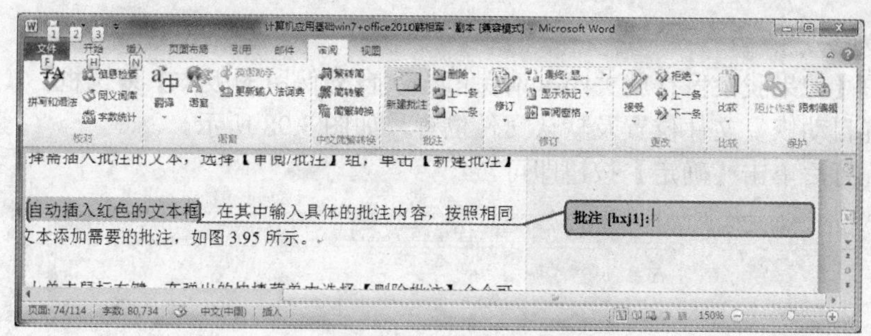

图 3.96　添加批注

(3) 在插入的批注上右击，在弹出的快捷菜单中选择【删除批注】命令可将该批注删除，如图 3.97 所示。

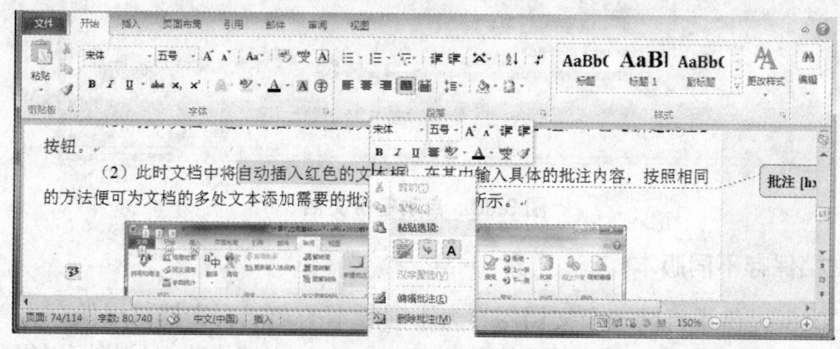

图 3.97　删除批注

(4) 按快捷键 Ctrl+S 保存对文档所作的修改。

3.8　文档的保护与打印

无论在文档编辑过程中还是在编辑完成后，都应该对文档进行保护，以防止文档内容的丢失以及他人的非授权打开和使用。最后，对编辑完成的文档进行打印输出。

3.8.1　防止文档内容的丢失

为防止文档内容的丢失，可在操作过程中采取以下措施。

1. 自动备份文档

在编辑和使用文档的过程中，为了防止因意外地退出而丢失文档内容，应对文档进行定时保存，以确保在存储的文档中包括最新更改，这样，在断电或计算机发生故障时，才不会丢失文档内容。Word 2010 提供了文档自动备份功能，可以根据用户设定的自动保存时间自动保存文档。具体操作方法如下。

(1) 依次单击【文件】|【选项】命令，打开【Word 选项】对话框。

(2) 单击对话框左侧的【保存】选项，在右边的【保存文档】选项组中单击【将文件保存为此格式】下拉列表框，选中自动保存文档的版本格式。

(3) 选中【保存自动恢复信息时间间隔】复选框，并设置自动恢复信息时间间隔，系统默认时间为5分钟。

(4) 选中【如果我没保存就关闭，请保留上次自动保留的版本】复选框。

(5) 设置自动恢复文件位置及默认文件位置，如图3.98所示。

(6) 设置好后单击【确定】按钮即可。

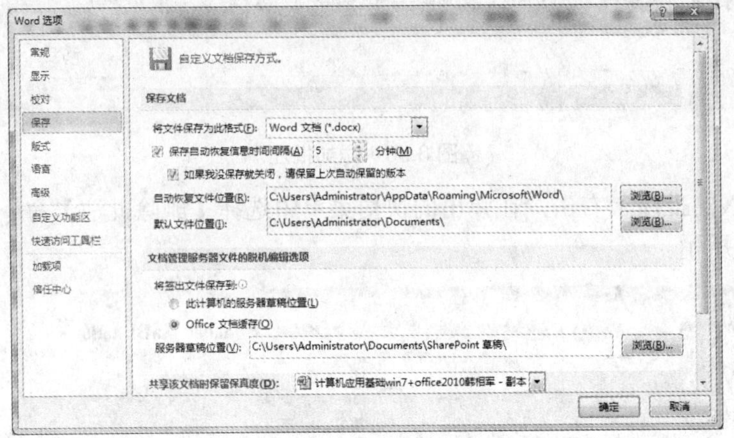

图 3.98　自动备份文档

2. 为文档保存不同版本

Word 2010提供了将同一个文档保存为不同版本的功能，文档可以保存为Word文档格式、Word 97-2003格式，或直接另存为PDF或XPS文档格式。这样可以很方便地在不同的Word版本下编辑、浏览文档。

选择【文件】|【另存为】命令，在打开的【另存为】对话框中选择文档的保存路径；在【文件名】下拉列表框中输入文件的保存名称；单击【保存类型】下拉列表框，在展开的【保存类型】下拉列表中选择文件的保存类型，如图3.99所示。设置好后单击【保存】按钮即可。

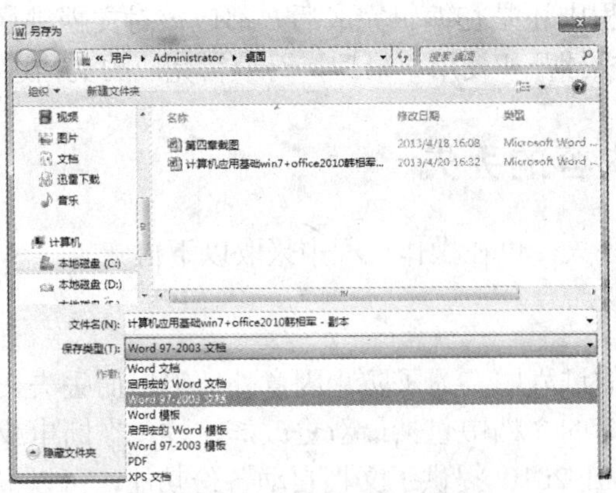

图 3.99　为文档保存不同类型

3.8.2　保护文档的安全

Word 2010提供了对文档的加密方式，能够有效地防止文档被他人擅自修改和打开。

1. 防止他人擅自修改文档

Word 2010 提供了各种保护措施来防止他人擅自修改文档，从而保证文档的安全性。单击【文件】按钮，在打开的菜单中单击【信息】选项，在右侧窗口中单击【保护文档】按钮，打开用于控制文件使用权限的【保护文档】下拉列表，其中各命令功能介绍如下。

(1) 【标记为最终状态】命令：将文档标记为最终状态，使得其他用户知晓该文档是最终版本。该设置将文档标记为只读，不能额外进行输入、编辑、校对或修订操作。注意该设置只是建议项，其他用户可以删除【标记为最终状态】设置。因此，这种轻微保护应与其他更可靠的保护方式结合使用才更有意义。

(2) 【用密码进行加密】命令：需要使用密码才能打开此文档，如图 3.100 所示。

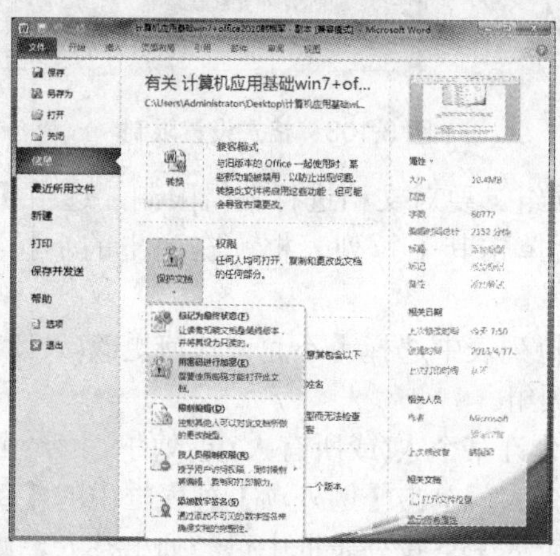

图 3.100　用密码进行加密

单击【用密码进行加密】选项，弹出如图 3.101 所示【加密文档】对话框，要求输入密码，连续输入两次相同的密码，如图 3.102 所示，则密码设置成功。下次打开该文档时，要求输入正确的密码才能打开。

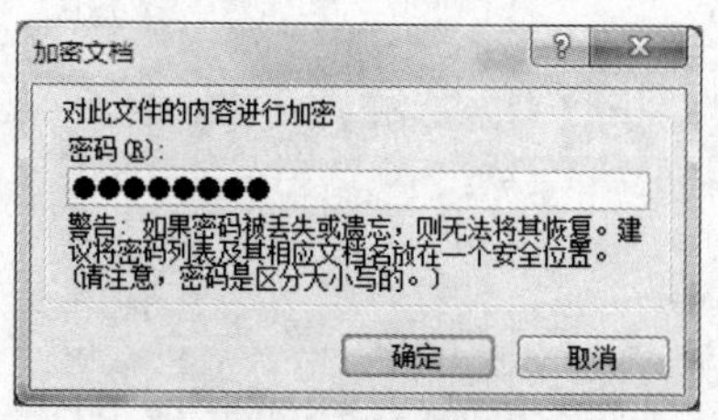

图 3.101　设置密码

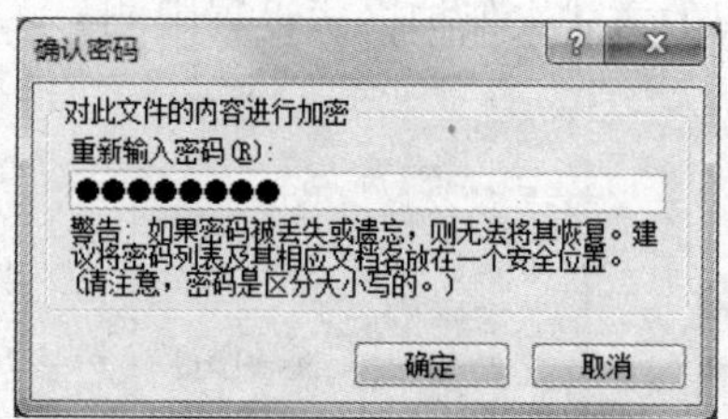

图 3.102　确认密码

(3) 【限制编辑】命令：控制其他用户可以对此文档所作的更改类型。单击该命令弹出【限制格式和编辑】窗格。

① 【格式设置限制】选项组。要限制对某种样式设置格式，选中【限制对选定的样式设置格式】复选框，然后单击【设置】选项，弹出【格式设置限制】对话框，如图 3.103 所示，从中进行相应设置即可。

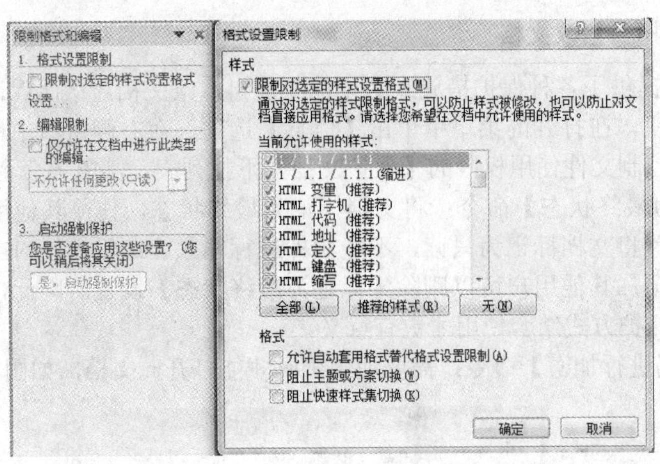

图 3.103　格式设置限制

②【编辑限制】选项组。要对文档进行编辑限制，选中【仅允许在文档中进行此类型的编辑】复选框，然后单击其下拉列表框，在弹出的下拉列表中进行限制选项的选择即可。

当在【编辑限制】下拉列表中选择【不允许任何更改(只读)】选项时，如图 3.104 所示，会弹出【例外项】选项组。

要设置例外项，选定允许某个人(或所有人)更改的文档，可以选取文档的任何部分。如果要将例外项用于每一个人，单击【例外项】列表框中的【每个人】复选框。要针对某人设置例外项，若在【每个人】下拉列表框中已经列出某人，则选中该人即可；若没有列出，则单击【更多用户】选项，弹出【添加用户】对话框，在其中输入用户的 ID 或电子邮件后，单击【确定】按钮即可。

③【启动强制保护】选项组。单击【启动强制保护】选项组下的【是，启动强制保护】按钮，如图 3.105 所示，弹出【启动强制保护】对话框，如图 3.106 所示。可以通过设置密码的方式来保护格式设置限制。

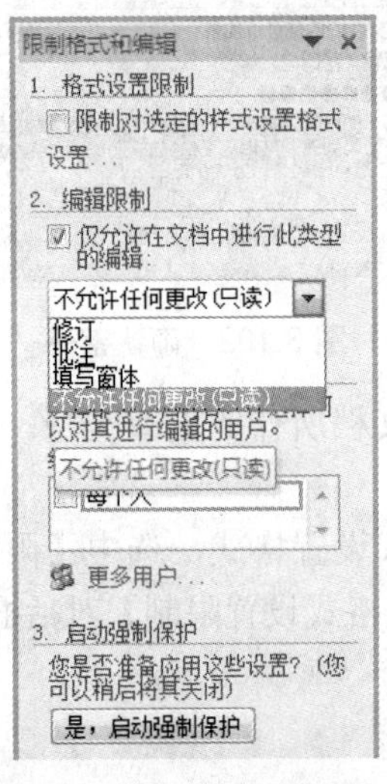

图 3.104　编辑限制

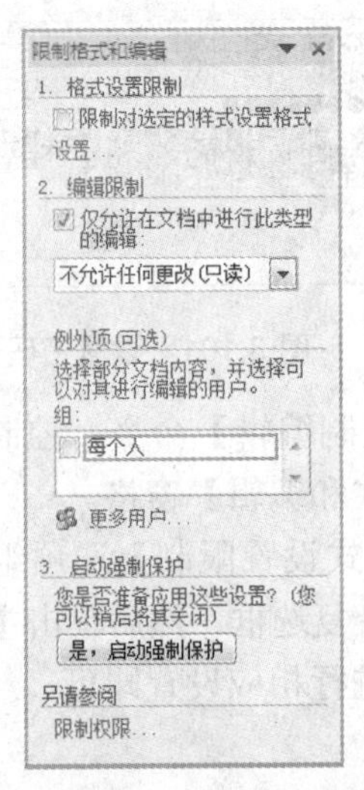

图 3.105　单击【是，启动强制保护】按钮

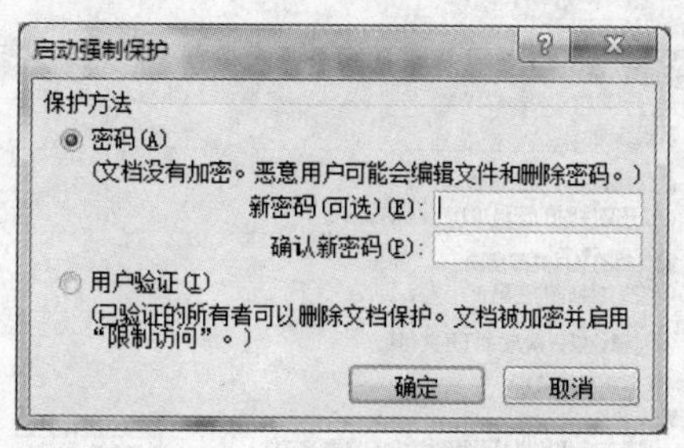

图 3.106　启动强制保护

(4) 【按人员限制权限】命令：授予用户访问权限，同时限制其编辑、复制和打印能力。

(5) 【添加数字签名】命令：通过添加不可见的数字签名来确保文档的完整性。

2. 防止他人打开文档

Word 2010 提供了通过设置密码对文档进行保护的措施，可以控制其他人对文档的访问，或防止未经授权的查阅和修改。密码分为“打开文件时的密码”和“修改文件时的密码”，是由一组字母加上数字的字符串组成，并且区分大小写。

记下所设置密码并把它存放到安全的地方十分重要，如果忘记了打开文件时的密码，就不能再打开这个文档了。如果用户记住了打开文件时的密码，但忘记了修改文件时的密码，则可以以只读方式打开该文档，此时用户仍可以对该文档进行修改，但必须用另一个文件名保存。也就是说，原文档不能被修改。设置文档保护密码有两种方式，一种方式是在保存文档时设置文档保护密码，另一种方式是使用【用密码进行加密】命令，这里仅对第一种作介绍。

在保存文档时设置文档保护密码的具体操作方法如下。

(1) 选择【文件】|【另存为】命令，打开【另存为】对话框。单击对话框右下角的【工具】选项，在打开的【工具】下拉列表中选择【常规选项】命令，如图 3.107 所示，弹出【常规选项】对话框，如图 3.108 所示。

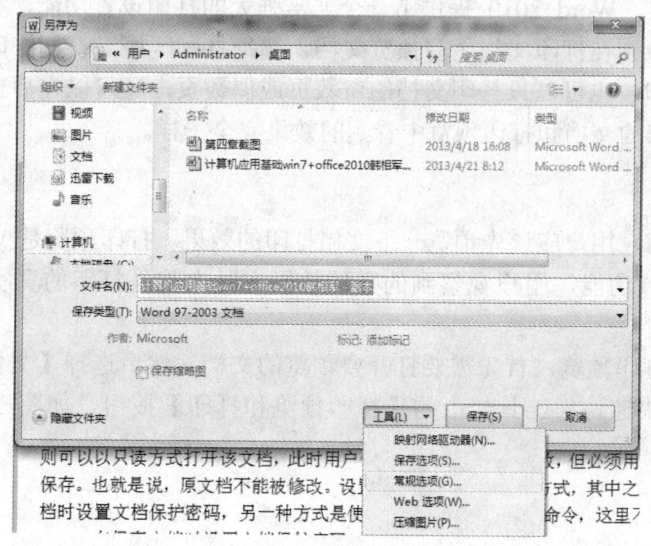

图 3.107　【工具】下拉菜单

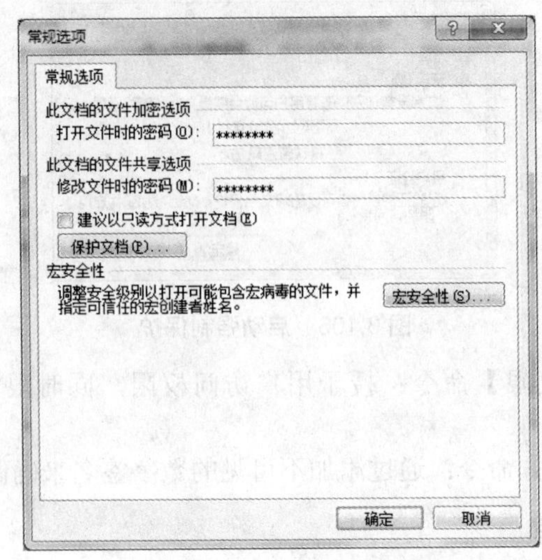

图 3.108 【常规选项】对话框

(2) 在【打开文件时的密码】文本框中输入一个限制打开文档的密码。密码的形式以“*”显示。

(3) 在【修改文件时的密码】文本框中输入一个限制修改文档的密码。

(4) 单击【确定】按钮，在随后打开的【确认密码】对话框中再次输入打开文件时的密码和修改文件时的密码，以核对所设置的密码。

(5) 单击【确定】按钮，关闭【确认密码】对话框，返回到【另存为】对话框，再单击【保存】按钮，密码将立即生效。

3.8.3 打印文档

打印文档可以说是制作文档的最后一项工作，要想打印出满意的文档，就需要设置各种相关的打印参数。Word 2010 提供了一个非常强大的打印设置功能，利用它可以轻松地打印文档，可以做到在打印文档之前预览文档，选择打印区域，一次打印多份，对版面进行缩放，逆序打印，也可以只打印文档的奇数页或偶数页，还可以在后台打印，以节省时间，并且打印出来的文档和打印预览中看到的效果完全一样。

1. 打印预览

在进行打印前，用户应该先预览一下文档打印的效果。打印预览是 Word 2010 的一个重要功能，利用该功能，用户观察到的文件效果实际上就是打印的真实效果，即常说的“所见即所得”。

用户要进行打印预览，首先需要打开要预览的文档，然后选择【文件】|【打印】命令，或直接单击快速访问工具栏上的【打印预览和打印】按钮，如图 3.109 所示，打开【打印】界面。

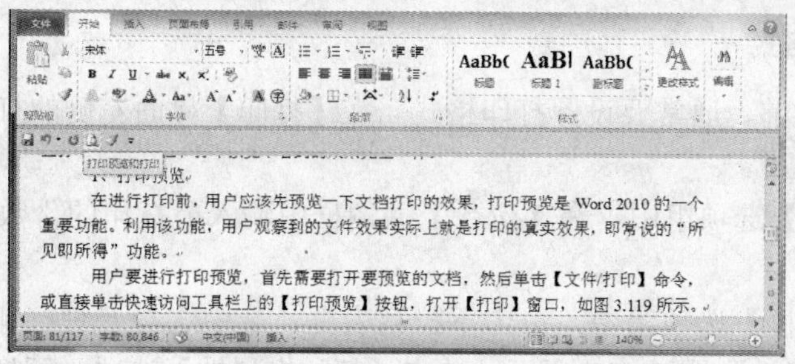

图 3.109　打印预览

在【打印】界面的右侧是打印预览区，用户可以从中预览文件的打印效果。【打印】界面的左侧是打印设置区，包含了一些常用的打印设置按钮及页面设置命令，用户可以使用这些按钮快速设置打印预览的格式。

在文档预览区中，可以通过左下角的翻页按钮选择需要预览的页面或移动垂直滚动条选择需要预览的页面。通过窗口右下角的显示比例滑块可以调节页面显示的大小，如图 3.110 所示。

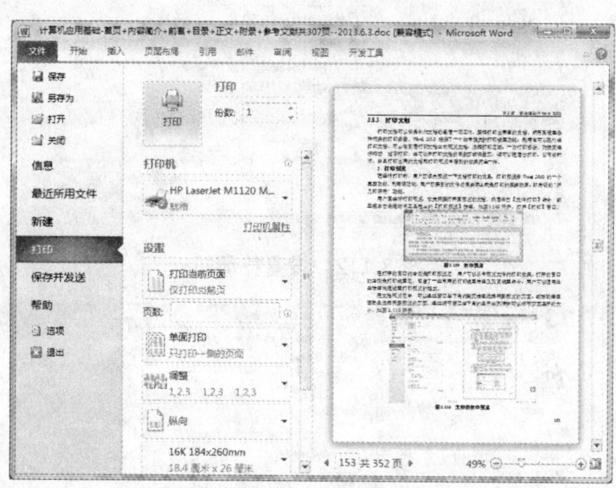

图 3.110　文档的打印预览

2. 打印文档的一般操作

针对不同的文档，可以使用不同的办法来进行打印。如果已经打开了一篇文档，可以使用以下方法启动打印选项。

(1) 选择【文件】|【打印】命令，或直接单击快速访问工具栏上的【打印预览和打印】按钮，或按快捷键 Ctrl+P，在打开的【打印】界面中单击【打印】按钮即可。

(2) 直接单击快速访问工具栏上的【快速打印】按钮，可以按系统默认设置直接打印该文档，如图 3.111 所示。

图 3.111　快速打印

3. 设置打印格式

在打印文档之前，通常要设置打印格式。在【打印】界面左侧的打印设置区中，可以设置打印文档的格式。

(1) 在【打印】选项组中，在【份数】微调框中输入要打印的份数或使用微调按钮设置打印份数。

(2) 在【打印机】选项组中，单击下拉列表框，从中选择一种打印机作为当前 Word 2010 的默认打印机，如图 3.112 所示。单击【打印机属性】选项，可打开打印机属性对话框，从中设置打印机的各种参数，如图 3.113 所示。

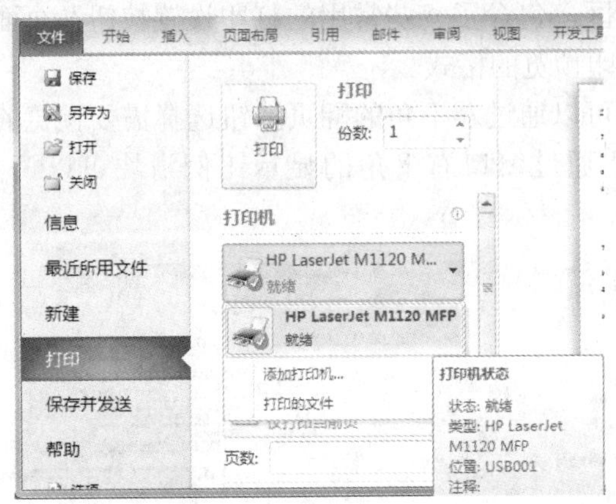

图 3.112　设置打印机

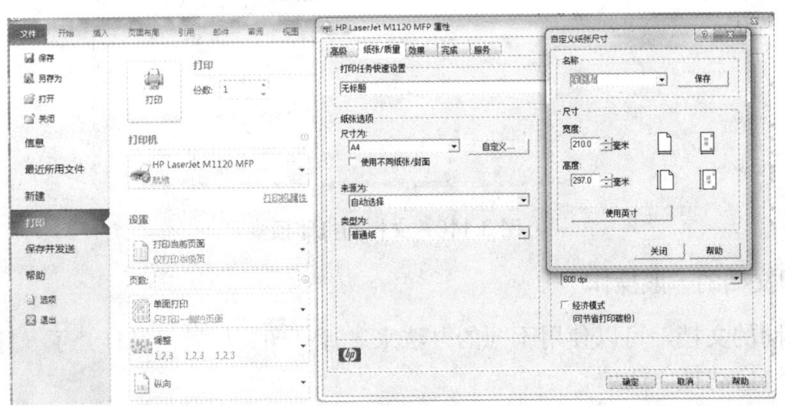

图 3.113　设置打印机属性

(3) 在【设置】选项组中，可以对打印格式进行相关设置。

① 【打印所有页】选项：单击该选项下拉列表框，在打开的下拉列表中可以选择打印文档的范围。

② 【单面打印】选项：单击该选项下拉列表框，在打开的下拉列表中可以选择打印文档时是单面打印，还是手动双面打印。

③ 【调整】选项：单击该选项下拉列表框，在打开的下拉列表中有【调整】和【取消排序】两个选项供用户选择。

④ 【纵向】选项：单击该选项下拉列表框，在打开的下拉列表中有【纵向】和【横向】两个选项供用户选择。

⑤ 【纸张设置】选项：单击该选项下拉列表框，在打开的下拉列表中选择所需的纸张样式。

⑥ 【页边距设置】选项：单击该选项下拉列表框，在打开的下拉列表中选择所需的页边距设置样式。若均不满意，单击【自定义边距】选项，打开【页面设置】对话框的【页边距】选项卡，可以根据需要进行页边距的设置。

4. 设置其他打印选项

用户还可以对打印文档进行其他打印选项的设置。

选择【文件】|【选项】命令，可打开【Word 选项】对话框，选中【显示】选项，如图 3.114 所示。在【打印选项】选项组中可对打印文档进行进一步的设置。

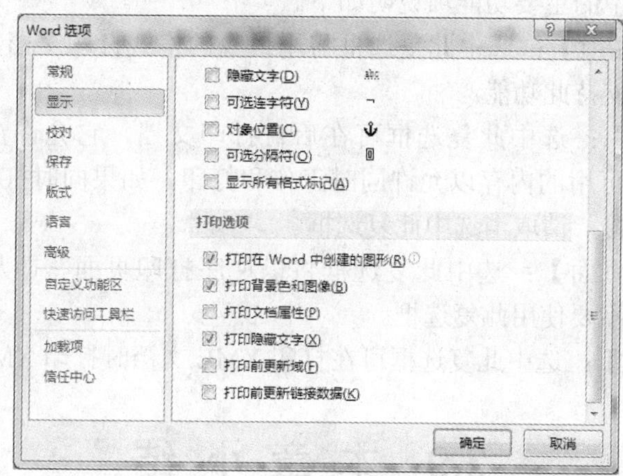

图 3.114 设置其他打印选项

(1) 打印在 Word 中创建的图形：选择此复选框可打印所有的图形对象，如形状和文本框。取消选中此复选框可以加快打印过程，因为 Word 会在每个图形对象的位置打印一个空白框。

(2) 打印背景色和图像：选择此复选框可打印所有的背景色和图像。取消选中此复选框可加快打印过程。

(3) 打印文档属性：选择此复选框可在打印文档后，在单独的页上打印文档的摘要信息。Word 在文档信息面板中存储摘要信息。

(4) 打印隐藏文字：选择此复选框可打印所有已设置为隐藏文字格式的文本。

(5) 打印前更新域：选择此复选框可在打印文档前更新其中的所有域。

(6) 打印前更新链接数据：选择此复选框可在打印文档前更新其中所有链接的信息。

在【Word 选项】对话框中选中【高级】选项，如图 3.115 所示。在右边的【打印】和【打印此文档时】选项组中可对打印文档进行进一步的设置。

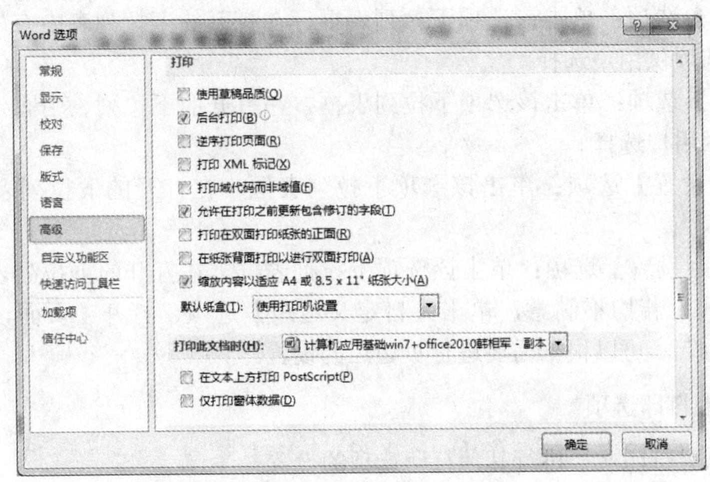

图 3.115 设置打印的高级选项

【打印】选项组中的主要功能项说明如下。

(1) 【使用草稿品质】:选中此复选框将用最少的格式打印文档,这样可以加快打印过程。很多打印机不支持此功能。

(2) 【后台打印】:选中此复选框可在后台打印文档,它允许在打印的同时继续工作。此选项需要更多可用的内存以允许同时工作和打印。如果同时打印和处理文档使得计算机的运行速度非常慢,请取消选中此复选框。

(3) 【逆序打印页面】:选中此复选框将以逆序打印页面,即从文档的最后一页开始。注意打印信封时不要使用此复选框。

(4) 【打印 XML】:选中此复选框可在打印 XML 文档时打印 XML 标记。

3.9 本章小结

本章我们主要讨论了 Word 2010 的安装、启动与退出以及 Word 2010 的特点和新增功能。重点讨论了在 Word 2010 环境下文档的编辑、文本的输入、排版、页面设置以及在文档中进行表格制作等,最后对如何保护文档和文档打印进行了讨论。

3.10 上机实训

实训内容

1. 试对“文档 1.DOC”中的文字进行编辑、排版和保存。具体要求如下。

(1) 将文中所有错词“燥声”替换为“噪声”。将标题段文字(“噪声的危害”)设置为红色二号黑体、加粗、居中,并添加双波浪下划线(“_____”)。

(2) 设置正文第一段(“噪声是任何一种……种种危害。”)首字下沉 2 行(距正文 0.2 厘米);设置正文其余各段落(“强烈的燥声会引起……就更大了。”)首行缩进 2 字符,并添加编号“一、”“二、”“三、”。

(3) 设置上、下页边距各为 3 厘米。

(4) 将文中后 8 行文字转换成一个 8 行 2 列的表格。设置表格居中，表格列宽为 4.5 厘米，行高为 0.7 厘米，表格中所有文字中部居中。

(5) 设置表格外框线为 1.5 磅绿色单实线、内框线为 0.5 磅绿色单实线；按“人体感受”列降序排列表格内容(依据“拼音”类型)。

【文档 1.DOC 文档开始】

燥声的危害

燥声是任何一种人都不需要的声音，不论是音乐，还是机器发出来的声音，只要令人生厌，对人们形成干扰，它们就被称为燥声。一般将 60 分贝作为令人烦恼的音量界限，超过 60 分贝就会对人体产生种种危害。

强烈的燥声会引起听觉器官的损伤。当你刚从机器轰鸣的厂房出来时，可能会感到耳朵听不清声音了，必须过一会儿才能恢复正常，这便是燥声性耳聋。如果长期在这种环境下工作，会使听力显著下降。

燥声会严重干扰中枢神经正常功能，使人神经衰弱、消化不良，以至恶心、呕吐、头痛，它是现代文明病的一大根源。

燥声还会影响人们的正常工作和生活，使人不易入睡，容易惊醒，产生各种不愉快的感觉，对脑力劳动者和病人的影响就更大了。

声音的强度与人体感受之间的关系

声音强度　　人体感受

0～20 分贝　　很静

20～40 分贝　　安静

40～60 分贝　　一般

60～80 分贝　　吵闹

80～100 分贝　　很吵闹

100～120 分贝　　难以忍受

120～140 分贝　　痛苦

【文档 1.DOC 文档结束】

2. 试对“文档 2.DOC”中的文字进行编辑、排版和保存，具体要求如下。

(1) 将文中所有错词“摹拟”替换为“模拟”。将标题段(“计算机的分类”)文字设置为二号阴影黑体、加粗、居中、倾斜，并添加浅绿色底纹。

(2) 设置正文各段落(“电子计算机从总体上……普及与应用”)为 1.25 倍行距，段后间距 0.5 行。设置正文段落首行缩进 2 字符；为正文第二段和第三段(“电子模拟计算机：……不连续地跳动。”)添加项目符号“■”。

(3) 设置页面纸张为 16 开(18.4 厘米×26 厘米)。

(4) 将文中后 7 行文字转换为一个 7 行 3 列的表格，设置表格居中、表格列宽为 4 厘米、行高为 0.6 厘米，设置表格所有文字“中部居中”。

(5) 设置表格所有框线为 0.75 磅蓝色单实线；为表格第一行添加“-20%”灰色底纹；

按“比较内容”列升序排列表格内容(依据“拼音”类型)。

【文档 2.DOC 文档开始】

计算机的分类

电子计算机从总体上说可分为两大类：

电子摹拟计算机：“摹拟”就是相似的意思，例如时钟是用指针在表盘上转动来表示时间；电表是用角度来反映电量大小，它们都是摹拟计算装置。摹拟计算机的特点是数值由连续量来表示，运算过程也是连续的。

电子数字计算机：它是在算盘的基础上发展起来的，是用数目字来表示数量的大小。数字计算机的主要特点是按位运算，并且不连续地跳动。

电子摹拟计算机由于精度和解题能力都有限，所以应用范围较小。电子数字计算机则与摹拟计算机不同，它是以近似于人类的“思维过程”来进行工作的，目前已得到了广泛的普及与应用。

数字计算机与摹拟计算机的主要区别

比较内容	数字计算机	摹拟计算机
数据表示方式	数字 0 和 1	电压
计算方式	数字计算	电压组合和测量值
控制方式	程序控制	盘上连线
精度	高	低
数据存储量	大	小
逻辑判断能力	强	无

【文档 2.DOC 文档结束】

实训步骤

1．(1)将文中所有错词“燥声”替换为“噪声”。将标题段文字(噪声的危害)设置为红色二号黑体、加粗、居中，并添加双波浪下划线(“_____”)。

操作步骤如下。

① 选定文档全部内容，在【开始】功能区的【编辑】组中单击【替换】按钮，打开如图 3.116 所示的【查找和替换】对话框，设置查找内容为“燥声”，替换内容为“噪声”，单击【全部替换】按钮，则完成替换任务。

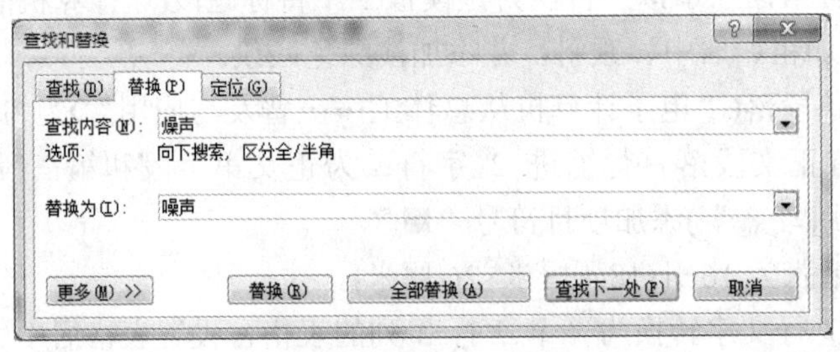

图 3.116　【查找和替换】对话框

② 选定标题，单击【开始】功能区的【字体】组右下角的 按钮，打开【字体】对

话框，单击【字体】选项卡。

③ 单击【中文字体】下拉列表框中的下拉按钮，打开【中文字体】下拉列表并选择【黑体】选项；在【字形】和【字号】列表框中分别选择【加粗】和【二号】字体；单击【字体颜色】下拉列表框中的下拉按钮，打开对应的下拉列表并选定所需的红色；单击【下划线类型】下拉列表框中的下拉按钮，打开对应的下拉列表并选定所需的双波浪下划线(“_____”)；在【预览】文本框中查看所设置的字体，如图 3.117 所示，待确认后单击【确定】按钮。

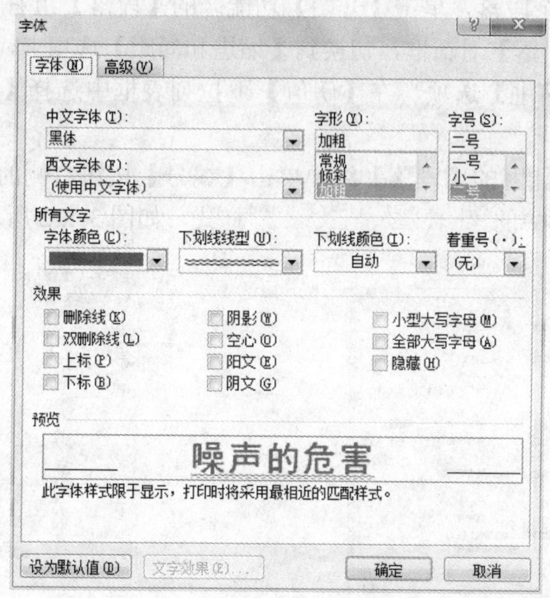

图 3.117　【字体】对话框

④ 单击【段落】组中的【居中】按钮，设置标题居中。

至此标题段文字设置完毕，其排版效果如图 3.118 所示。红色二号黑体、加粗、居中，并添加双波浪下划线(“_____”)。

噪声的危害

图 3.118　标题段文字的排版效果

(2) 设置正文第一段(“噪声是任何一种……种种危害。”)首字下沉 2 行(距正文 0.2 厘米)；设置正文其余各段落(“强烈的噪声会引起……就更大了。”)首行缩进两字符并添加编号“一、”“二、”“三、”。

操作步骤如下。

① 选定正文第一段，在【插入】功能区的【文本】组中单击【首字下沉】按钮，选择【首字下沉选项】命令，打开如图 3.119 所示【首字下沉】对话框。

② 设置下沉行数为 2 行，距正文 0.2 厘米，单击【确定】按钮，正文第一段的效果如图 3.120 所示。

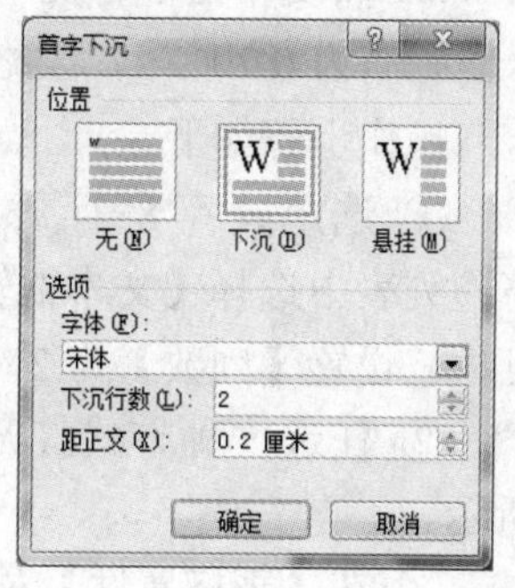

图 3.119　【首字下沉】对话框

噪声是任何一种人都不需要的声音，不论是音乐，还是机器发出来的声音，只要令人生厌，对人们形成干扰，它们就被称为噪声。一般将 60 分贝作为令人烦恼的音量界限，超过 60 分贝就会对人体产生种种危害。

图 3.120 正文第一段排版效果

③ 选定正文的其余段落，单击【开始】功能区的【段落】组右下角的 按钮，打开如图 3.121 所示的【段落】对话框，切换到【缩进和间距】选项卡，在【特殊格式】下拉列表框中选择【首行缩进】选项，在【磅值】下拉列表框中选择【2 字符】选项，单击【确定】按钮。

④ 在【开始】功能区的【段落】组中单击【编号】按钮右侧的下拉按钮，在弹出的下拉列表中选择编号库中的“一、二、三、...”样式，如图 3-122 所示。

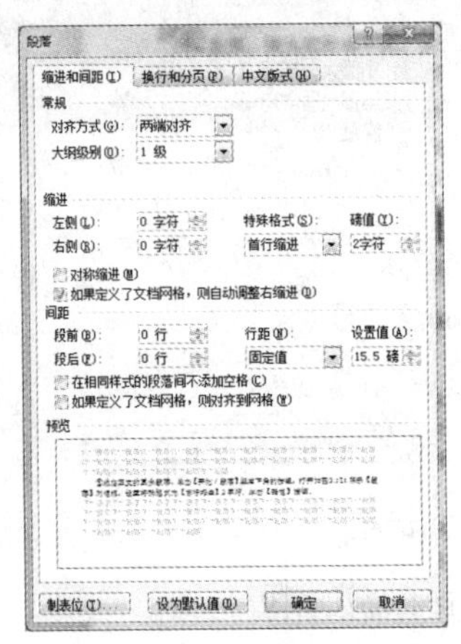

图 3.121 【段落】对话框

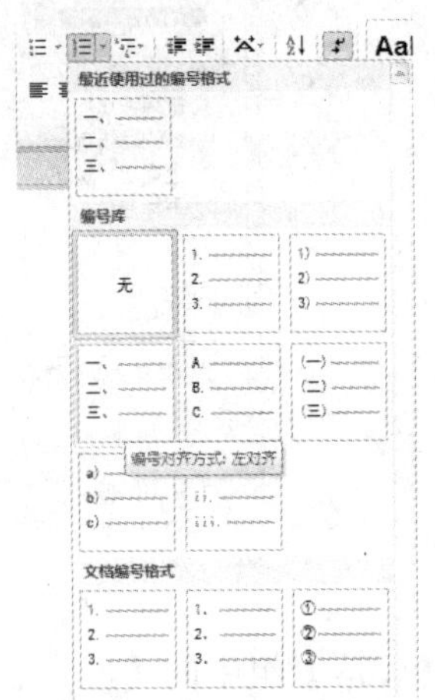

图 3.122 编号设置

(3) 设置上、下页边距各为 3 厘米。

操作步骤如下。

单击【页面布局】功能区的【页面设置】组右下角的 按钮，打开如图 3.123 所示【页面设置】对话框，设置上、下页边距各为 3 厘米。

(4) 将文中后 8 行文字转换成一个 8 行 2 列的表格，设置表格居中、表格列宽为 4.5 厘米、行高为 0.7 厘米，表格中所有文字中部居中。

操作步骤如下。

① 选定最后 8 行文字，在【插入】功能区的【表格】组中单击【表格】按钮，在其下拉列表中选择【文本框转换成表格】选项，打开图 3.124 所示【将文字转换成表格】对话框，设置【列数】为 2，单击【确定】按钮。

② 任选一种方式打开【表格属性】对话框，设置对齐方式为【居中】，如图 3.125 所示。

③ 在【表格属性】对话框中的【行】选项卡中设置行高为 0.7 厘米，在【列】选项卡中设置列宽为 4.5 厘米，如图 3.126 和图 3.127 所示。

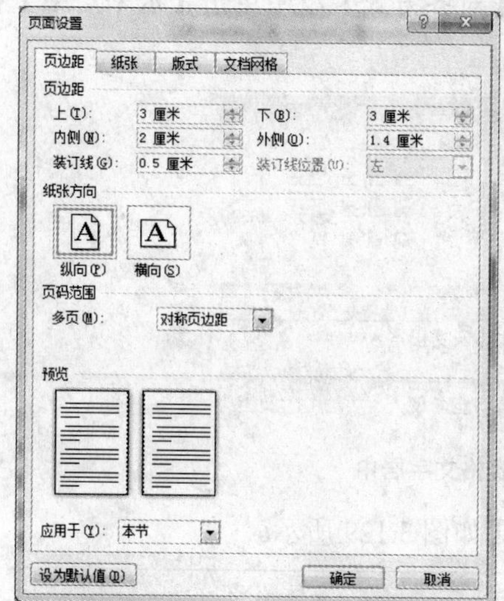

图 3.123　【页面设置】对话框

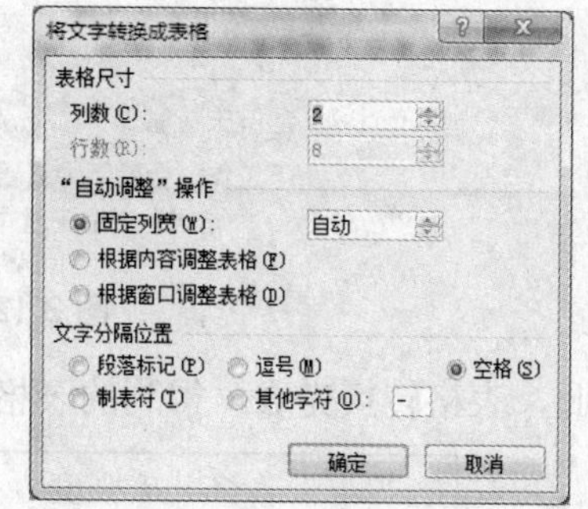

图 3.124　【将文字转换成表格】对话框

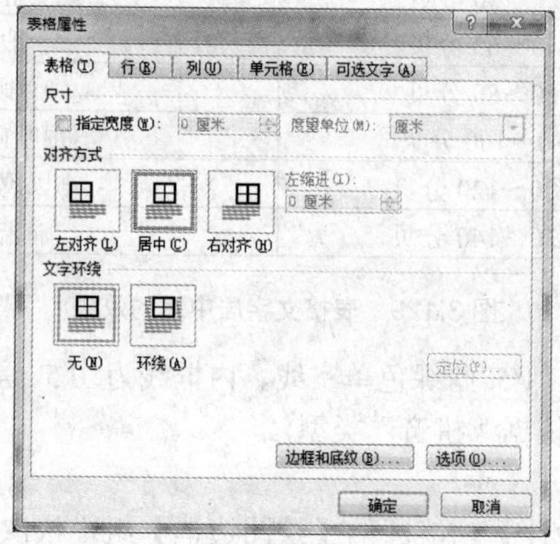

图 3.125　【表格属性】对话框

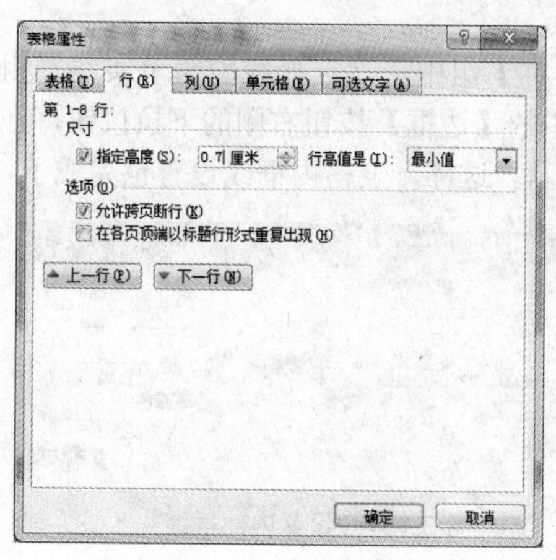

图 3.126　【表格属性】对话框中的【行】选项卡

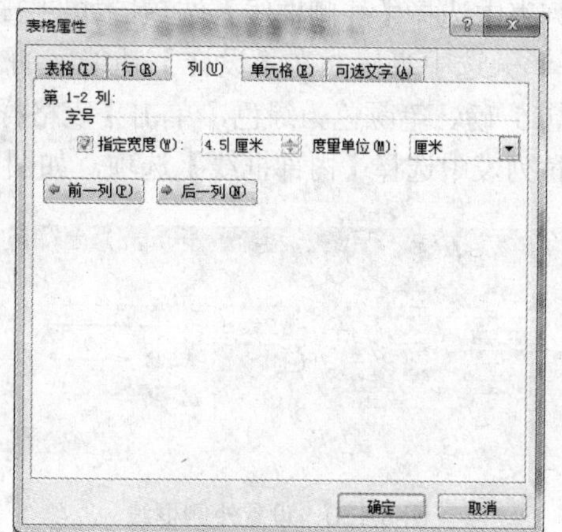

图 3.127　【表格属性】对话框中的【列】选项卡

④ 选定整个表格，在【布局】功能区的【对齐方式】组中单击【水平居中】按钮，如图 3.128 所示。

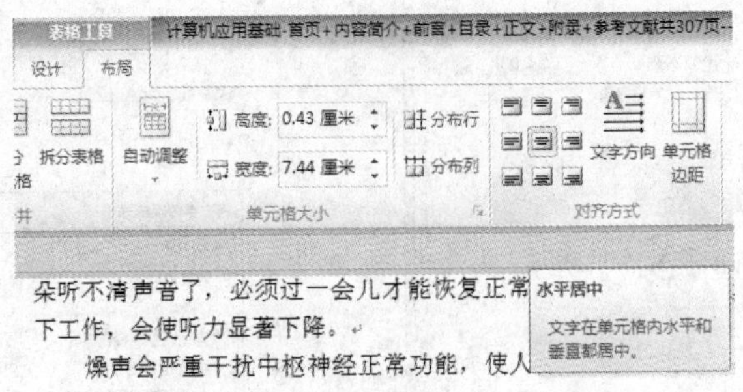

图 3.128　设置表格文字居中

至此，表格转换完成，得到的表格排版效果如图 3.129 所示。

声音强度	人体感受
0～20 分贝	很静
20～40 分贝	安静
40～60 分贝	一般
60～80 分贝	吵闹
80～100 分贝	很吵闹
100～120 分贝	难以忍受
120～140 分贝	痛苦

图 3.129　表格文字居中后的效果

(5) 设置表格外框线为 1.5 磅绿色单实线、内框线为 0.5 磅绿色单实线；按“人体感受”列降序排列表格内容(依据“拼音”类型)。

操作步骤如下。

① 选中表格，在【设计】功能区的【绘图边框】组中依次选择线型为单实线、粗细为 1.5 磅、笔颜色为绿色，单击【表格样式】组的【边框】按钮右侧的下拉按钮，在其下拉列表中选择【外侧框线】选项，如图 3.130 所示。

② 选中表格，在【设计】功能区的【绘图边框】组中依次选择线型为单实线、粗细为 0.5 磅、笔颜色为绿色，单击【表格样式】组中的【边框】按钮右侧的下拉按钮，在其下拉列表中选择【内部框线】选项，如图 3.131 所示。这样，表格内框线设置也完成了。

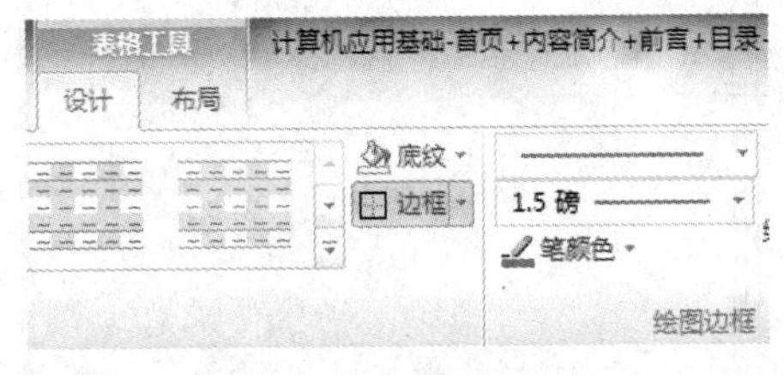

图 3.130　设置外侧框线

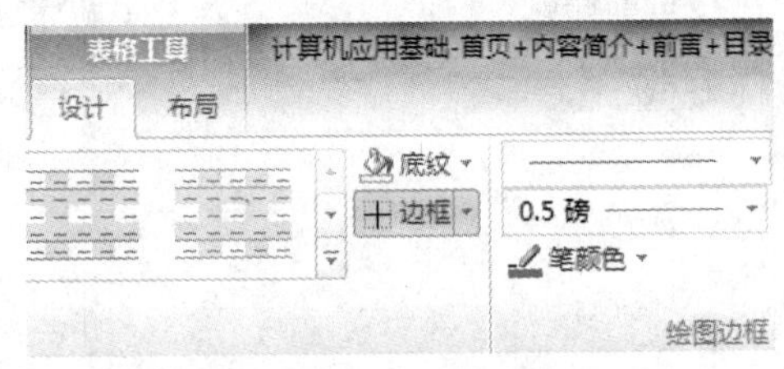

图 3.131　设置内部框线

至此，全部表格框线按要求设置完成，排版效果如图 3.132 所示。

声音强度	人体感受
0～20 分贝	很静
20～40 分贝	安静
40～60 分贝	一般
60～80 分贝	吵闹
80～100 分贝	很吵闹
100～120 分贝	难以忍受
120～140 分贝	痛苦

图 3.132　设置完内、外侧框线后的表格效果

③ 将插入点置于要排序的表格中，在【布局】功能区的【数据】组中单击【排序】按钮，打开【排序】对话框，在【列表】选项组中选中【有标题行】单选按钮；然后在【主要关键字】下拉列表框中选【人体感受】选项；在【类型】下拉列表框中选择【拼音】选项；选择【降序】单选按钮，如图 3.133 所示。此时单击【确定】按钮，即可完成表格的排序操作。

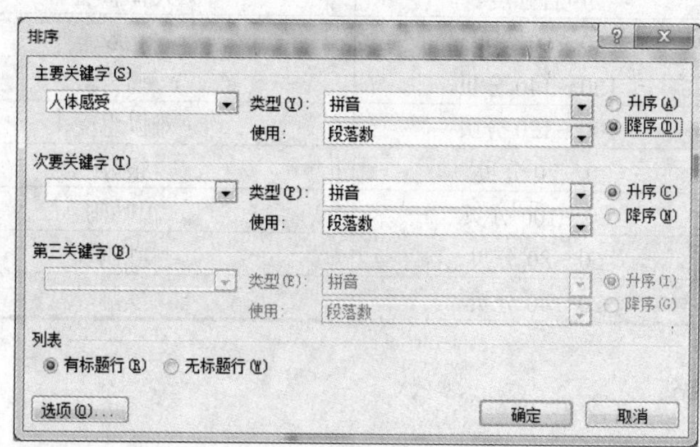

图 3.133　【排序】对话框

此时操作完成后的表格排版效果如图 3.134 所示。

声音强度	人体感受
40～60 分贝	一般
120～140 分贝	痛苦
100～120 分贝	难以忍受
0～20 分贝	很静
80～100 分贝	很吵闹
60～80 分贝	吵闹
20～40 分贝	安静

图 3.134　第 5 项完成后的表格排版效果

至此，完成了题目要求的所有文档排版操作，整个文档排版后的最终效果如下。

噪声的危害

噪声是任何一种人都不需要的声音，不论是音乐，还是机器发出来的声音，只要令人生厌，对人们形成干扰，它们就被称为噪声。一般将 60 分贝作为令人烦恼的音量界限，超过 60 分贝就会对人体产生种种危害。

一、强烈的噪声会引起听觉器官的损伤。当你刚从机器轰鸣的厂房出来时，可能会感到耳朵听不清声音了，必须过一会儿才能恢复正常，这便是噪声性耳聋。如果长期在这种环境下工作，会使听力显著下降。

二、噪声会严重干扰中枢神经正常功能，使人神经衰弱、消化不良，以至恶心、呕吐、头痛，它是现代文明病的一大根源。

三、噪声还会影响人们的正常工作和生活，使人不易入睡，容易惊醒，产生各种不愉快的感觉，对脑力劳动者和病人的影响就更大了。

声音的强度与人体感受之间的关系

声音强度	人体感受
40～60 分贝	一般
120～140 分贝	痛苦
100～120 分贝	难以忍受
0～20 分贝	很静
80～100 分贝	很吵闹
60～80 分贝	吵闹
20～40 分贝	安静

2．操作步骤省略。

第 4 章　电子表格软件 Excel 2010

电子表格软件 Excel 2010 是 Microsoft Office 2010 套装软件中的组件之一，用于对表格式的数据进行组织、计算、分析和统计，可以通过多种形式的图表来形象地表现数据，也可以对数据表进行诸如排序、筛选和分类汇总等数据库操作。

本章将详细介绍 Excel 2010 的基本操作和使用方法。通过对本章的学习，应掌握以下几点。

(1) Excel 2010 的基本概念以及工作簿和工作表的建立、保存和保护等。

(2) 工作表的数据输入和编辑、工作表和工作簿的使用和保护等。

(3) 在工作表中利用公式和函数进行数据计算。

(4) 工作表中单元格格式、行列属性、自动套用格式、条件格式等格式化设置。

(5) 工作表中数据清单的建立、排序、筛选和分类汇总等数据库操作。

(6) Excel 图表的建立、编辑与修饰等。

(7) 工作表的页面设置和打印、工作表中超级链接的建立等。

4.1　Excel 2010 概述

Excel 是微软公司 Microsoft Office 软件包中的一个通用的电子表格软件，集电子表格、图标、数据库管理于一体，支持文本和图形编辑，具有功能丰富、用户界面友好等特点。利用 Excel 提供的函数计算功能，用户不用编程就可以完成日常办公的数据计算、排序、分类汇总及报表等操作。自动筛选技术使数据库的操作变得更加方便，为普通用户提供了便利条件，是实施办公自动化管理的理想工具软件之一。

Excel 的应用主要包括以下几方面。

- 会计专用：可以在众多财务会计表中使用 Excel 强大的计算功能。
- 预算：无论需求是与个人相关还是与公司相关，都可以在 Excel 中创建任何类型的预算。
- 帐单和销售：Excel 还可用于管理帐单和销售数据，可以轻松创建所需表单。
- 报表：可以在 Excel 中创建各种可反映数据分析或数据汇总的报表。
- 计划：Excel 是用于创建专业计划或有用计划程序的理想工具。
- 跟踪：可以使用 Excel 跟踪时间表或列表中的数据。
- 使用日历：由于 Excel 工作区类似网络，因此它非常适用于创建任何类型的日历。

4.1.1　Excel 2010 特色

Excel 2010 与以往版本相比，除了其华丽的外表外，还增加了许多独具特色的新功能。

1. 改进的功能区

Excel 2007 版本中首次引入了功能区，利用功能区，可以轻松地查找以前隐藏在复杂

菜单和工具栏中的命令和功能。尽管在 Excel 2007 中，可以将命令添加到快速访问工具栏中，但无法在功能区上添加自己的选项卡或组。而在 Excel 2010 中，不但可以创建自己的选项卡和组，还可以重命名或更改内置选项卡和组的顺序。

2. Microsoft Office Backstage 视图

Backstage 视图是 Microsoft Office 2010 程序中的新增功能，它是 Microsoft Office Fluent 用户界面的最新创新技术，并且是功能区的配套功能。单击【文件】菜单即可访问 Backstage 视图，可在此打开、保存、打印、共享和管理文件以及设置程序选项。

3. 工作簿管理工具

Excel 2010 提供了可帮助管理、保护和共享内容的工作簿管理工具。

4. 迷你图

可以使用迷你图(适合单元格的微型图表)以可视化方式汇总趋势和数据。由于迷你图在一个很小的空间内显示趋势，因此，对于仪表板或需要以易于理解的可视化格式显示业务情况的其他位置，迷你图尤其有用。

5. 改进的数据透视表

可以更轻松、更快速地使用数据透视表。

6. 切片器

切片器是 Excel 2010 中的新增功能，它提供了一种可视性极强的筛选方法来筛选数据透视表中的数据。一旦插入切片器，即可使用按钮对数据进行快速分段和筛选，仅显示所需数据。此外，对数据透视表应用多个筛选器之后，不再需要打开一个列表来查看对数据所应用的筛选器，这些筛选器会显示在切片器中。可以使切片器与工作簿的格式设置相符，并且能够在其他数据透视表、数据透视图和多维数据集函数中轻松地重复使用这些切片器。

7. 改进的条件格式设置

通过使用数据条、色阶和图标集，条件格式设置可以轻松地突出显示所关注的单元格或单元格区域、强调特殊值和可视化数据。Excel 2010 融入了更卓越的格式设置灵活性。

8. 性能改进

Excel 2010 中的各种性能改进可更有效地与数据进行交互。

9. 带实时预览的粘贴功能

使用带实时预览的粘贴功能，可以在 Excel 2010 中或多个程序之间重复使用内容时节省时间。可以使用此功能预览各种粘贴选项，例如，“保留源列宽”、“无边框”或“保留源格式”。通过实时预览，可以在将粘贴的内容实际粘贴到工作表中之前确定此内容的外观。当将指针移到“粘贴选项”上方以预览结果时，将看到一个菜单，其中所含菜单项将根据上下文而变化，以更好地适应要重复使用的内容。屏幕提供的附加信息可帮助作出正确的决策。

除以上所述，Excel 2010 还进行了非常多的改进，以方便用户使用。

4.1.2　Excel 2010 的启动与退出

1. Excel 2010 的启动

启动 Excel 2010 和启动 Office 2010 中的其他任何一种应用程序的方法相同，可以任选下列方法中的一种。

(1) 选择【开始】|【所有程序】| Microsoft Office | Microsoft Excel 2010 命令。

(2) 在桌面上建立快捷方式，需要时双击桌面上的快捷图标。

(3) 如果经常使用 Excel，系统会自动将 Excel 2010 的快捷方式添加到【开始】菜单上方的常用程序列表中，单击即可打开。

(4) 双击与 Excel 关联的文件，如.xlsx 类型文件，可打开 Excel 2010，同时打开相应文件。

2. Excel 2010 的退出

退出 Excel 2010 也有很多种方法，具体如下。

(1) 单击窗口右上角的窗口【关闭】按钮。

(2) 选择【文件】|【退出】命令。

(3) 单击窗口左上角的控制图标，在弹出的控制菜单中单击【关闭】命令。

(4) 按快捷键 Alt+F4，同样可以退出 Excel。

在选择退出时如果 Excel 中的工作簿没有保存，Excel 会给出未保存的提示框。单击【是】或【否】按钮都会退出 Excel，单击【取消】按钮则不保存，回到编辑状态。如果同时打开了多个文件，Excel 会把修改过的文件都问一遍是否保存。

4.1.3　Excel 2010 工作界面

Excel 2010 的工作界面中包含多种工具，用户通过使用这些工具的菜单或按钮，可以完成多种运算分析工作。下面介绍 Excel 2010 的工作界面，如图 4.1 所示。

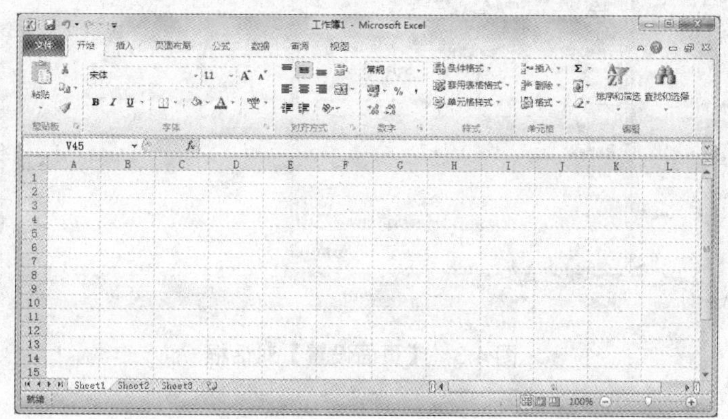

图 4.1　工作界面

1. 快速访问工具栏

快速访问工具栏位于 Excel 2010 工作界面的左上方，用于快速执行一些操作。使用过程中用户可以根据工作需要单击快速访问工具栏中的 ▾ 按钮添加或删除快速访问工具栏中的工具。默认情况下，快速访问工具栏中包括三个按钮，分别是【保存】、【撤消】和【恢复】按钮。

2. 标题栏

标题栏位于 Excel 2010 工作界面的最上方，用于显示当前正在编辑的电子表格和程序名称。拖动标题栏可以改变窗口的位置，用鼠标双击标题栏可以最大化窗口或还原窗口。在标题栏的右侧分别是【最小化】、【最大化】、【关闭】三个按钮。

3. 功能区

功能区位于标题栏的下方，默认会出现【开始】、【插入】、【页面布局】、【公式】、【数据】、【审阅】和【视图】七个功能区。功能区由若干个组组成，每个组中由若干功能相似的按钮和下拉列表框组成。

1) 组

Excel 2010 程序将很多功能类似的、性质相近的命令按钮集成在一起，命名为“组”。用户可以非常方便地在组中选择命令按钮、编辑电子表格，如【页面布局】功能区下的【页面设置】组，如图 4.2 所示。

图 4.2 【页面设置】组

2) 启动器按钮。

为了方便用户使用 Excel 表格运算分析数据，在有些组的右下角还设计了一个启动器按钮 ，单击该按钮后，根据不同的所在组，会弹出不同的命令对话框，用户可以在对话框中设置电子表格的格式或运算分析数据等内容，如图 4.3 所示。

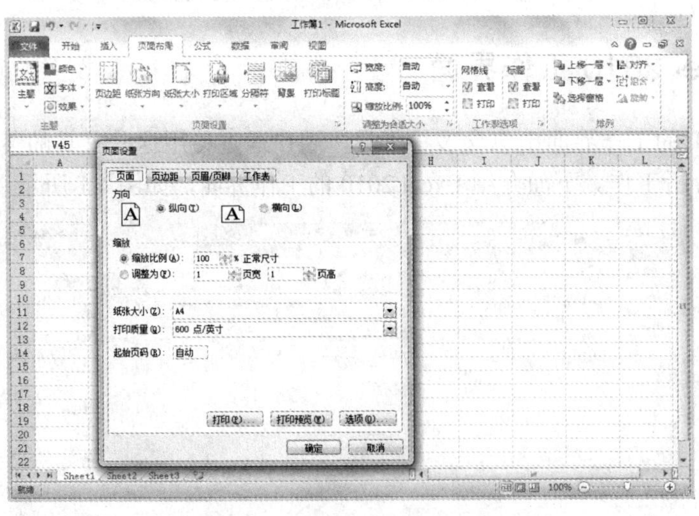

图 4.3 【页面设置】对话框

4. 工作区

工作区位于 Excel 2010 程序窗口的中间，是 Excel 2010 对数据进行分析对比的主要工作区域，用户在此区域中可以向表格中输入内容并对内容进行编辑、插入图片、设置格式及效果等，如图 4.4 所示。

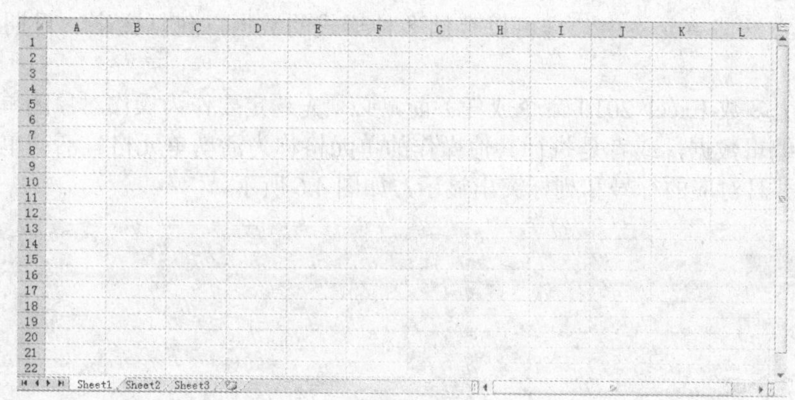

图 4.4　工作区

5. 编辑栏

编辑栏位于工作区的上方，其主要功能是显示或编辑所选单元格中的内容，用户可以在编辑栏中对单元格中的数值进行函数与计算等操作。编辑栏的左端是“名称框”，用来显示当前选定单元格的地址。

6. 状态栏

状态栏位于 Excel 2010 窗口的最下方，在状态栏中可以显示工作表中的单元格状态，还可以通过单击视图切换按钮选择工作表的视图模式。在状态栏的最右侧，可以通过拖动显示比例滑块或单击【放大】、【缩小】按钮，调整工作表的显示比例，如图 4.5 所示。

图 4.5　状态栏

4.1.4　Excel 2010 的基本概念

Excel 2010 程序包含三个基本元素，分别是：工作簿、工作表、单元格。

1. 工作簿、工作表及单元格

1) 工作簿

在 Excel 2010 中，工作簿是用来存储并处理数据的文件，其文件扩展名为.xlsx。一个工作簿由一个或多个工作表组成，默认情况下包含 3 个工作表，默认名称为 Sheet1、Sheet2、Sheet3，最多可达到 255 个工作表。它类似于财务管理中所用的帐簿，由多页表格组成，将相关的表格和图表存放在一起，非常便于处理。Excel 2010 刚启动时自动创建的文件“工作簿 1”就是一个工作簿。

2) 工作表

工作表类似于帐簿中的帐页。包含按行和列排列的单元格，是工作簿的一部分，也称电子表格。使用工作表可以对数据进行组织和分析，能容纳的数据有字符、数字、公式、图标等。

3) 单元格

单元格是工作表的基本组成单位，也是 Excel 2010 进行数据处理的最小单位，输入的数据就存放在这些单元格中，它可以存储多种形式的数据，包括文字、日期、数字、声音、图形等。

在执行大多数 Excel 2010 命令或任务前，必须先选定要作为操作对象的单元格。这种用于输入或编辑数据，或者是执行其他操作的单元格称为活动单元格。活动单元格周围会出现黑框，并且对应的行号和列标突出显示，如图 4.6 所示。

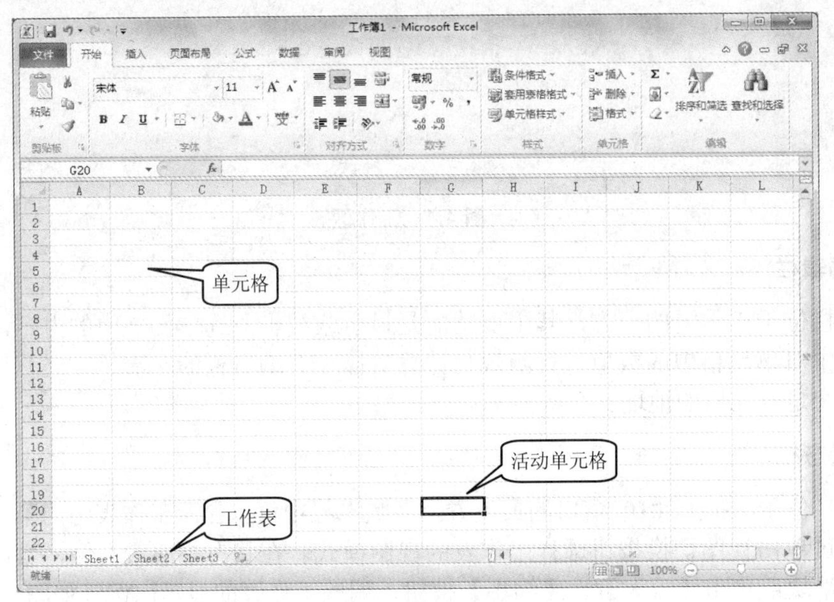

图 4.6　工作簿、工作表及单元格

2. 工作簿、工作表及单元格的关系

工作簿、工作表及单元格之间是包含与被包含的关系，一个工作簿中可以有多个工作表，而一张工作表中含有多个单元格。工作簿、工作表与单元格是相互依存的关系，它们是 Excel 2010 中最基本的三个元素。

4.2　工作簿和工作表的基本操作

如果准备使用 Excel 2010 分析处理数据，首先应熟悉对工作簿及工作表的操作。下面将介绍有关工作簿及工作表操作的知识和技巧。

4.2.1　工作簿的基本操作

1. 工作簿的建立

使用工作簿，首先应建立一个工作簿以供编辑使用。下面将介绍几种创建工作簿的操作方法。

(1) 启动 Excel 2010 时，如果没有指定要打开的工作簿，系统会自动打开一个名为

"工作簿 1"的空白工作簿。在默认情况下，Excel 为每个新建的工作簿创建 3 张工作表，分别为 Sheet1、Sheet2、Sheet3，用户可以对工作表进行改名、移动、复制、插入或删除等操作。

(2) 单击快速访问工作栏上的【新建】按钮，如图 4.7 所示，系统将自动建立一个新的工作簿。如果系统已经建立了一个工作簿，这时系统将自动创建另一个新的工作簿，默认名为"工作簿 2"。

图 4.7　快速访问工具栏

(3) 选择【文件】|【新建】命令，单击【可用模板】区域内的【空白工作簿】选项，然后单击【创建】按钮，即可建立一个新的工作簿文件，如图 4.8 所示。

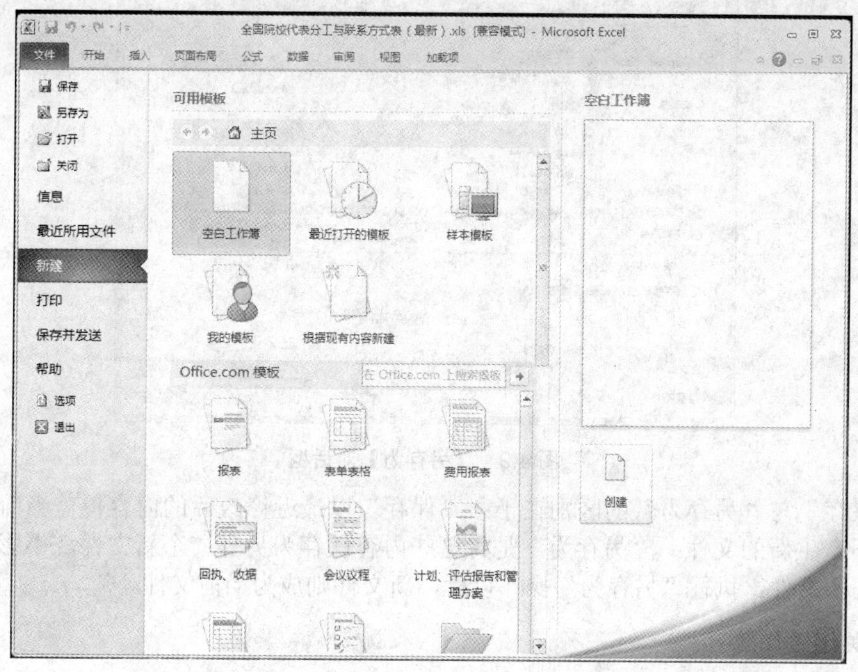

图 4.8　选择【文件】|【新建】命令

(4) 使用快捷键 Ctrl+N 可快速新建空白工作簿。

(5) Excel 2010 还提供了用模板创建工作簿的方法，当需要创建一个相似的工作簿时，利用模板创建工作簿可以减少很多重复性的工作。用户可以使用 Excel 2010 自带模板，也可以根据个人工作需要，自己创建模板。

2. 保存工作簿

创建好工作簿并建立工作表后，需要保存工作簿。此外，在对工作表进行处理的过程中，应注意随时保存文件，以免由于计算机故障、误操作、断电等因素造成数据丢失。

1) 保存未保存过的工作簿文件

单击快速访问工具栏上的【保存】按钮，或者选择【文件】|【保存】命令，弹出【另存为】对话框。在【组织】下拉列表框中选择工作簿保存的位置，在地址栏中可以看到已经选择的地址，如本地此盘(D:)；在【文件名】下拉列表框中输入工作簿的名称，如"成绩表"；单击【保存】按钮，如图 4.9 所示，即可保存工作簿文件。

2) 保存已经保存过的工作簿文件

如果工作簿文件已经保存过，在对工作簿进行修改以后，单击快速访问工具栏上的【保存】按钮，或者选择【文件】|【保存】命令，就可以直接保存文件，不会弹出【另存为】对话框，且工作簿的文件名和保存的位置不会发生改变。

3) 另存工作簿

用户对保存过的工作簿进行修改后，如果需要对原有的文档进行换名保存，可以通过选择【文件】|【另存为】命令，在弹出的【另存为】对话框中，按照“保存未保存过的工作簿文件”的方法进行操作即可另存工作簿。

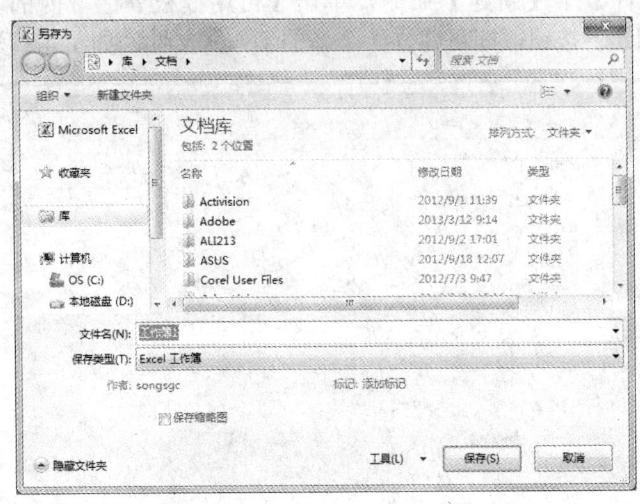

图 4.9 【另存为】对话框

“保存”与“另存为”的区别在于：“保存”以最近修改后的内容覆盖当前打开的工作簿，不产生新的文件；“另存为”是将这些内容保存为另外一个新文件，不影响当前打开的工作簿文件。执行“另存为”操作以后，新文件则成为当前文件。

3. 关闭工作簿

当用户完成了工作表的编辑而不需要再进行其他操作时，就应该关闭工作簿文件，以防数据被误操作。关闭工作簿就是关闭当前正在使用的工作簿窗口，主要有下列几种方法。

(1) 单击工作簿窗口右上角的关闭按钮。

(2) 单击快速访问工具栏左边的 Excel 图标，在弹出的“控制菜单”中选择【关闭】选项。

(3) 选择【文件】|【退出】命令。

如果所关闭的工作簿在关闭前未被保存过，在关闭前系统将弹出一个对话框，提示是否对该工作簿所作的修改进行保存，要保存就单击【保存】按钮，不想保存就单击【不保存】按钮。如果要放弃关闭工作簿的操作，则单击【取消】按钮，如图 4.10 所示。

图 4.10 提示对话框

4. 打开工作簿

创建好工作簿，对工作簿进行编辑并保存、关闭后，如果再次对它进行编辑，就需要先打开工作簿。打开工作簿的方法有以下几种。

(1) 单击快速访问工具栏中的【打开】按钮，弹出【打开】对话框，如图 4.11 所示。在窗口导航窗格中，单击准备打开的工作簿的地址，如本地磁盘(D:)，在窗口工作区中，单击准备打开的工作簿，如成绩表，单击【打开】按钮即可打开该文件。

图 4.11　【打开】对话框

(2) 选择【文件】|【打开】命令，其余操作步骤与(1)相同。

4.2.2　工作表的基本操作

工作表包含在工作簿中，对 Excel 2010 工作簿的操作事实上是对每张工作表进行操作，工作表的基本操作包括工作表的选择、移动、复制、删除、插入、重命名和隐藏、等操作，下面介绍 6 种较为常用的工作表操作。

1. 选择工作表

(1) 在工作表中进行数据的分析处理之前，应该先选择一张工作表。在 Excel 中默认创建有 3 张工作表，被选中的工作表变为活动工作表。

(2) 如果需要选择两张或多张相邻的工作表，首先应该单击第一张工作表标签，然后再按住 Shift 键，单击准备选择的工作表的最后一张工作表标签。

(3) 如果需要选择两张或多张相邻的工作表，首先应该单击第一张工作表标签，然后在按住 Ctrl 键的同时单击准备选择的工作表标签。

(4) 如果需要选择两张或多张相邻的工作表，使用鼠标右键单击任意一张工作标签，在弹出的快捷菜单中选择【选定全部工作表】命令，即可完成选择所有工作表的操作。

2. 工作表的移动

移动工作表是在不改变工作表数量的情况下，对工作表的位置进行调整，操作方法

为：将鼠标指针指向需要移动的工作表标签，按下鼠标左键，此时出现一个黑色小三角的图标和形状像一张白纸的图标，拖动该工作表标签到目的标签位置即可。

3. 复制工作表

复制工作表则是在原工作表的基础上，再创建一个与原工作表有同样内容的工作表。操作方法与工作表移动方法相似，只不过在拖动鼠标的同时按下 Ctrl 键，可以看到形状像一张白纸的图标上多了一个“+”，释放鼠标即可完成复制工作表的操作。

4. 插入工作表

插入工作表是指在工作表数量不能满足需求时增加新的工作表。其快捷的操作方法为单击【插入工作表】标签，如图 4.12 所示。新插入工作表的名称按照 Sheet1、Sheet2、Sheet3 的顺序排列，新插入的工作表被自动命名为 Sheet4，如图 4.13 所示。

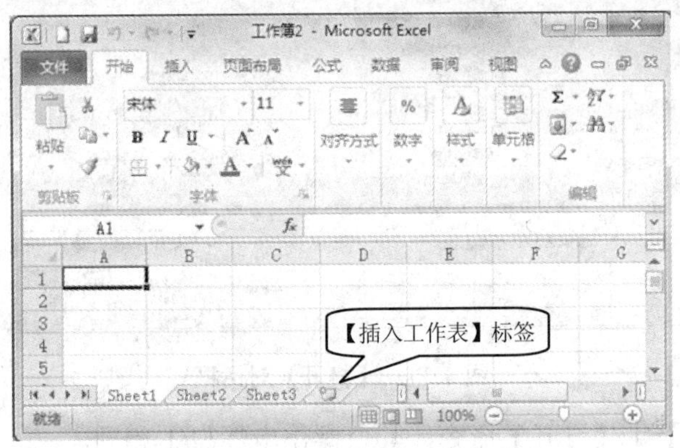

图 4.12　工作表的插入

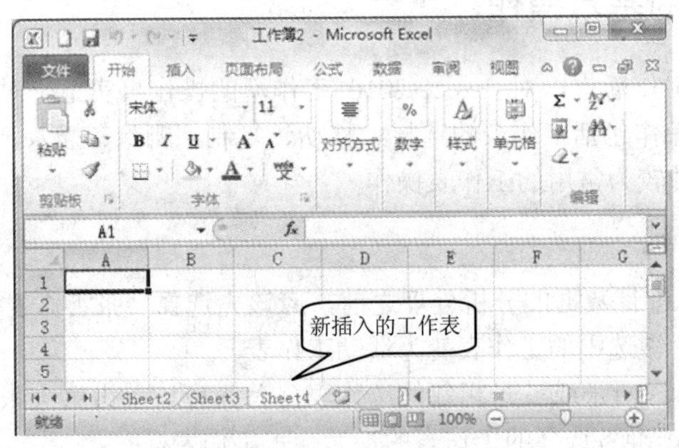

图 4.13　新插入的工作表

5. 删除工作表

为节省磁盘资源，可以删除不再使用的工作表。操作方法为：鼠标右键单击准备删除的工作表，在弹出的快捷菜单中选择【删除】命令，即可删除工作表。

6. 重命名工作表

在 Excel 2010 工作簿中，工作表的默认名称为 Sheet1、Sheet2、Sheet3，即 Sheet+数字。为了便于直观地表示工作表的内容，可对工作表进行重新命名。操作方法为：右击准备重新命名的工作表，在弹出的快捷菜单中选择【重命名】命令，此时需要重命名的工作表标签呈高亮显示，输入新的工作表名，按下 Enter 键即可。

例如，打开“成绩表.xlsx”，将工作表 Sheet1 重命名为“学生成绩表”，其操作方法：右击准备重新命名的工作表“Sheet1”，在弹出的快捷菜单中选择【重命名】命令，此时需要重命名的工作表“Sheet1”的标签呈高亮显示 \Sheet1/Sheet2/Sheet3/ ，表示它处于编辑状态，在标签上输入新的名称“学生成绩表” \学生成绩表/Sheet2/Sheet3/ 后按 Enter 键即可。

用户还可以尝试通过右击工作表的方法，来完成隐藏、显示、保护工作表和改变工作表标签颜色等操作。

4.3　单元格的基本操作

在 4.1 节中我们已经介绍过单元格是工作表的基本组成单位，也是 Excel 2010 进行数据处理的最小单位，输入的数据就存放在这些单元格中。本节我们将介绍单元格的基本操作。

4.3.1　选择单元格

单元格是工作表中最基本的单位，在对工作表进行操作时，必须首先选择某一个或一组单元格作为操作对象。选择单元格有以下几种情况。

1. 选择一个单元格

直接单击某个单元格，即可选中该单元格。此外，在名称框中输入要选择的单元格的地址，例如 A3，然后按下 Enter 键确认，也可选中一个单元格。

2. 选择连续的多个单元格

若要选择连续的多个单元格，可通过以下几种方法实现。

(1) 选中需要选择的单元格区域左上角的单元格，然后按住鼠标左键不放并拖动，当拖动到需要选择的单元格区域右下角的单元格时，释放鼠标即可。

(2) 选中需要选择的单元格区域左上角的单元格，然后按住 Shift 键不放，并单击单元格区域右下角的单元格。

(3) 在单元格名称框中输入需要选择的单元格区域的地址(例如“A1:D5”)，然后按下 Enter 键即可。

3. 选择不连续的单元格

选择一个单元格后按住 Ctrl 键不放，然后依次单击需要选择的单元格，选择完成后释放鼠标和 Ctrl 键即可。

4. 选择行

1) 选择一行

将鼠标指针指向需要选择的行对应的行号处，当鼠标指针呈➡时，单击鼠标可选中该行的所有单元格。

2) 选择连续的多行

选中需要选择的起始行号，然后按住鼠标左键不放，拖动至需要选择的末尾行号处释放鼠标即可。

3) 选择不连续的多行

按下 Ctrl 键不放，然后依次单击需要选择的行对应的行号即可。

5. 选择列

1) 选择一列

将鼠标指针指向需要选择的列对应的列标处，当鼠标指针呈⬇时，单击鼠标可选中该列的所有单元格。

2) 选择连续的多列

选中需要选择的起始列标，然后按住鼠标左键不放，拖动至需要选择的末尾列标处释放鼠标即可。

3) 选择不连续的多列

按下 Ctrl 键不放，然后依次单击需要选择的列对应的列标即可。

6. 选择全部单元格

单击工作表左上角行号和列标交汇处的 按钮，可选中当前工作表中的全部单元格。

4.3.2 单元格的编辑

对工作表中的单元格，根据需要可进行单元格的编辑，即插入、删除单元格。

1. 插入单元格

在编辑表格过程中，有时要对工作表的结构进行调整，可以插入行、列、单元格。

1) 插入行

单击左边的行号选中一行，然后在【开始】功能区的【单元格】组中，单击【插入】按钮右侧的下拉按钮，在弹出的下拉列表中单击【插入工作表行】选项，即可在所选择的行的前面插入空白行。

2) 插入列

单击列标选中一列，然后在【开始】功能区的【单元格】组中，单击【插入】按钮右侧的下拉按钮，在弹出的下拉列表中单击【插入工作表列】选项，即可在所选择的列的前面插入空白列。

3) 插入一个单元格

选中某个单元格，然后在【开始】功能区的【单元格】组中，单击【插入】按钮右侧的下拉按钮，在弹出的下拉列表中单击【插入单元格】选项，弹出【插入】对话框，如图

4.14 所示。选择活动单元格的移动方式，单击【确定】按钮，即可完成单元格的插入。也可用插入单元格的方式，完成插入整行或整列的操作。

2. 删除单元格

在编辑表格的过程中，对于多余的单元格，可将其删除。删除是指删除行、列、单元格及单元格区域。

1) 删除行

单击需要删除的行的行号，然后在【开始】功能区的【单元格】组中，单击【删除】按钮右侧的下拉按钮，在弹出的下拉列表中单击【删除工作表行】选项，即可删除所选择的行。

2) 删除列

单击需要删除的列的列标，然后在【开始】功能区的【单元格】组中，单击【删除】按钮右侧的下拉按钮，在弹出的下拉列表中单击【删除工作表列】选项，即可删除所选择的列。

3) 删除一个单元格或单元格区域

选中需要删除的某个单元格或单元格区域，然后在【开始】功能区的【单元格】组中，单击【删除】按钮右侧的下拉按钮，在弹出的下拉列表中单击【删除单元格】选项，弹出【删除】对话框，如图 4.15 所示。选择单元格的移动方式，单击【确定】按钮，即可完成单元格或单元格区域的删除。也可用删除单元格的方式，完成删除整行或整列的操作。

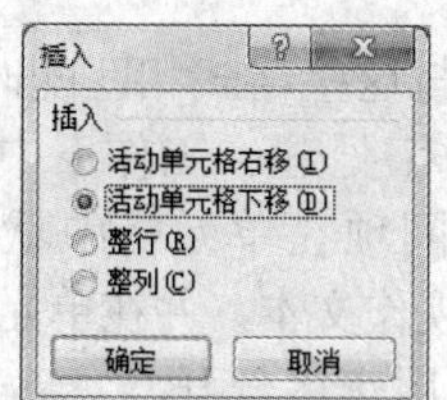

图 4.14　【插入】对话框

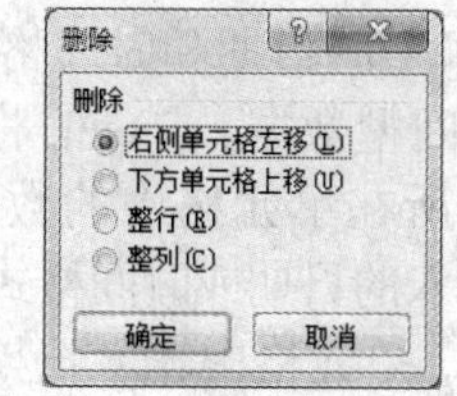

图 4.15　【删除】对话框

4.3.3　数据的输入

Excel 的单元格中可以存储多种形式的数据，包括文字、日期、数字、声音、图形等。输入的数据可以是常量，也可以是公式和函数，Excel 能自动把它们区分为数值、日期和时间及文本 3 种类型。

1. 数值类型

Excel 将由数字 0～9 及某些特殊字符组成的字符串识别为数值型数据。单击准备输入数值的单元格，在编辑栏的编辑框中，输入数值，然后按下 Enter 键。在单元格中显示时，系统默认的数值型数据一律靠右对齐。

若输入数据的长度超过单元格的宽度，系统将自动调整宽度。当整数长度大于 12 位时，Excel 将自动改用科学计数法表示。例如，输入“453628347265”，单元格的显示将为“4.53628E+11”，如图 4.16 所示。

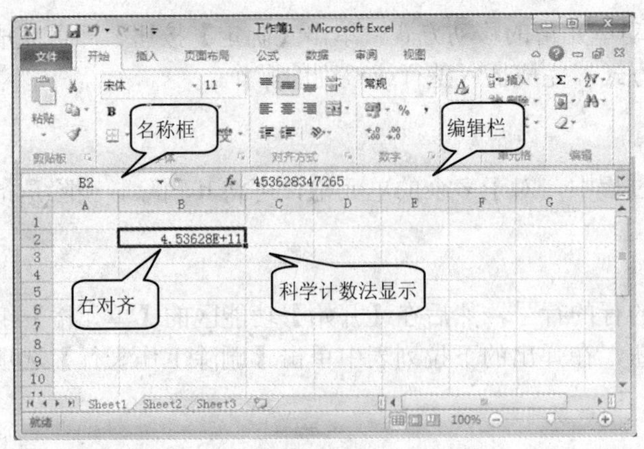

图 4.16 数值型数据的录入

若预先设置的数字格式的小数位数为 2 位，则当输入数值为 3 位以上小数时，将对第 3 位小数采取“四舍五入”。但在计算时一律以输入数而不是显示数进行，故不必担心出现计算误差。

无论输入的数字位数有多少，Excel 都只保留 15 位有效数字的精度。如果数字长度超过 15 位，Excel 2010 会将多余的数字位舍入为零。

为避免将输入的分数视作日期，应在分数前冠以 0 并加一空格，如输入“1/2”时，应输入“0␣1/2”(此处用␣代表空格)。

2. 日期和时间类型

Excel 内置了一些日期和时间格式，当输入的数据与这些格式相匹配时，Excel 将它们识别为日期和时间型数据。Excel 将日期和时间视为数字处理。工作表中的日期和时间的显示方式取决于所在单元格中的数字格式。日期或时间项在单元格中默认右对齐。如果 Excel 不能识别输入的日期或时间格式，输入的内容将被视作文本，并在单元格中左对齐。

如果要在同一单元格中输入日期和时间，应在其间用空格分开。

如果要按 12 小时制输入时间，应在时间后留一空格，并输入 AM 或 PM，表示上午或下午。如果不输入 AM 或 PM，Excel 默认使用 24 小时制。

在输入日期时，可以使用连字符(-)或斜杠(/)，不区分大小写。

若想输入当天日期或时间，可通过快捷键快速完成。输入当天日期的快捷键为“Ctrl+;”，输入当天时间的快捷键为“Ctrl+Shift+;”。

3. 文本类型

Excel 中除去被识别为公式(一律以“=”开头)和数值型或日期型的常量数据外，其余的输入数据均被认为是文本数据。在单元格中输入较多的就是文本信息，如输入工作表的标题、图表中的内容等。单击准备输入文本的单元格，在编辑栏的编辑框中输入文本，然后按下 Enter 键即可完成输入。文本数据可以由字母、数字或其他字符组成，在单元格显示时一律靠左对齐。

例 4.1 在 C1 单元格内输入“课程表”。

首先单击第 C 列第 1 行的单元格，C1 单元格被选中，成为活动单元格，然后输入“课程表”，按下 Enter 键即可。活动单元格地址显示在名称框，输入内容显示在编辑栏，如图 4.17 所示。

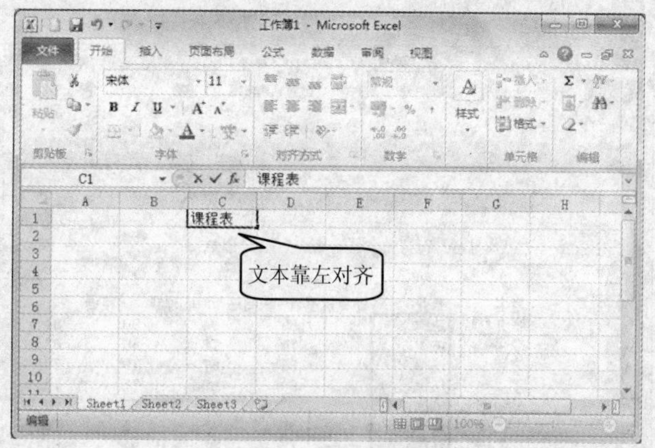

图 4.17　文本型数据的输入

对于全部由数字组成的文本数据，输入时应在数字前加一个单引号(')，单引号是一个对齐前缀，使 Excel 将随后的数字作为文本处理，且在单元格中左对齐。或者输入一个“=”，然后用引号""将要输入的数字引起来。例如，邮政编码 650223，输入时应输入'650223，或者="650223"。

4.3.4　数据的自动填充

自动填充功能是 Excel 的一项特殊功能，利用该功能可以将一些有规律的数据或公式方便快速地填充到需要的单元格中，从而提高工作效率。在单元格中填充数据主要分两种情况：一是填充相同数据；二是填充序列数据。

1. 填充相同数据

选择准备输入相同数据的单元格或单元格区域，把鼠标指针移动至单元格区域右下角的填充柄上，待指针变为黑色“+”形状时，按下鼠标左键不放并拖动至准备填充的目标位置即可。填充的方向上下左右皆可。

例 4.2　把 C4～C10 单元格全部填充成“法律”。

操作方法为：把鼠标指针移动至 C3 单元格右下角区域，待指针变为黑色“+”形状(见图 4.18)时，按下鼠标左键不放并拖动至单元格 C10，松开鼠标即可，如图 4.19 所示。

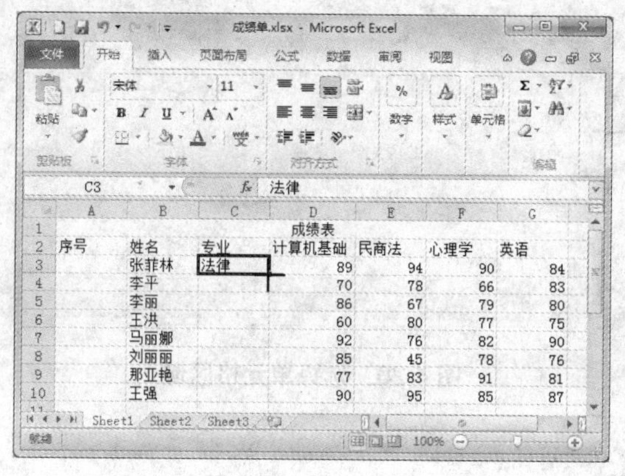

图 4.18　拖动填充柄

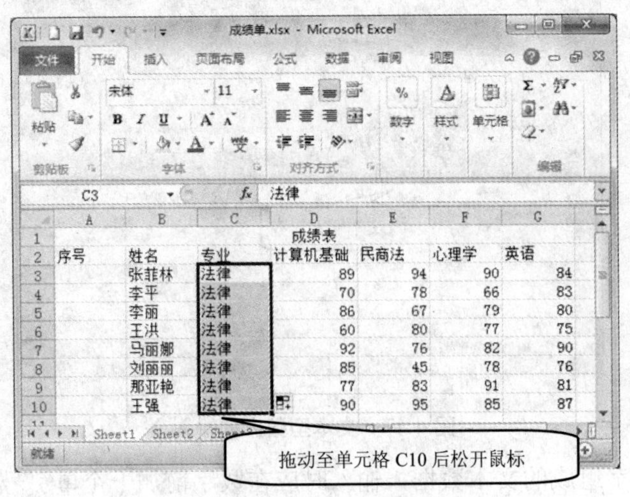

图 4.19　数据的填充结果

2. 填充序列数据

Excel 提供的数据“填充”功能可以使用户快速地输入整个系列。例如，星期一、星期二……星期日，或一月、二月……或等差、等比数列等。填充方法是：先在单元格中输入序列的前两个数字，选中这两个单元格，将鼠标指针指向第二个单元格右下角，待指针变为黑色“+”字状时，按下鼠标左键不放并拖动至准备填充的目标位置即可。填充的方向上下左右皆可。

例 4.3　在 A1～A10 单元格中输入 1,3,5,⋯,19。

操作方法为：先在 A1、A2 单元格中分别填入 1 和 3，然后选中这两个单元格，再把鼠标指针移动至 A2 单元格右下角的填充柄上，待指针变为黑色“+”形状，如图 4.20 所示，按下鼠标左键不放并拖动至单元格 C10，松开鼠标，即可得到一个等差数列 1，3，5，⋯，19，如图 4.21 所示。

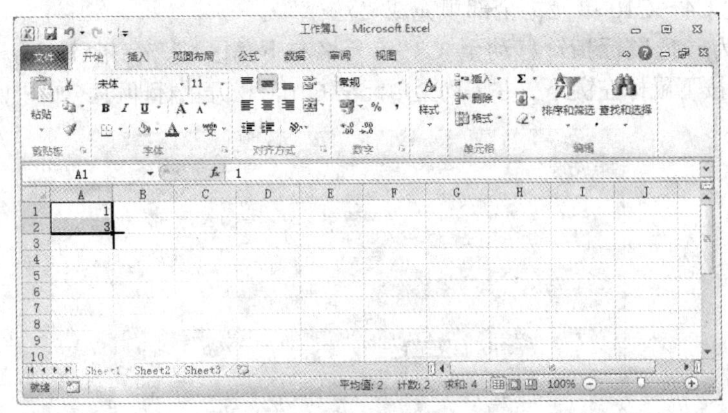

图 4.20　选择单元格区域

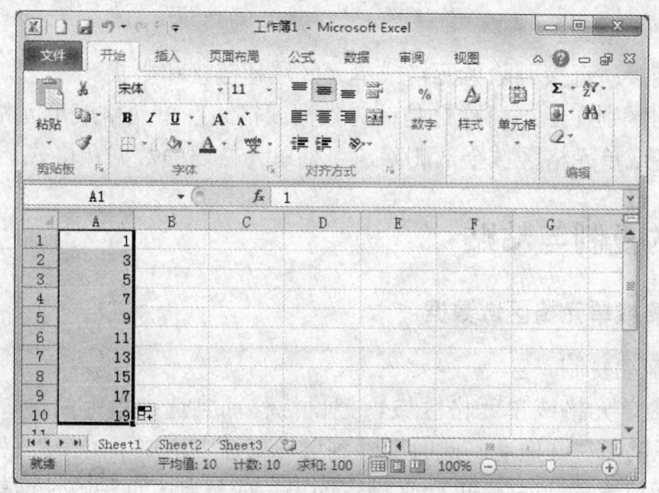

图 4.21　等差序列的填充

4.3.5　数据的修改与清除

1. 修改数据

如果工作表中有需要修改的数据，可将其修改。具体操作方法有以下几种。

- 选中需要修改的单元格中的数据，直接输入正确的数据，然后按下 Enter 键即可。应用这种方法修改数据时，会自动删除当前单元格中选中的全部内容，保留输入的新内容。
- 双击需要修改数据的单元格，使单元格处于编辑状态，然后定位好光标插入点进行修改，完成修改后按下 Enter 键确认修改。应用这种方法修改数据时，只对单元格的部分内容进行修改。
- 选中需要修改数据的单元格，将光标插入点定位到编辑框中，然后对数据进行修改，完成修改后按下 Enter 键确认修改。应用这种方法修改数据时，只对单元格的部分内容进行修改。

2. 清除数据

如果工作表中有不需要的数据，可将其清除，具体操作方法为：选中需要清除内容的单元格或单元格区域，在【开始】功能区的【编辑】组中单击【清除】按钮，在弹出的下拉列表中选择需要的清除方式即可。

在弹出的下拉列表中提供了以下 6 种清除方式。

- 全部清除：可清除单元格或单元格区域中的内容和格式。
- 清除格式：可清除单元格或单元格区域中的格式，但保留内容。
- 清除内容：可清除单元格或单元格区域中的内容，但保留格式。
- 清除批注：可清除单元格或单元格区域中为内容添加的批注，但保留单元格或单元格区域的内容及设置的格式。
- 清除超链接：可仅清除单元格或单元格区域超链接，也可清除单元格或单元格区

域超链接和格式。

- 删除超链接：直接删除单元格或单元区域超链接和格式。

清除与删除的区别在于：清除只是针对数据或格式，单元格或单元格区域继续保留；删除则是把单元格或单元格区域全部删除，包括单元格内的数据和格式。

4.3.6 数据的复制与粘贴

1. 复制单元格或单元格区域数据

1) 通过鼠标拖动复制

选中要复制的单元格或单元格区域，把鼠标移动到选中单元格区域的边缘上，按住 Ctrl 键的同时按下鼠标左键拖动，此时会看到鼠标指针上增加了一个“+”，同时有一个虚线框，拖动到目标位置松开左键和 Ctrl 键，即可完成复制。这种方法能较为快速地完成同一工作表中数据的复制。

2) 通过剪贴板进行复制

选中要复制内容的单元格区域，在【开始】功能区的【剪贴板】组中单击【复制】按钮，将选中的内容复制到剪贴板中，然后选中目标单元格或单元格区域，单击【剪贴板】组中的【粘贴】按钮，即可完成复制。

3) 通过快捷键方式复制

选中复制内容的单元格区域，按快捷键 Ctrl+C 复制，然后单击目标单元格或单元格区域，按快捷键 Ctrl+V 粘贴即可。

2. 移动单元格或单元格区域

1) 通过鼠标拖动移动

选中要移动的单元格区域，把鼠标移动到选区的边缘上，按下左键拖动，会看到一个虚框，在合适的位置松开左键，单元格区域即移动过来了。

2) 通过剪贴板进行移动

选中要移动的单元格区域，在【开始】功能区的【剪贴板】组中单击【剪切】按钮，将选中的内容复制到剪贴板中，然后选中目标单元格或单元格区域，单击【剪贴板】组中的【粘贴】按钮，即可完成移动。

3) 通过快捷键方式移动

选中要移动内容的单元格区域，按快捷键 Ctrl+X 剪切，然后选中目标单元格或单元格区域，按快捷键 Ctrl+V 粘贴即可。

4.4 公式与函数

公式和函数是 Excel 2010 电子表格的精髓和核心。公式是函数的基础，它是单元格中的一系列值、单元格引用、名称或运算符的组合，可以生成新的值；函数是 Excel 预定义的内置公式，可以进行数学、文本、逻辑的运算或者查找工作表的信息。与直接使用公式相比，使用函数运算速度更快，同时也减少了错误的发生。

公式是在工作表中对数据进行分析和计算的式子。它可以引用同一工作表中的其他单元格、同一工作簿的不同工作表中的单元格或者其他工作簿的工作表中的单元格，对工作表数值进行加、减、乘、除等运算。因此，公式是 Excel 的重要组成部分。公式通常由算术式或函数组成。Excel 提供了 11 类 300 余个函数，支持对工作表中的数据进行求和、求平均、汇总以及其他复杂的运算。其函数向导功能，可引导用户通过系列对话框完成计算任务，操作十分方便。

在 Excel 中，输入公式均以“=”开头，例如“=A1+C1”。函数的一般形式为“函数名()”，例如“SUM()”。下面介绍公式与函数的基本用法。

4.4.1　公式

Excel 2010 的计算公式类似于程序设计语言中的表达式，它由运算符和相应操作数据组成。使用公式可对工作表中的数据进行多种运算，如加、减、乘、除、比较等。

1. 运算符

1) 运算符的分类

运算符包括算术、比较、文本和引用运算符四类，如表 4.1 所示。

算术运算符可以完成基本的数字运算，如加、减、乘、除等，用以连接数字并产生数字结果。比较运算符可以比较两个数值，并产生逻辑值 TRUE 或 FALSE，若条件相符，则产生逻辑真值 TRUE(1)；若条件不符，则产生逻辑假值 FALSE (0)。文本运算符只有一个“&”，利用“&”可以将两个文本值或将单元格内容与文本内容连接起来。引用运算符可以将单元格区域合并计算，“:”是对两个引用之间，包括两个引用在内的所有单元格进行引用；“,”是将多个引用合并为一个引用，如 SUM(A1:C3,C4:F8)。“空格”是表示几个单元格区域所重叠的那些单元格，如 SUM(A1:D3 C2:E5)共同的区域是 C2、C3、D2、D3。

表 4.1　运算符表

算术运算符		比较运算符		文本运算符		引用运算符	
+(加)	加	>	大于	&	连接运算符	:	区域
-(减)	减	>=	大于等于			,	联合
*(乘)	乘	<	小于			空格	交叉
/(斜杠)	除	<=	小于等于				
%(百分号)	百分	=	等于				
^(脱字号)	乘方	<>	不等于				

2) 优先级的顺序

由于公式中使用的运算符不同，公式运算结果的类型也不同。Excel 2010 运算符也有优先级，可用小括号“( )”来改变运算顺序。运算符的优先级顺序如表 4.2 所示。如果公式中包含多个相同优先级的运算符，则 Excel 将从左到右进行计算。

表 4.2　运算符的优先级顺序

运算符	说　明
()	小括号
:, 空格	引用运算符
–	负号
%	百分号
^	乘方
/ 和 *	除　乘
+ 和 –	加　减
&	文本运算符
>　>=　<　<=　=　<>	比较运算符

2. 输入公式和编辑公式

1) 输入公式

公式可以包括常量、变量、数、运算符、单元地址等。输入公式时，要以“=”开头，再输入公式的表达式。在工作表中输入公式后，单元格中显示的是公式计算的结果，而在编辑栏中显示输入的公式。

输入公式的具体操作步骤如下。

(1) 选定要输入公式的单元格，并在单元格中输入一个“=”。

(2) 在等号后面输入公式表达式。

(3) 按 Enter 键或者单击编辑栏中的【输入】按钮✓。此时，在单元格中显示计算结果，而在编辑栏中显示输入的公式。

2) 编辑公式

公式和一般的数据一样可以进行编辑，编辑方式同编辑普通数据一样，可以进行复制和粘贴。先选中一个含有公式的单元格，在【开始】功能区的【剪贴板】组中单击【复制】按钮，将选中的内容复制到剪贴板中，然后选中目标单元格，单击【剪贴板】组中的【粘贴】按钮，公式即被复制到目标单元格中了，可以发现其作用和上节自动填充出来的效果是相同的。

其他的操作，如移动、删除等也同普通数据的操作一样，只是要注意在有单元格引用的地方，无论使用什么方式在单元格中填入公式，都存在一个相对引用和绝对引用的问题。

例 4.4　计算图 4.22 所示的成绩表中每位同学的总分。

操作步骤如下。

(1) 单击 G3 单元格，输入“=C3+D3+E3+F3”，如图 4.22 所示。

	A	B	C	D	E	F	G	H	I
1			成绩表						
2	序号	姓名	计算机基础	民商法	心理学	英语	总分		
3	2011001	张菲林	89	94	90	84	=C3+D3+E3+F3		
4	2011002	李平	70	78	66	83			
5	2011003	李丽	86	67	79	80			
6	2011004	王洪	60	80	77	75			
7	2011005	马丽娜	92	76	82	90			
8	2011006	刘丽丽	85	45	78	76			
9	2011007	那亚艳	77	83	91	81			
10	2011008	王强	90	95	85	87			
11									
12									

Sheet1　Sheet2　Sheet3

图 4.22　用公式计算总分

(2) 按 Enter 键，此时在 G3 单元格中显示张菲林的总分。

(3) 拖动填充柄至 G10，计算其他学生的总分，如图 4.23 所示。

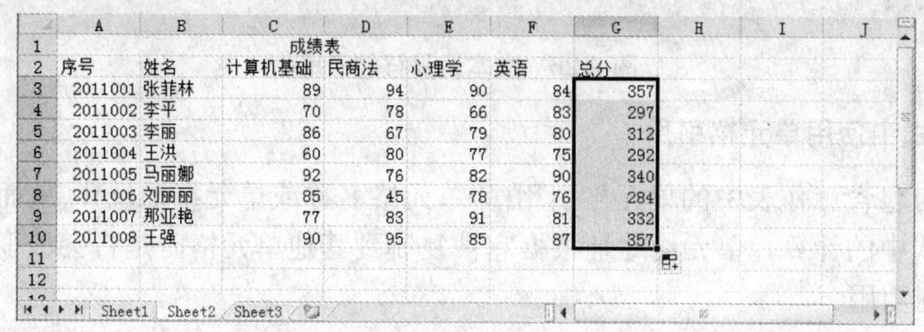

	A	B	C	D	E	F	G	H	I	J
1			成绩表							
2	序号	姓名	计算机基础	民商法	心理学	英语	总分			
3	2011001	张菲林	89	94	90	84	357			
4	2011002	李平	70	78	66	83	297			
5	2011003	李丽	86	67	79	80	312			
6	2011004	王洪	60	80	77	75	292			
7	2011005	马丽娜	92	76	82	90	340			
8	2011006	刘丽丽	85	45	78	76	284			
9	2011007	那亚艳	77	83	91	81	332			
10	2011008	王强	90	95	85	87	357			
11										
12										

Sheet1　Sheet2　Sheet3

图 4.23　自动填充计算总分

例 4.5　计算学生总分是否超过 320 分。

操作步骤如下。

(1) 单击 H3 单元格，输入公式“=G3>=320”，输入过程显示在编辑栏中，如图 4.24 所示。

(2) 按 Enter 键后，在 H3 单元格中显示“TRUE”。

(3) 拖动填充柄至 H10，计算其他学生的情况，如图 4.25 所示。

SUM　=G3>=320

	A	B	C	D	E	F	G	H
1			成绩表					
2	序号	姓名	计算机基础	民商法	心理学	英语	总分	总分是否超过320分
3	2011001	张菲林	89	94	90	84	357	=G3>=320
4	2011002	李平	70	78	66	83	297	
5	2011003	李丽	86	67	79	80	312	
6	2011004	王洪	60	80	77	75	292	
7	2011005	马丽娜	92	76	82	90	340	
8	2011006	刘丽丽	85	45	78	76	284	
9	2011007	那亚艳	77	83	91	81	332	
10	2011008	王强	90	95	85	87	357	

图 4.24　输入公式

	A	B	C	D	E	F	G	H	I
1			成绩表						
2	序号	姓名	计算机基础	民商法	心理学	英语	总分	总分是否超过320分	
3	2011001	张菲林	89	94	90	84	357	TRUE	
4	2011002	李平	70	78	66	83	297	FALSE	
5	2011003	李丽	86	67	79	80	312	FALSE	
6	2011004	王洪	60	80	77	75	292	FALSE	
7	2011005	马丽娜	92	76	82	90	340	TRUE	
8	2011006	刘丽丽	85	45	78	76	284	FALSE	
9	2011007	那亚艳	77	83	91	81	332	TRUE	
10	2011008	王强	90	95	85	87	357	TRUE	
11									
12									

Sheet1　Sheet2　Sheet3

图 4.25　填充结果

例 4.6　显示学生姓名的计算机基础成绩，格式为“姓名的计算机基础成绩为”。在 H3 单元格中输入“=B3&"的"&C2&"成绩为"&C3”，如图 4.26 所示，按 Enter 键后，运算结果为“张菲林的计算机基础成绩为 89”。

	A	B	C	D	E	F	G	H
1			成绩表					
2	序号	姓名	计算机基础	民商法	心理学	英语	总分	
3	2011001	张菲林	89	94	90	84	357	=B3&"的"&C2&"成绩为"&C3
4	2011002	李平	70	78	66	83	297	
5	2011003	李丽	86	67	79	80	312	
6	2011004	王洪	60	80	77	75	292	
7	2011005	马丽娜	92	76	82	90	340	
8	2011006	刘丽丽	85	45	78	76	284	
9	2011007	那亚艳	77	83	91	81	332	
10	2011008	王强	90	95	85	87	357	
11								
12								

Sheet1　Sheet2　Sheet3

图 4.26　文本运算符的应用

3. 在公式中使用单元格引用

公式中可包含工作表中的单元格引用(即单元格名称或单元格地址)，从而使单元格的内容参与公式中的计算。单元格地址根据它被复制到其他单元格时是否会改变，可分为相对引用和绝对引用。

1) 相对引用

相对引用是指把一个含有单元格地址的公式复制到一个新的位置，公式不变，但对应的单元格地址发生变化，即在用一个公式填入一个区域时，公式中的单元格地址会随着行和列的变化而改变。利用相对引用可以快速实现对大量数据进行同类运算。例如，在例 4.4 的图 4.23 中，通过拖动填充柄把 G3 中的公式“=C3+D3+E3+F3”复制到 G4～G10 中，在 G4～G10 中公式不变，但对应的单元格地址发生变化，如 G4 变为“=C4+D4+E4+F4”。这种单元格的引用叫“相对引用”。

2) 绝对引用

绝对引用是在公式复制到新位置时单元格地址不改变的单元格引用。如果在公式中引用了绝对地址，则不论行、列怎样改变，地址总是不变。应用绝对地址必须在构成单元格地址的字母和数字前加一个“$”符号。例如，上例中公式为“=$C$3+$D$3+$E$3+$F$3”，则复制到 H4:H10 中的公式相同，其计算结果都是张菲林的总分 357。我们单击 H4:H10 中的任一单元格，都可看到自动填充后公式中的地址没有发生变化，如图 4.27 所示。

	A	B	C	D	E	F	G	H
1			成绩表					
2	序号	姓名	计算机基础	民商法	心理学	英语	总分	
3	2011001	张菲林	89	94	90	84	357	357
4	2011002	李平	70	78	66	83	297	357
5	2011003	李丽	86	67	79	80	312	357
6	2011004	王洪	60	80	77	75	292	357
7	2011005	马丽娜	92	76	82	90	340	357
8	2011006	刘丽丽	85	45	78	76	284	357
9	2011007	那亚艳	77	83	91	81	332	357
10	2011008	王强	90	95	85	87	357	=$C$3+$D$3+$E$3+$F$3
11								
12								

Sheet1　Sheet2　Sheet3

图 4.27　绝对地址的引用

3) 混合引用

相对引用与绝对引用混合使用，称为混合引用。例如：A6 是相对引用，$A$6 是绝对引用形式，而是$A6、A$6 均是混合引用。

在公式运算与操作过程中，可根据需要使用不同的引用。在同一个公式中三种引用均可使用。例如“A$6+($A6+A8)/$A$8”是一个正确的公式。

4.4.2　函数

函数可以理解成预先定义好的公式。使用函数计算数据可大大地简化计算过程。Excel 提供了常用函数、财务、统计、文字、逻辑、查找与引用、日期与时间、数学与三角函数、数据库和信息函数等。Excel 函数的一般形式为：=函数名(参数 1,参数 2,…)。

利用函数进行计算的方法有多种，操作方法较为灵活，可以在编辑栏中直接输入函数。例如：“求和运算”可在单元格中输入“=SUM(C3:F3)”，也可以单击【公式】功能区的【函数库】中的【自动求和】按钮或单击【函数库】组中的【插入函数】按钮。下面介绍一下常用函数及其计算方法。

1. Excel 2010 的常用函数

中文 Excel 2010 为用户提供了大量函数，包括财务函数、日期与时间函数、数学与三角函数、统计函数、查找与引用函数、数据库函数、逻辑函数及信息函数等。

函数的一般格式为：函数名(参数表)。

各参数(即表达式)之间用“,”分隔。下面仅介绍一些常用函数。

1) 平方根函数

格式：SQRT(参数)。

功能：求给定参数的算术平方根值。

2) 求余函数

格式：MOD(A,B)。

功能：求 A 整除 B 的余数(A、B 的值都应当是整数)。

3) 绝对值函数

格式：ABS(参数)。

功能：取给定参数的绝对值。

4) 向下取整函数

格式：INT(参数)。

功能：取不大于向下给定参数(为实数)的整数部分。

5) 求最大值函数

格式：MAX(参数表)。

功能：求各数值型数据的最大值。

6) 求最小值函数

格式：MIN(参数表)。

功能：求各数值型数据的最小值。

7) 四舍五入函数

格式：ROUND(单元格,保留小数位数)。

功能：对单元格内的数值进行四舍五入。

8) 求和函数

格式：SUM(参数表)。

功能：求各参数数值的和。

9) 条件函数

格式：IF(条件表达式,值 1,值 2)。

功能：当条件表达式为真时，返回值 1，否则返回值 2。

10) 计数函数

格式：COUNT(参数表)。

功能：求各参数中的数值型数据的个数。

11) 求平均值函数

格式：AVERAGE(参数表)。

功能：求各参数数值的平均值。

2. 使用函数计算

1) 用 AVERAGF 函数求平均值

例 4.7 计算图 4.28 所示的成绩表中的每位同学的平均成绩。

G3 | fx

	A	B	C	D	E	F	G
1			成绩表				
2	序号	姓名	计算机基础	民商法	心理学	英语	平均成绩
3	2011001	张菲林	89	94	90	84	
4	2011002	李平	70	78	66	83	
5	2011003	李丽	86	67	79	80	
6	2011004	王洪	60	80	77	75	
7	2011005	马丽娜	92	76	82	90	
8	2011006	刘丽丽	85	45	78	76	
9	2011007	那亚艳	77	83	91	81	
10	2011008	王强	90	95	85	88	

图 4.28　成绩表

操作步骤如下。

(1) 单击【数据库】组中的【插入函数】按钮，弹出【插入函数】对话框，如图 4.29 所示。

(2) 在【或选择类别】下拉列表框中选择【常用函数】选项，然后在【选择函数】列表框中选择 AVERAGE 函数，单击【确定】按钮，弹出【函数参数】对话框，如图 4.30 所示。

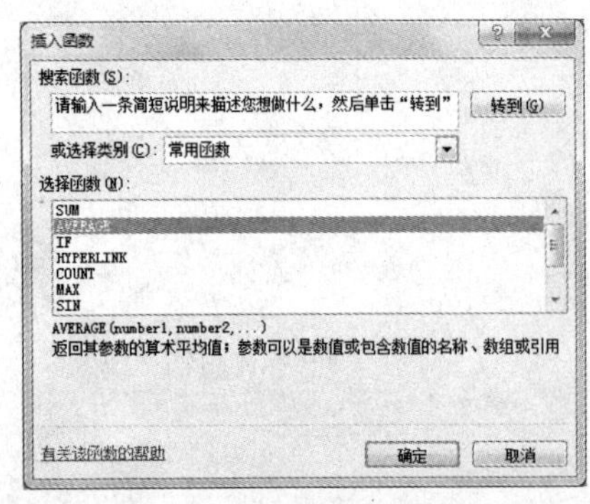

图 4.29　【插入函数】对话框

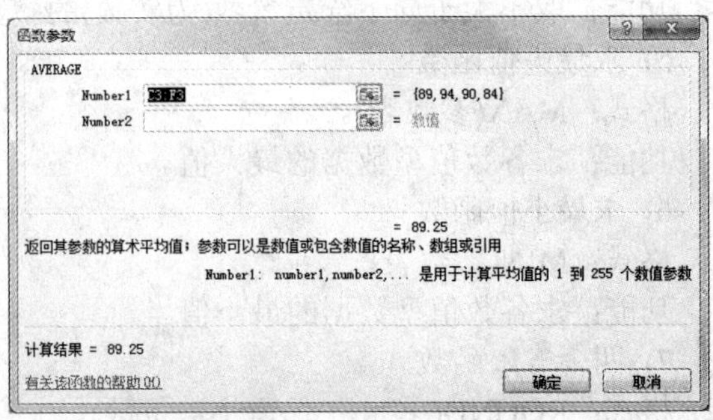

图 4.30　【函数参数】对话框

(3) 在 Number1 参数框中输入求平均值的单元格区域，也可单击 Number1 参数框右侧的折叠按钮收缩【函数参数】对话框，通过拖动鼠标方式在工作表中选择参数区域，然后单击【确定】按钮，即可返回工作表，在当前单元格中看到计算结果，即第一位同学的平均成绩，如图 4.31 所示。此外，直接在 G3 单元格中输入公式“=AVERAGE(C3:F3)”，也可以计算第一位同学的平均成绩。拖动填充柄进行自动填充，即可计算出每位同学的平均成绩。

G3　　=AVERAGE(C3:F3)

	A	B	C	D	E	F	G
1			成绩表				
2	序号	姓名	计算机基础	民商法	心理学	英语	平均成绩
3	2011001	张菲林	89	94	90	84	89.25
4	2011002	李平	70	78	66	83	
5	2011003	李丽	86	67	79	80	
6	2011004	王洪	60	80	77	75	
7	2011005	马丽娜	92	76	82	90	
8	2011006	刘丽丽	85	45	78	76	
9	2011007	那亚艳	77	83	91	81	
10	2011008	王强	90	95	85	88	

图 4.31　平均成绩的计算

2) 用 RANK 函数计算表中的名次

例 4.8　用函数计算图 4.32 所示的成绩表的名次。

I3

	A	B	C	D	E	F	G	H	I
1			成绩表						
2	序号	姓名	计算机基础	民商法	心理学	英语	平均成绩	总分	名次
3	2011001	张菲林	89	94	90	84	89.25	357	
4	2011002	李平	70	78	66	83	74.25	297	
5	2011003	李丽	86	67	79	80	78	312	
6	2011004	王洪	60	80	77	75	73	292	
7	2011005	马丽娜	92	76	82	90	85	340	
8	2011006	刘丽丽	85	45	78	76	71	284	
9	2011007	那亚艳	77	83	91	81	83	332	
10	2011008	王强	90	95	85	88	89.5	358	

图 4.32　成绩表

操作步骤如下。

(1) 选择 I3 单元格为活动单元格，单击【数据库】组中的【插入函数】按钮，弹出【插入函数】对话框。在【或选择类别】下拉列表框中选择【全部】选项，然后在【选择函数】列表框中选择 RANK 函数，如图 4.33 所示。

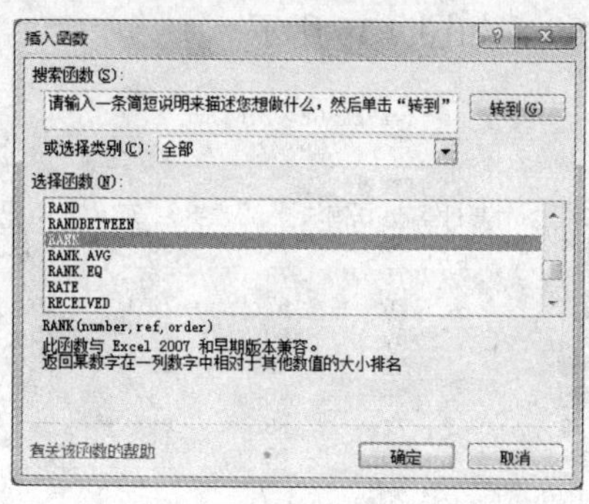

图 4.33　【插入函数】对话框

(2) 单击【确定】按钮，弹出【函数参数】对话框。在使用 RANK 函数时，若用总分来排列名次，在 Number 参数框中输入求名次的参数 H3，在 Ref 参数框中输入$H$3:$H$10；若用平均分来排列名次，在 Number 参数框中输入求名次的参数 G3，在 Ref 参数框中输入$G$3:$G$10。其中 Ref 数字系列必须使用绝对引用，如图 4.34 所示。

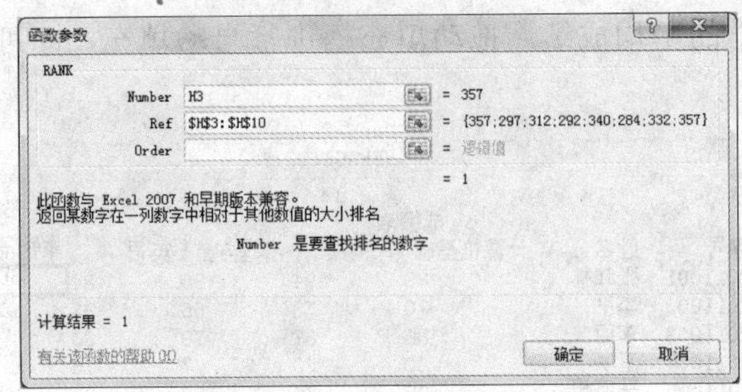

图 4.34 【函数参数】对话框

(3) 单击【确定】按钮，返回工作表，用填充柄进行填充，即可完成对名次的排序，结果如图 4.35 所示。

I3 =RANK(H3,$H$3:$H$10)

	A	B	C	D	E	F	G	H	I
1				成绩表					
2	序号	姓名	计算机基础	民商法	心理学	英语	平均成绩	总分	名次
3	2011001	张菲林	89	94	90	84	89.25	357	2
4	2011002	李平	70	78	66	83	74.25	297	6
5	2011003	李丽	86	67	79	80	78	312	5
6	2011004	王洪	60	80	77	75	73	292	7
7	2011005	马丽娜	92	76	82	90	85	340	3
8	2011006	刘丽丽	85	45	78	76	71	284	8
9	2011007	那亚艳	77	83	91	81	83	332	4
10	2011008	王强	90	95	85	88	89.5	358	1

图 4.35 名次的计算

4.4.3 单元格名称的使用

命名后的单元格可以通过名字选择该单元格，可以直接从名称框的下拉列表中进行选择，并直接在公式中进行调用。

命名方法是选中一个单元，在公式编辑器左边的名称框中输入该单元格的名称。

例 4.9 利用单元格名称计算学生的总分。

操作步骤如下。

把 G3 单元格命名为平均分，如图 4.36 所示。

平均分 =AVERAGE(C3:F3)

	A	B	C	D	E	F	G	H
1				成绩表				
2	序号	姓名	计算机基础	民商法	心理学	英语	平均成绩	总分
3	2011001	张菲林	89	94	90	84	89.25	
4	2011002	李平	70	78	66	83		
5	2011003	李丽	86	67	79	80		
6	2011004	王洪	60	80	77	75		
7	2011005	马丽娜	92	76	82	90		
8	2011006	刘丽丽	85	45	78	76		
9	2011007	那亚艳	77	83	91	81		
10	2011008	王强	90	95	85	87		

图 4.36 命名单元格

在单元格 H3 的编辑栏中直接输入公式“=4*平均分”，按 Enter 键即可算出第一位同学的总分，如图 4.37 所示。

RANK | =4*平均分

	A	B	C	D	E	F	G	H
1			成绩表					
2	序号	姓名	计算机基础	民商法	心理学	英语	平均成绩	总分
3	2011001	张菲林	89	94	90	84	89.25	=4*平均分
4	2011002	李平	70	78	66	83		
5	2011003	李丽	86	67	79	80		
6	2011004	王洪	60	80	77	75		
7	2011005	马丽娜	92	76	82	90		
8	2011006	刘丽丽	85	45	78	76		
9	2011007	那亚艳	77	83	91	81		
10	2011008	王强	90	95	85	87		

图 4.37　通过单元格名称进行计算

4.5　格式化工作表

创建并编辑了工作表并不等于完成了所有的工作，还必须根据实际需要对工作表中的数据进行一定的格式化。Excel 2010 为用户提供了丰富的格式编排功能，使用这些功能既可以使工作表的内容正确显示，便于阅读，又可以美化工作表，使其更加赏心悦目。

4.5.1　设置工作表列宽和行高

在 Excel 2010 工作表中设置行高和列宽可分两步进行：第 1 步，打开 Excel 2010 工作表窗口，选中需要设置高度或宽度的行或列。第 2 步，在【开始】功能区的【单元格】组中单击【格式】按钮，在展开的下拉列表中选择【自动调整行高】或【自动调整列宽】命令，则 Excel 2010 将根据单元格中的内容进行自动调整。

1. 利用鼠标操作设置

把鼠标指向要改变列宽(或行高)的工作表的列(或行)编号之间的竖线(或横线)，按住鼠标左键并拖动，将列宽(或行高)调整到需要的宽度(或高度)，释放鼠标键即可改变工作表的列宽(或行高)。拖动两个单元格列标中间的竖线可以改变单元格的大小，当鼠标变成如图 4.38 所示的形状时，直接双击这个竖线，Excel 会自动根据单元格的内容给这一列设置适当的宽度。

2. 精确地设定行高和列宽

1) 行高的设置

选择需要设置行高的行号，单击鼠标右键，在弹出的快捷菜单中选择【行高】命令，弹出【行高】对话框，如图 4.39 所示。从中输入需要的行高后，单击【确定】按钮即可。

2) 列宽的设置

选择需要设置列宽的列标，右击，在弹出的快捷菜单中选择【列宽】命令，弹出【列宽】对话框。如图 4.40 所示。从中输入需要的列宽后，单击【确定】按钮即可。

图 4.38　改变列宽

图 4.39　【行高】对话框

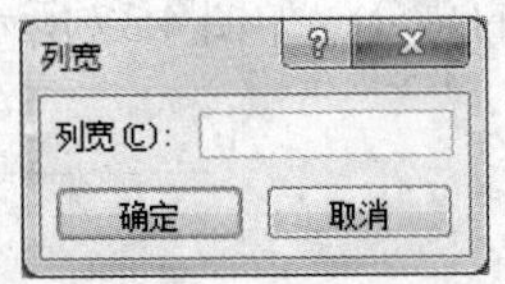

图 4.40　【列宽】对话框

3．隐藏列和行

有时想把需要修改的行或列集中显示在屏幕上，把那些不需要修改的行或列隐藏起来，以节省工作表空间，方便修改操作。

隐藏行(列)的具体操作步骤如下。

(1) 选定要隐藏的行(列)。

(2) 单击【开始】功能区的【单元格】组中的【格式】按钮，在展开的下拉列表中选择【隐藏和取消隐藏】中【隐藏行】(或【隐藏列】)命令即可。

如果要想重新显示被隐藏的行(列)，则先选定跨越隐藏行(列)的单元格，然后单击【开始】功能区的【单元格】组中的【格式】按钮，选择【隐藏和取消隐藏】|【取消隐藏行】(或【取消隐藏列】)命令即可。

4．套用表格格式

Excel 2010 提供了很多适合多种情况使用的表格格式供用户选择，以简化用户对表格的格式设置，提高工作效率。

套用表格格式的具体操作步骤如下。

(1) 选定需要套用格式的表格区域。

(2) 单击【开始】功能区的【样式】组中的【套用表格格式】按钮，如图 4.41 所示。

(3) 在展开的下拉列表中选择具体的表样式选项，如图 4.42 所示。

5．条件格式

条件格式是指如果选定的单元格满足了特定的条件，那么 Excel 将底纹、字体、颜色等格式应用到该单元格中。一般在需要突出显示公式的计算结果或者要监视单元格的值时应用条件格式。

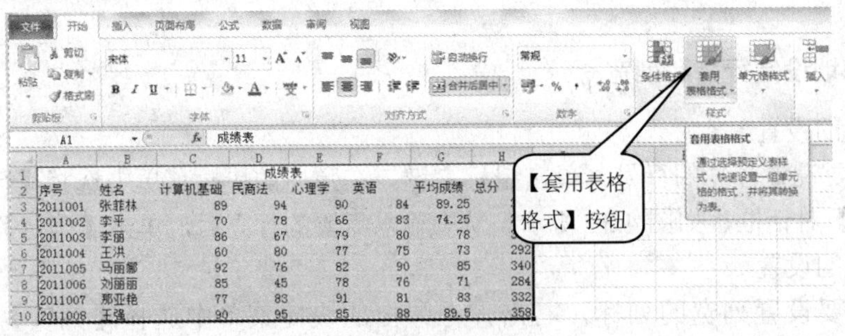

图 4.41　单击【套用表格格式】按钮

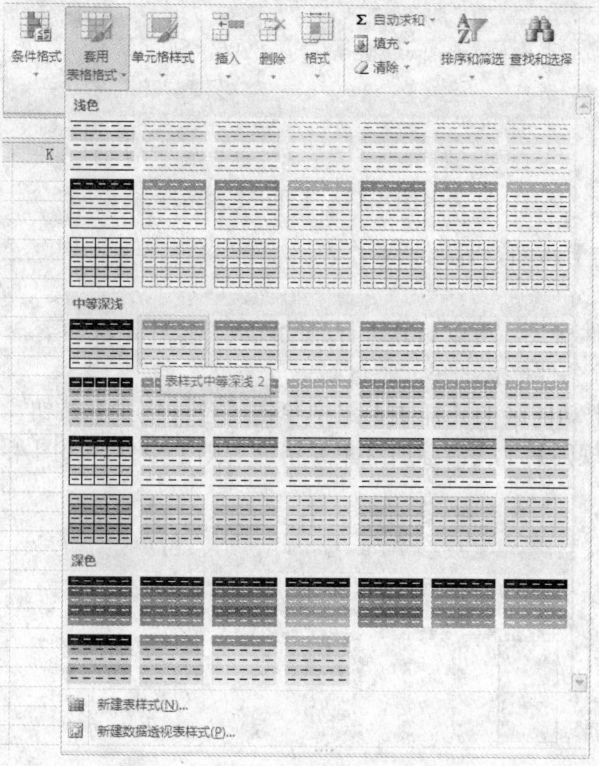

图 4.42　选择样式表选项

1) 设置条件格式

(1) 选定要设置条件格式的单元格区域。

(2) 在【开始】功能区的【样式】组中单击【条件格式】按钮，展开【条件格式】下拉列表，如图 4.43 所示。

(3) 输入需要格式化数据的条件，例如计算机基础成绩 90 分(含)以上的显示为红色。在【条件格式】下拉列表中选择【突出显示单元格规则】|【介于】命令，弹出【介于】对话框，从中可对介于以下值的单元格设置条件格式，输入 90、100；在【设置为】下拉列表框中选择【红色文本】选项即可，如图 4.44 所示。

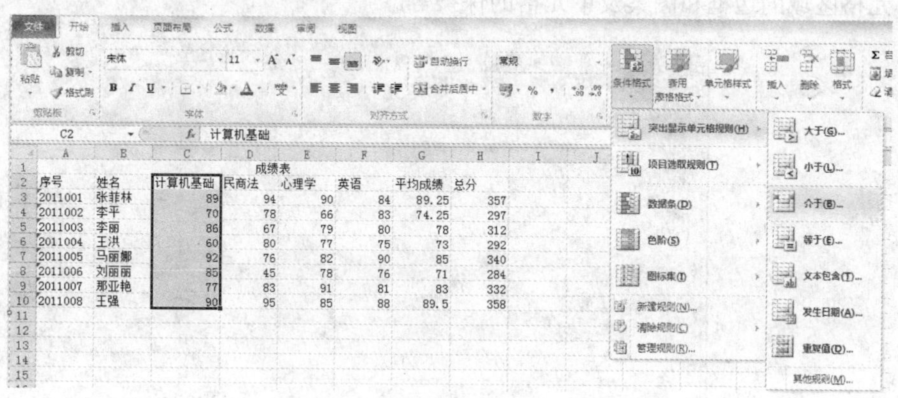

图 4.43　【条件格式】下拉列表

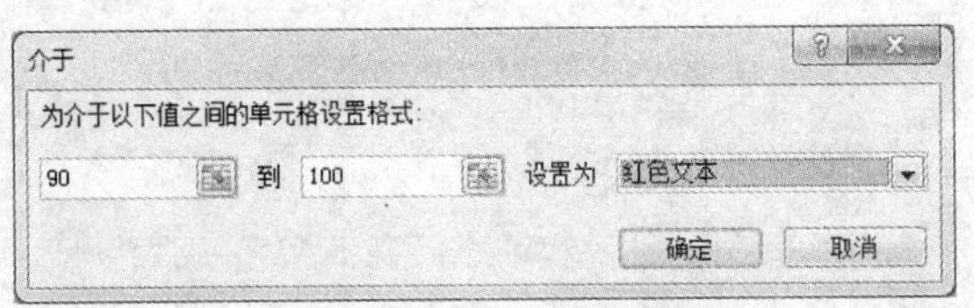

图 4.44 【介于】对话框

(4) 单击【确定】按钮，返回到工作表。

2) 删除条件格式

对已存在的条件格式，可以对其进行删除。具体操作步骤如下。

(1) 选定要删除条件格式的单元格区域。

(2) 在【开始】功能区的【样式】组中单击【条件格式】按钮，在【条件格式】下拉列表中选择【清除规则】|【清除所选单元格的规则】命令，如图 4.45 所示。

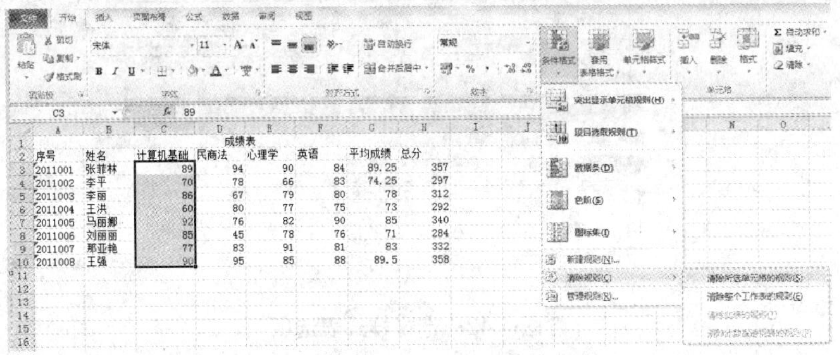

图 4.45 删除条件格式

4.5.2 单元格的格式设置

格式设置的目的就是使表格规范后，看起来更有条理、更清楚。

通过【开始】功能区的各个组中的工具或单击对话框启动按钮 ，或者通过右键快捷菜单中的【设置单元格格式】命令，打开【设置单元格格式】对话框(见图 4-46)，从中可以设置单元格数据的显示格式，包括设置单元格中数字的类型、文本的对齐方式和字体、添加单元格区域的边框和图案及单元格的保护等。

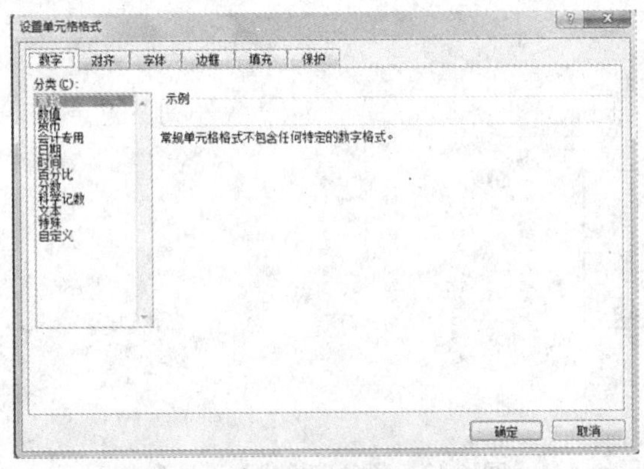

图 4.46 【设置单元格格式】对话框

1. 设置单元格的数据格式

通过【数字】选项卡中的【分类】列表框，可以定义单元格数据的类型。数据类型主要包括常规、数值、货币、会计专用、日期、时间、百分比、分数、科学记数、文本、特殊、自定义几种数据类型。

2. 设置单元格数据对齐方式

通过【对齐】选项卡可以设置文本的水平对齐、垂直对齐、合并单元格、文字方向、自动换行等。Excel 默认的文本格式是左对齐，而数字、日期和时间是右对齐，更改对齐方式并不会改变数据类型。

例 4.10　把多个单元格合并成一个单元格。

操作步骤如下。

(1) 选择需要合并的多个连续单元格，右击，在弹出的快捷菜单中选择【设置单元格格式】命令。

(2) 弹出【设置单元格格式】对话框，切换到【对齐】选项卡，在【文本控制】选项组中选中【合并单元格】复选框，单击【确定】按钮，如图 4.47 所示。

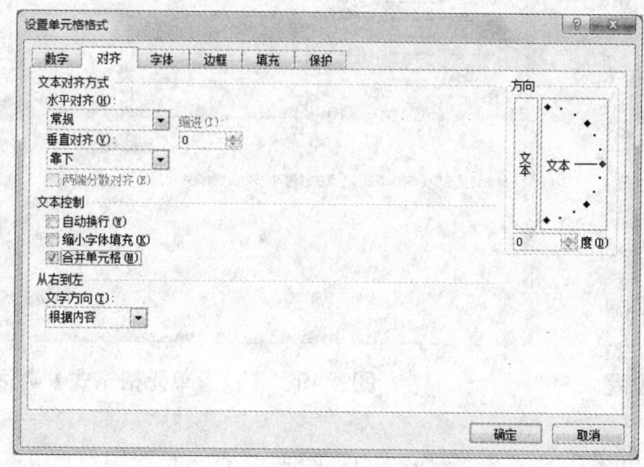

图 4.47　【对齐】选项卡

实际操作中经常使用【开始】功能区的【对齐方式】组中的【合并后居中】按钮。

3. 设置字体

通过【设置单元格格式】对话框中的【字体】选项卡或【开始】功能区的【字体】组可对单元格数据的字体、字形和字号进行设置，设置方法与 Word 相同，在此不再重复介绍。注意要先选中操作的单元格数据，再执行命令。

4.5.3　数据表的美化

初始创建的工作表格式没有实线，工作窗口中的表格线仅仅是为方便用户创建表格数据而设置的，要想打印出具有实线的表格，可通过【字体】组中的【边框】按钮对应的下拉列表(见图 4.48)，或通过【设置单元格格式】对话框中的【边框】选项卡(见图 4.49)为单元格添加边框，这样能使工作表更加直观、清晰。

例 4.11 为图 4.50 所示的成绩表加上边框。

操作步骤如下。

方法一：选中 A2:I10 单元格区域。在【开始】功能区的【字体】组中单击【边框】按钮，在展开的下拉列表中选择【所有框线】选项即可。

方法二：选中 A2:I10 单元格区域。右击选中的单元格区域，在弹出的快捷菜单中选择【设置单元格格式】命令，弹出【设置单元格格式】对话框，分别选择【预置】选项组中的【外边框】选项和【边框】选项组中的【内部】选项即可完成表格边框的设置。设置边框后的效果如图 4.51 所示。

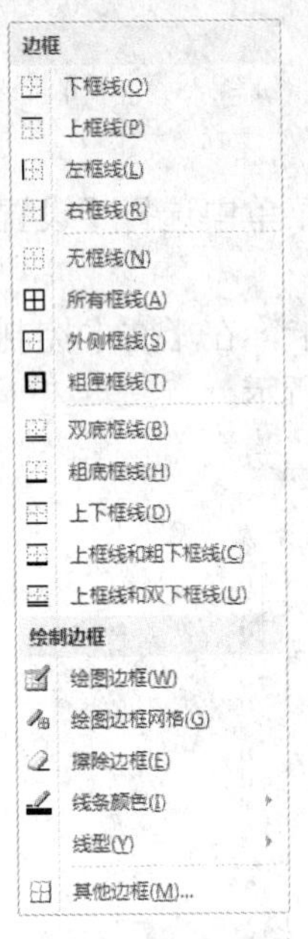

图 4.48 边框设置

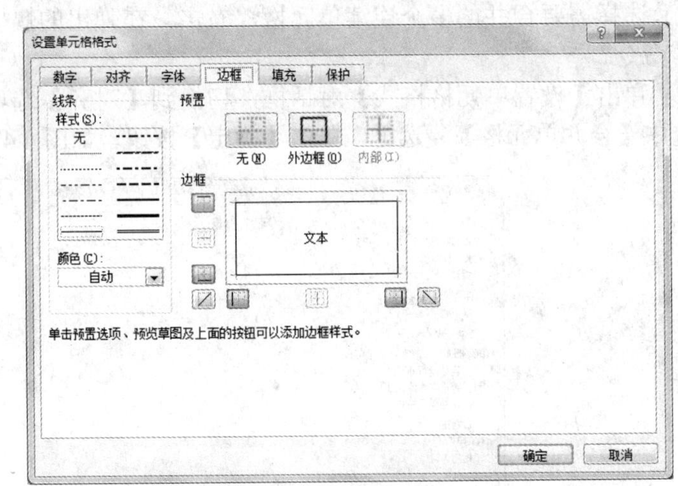

图 4.49 【设置单元格格式】对话框

	A	B	C	D	E	F	G	H	I
1					成绩表				
2	序号	姓名	计算机基础	民商法	心理学	英语	平均成绩	总分	名次
3	2011001	张菲林	89	94	90	84	89.25	357	2
4	2011002	李平	70	78	66	83	74.25	297	6
5	2011003	李丽	86	67	79	80	78	312	5
6	2011004	王洪	60	80	77	75	73	292	7
7	2011005	马丽娜	92	76	82	90	85	340	3
8	2011006	刘丽丽	85	45	78	76	71	284	8
9	2011007	那亚艳	77	83	91	81	83	332	4
10	2011008	王强	90	95	85	88	89.5	358	1

图 4.50 成绩表

	A	B	C	D	E	F	G	H	I
1					成绩表				
2	序号	姓名	计算机基础	民商法	心理学	英语	平均成绩	总分	名次
3	2011001	张菲林	89	94	90	84	89.25	357	2
4	2011002	李平	70	78	66	83	74.25	297	6
5	2011003	李丽	86	67	79	80	78	312	5
6	2011004	王洪	60	80	77	75	73	292	7
7	2011005	马丽娜	92	76	82	90	85	340	3
8	2011006	刘丽丽	85	45	78	76	71	284	8
9	2011007	那亚艳	77	83	91	81	83	332	4
10	2011008	王强	90	95	85	88	89.5	358	1

图 4.51 设置边框的效果

4.5.4　格式的复制和删除

选中要复制格式的单元格，在【开始】功能区的【剪贴板】组中单击【格式刷】按钮，然后在目标单元格上单击，当鼠标变成 时，就可以把选中单元格的格式复制到目标单元格。

4.6　数据管理与分析

Excel 2010 为用户提供了强大的数据筛选、排序和汇总等功能，利用这些功能可以方便地从数据清单中获取有用的数据，并重新整理，让用户按自己的意愿从不同的角度去观察和分析数据，管理好自己的工作簿。

4.6.1　数据清单的建立

在 Excel 2010 中，数据清单是指包含一组相关数据的一系列工作表数据行。Excel 在对数据清单进行管理时，把数据清单看作是一个数据库。数据清单实质上是一个二维表格，数据清单中的行相当于数据库中的记录，行标题相当于记录名；数据清单中的列相当于数据库中的字段，列标题相当于数据库中的字段名。

建立数据清单时要遵守下述规则。

- 数据清单是由单元格构成的矩形区域。
- 数据清单区域的第一行为列标，相当于数据库的字段名，因此列标名应唯一。其余为数据，每行一条记录。
- 同列数据的性质相同。
- 在数据清单中，列之间(行之间)必须相邻，不能有空列(空行)。

根据以上规则，首先建立数据清单的列标志。在工作表中，从需要的单元格依次输入各个字段名。列标名建好后，在列标下的单元格中输入记录，如图 4.52 所示。

	A	B	C	D	E	F	G
1			《计算机应用基础》成绩表				
2		姓名	上机成绩	笔试成绩	平时成绩	总评成绩	
3		张红	68	77	8	73	
4		丁海霞	80	76	10	80	
5		李明	78	80	9	80	
6		李建华	85	79	9	83	
7		王江文	58	72	8	67	
8		赵青山	70	67	7	69	
9		张晓瑞	82	69	8	76	
10		吴光	78	76	8	77	
11		孙英	95	80	9	88	
12		李丽丽	61	73	9	69	
13		李刚	87	66	10	79	
14		杨洁	92	89	9	90	
15		张静	93	92	9	92	
16		姜小维	94	78	9	86	
17		高兴民	73	59	7	66	
18		杜玉伟	79	63	8	72	
19		蔡红慧	68	41	9	58	

Sheet1 Sheet2 Sheet3

就绪　数字

图 4.52　数据清单示例

4.6.2　数据排序

数据排序是指按一定规则对数据进行整理、排列，这样可以为进一步处理数据做好准备。Excel 2010 提供了多种对数据清单进行排序的方法，如升序、降序，用户也可以自定义排序方法。

1. 快速排序

打开需要排序的工作表，选中某列中的任意单元格，如“名次”列中的任意单元格，切换到【数据】功能区，然后单击【排序和筛选】组中的【升序】按钮 A↓Z，工作表中的数据将按照关键字“名次”进行升序排列。如果单击【排序和筛选】组中的【降序】按钮 Z↓A，工作表中的数据将按照关键字“名次”进行升序排列，如图 4.53 所示。

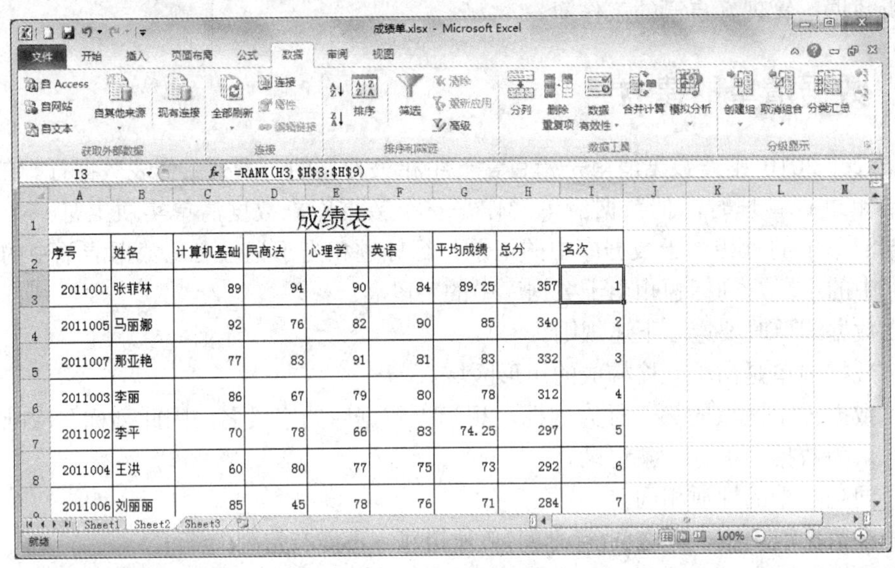

序号	姓名	计算机基础	民商法	心理学	英语	平均成绩	总分	名次
2011001	张菲林	89	94	90	84	89.25	357	1
2011005	马丽娜	92	76	82	90	85	340	2
2011007	那亚艳	77	83	91	81	83	332	3
2011003	李丽	86	67	79	80	78	312	4
2011002	李平	70	78	66	83	74.25	297	5
2011004	王洪	60	80	77	75	73	292	6
2011006	刘丽丽	85	45	78	76	71	284	7

图 4.53　排序结果

2. 多条件排序

在实际操作过程中，当对关键字进行排序后，排序结果中有并列记录时，可使用多条件排序方式进行排序。操作方法如下。

打开需要排序的工作表，选中某列中的任意单元格，如“名次”列中的任意单元格，切换到【数据】功能区，然后单击【排序和筛选】组中的【排序】按钮，弹出【排序】对话框，如图 4.54 所示。在【列】栏的【主要关键字】下拉列表框中选择【名次】选项，在【次序】栏中选择【升序】或【降序】选项，单击【添加条件】按钮，主要关键字下方出现次要关键字，按照同样的方法选择次要关键字和排序方式后，单击【确定】按钮即可完成多条件排序。多条件排序可以根据实际需要添加多个条件进行排序。

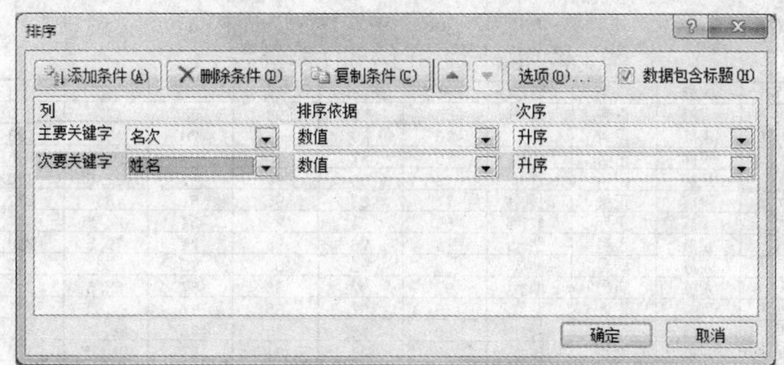

图 4.54　多条件排序

4.6.3　数据筛选

当希望从一个很庞大的数据表中查看或打印满足某条件的数据时，采用排序或者条件格式显示数据往往不能达到预期的效果。Excel 还提供了一种“数据筛选”功能，使查找数据变得非常方便。

1. 简单筛选

若条件单一，可使用“简单筛选”来进行。

例 4.12　图 4.55 所示是“教师计算机培训成绩表”，试查看一下“女”教师的培训成绩。

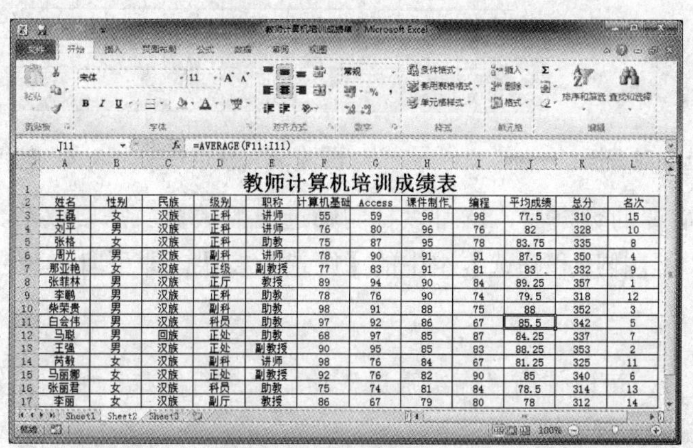

教师计算机培训成绩表

姓名	性别	民族	级别	职称	计算机基础	Access	课件制作	编程	平均成绩	总分	名次
王磊	女	汉族	正科	讲师	55	59	98	98	77.5	310	15
刘平	男	汉族	正科	讲师	76	80	96	76	82	328	10
张格	女	汉族	正科	助教	75	87	95	78	83.75	335	8
周光	男	汉族	副科	讲师	78	90	91	91	87.5	350	4
那亚艳	女	汉族	正级	副教授	77	83	91	81	83	332	9
张菲林	男	汉族	正厅	教授	89	94	90	84	89.25	357	1
李鹏	男	汉族	正科	助教	78	76	90	74	79.5	318	12
柴荣贵	男	汉族	副科	助教	98	91	88	75	88	352	3
白会伟	男	汉族	科员	助教	97	92	86	67	85.5	342	5
马聪	男	回族	正处	助教	68	97	85	87	84.25	337	7
王强	男	汉族	正处	副教授	90	95	85	83	88.25	353	2
芮敏	女	汉族	副科	讲师	98	76	84	67	81.25	325	11
马丽娜	女	汉族	正处	副教授	92	76	82	90	85	340	6
张丽君	女	汉族	科员	助教	75	74	81	84	78.5	314	13
李丽	女	汉族	副厅	教授	86	67	79	80	78	312	14

图 4.55　数据域筛选

操作步骤如下。

(1) 选择【数据】功能区，单击【排序与筛选】组中的【筛选】按钮，此时数据清单中的每个列标题(字段名)的右侧会出现一个下拉按钮，如图 4.56 所示。

(2) 单击“性别”单元格中的下拉按钮，在弹出的【数据筛选】对话框中选中【女】复选框，单击【确定】按钮，如图 4.57 所示。

(3) 返回工作表，完成了自动筛选，筛选出“性别”为“女”的全部记录。同时在状态栏中可以看到“在 15 条记录中找到 7 个”的显示，如图 4.58 所示。

A	B	C	D	E	F	G	H	I	J	K	L
教师计算机培训成绩表											
姓名	性别	民族	级别	职称	计算机基	Acces:	课件制	编程	平均成绩	总分	名次
王磊	女	汉族	正科	讲师	55	59	98	98	77.5	310	15
刘平	男	汉族	正科	讲师	76	80	96	76	82	328	10
张格	女	汉族	正科	助教	75	87	95	78	83.75	335	8
周光	男	汉族	副科	讲师	78	90	91	91	87.5	350	4
那亚艳	女	汉族	正级	副教授	77	83	91	81	83	332	9
张菲林	男	汉族	正厅	教授	89	94	90	84	89.25	357	1
李鹏	男	汉族	正科	助教	78	76	90	74	79.5	318	12
柴荣贵	男	汉族	副科	助教	98	91	88	75	88	352	3
白会伟	男	汉族	科员	助教	97	92	86	67	85.5	342	5
马聪	男	回族	正处	助教	68	97	85	87	84.25	337	7
王强	男	汉族	正处	副教授	90	95	85	83	88.25	353	2
芮敏	女	汉族	副科	讲师	98	76	84	67	81.25	325	11
马丽娜	女	汉族	正处	副教授	92	76	82	90	85	340	6
张丽君	女	汉族	科员	助教	75	74	81	84	78.5	314	13
李丽	女	汉族	副厅	教授	86	67	79	80	78	312	14

图 4.56　成绩表

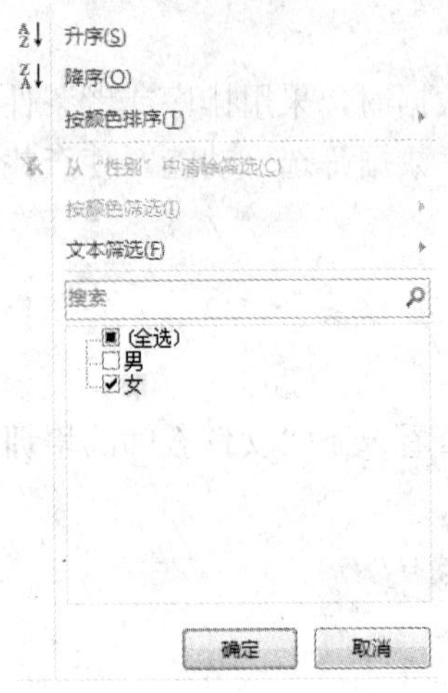

图 4.57　【数据筛选】对话框

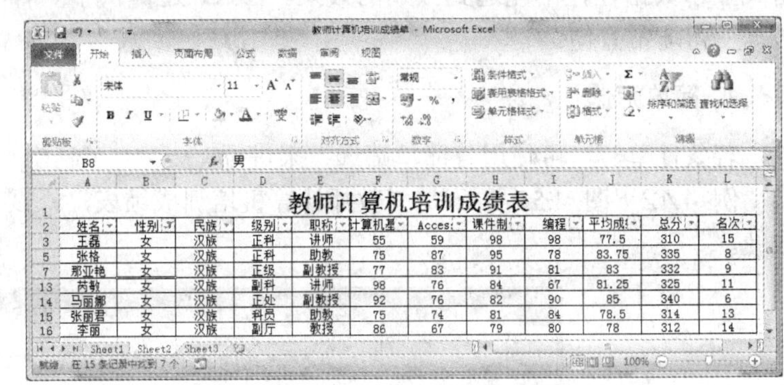

图 4.58　筛选性别为"女"的结果

(4) 找到自己需要的数据后，就可以打印筛选出的数据。需要取消数据筛选时，切换到【数据】功能区中【排序和筛选】组中的【筛选】按钮，即可取消其选定。

2. 高级筛选

如果条件比较多，可以使用"高级筛选"功能来进行筛选。使用高级筛选功能可以一次把想要看到的数据都找出来。

例 4.13　把图 4.55 所示的成绩表中性别为女、职称为副教授、总分大于 300 的人显示出来。

操作步骤如下。

性别	职称	总分
女	副教授	>330

图 4.59　高级筛选条件

(1) 设置一个条件区域。在第一行中输入排序的字段名称，在第二行中输入条件，建立一个条件区域，如图 4.59 所示。

(2) 选中数据区域中的一个单元格，单击【数据】功能区中的【高级】命令。Excel 自动选择好了要筛选的区域，单击这个条件区域框中的【拾取】按钮，选中刚才设置的条件区域，单击【拾取】按钮返回【高级筛选】对话框，如图 4.60 所示，单击【确定】按钮。现在表中就是希望看到的结果了。

高级筛选可以设置行与行之间的“或”关系条件，也可以对一个特定的列指定三个以上的条件，还可以指定计算条件，这些都是它比自动筛选优越的地方。高级筛选的条件区域应该至少有两行，第一行用来放置列标题，下面的行则放置筛选条件。需要注意的是，这里的列标题一定要与数据清单中的列标题完全一样才行。在条件区域的筛选条件设置中，同一行上的条件认为是“与”条件，而不同行上的条件认为是“或”条件。

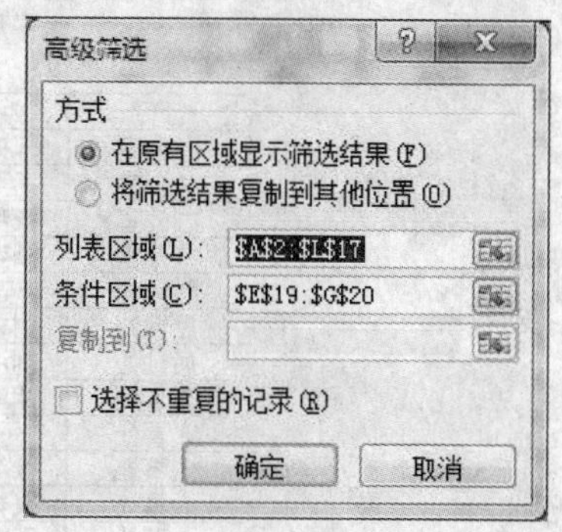

图 4.60　【高级筛选】对话框

3. 自定义筛选

在设置自动筛选的自定义条件时，可以使用通配符，其中问号“？”代表任意单个字符，星号“*”代表任意多个字符，如图 4.61 所示。

图 4.61　【自定义自动筛选方式】对话框

4.6.4　数据汇总

当用户对表格数据或原始数据进行分析处理时，往往需要对其进行汇总，同时还要插入带有汇总信息的行。Excel 2010 提供的“分类汇总”功能将使这项工作变得简单易行，它会自动地插入汇总信息行，不需要人工进行操作。

利用汇总功能并选择合适的汇总函数，用户不仅可以建立清晰、明了的总结报告，还可以在报告中只显示第一层次的信息而隐藏其他层次的信息。

1. 分类汇总

“分类汇总”功能可以自动对所选数据进行汇总，并插入汇总行。汇总方式灵活多样，如求和、平均值、最大值、标准方差等，可以满足用户多方面的需求。

需要特别注意的是，在分类汇总之前必须首先按分类汇总所依据的列进行排序。

例 4.14　在图 4.62 所示的各部门工资统计表中，请利用分类汇总功能得出数据表中每个部门的员工实发工资之和。

	A	B	C	D	E	F	G
1	各部门工资统计表						
2	部门	姓名	基本工资	奖金	住房基金	保险费	实发工资
3	办公室	陈鹏	¥800.00	¥700.00	¥130.00	¥100.00	¥1,270.00
4	办公室	王卫平	¥685.00	¥700.00	¥100.00	¥100.00	¥1,185.00
5	办公室	张甜甜	¥685.00	¥600.00	¥100.00	¥100.00	¥1,085.00
6	办公室	杨宝春	¥613.00	¥600.00	¥100.00	¥100.00	¥1,013.00
7	财务处	连战	¥800.00	¥700.00	¥130.00	¥100.00	¥1,270.00
8	后勤处	林海	¥685.00	¥700.00	¥130.00	¥100.00	¥1,155.00
9	后勤处	刘海燕	¥613.00	¥600.00	¥100.00	¥100.00	¥1,013.00
10	人事处	胡海涛	¥613.00	¥600.00	¥100.00	¥100.00	¥1,013.00
11	人事处	王春	¥613.00	¥700.00	¥100.00	¥100.00	¥1,113.00
12	人事处	徐冬冬	¥800.00	¥700.00	¥130.00	¥100.00	¥1,270.00
13	人事处	梁艳荣	¥685.00	¥700.00	¥100.00	¥100.00	¥1,185.00
14	人事处	王常策	¥613.00	¥600.00	¥100.00	¥100.00	¥1,013.00
15	人事处	张艳玲	¥613.00	¥600.00	¥100.00	¥100.00	¥1,013.00
16	统计处	沈谈	¥613.00	¥600.00	¥100.00	¥100.00	¥1,013.00
17	统计处	韩奕	¥800.00	¥700.00	¥100.00	¥100.00	¥1,300.00
18	统计处	乔建斌	¥685.00	¥600.00	¥100.00	¥100.00	¥1,085.00
19	统计处	韩永华	¥685.00	¥700.00	¥100.00	¥100.00	¥1,185.00

图 4.62　各部门工资统计表

操作步骤如下。

(1) 选定数据清单中进行分类汇总所依据的“部门”列中某单元格，单击【数据】功能区下的【升序】按钮，进行升序排序。

(2) 单击【数据】功能区下的【分类汇总】按钮，打开【分类汇总】对话框，在【汇总方式】下拉列表框中选择【求和】选项，在【选定汇总项】列表框中选中【实发工资】复选框。如图 4.63 所示。

(3) 单击【确定】按钮，分类汇总结果如图 4.64 所示。

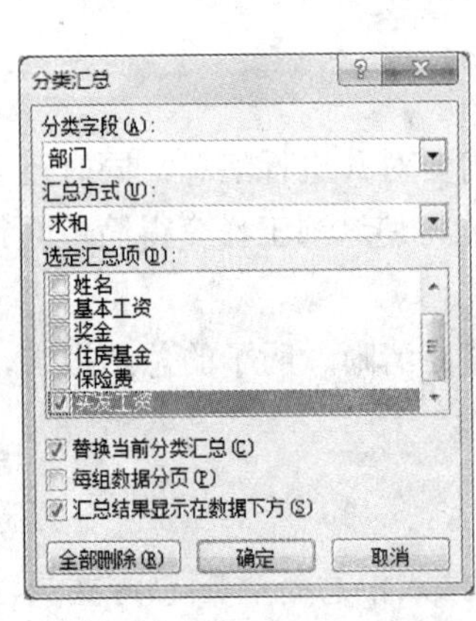

图 4.63　【分类汇总】对话框

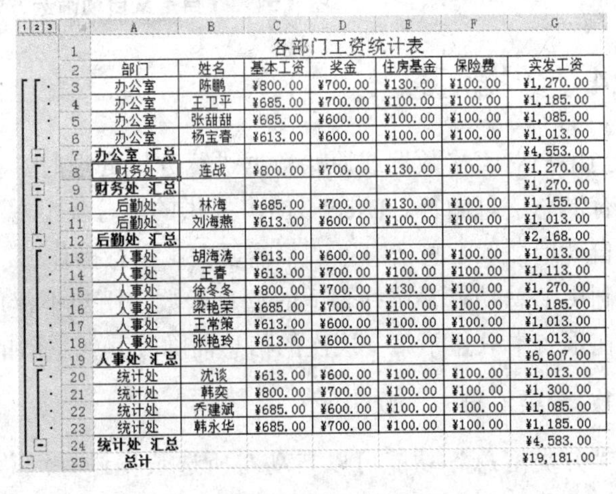

	A	B	C	D	E	F	G
1	各部门工资统计表						
2	部门	姓名	基本工资	奖金	住房基金	保险费	实发工资
3	办公室	陈鹏	¥800.00	¥700.00	¥130.00	¥100.00	¥1,270.00
4	办公室	王卫平	¥685.00	¥700.00	¥100.00	¥100.00	¥1,185.00
5	办公室	张甜甜	¥685.00	¥600.00	¥100.00	¥100.00	¥1,085.00
6	办公室	杨宝春	¥613.00	¥600.00	¥100.00	¥100.00	¥1,013.00
7	办公室 汇总						¥4,553.00
8	财务处	连战	¥800.00	¥700.00	¥130.00	¥100.00	¥1,270.00
9	财务处 汇总						¥1,270.00
10	后勤处	林海	¥685.00	¥700.00	¥130.00	¥100.00	¥1,155.00
11	后勤处	刘海燕	¥613.00	¥600.00	¥100.00	¥100.00	¥1,013.00
12	后勤处 汇总						¥2,168.00
13	人事处	胡海涛	¥613.00	¥600.00	¥100.00	¥100.00	¥1,013.00
14	人事处	王春	¥613.00	¥700.00	¥100.00	¥100.00	¥1,113.00
15	人事处	徐冬冬	¥800.00	¥700.00	¥130.00	¥100.00	¥1,270.00
16	人事处	梁艳荣	¥685.00	¥700.00	¥100.00	¥100.00	¥1,185.00
17	人事处	王常策	¥613.00	¥600.00	¥100.00	¥100.00	¥1,013.00
18	人事处	张艳玲	¥613.00	¥600.00	¥100.00	¥100.00	¥1,013.00
19	人事处 汇总						¥6,607.00
20	统计处	沈谈	¥613.00	¥600.00	¥100.00	¥100.00	¥1,013.00
21	统计处	韩奕	¥800.00	¥700.00	¥100.00	¥100.00	¥1,300.00
22	统计处	乔建斌	¥685.00	¥600.00	¥100.00	¥100.00	¥1,085.00
23	统计处	韩永华	¥685.00	¥700.00	¥100.00	¥100.00	¥1,185.00
24	统计处 汇总						¥4,583.00
25	总计						¥19,181.00

图 4.64　分类汇总结果

分类汇总中的数据是分级显示的，工作表的左上角出现了一个区域 1 2 3，此时单击标签“1”，在表中就只显示第一层次——总计项的信息，如图 4.65 所示。

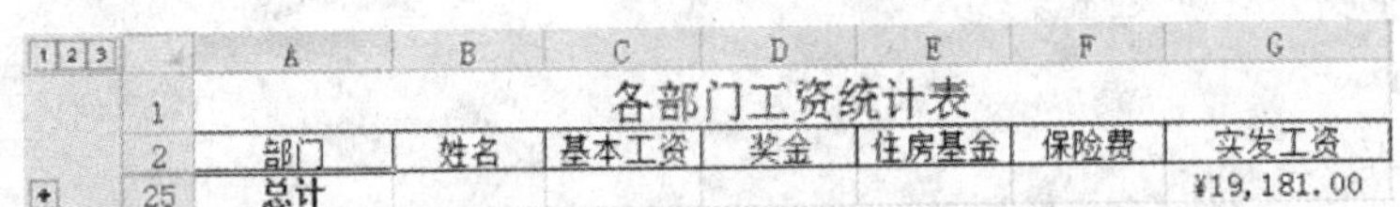

	A	B	C	D	E	F	G
1	各部门工资统计表						
2	部门	姓名	基本工资	奖金	住房基金	保险费	实发工资
25	总计						¥19,181.00

图 4.65　【分类汇总】总计

单击标签“2”将显示汇总的部分，这样可以清楚地看到各部门的工资汇总，如图 4.66 所示。

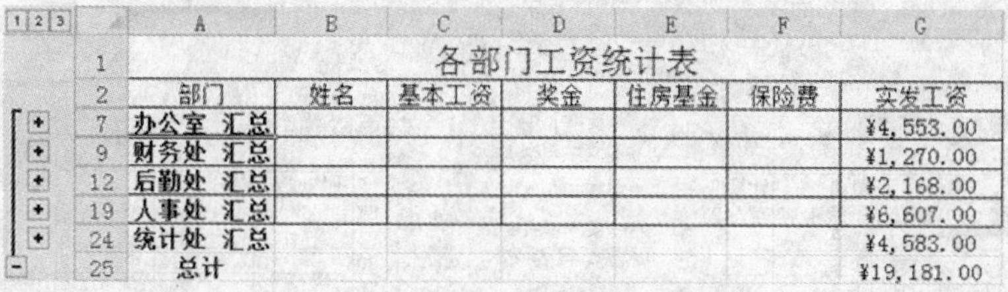

	A	B	C	D	E	F	G
1	各部门工资统计表						
2	部门	姓名	基本工资	奖金	住房基金	保险费	实发工资
7	办公室 汇总						¥4,553.00
9	财务处 汇总						¥1,270.00
12	后勤处 汇总						¥2,168.00
19	人事处 汇总						¥6,607.00
24	统计处 汇总						¥4,583.00
25	总计						¥19,181.00

图 4.66　各部门汇总

单击标签“3”可以显示所有的内容。

2. 删除分类汇总

对数据进行分类汇总后，要恢复工作表的原始数据，只需删除分类即可。方法为：选定工作表，单击【数据】功能区下的【分类汇总】按钮，在弹出的【分类汇总】对话框中单击【全部删除】按钮，即可将工作表恢复到原始数据状态。

4.7 图 表 制 作

图表是信息的图形化表示，由数字显示变成图表显示是 Excel 的主要特点之一。在 Excel 中，图表可以将工作表中的行、列数据转换成各种形式且有意义的图形。利用图表可以更加直观地表现数字，更容易被人们所接受。它不但能够帮助人们很容易地辨别数据变化的趋势，而且还可以为重要的图形部分添加色彩和其他视觉效果，使数据层次分明、条理清楚、更直观形象，便于阅读、分析、评价、比较数据。

Excel 内置了大量的图表标准类型，包括柱形图、折线图、饼图、条形图、面积图、散点图、股价图、曲面图、圆环图等，用户可根据不同的需要选用适当的图表类型。

4.7.1 创建图表

Excel 图表是根据 Excel 工作表中的数据创建的，所以在创建图表之前，首先要创建一张含有数据的工作表，组织好工作表后，就可以创建图表了。创建图表的具体操作如下。

(1) 首先选中用来创建图表的数据单元格区域，例如成绩表中的 D 列，切换到【插入】功能区，然后单击【图表】组中的【柱形图】按钮，在弹出的下拉列表中选择需要的图表样式——单击【二维柱形图】选项组中的【簇状柱形图】按钮，如图 4.67 所示。

(2) 样式选择好后，系统会根据选择的数据区域在当前工作表中生成对应的图表，如图 4.68 所示。

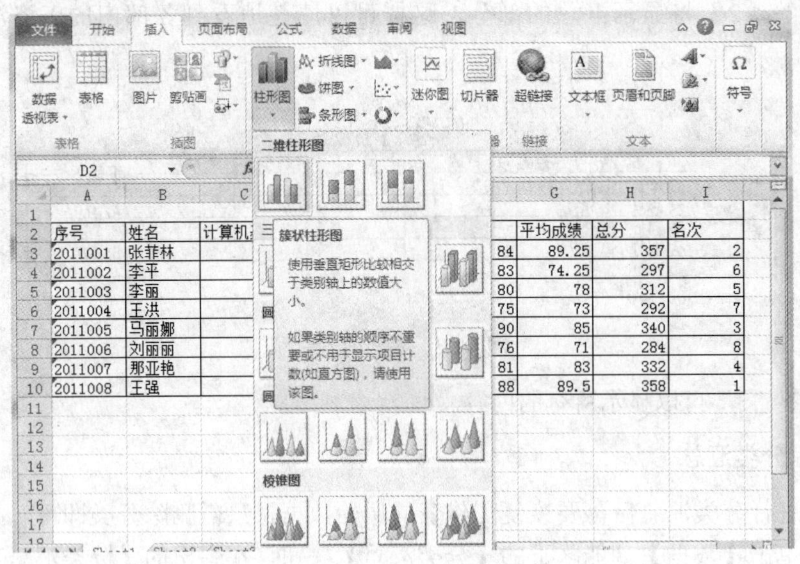

图 4.67　设置柱形图图表样式

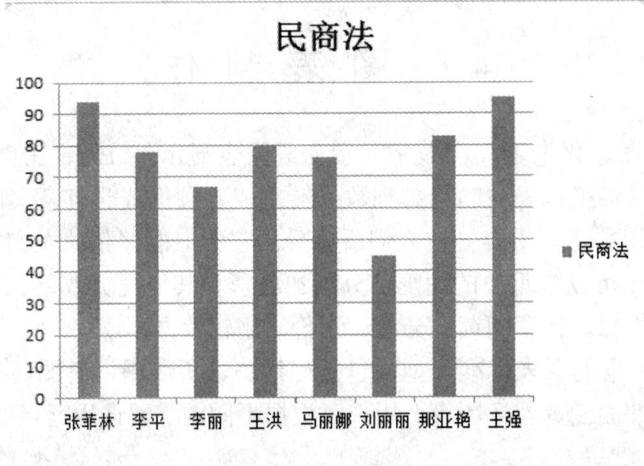

图 4.68　生成的图表

4.7.2　编辑图表

Excel 允许在建立图表之后对整个图表进行编辑，如更改图表类型或在图表中增加数据系列以及设置图表标签等。

1. 更改图表类型

(1) 选中需要更改类型的图表，如图 4.69 所示。出现【图表工具】功能区，单击【设计】功能区中的【更改图表类型】按钮。

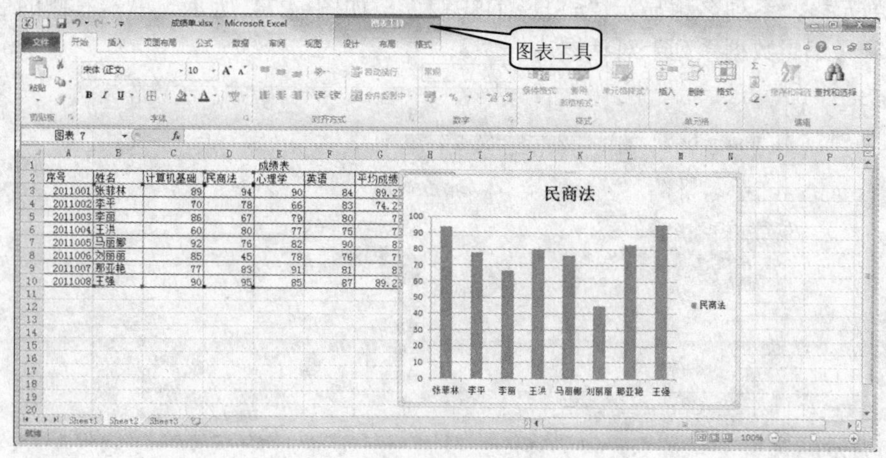

图 4.69　柱形图

(2) 在弹出的【更改图表类型】对话框左窗格中选择【饼图】选项，右窗格中选择饼图样式，然后单击【确定】按钮，如图 4.70 所示。

(3) 返回工作表，可看见当前图表的样式发生了变化，如图 4.71 所示。

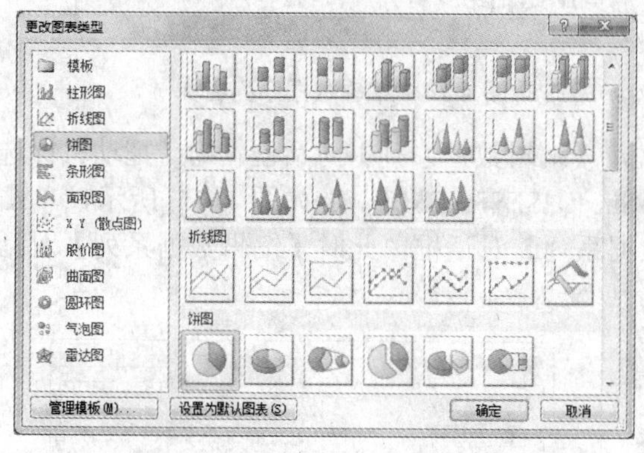

图 4.70　【更改图表类型】对话框

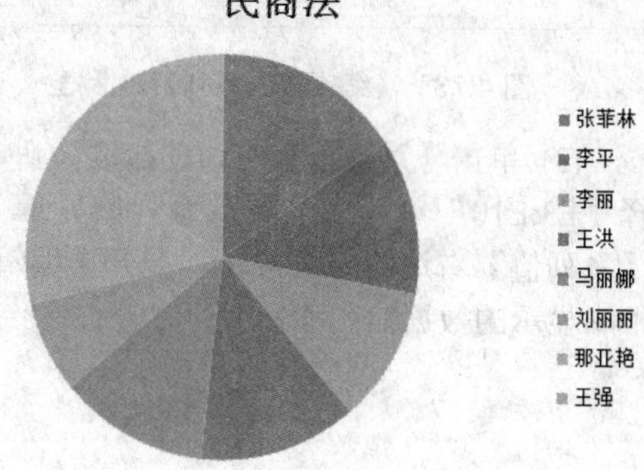

图 4.71　饼状图

2. 增加数据系列

如果要在图表中增加数据系列，可直接在原有图表上增添数据源，具体操作方法如下。

(1) 选中需要更改类型的图表，出现【图表工具】功能区，单击【设计】功能区中的【选择数据】按钮，弹出【选择数据源】对话框，如图 4.72 所示。

(2) 单击【添加】按钮，弹出【编辑数据系列】对话框，如图 4.73 所示。单击【系列名称】右边的拾取按钮，选择需要增加的数据系列的“标题单元格”，单击【系列值】右边的收缩按钮，选择需要增加的系列的值，然后单击【确定】按钮。

例 4.15　把图 4.69 中的成绩表的“心理学”增加到数据系列。

操作步骤如下。

(1) 打开【选择数据源】对话框，单击【添加】按钮，弹出【编辑数据系列】对话框。

(2) 单击【系列名称】右边的拾取按钮，【编辑数据系列】对话框收缩，单击

“E2”单元格，系列名称显示“=Sheet1!$E$2”，如图 4.74 所示。单击右侧的展开按钮，展开【编辑数据系列】对话框。

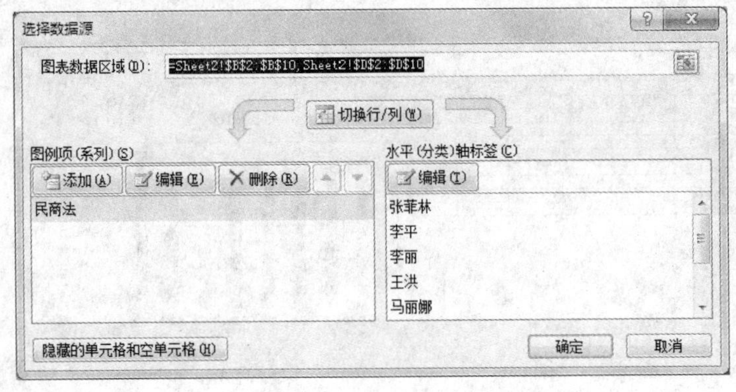

图 4.72 【选择数据源】对话框

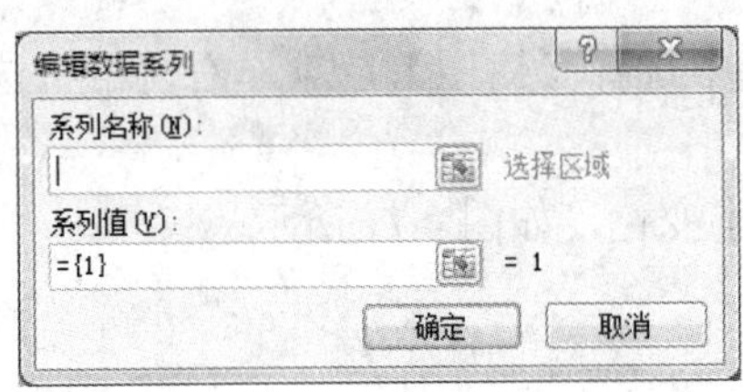

图 4.73 【编辑数据系列】对话框

图 4.74 编辑数据系列名称

(3) 单击【系列值】右边的拾取按钮，【编辑数据系列】对话框收缩，拖动鼠标选择“E3:E10”单元格区域，系列值显示“=Sheet1!$E$3:$E$10”，如图 4.75 所示，单击【系列值】右边的展开按钮，展开【编辑数据系列】对话框，此时【编辑数据系列】对话框中显示的数据如图 4.76 所示。

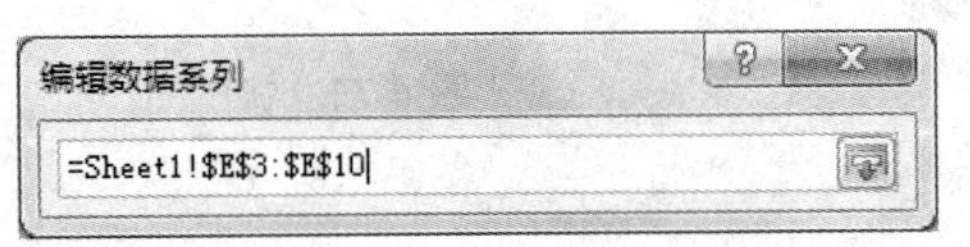

图 4.75 输入编辑数据系列值

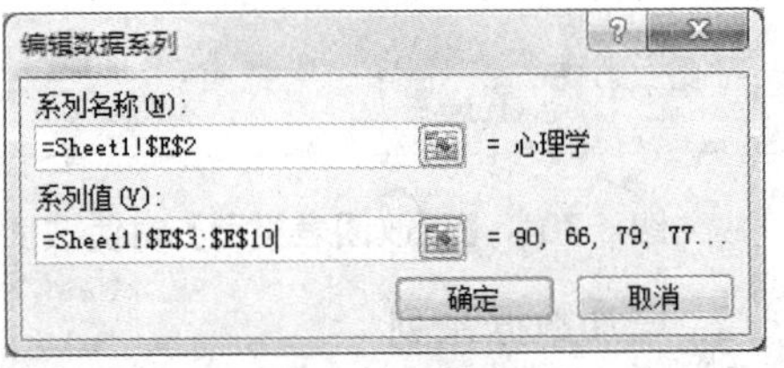

图 4.76 完成数据系列名称和值的输入

(4) 单击【确定】按钮。返回工作表，便可看到图表中添加了新的数据系列，如图 4.77 所示。

3. 删除数据系列

如果在图表中需删除数据系列，可直接在原有图表上删除数据源。操作方法为：在【选择数据源】对话框的【图例项(系列)】列表框中选中某个系列后，单击【删除】按钮，即可删除该数据系列。

4. 设置图表标签

对已经创建的图表，选中图表，切换到【图表工具】下的【布局】功能区，通过【标签】组中的按钮，可设置图表标题、坐标轴标题、图例、数据标签等。

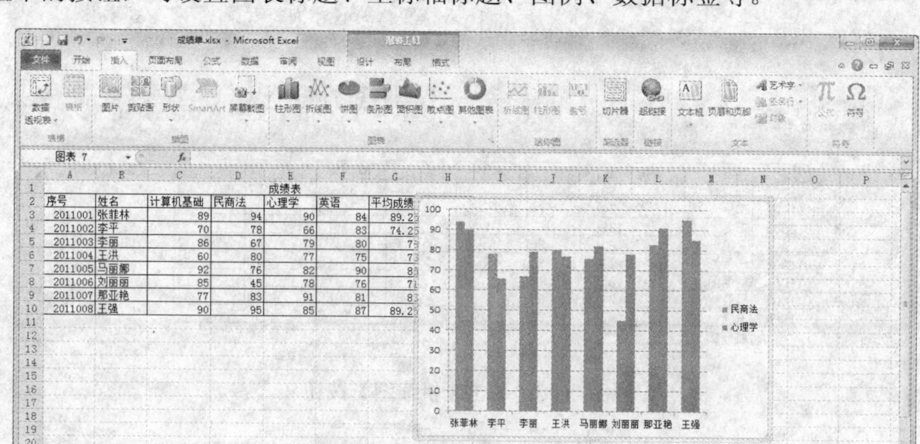

图 4.77　增加图表数据系列

- 单击【图表标题】按钮，可对图表添加图表标题。
- 单击【坐标轴标题】按钮，可对图表添加主要横坐标轴标题和主要纵坐标轴标题。
- 单击【图例】按钮，可选择图例显示的位置。
- 单击【数据标签】按钮，可选择数据标签的显示位置。
- 单击【数据表】按钮，可在图表中显示数据表。

对图表设置标签，实质上就是对图表进行自定义布局。Excel 2010 为图表提供了几种常用布局样式模板，用户快速对图表进行布局。操作方法为：选中需要布局的图表，在【图表工具】下的【设计】功能区中，选择【图表布局】组中的相应布局，即可对图表进行布局。

4.7.3　使用迷你图显示数据趋势

迷你图是 Excel 2010 中的一个新增功能，它是工作表单元格中的一个微型图表，可提供数据变化的直观表示。

1. 创建迷你图

Excel 2010 提供了 3 种类型的迷你图，分别是折线图、柱形图和盈亏图，用户可根据需要进行选择。下面介绍具体的创建步骤。

(1) 打开成绩表，选中需要显示迷你图的单元格——单击“C11”单元格。切换到【插入】功能区，然后单击【迷你图】组中的【折线图】按钮，如图 4.78 所示。

(2) 弹出【创建迷你图】对话框，在【数据范围】文本框中设置迷你图的数据源，选择“C3:C10”单元格区域，然后单击【确定】按钮，如图 4.79 所示。

(3) 返回工作表，可以看见当前单元格创建了相应的迷你图，如图 4.80 所示。

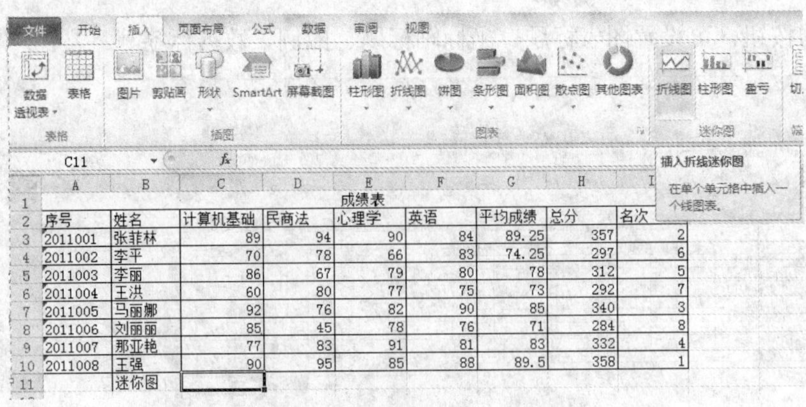

	A	B	C	D	E	F	G	H	I
1					成绩表				
2	序号	姓名	计算机基础	民商法	心理学	英语	平均成绩	总分	名次
3	2011001	张菲林	89	94	90	84	89.25	357	2
4	2011002	李平	70	78	66	83	74.25	297	6
5	2011003	李丽	86	67	79	80	78	312	5
6	2011004	王洪	60	80	77	75	73	292	7
7	2011005	马丽娜	92	76	82	90	85	340	3
8	2011006	刘丽丽	85	45	78	76	71	284	8
9	2011007	那亚艳	77	83	91	81	83	332	4
10	2011008	王强	90	95	85	88	89.5	358	1
11		迷你图							

图 4.78　单击【折线图】按钮

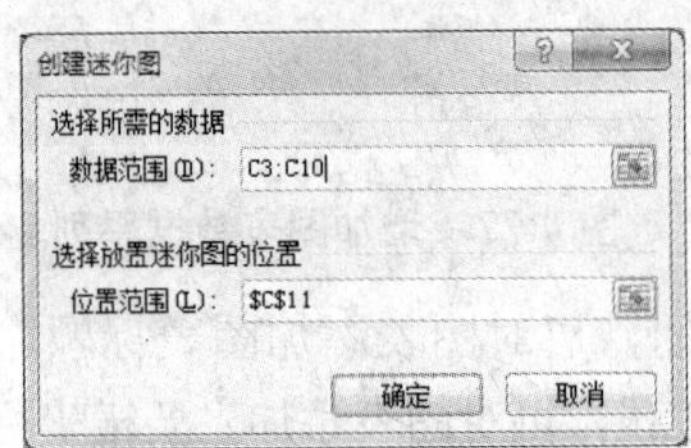

图 4.79　【创建迷你图】对话框

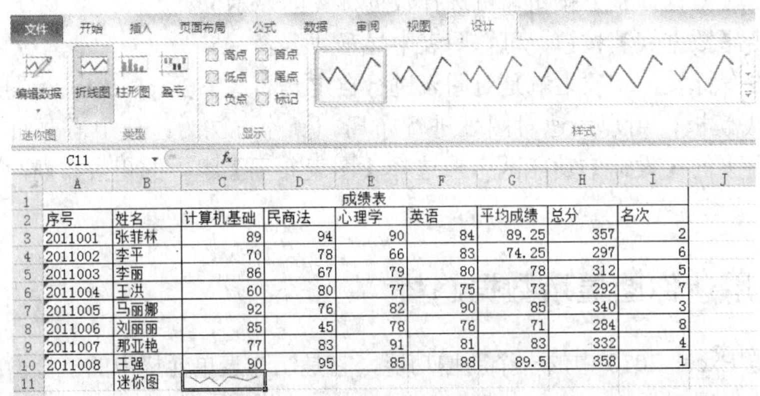

	A	B	C	D	E	F	G	H	I
1					成绩表				
2	序号	姓名	计算机基础	民商法	心理学	英语	平均成绩	总分	名次
3	2011001	张菲林	89	94	90	84	89.25	357	2
4	2011002	李平	70	78	66	83	74.25	297	6
5	2011003	李丽	86	67	79	80	78	312	5
6	2011004	王洪	60	80	77	75	73	292	7
7	2011005	马丽娜	92	76	82	90	85	340	3
8	2011006	刘丽丽	85	45	78	76	71	284	8
9	2011007	那亚艳	77	83	91	81	83	332	4
10	2011008	王强	90	95	85	88	89.5	358	1
11		迷你图							

图 4.80　迷你图效果

(4) 用同样的方法或 Excel 中的自动填充方法都可完成其他单元格迷你图的创建，如图 4.81 所示。

	A	B	C	D	E	F	G	H	I
1					成绩表				
2	序号	姓名	计算机基础	民商法	心理学	英语	平均成绩	总分	名次
3	2011001	张菲林	89	94	90	84	89.25	357	2
4	2011002	李平	70	78	66	83	74.25	297	6
5	2011003	李丽	86	67	79	80	78	312	5
6	2011004	王洪	60	80	77	75	73	292	7
7	2011005	马丽娜	92	76	82	90	85	340	3
8	2011006	刘丽丽	85	45	78	76	71	284	8
9	2011007	那亚艳	77	83	91	81	83	332	4
10	2011008	王强	90	95	85	88	89.5	358	1
11		迷你图							

图 4.81　迷你图的自动填充

2. 编辑迷你图

创建迷你图后，功能区中将显示【迷你图工具】下的【设计】功能区，通过该功能区可对迷你图数据源、类型、样式和显示进行编辑。

4.8　打印工作表

工作表数据的输入和编辑完成后，就可将其打印输出了。为了使打印出的工作表准确而清晰，要在打印之前作一些准备工作，如打印区域的设置、页面设置、页眉和页脚的设置等。

4.8.1　设置打印区域

1. 设置打印区域

首先选中要打印的区域，然后单击【页面布局】功能区下的【打印区域】按钮，在展开的下拉列表中选择【设置打印区域】选项，如图 4.82 所示。

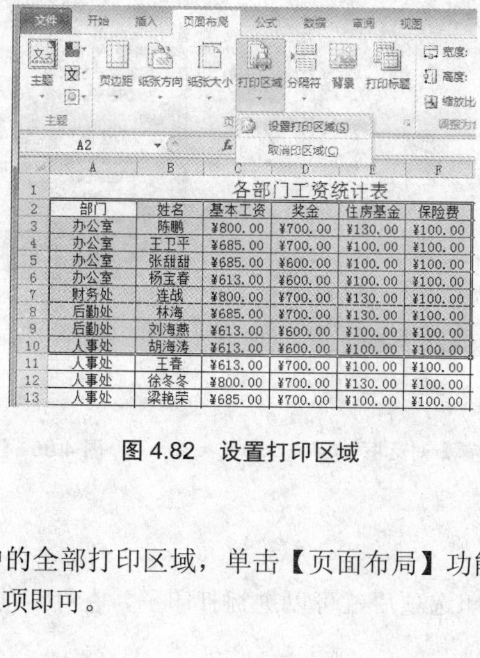

图 4.82　设置打印区域

2. 取消打印区域

如果想取消工作表中的全部打印区域，单击【页面布局】功能区下的【打印区域】按钮，【取消打印区域】选项即可。

4.8.2　页面设置

设置好打印区域之后，为了使打印出的页面美观、符合要求，需在【页面布局】功能区对打印的页边距、纸张方向、纸张大小、分隔符、背景、打印标题等项目进行设置，如图 4.83 所示。

也可单击【页面布局】功能区下的【页面设置】组右下角的按钮，打开【页面设置】对话框，在各选项卡中进行设置，如图 4.84 所示。

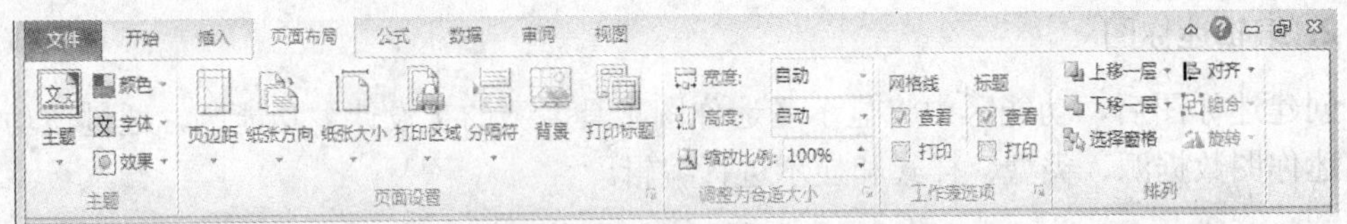

图 4.83 【页面布局】功能区

- 【页面】选项卡：可以设置页面方向和页面的大小。
- 【页边距】选项卡：可以设置正文和页面边缘之间及页眉、页脚和页面边缘之间的距离。
- 【页眉/页脚】选项卡：既可以添加系统默认的页眉和页脚，也可以添加用户自定义的页眉和页脚。
- 【工作表】选项卡：可以选择打印区域、打印内容的行标题和列标题、打印的内容及打印顺序等，如图 4.85 所示，其中对大型数据清单而言，打印标题是一个非常有用的选项，选定了作为标题的行列后，若打印出的数据清单由多页构成，则所有页中都将有标题行和标题列的内容。

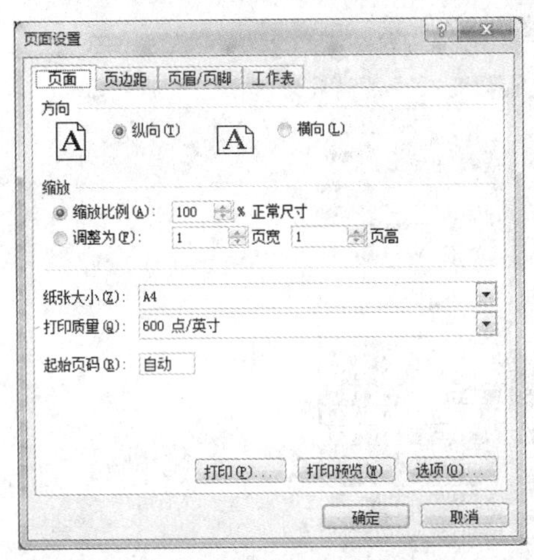

图 4.84 【页面设置】对话框

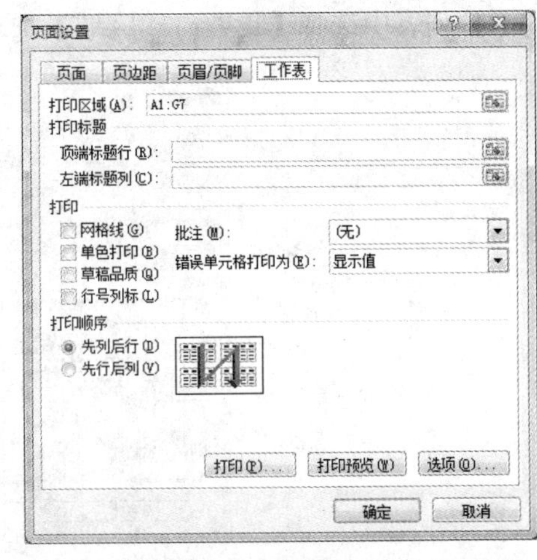

图 4.85 【工作表】选项卡

4.8.3 打印工作簿

在设置完所有的打印选项后就可以进行打印了，在打印前用户还可以预览一下打印效果。

1. 打印预览

依次单击【文件】|【打印】命令，在右侧的【打印】界面中，用户可以预览所设置的打印选项的实际打印效果，如图 4.86 所示。可通过【打印】界面最下面的【页面设置】按钮对打印选项进行最后的修改和调整，用户对打印预览中显示的效果满意后就可进行打印输出了。

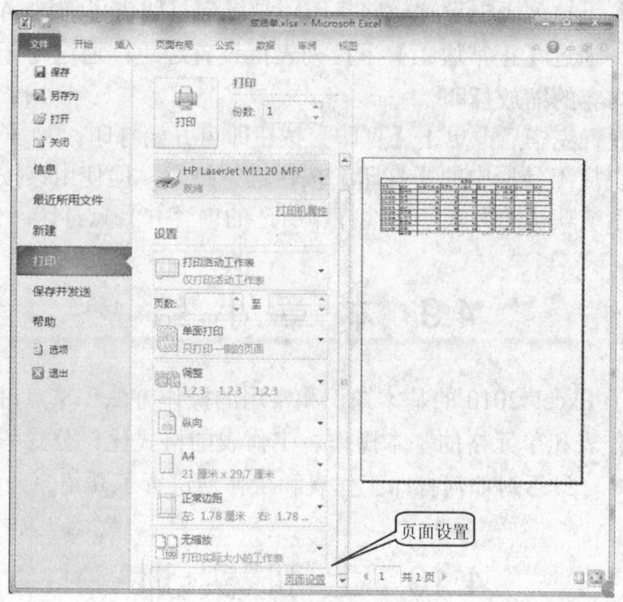

图 4.86　打印窗口

2. 打印工作簿

依次单击【文件】|【打印】命令，在【打印】界面的【打印活动工作表】下拉列表中选择【打印整个工作簿】命令，即可打印工作簿，如图 4.87 所示。

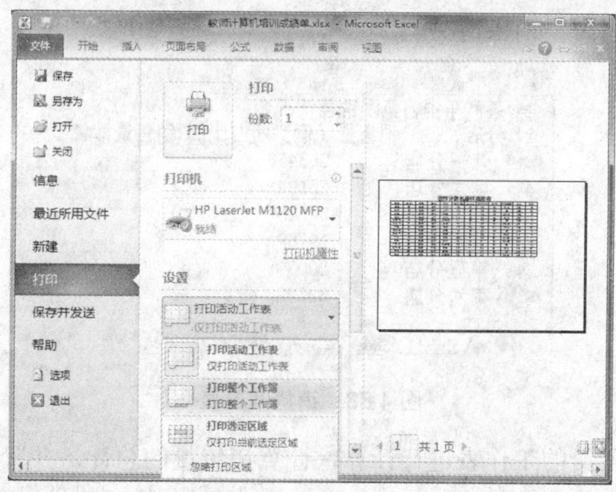

图 4.87　打印工作簿设置

- 【份数】微调框：用来指定要打印的份数。可在【份数】微调框中输入要打印的份数或使用微调按钮设置打印份数。
- 【打印机】选项组：可以在下拉列表框中选择打印机。
- 【设置】选项组：可通过【打印活动工作表】下拉列表框设置打印内容；通过【页数】微调框可设置打印某些页；可通过【单面打印】下拉列表框设置单面打印还是双面打印；可通过【调整】下拉列表框设置调整还是取消排序打印；可通

过【纵向】下拉列表框设置横向打印还是纵向打印；可通过 A4 下拉列表框选择打印纸张；通过【正常边距】下拉列表框设置边距；通过【无缩放】下拉列表框设置打印内容的缩放打印。

根据实际需要设置完毕后，单击【打印】按钮即可开始打印。

用户也可单击快捷工具栏中的【打印】按钮进行打印，但使用该按钮不允许用户设置打印方式，而是按系统默认的方式一次性打印所选的内容并且只打印一份。

4.9 本 章 小 结

本章主要介绍了 Excel 2010 的基本知识和常用的操作方法。重点讨论了在 Excel 2010 环境下工作簿、工作表和单元格的基本操作、工作表的格式化、公式与函数、数据管理与分析以及图表制作等，最后对如何打印工作表和工作簿进行了介绍。

4.10 上 机 实 训

实训内容

1．现有“某汽车销售集团销售情况表”，如图 4.88 所示。要求：

(1) 合并 A1:D1 单元格区域，内容水平居中。

(2) 利用条件格式将销售量大于或等于 30000 的单元格字体设置为蓝色。

(3) 将工作表命名为“销售情况表”。

	A	B	C	D
1	某汽车销售集团销售情况表			
2	分店	销售量（辆）	所占比例	销售量排名
3	第一分店	20345		
4	第二分店	25194		
5	第三分店	34645		
6	第四分店	19758		
7	第五分店	20089		
8	第六分店	32522		
9	总计			

Sheet1 / Sheet2 / Sheet3 /

图 4.88　销售情况表

2．对习题 1 中所给的工作表进行计算，计算销售量的总计，并置于 B9 单元格；计算“所占比例”列的内容(百分比型，保留小数点后 2 位)，并置于 C3:C8 单元格区域；计算各分店的销售排名(利用 RANK 函数)，并置于 D3:D8 单元格区域；设置 A2:D9 单元格内容水平对齐方式为“居中”。

3．为习题 2 所完成的工作表建立图表，选取“分店”列(A2:A8 单元格区域)和“所占比例”列(C2:C8 单元格区域)建立“分离型三维饼图”，图标题为“销售情况统计图”，图例位置为底部，将图插入到工作表的 A11:D21 单元格区域内。

4．现有“某公司人员情况表”数据清单，如图 4.89 所示。要求：按主要关键字“职称”的递增次序和次要关键字“部门”的递减次序进行排序，再对排序后的数据清单内容进行分类汇总，计算各职称基本工资的平均值(分类字段为“职称”，汇总方式为“平均值”，汇总项为“基本工资”)，并将汇总结果显示在数据下方。

	A	B	C	D	E	F	G
1	某公司人员情况表						
2	序号	职工号	部门	性别	职称	学历	基本工资
3	1	S001	事业部	男	高工	本科	5000
4	2	S042	事业部	男	工程师	硕士	5500
5	3	S053	研发部	女	工程师	硕士	5000
6	4	S041	事业部	男	工程师	本科	5000
7	5	S005	培训部	女	高工	本科	6000
8	6	S066	事业部	男	高工	博士	7000
9	7	S071	销售部	男	工程师	硕士	5000
10	8	S008	培训部	男	工程师	本科	5000
11	9	S009	研发部	男	助工	本科	4000
12	10	S010	事业部	男	助工	本科	4000
13	11	S011	事业部	男	工程师	本科	5000
14	12	S012	研发部	男	工程师	博士	6000
15	13	S013	销售部	女	高工	本科	7000
16	14	S064	研发部	男	工程师	硕士	5000
17	15	S015	事业部	男	高工	本科	6500
18	16	S016	事业部	女	高工	硕士	6500
19	17	S077	销售部	男	高工	本科	6500
20	18	S018	销售部	男	工程师	本科	5000
21	19	S019	销售部	女	工程师	本科	5000
22	20	S020	事业部	女	高工	硕士	6500

图 4.89　某公司人员情况表

5．对习题 4 所给数据清单完成以下操作。

(1) 进行筛选，条件为“部门为销售部或研发部，并且学历为硕士或博士”。

(2) 在工作表内建立数据透视表，显示各部门各职称基本工资的平均值以及汇总信息，设置数据透视表内数字为数值型，保留小数点后两位。

实训步骤

1．(1)选定 A1:D1 单元格区域，单击【开始】功能区下的【对齐方式】组中的【合并后居中】按钮，即完成了合并并居中操作。

(2) 选定 B3:B8 单元格区域，单击【开始】功能区下的【样式】组中的【条件格式】按钮，在展开的【条件格式】下拉列表中选择【突出显示单元格规则】|【大于】命令，在弹出的【大于】对话框中输入 30000，在【设置为】下拉列表框中选择【自定义格式】选项，打开【设置单元格格式】对话框，在【字体】选项卡中将【颜色】设置为蓝色即可。同样选择【突出显示单元格规则】|【等于】命令，在弹出的【等于】对话框中输入 30000，进行相应设置。

(3) 双击 sheet1 工作表标签或者右击 sheet1 工作表标签，在弹出的菜单中选择【重命名】命令，在 sheet1 处输入“销售情况表”，单击工作表任意单元格即可。最终结果如图 4.90 所示。

	A	B	C	D
1	某汽车销售集团销售情况表			
2	分店	销售量（辆）	所占比例	销售排名
3	第一分店	20345		
4	第二分店	25194		
5	第三分店	34645		
6	第四分店	19758		
7	第五分店	20089		
8	第六分店	32522		
9	总计			

销售情况表 / Sheet2 / Sheet3

图 4.90　销售情况表：命名

2．(1)选定 B9 单元格，在【编辑栏】输入“=”，单击【名称栏】右侧的下拉按钮，选择 SUM 函数，在【函数参数】对话框中设置 Number1 参数为“B3:B8”，此时，数据编辑区出现公式：“=SUM(B3:B8)”，单击【确定】按钮，B9 单元格为总计值。

(2) 选定 C3 单元格，在【编辑栏】输入公式：“=B3/$B$9”，单击工作表任意位置或按 Enter 键；选定 C3 单元格，单击【开始】功能区下的【单元格】组中的【格式】按钮，在展开的下拉列表中选择【设置单元格格式】命令，在【设置单元格格式】对话框的【数字】选项卡中，设置【分类】为【百分比】、【小数位数】为“2”，单击【确定】按钮；用鼠标拖动 C3 单元格的自动填充柄至 C8 单元格，放开鼠标，计算结果显示在 C3:C8 单元格区域。

(3) 选定 D3 单元格，在【编辑栏】输入“=”，单击【名称栏】右侧的下拉按钮，选择【RANK】函数，在【函数参数】对话框中设置 Number 参数为“B3”、Ref 参数为“$B$3:$B$8”，此时，【编辑栏】出现公式：“=RANK(B3,$B$3:$B$8)”，单击【确定】按钮；选定 D3 单元格，用鼠标拖动 D3 单元格的自动填充柄至 D8 单元格，放开鼠标，计算结果显示在 D3:D8 单元格区域。

(4) 选定 A2:D9 单元格区域，单击【开始】功能区下的【对齐方式】组中的【居中】按钮，结果如图 4.91 所示。

	A	B	C	D
1	某汽车销售集团销售情况表			
2	分店	销售量（辆）	所占比例	销售排名
3	第一分店	20345	13.34%	4
4	第二分店	25194	16.51%	3
5	第三分店	34645	22.71%	1
6	第四分店	19758	12.95%	6
7	第五分店	20089	13.17%	5
8	第六分店	32522	21.32%	2
9	总计	152553		

销售情况表 / Sheet2 / Sheet3

图 4.91　销售情况表：计算

3．(1)选定“销售情况表”工作表“分店”列(A2:A8 单元格区域)和“所占比例”列(C2:C8 单元格区域)，单击【插入】功能区中的【饼图】按钮，在【饼图】下拉列表中选择【分离型三维饼图】选项。

(2) 单击出现的“分离型三维饼图”中的图表标题“所占比例”，将其修改为“销售情况统计图”；单击【图表工具】下的【布局】功能区中的【图例】按钮，在展开的下拉列表中选择【在底部显示图例】选项。

(3) 在工作表内调整图表大小，将其插入到 A11:D21 单元格区域内，结果如图 4.92 所示。

	A	B	C	D
1	某汽车销售集团销售情况表			
2	分店	销售量（辆）	所占比例	销售排名
3	第一分店	20345	13.34%	4
4	第二分店	25194	16.51%	3
5	第三分店	34645	22.71%	1
6	第四分店	19758	12.95%	6
7	第五分店	20089	13.17%	5
8	第六分店	32522	21.32%	2
9	总计	152553		

图 4.92　销售情况表：图表

4. (1)选定“某公司人员情况表”数据清单区域，单击【数据】功能区下的【排序和筛选】组中的【排序】按钮，弹出【排序】对话框；在【列】栏中的【主要关键字】下拉列表框中选择【职称】，在【次序】栏中选择【降序】选项，单击【添加条件】按钮，在【次要关键字】下拉列表框中选择【部门】选项，在【次序】栏中选择【降序】；如果选择数据清单区域时包含标题，则选中【数据包含标题】复选框，如果选择数据清单区域时不包含标题，则取消选中【数据包含标题】复选框，单击【确定】按钮完成排序，如图 4.93 所示。

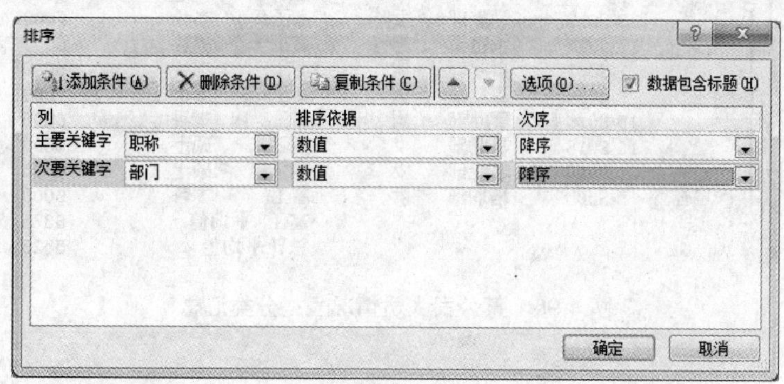

图 4.93　【排序】对话框设置

(2) 单击【数据】功能区下的【分级显示】组中的【分类汇总】按钮，弹出【分类汇总】对话框；设置【分类字段】为【职称】，【汇总方式】为【平均值】，【选定汇总项】为【基本工资】，选中【汇总结果显示在数据下方】复选框，如图 4.94 所示。单击【确定】按钮即可完成分类汇总，最终结果如图 4.95 所示。

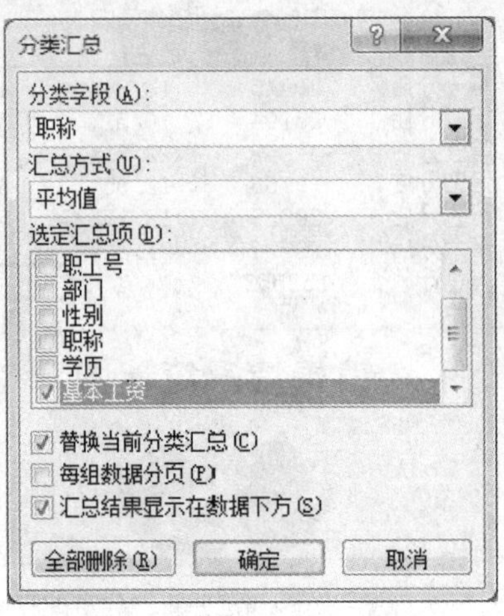

图 4.94 【分类汇总】对话框设置

	A	B	C	D	E	F	G
1				某公司人员情况表			
2	序号	职工号	部门	性别	职称	学历	基本工资
3	9	S009	研发部	男	助工	本科	4000
4	10	S010	事业部	男	助工	本科	4000
5					**助工 平均值**		4000
6	3	S053	研发部	女	工程师	硕士	5000
7	12	S012	研发部	男	工程师	博士	6000
8	14	S064	研发部	男	工程师	硕士	5000
9	7	S071	销售部	男	工程师	硕士	5000
10	18	S018	销售部	男	工程师	本科	5000
11	19	S019	销售部	女	工程师	本科	5000
12	2	S042	事业部	男	工程师	硕士	5500
13	4	S041	事业部	男	工程师	本科	5000
14	11	S011	事业部	男	工程师	本科	5000
15	8	S008	培训部	男	工程师	本科	5000
16					**工程师 平均值**		5150
17	13	S013	销售部	女	高工	本科	7000
18	17	S077	销售部	男	高工	本科	6500
19	1	S001	事业部	男	高工	本科	5000
20	6	S066	事业部	男	高工	博士	7000
21	15	S015	事业部	男	高工	本科	6500
22	16	S016	事业部	女	高工	硕士	6500
23	20	S020	事业部	女	高工	硕士	6500
24	5	S005	培训部	女	高工	本科	6000
25					**高工 平均值**		6375
26					**总计平均值**		5525

图 4.95 某公司人员情况表：分类汇总

5.

1) 筛选

(1) 选定“某公司人员情况表”数据清单区域，单击【数据】功能区下的【排序和筛选】组中的【筛选】按钮，弹出【筛选】对话框，此时工作表中数据清单的列标题全部变成下拉列表框。

(2) 单击“部门”单元格中的下拉按钮，在弹出的【数据筛选】对话框中选择【文本筛选】|【自定义筛选】命令，弹出【自定义自动筛选方式】对话框，在部门的第一个下拉列表框中选择【等于】选项，在其右侧的下拉列表框中选择【销售部】，选中【或】单选按钮。在部门的第二个下拉列表框种选择【等于】，在其右侧的下拉列表框中选择【研发部】选项，如图 4.96 所示。然后单击【确定】按钮。

图 4.96　【自定义自动筛选方式】对话框设置

(3) 单击“学历”单元格中的下拉按钮，在弹出的【数据筛选】对话框中选择【文本筛选】|【自定义筛选】命令，弹出【自定义自动筛选方式】对话框，在学历的第一个下拉列表框中选择【等于】选项，在其右侧的下拉列表框中选择【硕士】选项，选中【或】单选按钮。在学历的第二个下拉列表框种选择【等于】选项，在其右侧的下拉列表框中选择【博士】选项，并单击【确定】按钮。最终结果如图 4.97 所示。

C3　　fx　研发部

	A	B	C	D	E	F	G
1	某公司人员情况表						
2	序号	职工号	部门	性别	职称	学历	基本工资
6	3	S053	研发部	女	工程师	硕士	5000
7	12	S012	研发部	男	工程师	博士	6000
8	14	S064	研发部	男	工程师	硕士	5000
9	7	S071	销售部	男	工程师	硕士	5000
26					**总计平均值**		5250

图 4.97　某公司人员情况表的筛选结果

2) 建立数据透视表

(1) 单击【插入】功能区的【数据透视表】按钮，在展开的下拉列表中【数据透视表】选项，打开【创建数据透视表】对话框，如图 4.98 所示。

(2) 在如图 4.99 所示的【数据透视表字段列表】对话框中选择要添加报表的字段——【部门】、【职称】和【基本工资】复选框；把“职称”字段从“行标签”区域拖曳到“列标签”区域；单击默认的“求和项：基本工资”下拉按钮，选择【值字段设置】选项，出现【值字段设置】对话框，如图 4.100 所示，【值汇总方式】设置为“平均值”，单击【确定】按钮。

(3) 出现如图 4.101 所示初步创建的数据透视表，分别双击“行标签”和“列标签”，改为“部门”和“职称”。最终建立的数据透视表如图 4.102 所示。

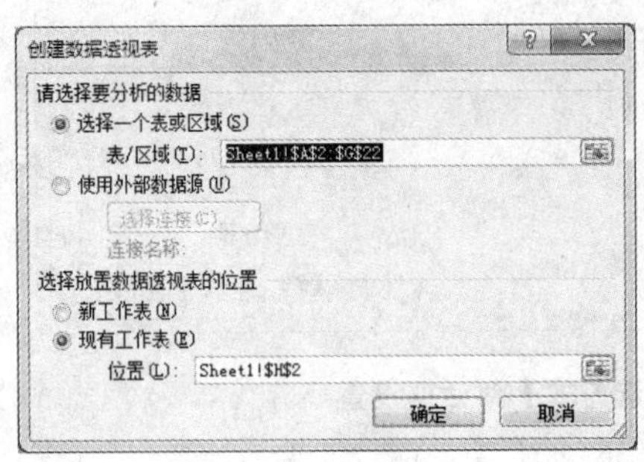

图 4.98　【创建数据透视表】对话框

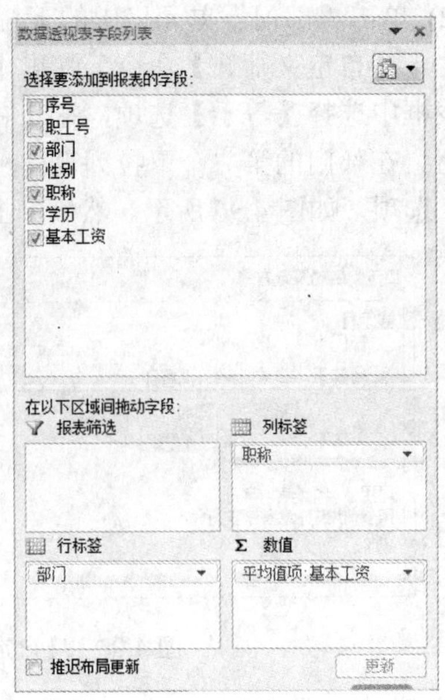

图 4.99　【数据透视表字段列表】对话框

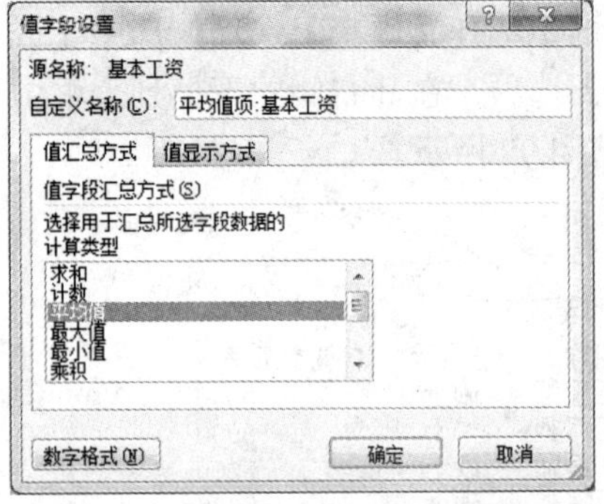

图 4.100　【值字段设置】对话框

平均值项:基本工资	列标签			
行标签	高工	工程师	助工	总计
培训部	6000	5000		5500
事业部	6300	5166.666667	4000	5666.666667
销售部	6750	5000		5700
研发部		5333.333333	4000	5000
总计	**6375**	**5150**	**4000**	**5525**

图 4.101　初步创建的数据透视表

平均值项:基本工资	职称			
部门	高工	工程师	助工	总计
培训部	6000	5000		5500
事业部	6300	5166.666667	4000	5666.666667
销售部	6750	5000		5700
研发部		5333.333333	4000	5000
总计	**6375**	**5150**	**4000**	**5525**

图 4.102　数据透视表的最终结果

第 5 章　演示文稿制作软件 PowerPoint 2010

PowerPoint 是 Microsoft 公司推出的办公软件 Office 中的一个组件，它是一个功能非常强大的制作和演示幻灯片的软件。PowerPoint 2010 是针对视频和图片编辑新增功能和增强功能而发行的重要版本。使用它可以方便、快捷地创建出包含文本、图表、图形、剪贴画等对象的页面，能像幻灯片一样进行放映，具有很强的感染力。

本章将详细介绍 PowerPoint 2010 的基本操作和使用方法。通过对本章的学习，应掌握以下几点。

(1) PowerPoint 2010 的新特点和界面。

(2) 幻灯片的选择、插入、移动、复制和删除等基本操作。

(3) 幻灯片模板、母版、背景和主题的设置。

(4) 为幻灯片添加动画效果、切换效果、超链接和动作按钮；插入声音、视频等对象。

(5) 幻灯片的放映与发布。

5.1　PowerPoint 2010 概述

在日常工作中，人们常常需要制作一张张类似简报的电子文稿。例如，产品展示会上利用一组幻灯片来逐个地介绍产品；学术报告会上利用投影仪来一步步地阐述作者的观点；技术鉴定会上利用电脑来演示研究成果。诸如此类的工作都有一个共同的特点：通过一张张相对独立而又有序的图片、简短文字、图文或图表等来展示自己想说明的问题。这些可以通过幻灯片、投影机或屏幕演示等途径来实现展示的媒体形式统称为“演示文稿”，而其中一张张既相互独立又相互关联的页面称为“幻灯片”，每个“演示文稿”是由多张幻灯片组成的。PowerPoint 2010 是一个功能强大的幻灯片制作与演示的程序，能合理有效地将图形、图像、文字、声音以及视频剪辑等多媒体元素集于一体，可以将用户的想法通过放映幻灯片的方式完美地展示出来。

5.1.1　PowerPoint 2010 的新特点

PowerPoint 2010 的工作界面与 Word、Excel 有很多相似之处，同样包括标题栏、快速访问工具栏、功能区和状态栏及【大纲】窗口、幻灯片编辑区、【备注】窗口等部分。与以往的版本相比，PowerPoint 2010 更注重与他人共同协作创建、使用演示文稿，在处理面向团队的项目时，使用 PowerPoint 2010 中的共同创作功能，可以集思广益。切换效果和动画运行起来比以往更为平滑和丰富，并且现在它们有自己的功能区。许多新增 SmartArt 图形版式(包括一些基于照片的版式)常常会给用户带来意外的惊喜。

5.1.2 PowerPoint 2010 界面介绍

PowerPoint 2010 的工作界面主要由【文件】按钮、快速访问工具栏、标题栏、【窗口控制】按钮、【帮助】按钮、功能选项卡、功能区、【幻灯片/大纲】窗格、【幻灯片】窗格、备注窗格、滚动条、状态栏、视图按钮、显示比例和【适应窗口大小】按钮等组成，具体分布如图 5.1 所示。

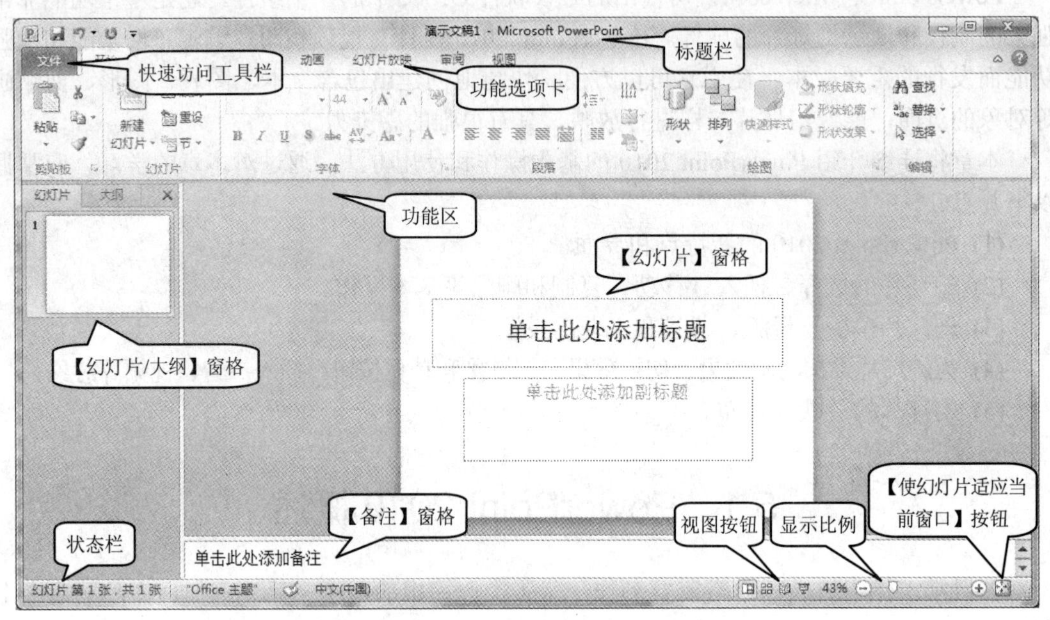

图 5.1 PowerPoint 2010 工作界面

1. 【文件】按钮

【文件】按钮位于工作界面的左上角，如图 5.2 所示。单击【文件】按钮可弹出下拉菜单，在下拉菜单里选择所需用的命令，即可进行相应的操作。下拉菜单的右侧列出了最近使用的文档，单击某一个文档，就可以快速打开查看与编辑。下拉菜单的最下方分别为【选项】按钮和【退出】按钮，如图 5.3 所示。

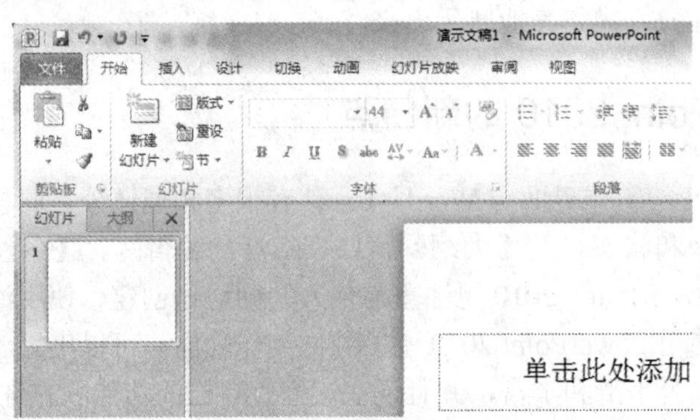

图 5.2 【文件】按钮

单击【选项】按钮，弹出【PowerPoint 选项】对话框，从中可以进行 PowerPoint 2010 的高级设置，如自定义文档保存和校对属性等，如图 5.4 所示。

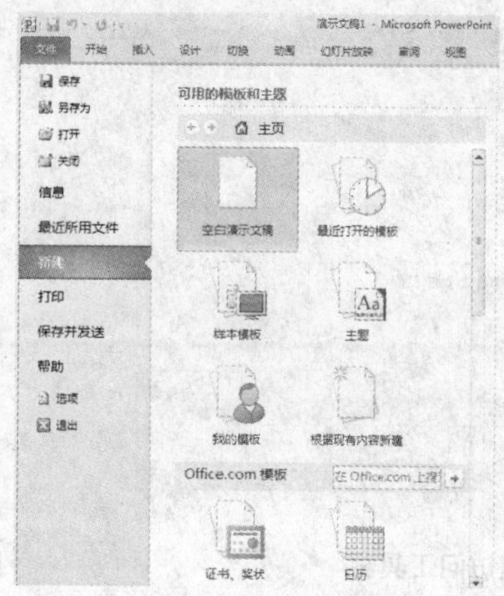

图 5.3　新建文件

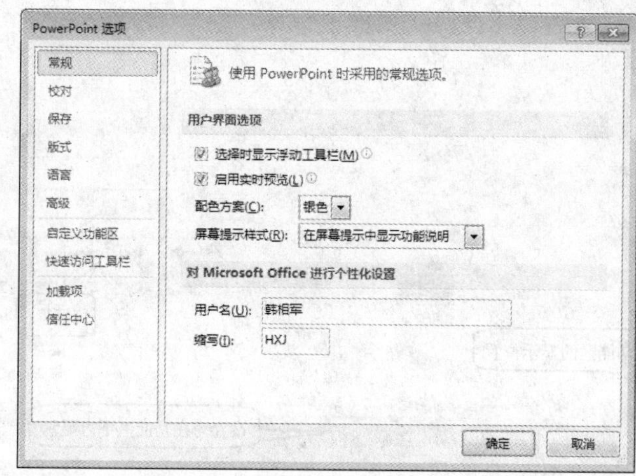

图 5.4　PowerPoint 2010 选项设置

2. 快速访问工具栏

快速访问工具栏位于【文件】按钮的右侧，由最常用的工具按钮组成，如【保存】按钮、【撤消】按钮和【恢复】按钮等，如图 5.5 所示。

单击快速访问工具栏右侧的下拉按钮，可在弹出的【自定义快速访问工具栏】下拉菜单中将其他常用的命令添加至快速访问工具栏中，例如选择【新建】选项，如图 5.6 所示，可将其添加至快速访问工具栏中。

如果需要改变快速访问工具栏的位置，可单击快速访问工具栏右侧的下拉按钮，在弹出的【自定义快速访问工具栏】下拉菜单中选择【在功能区下方显示】选项，即可将其在功能区下方显示，如图 5.7 和图 5.8 所示。

3. 标题栏

标题栏位于显示文稿的上方，主要显示正在使用的文档名称、程序名称及窗口控制按钮等，如图 5.8 所示。

图 5.5 快速访问工具栏

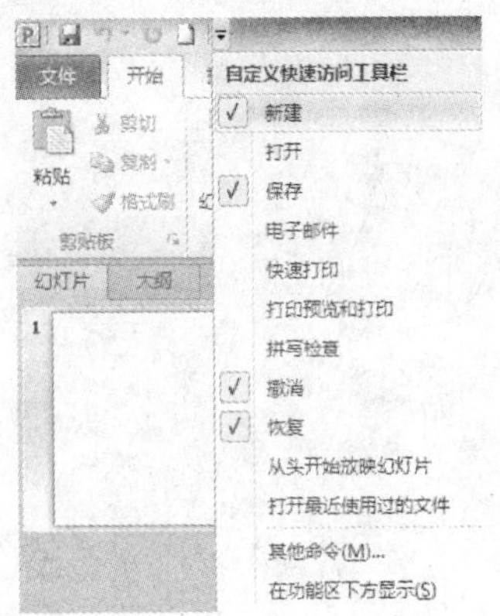

图 5.6 自定义快速访问工具栏

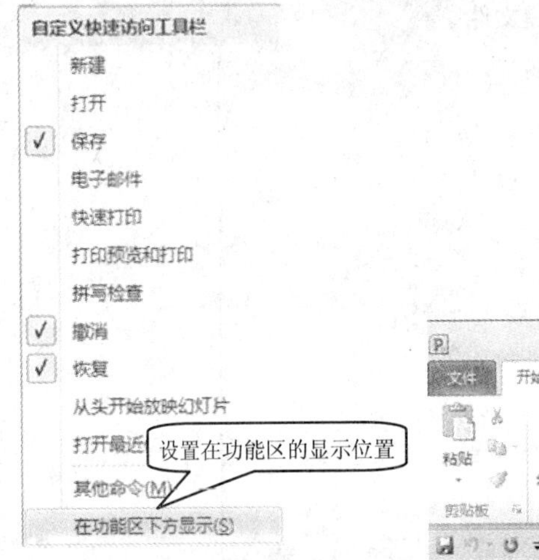

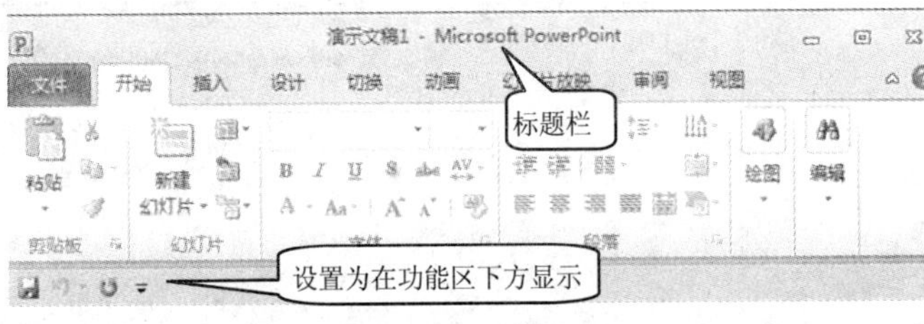

图 5.7 设置快速访问工具栏显示位置

图 5.8 在功能区下方显示

4. 功能选项卡和功能区

在 PowerPoint 2010 中，传统的菜单栏被功能选项卡取代，工具栏则被功能区取代。

一般功能选项卡和功能区位于快速访问工具栏的下方，单击其中的一个功能选项卡，可打开相应的功能区。功能区由工具组组成，用来存放常用的命令按钮或下拉列表框等，如图 5.9 所示。

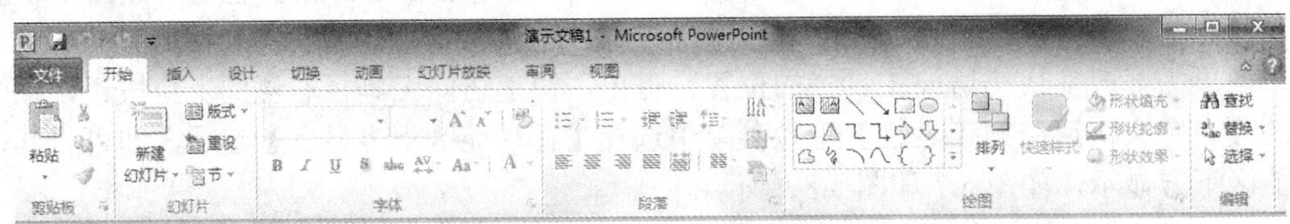

图 5.9 功能选项卡及功能区

5. 【帮助】按钮

【帮助】按钮位于功能选项卡的右侧。单击【帮助】按钮，可打开【PowerPoint 帮助】窗口，从中可以查找所需要的帮助信息，如图 5.10 所示。

6. 【幻灯片/大纲】窗格

【幻灯片/大纲】窗格位于【幻灯片】窗格的左侧，用于显示当前演示文稿的幻灯片数量及位置。它包括【幻灯片】和【大纲】两个选项卡，单击选项卡的名称可以在不同的选项卡之间切换，如图 5.11 所示。

如果希望在编辑窗口中观看当前的幻灯片，可以将【幻灯片/大纲】窗格暂时关闭。在编辑中，通常又需要将【幻灯片/大纲】窗格显示出来，这时单击【视图】功能区的【演示文稿视图】组中的【普通视图】按钮，如图 5.12 所示，即可恢复【大纲/幻灯片】窗格。

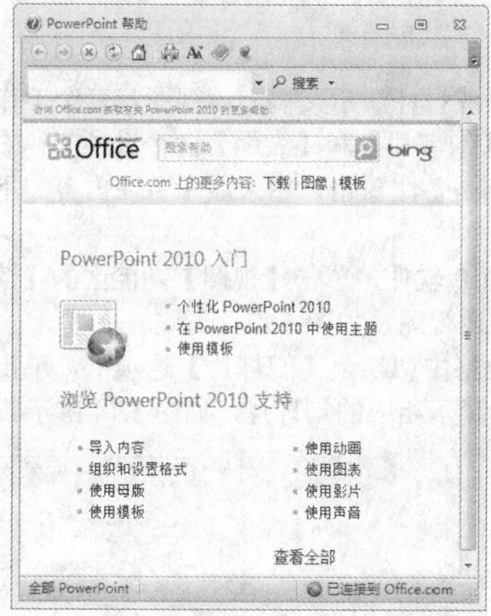

图 5.10　帮助窗口

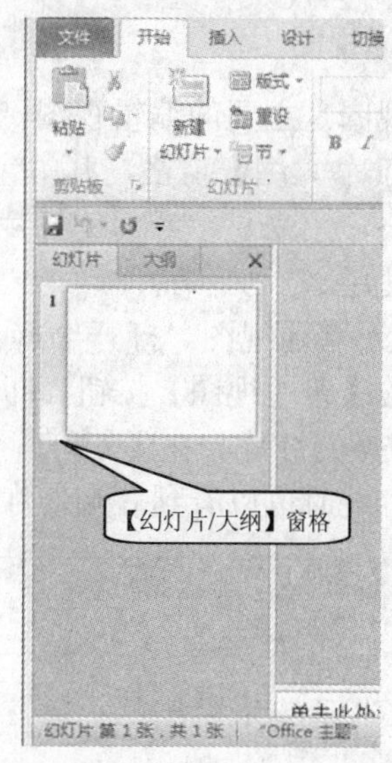

图 5.11　【幻灯片/大纲】窗格

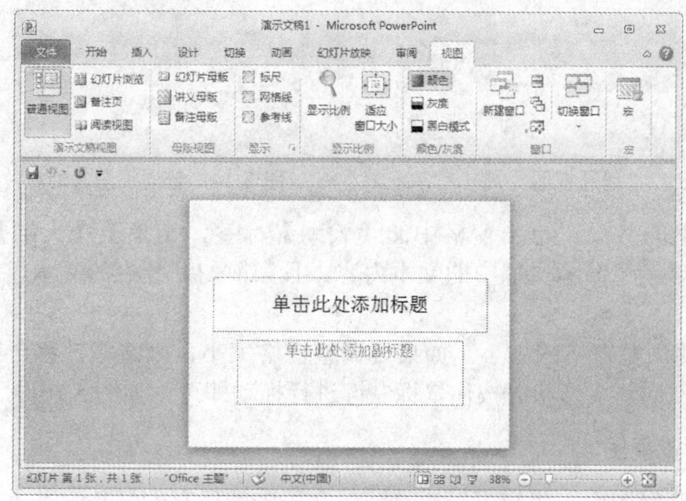

图 5.12　恢复【大纲/幻灯片】视图

5.2 PowerPoint 2010 基本操作

本节主要学习 PowerPoint 的使用方法，介绍 PowerPoint 视图方式、母版应用、幻灯片背景和主题效果、设计模板等内容。

5.2.1 PowerPoint 视图方式

PowerPoint 提供了 4 种视图方式，分别是普通视图、幻灯片浏览视图、备注页视图和阅读视图，在不同的视图方式下，用户可以看到不同的幻灯片效果。下面对这 4 种视图分别进行介绍。

1. 普通视图

普通视图是主要的编辑视图，用于撰写或设计演示文稿。该视图有三个工作区域：左边是【幻灯片/大纲】窗格，其中包括包括【幻灯片】和【大纲】两个选项卡；右边是【幻灯片】窗格，用来显示当前幻灯片；右下部是备注窗格，用来显示备注内容。下面介绍普通视图的使用。

(1) 显示普通视图。打开 PowerPoint 2010 软件，单击【视图】功能区的【演示文稿视图】组中的【普通视图】按钮，即可显示普通视图，如图 5.13 所示。

(2) 切换幻灯片。在【幻灯片/大纲】窗格中切换至【幻灯片】选项卡，单击需要查看的幻灯片，此时可以看到右侧幻灯片窗格中显示相应的幻灯片，如图 5.14 所示。

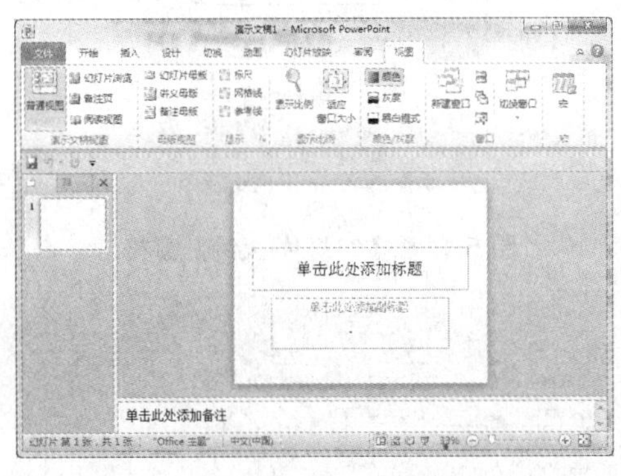

图 5.13　普通视图

图 5.14　普通视图【幻灯片】显示方式

(3) 显示大纲的效果。单击窗格中的【大纲】标签，切换至【大纲】选项卡，此时【大纲】窗格中显示了演示文稿中的文本内容，且当前幻灯片中的文本显示了灰色底纹，如图 5.15 所示。

(4) 调整左侧浏览窗格的大小。如果要调整窗格大小，则将指针移至窗格右边的框线上，当指针呈现双向箭头形状时按住鼠标左键进行拖动即可，如图 5.16 所示。

2. 幻灯片浏览视图

在幻灯片浏览视图中，用户可以查看演示文稿中的所有幻灯片，并且可以很方便地选择需要查看的某张幻灯片。下面介绍切换至幻灯片浏览视图的操作步骤。

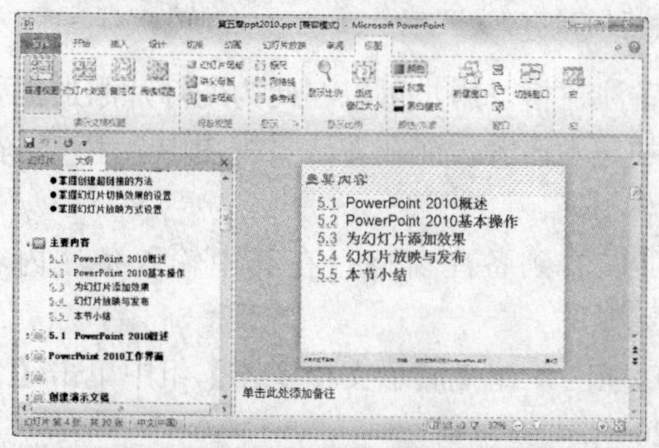

图 5.15　普通视图【大纲】显示方式

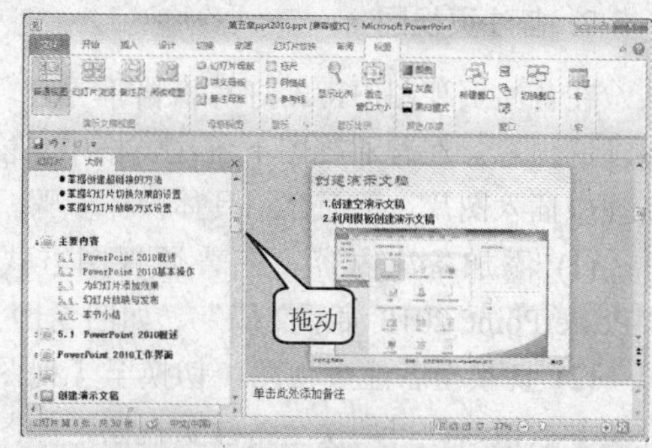

图 5.16　调整窗格大小

(1) 切换至幻灯片浏览视图。切换至【视图】功能区，在【演示文稿视图】组中单击【幻灯片浏览】按钮，即可切换到幻灯片浏览视图，如图 5.17 所示。

(2) 显示幻灯片浏览视图的效果。经过上一步的操作之后，此时已经切换到了幻灯片浏览视图中，窗口中显示了演示文稿中的所有幻灯片，如图 5.18 所示。

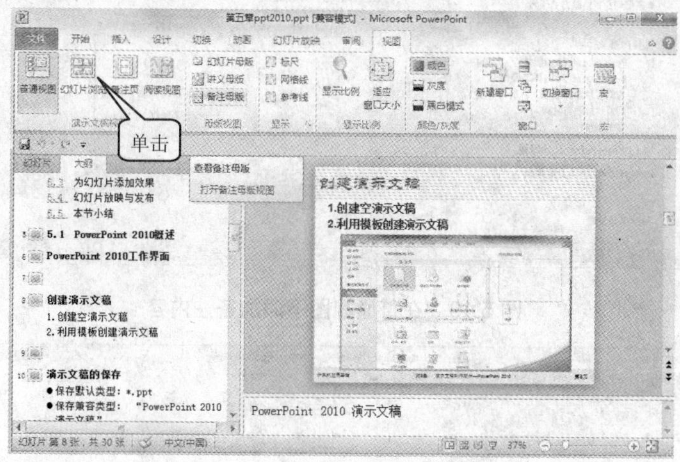

图 5.17　切换至幻灯片浏览视图

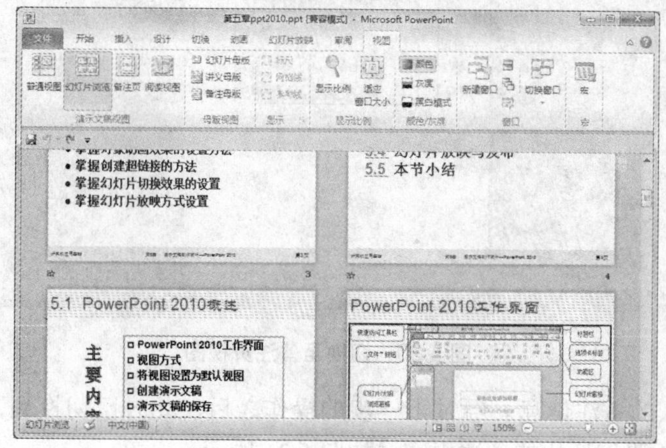

图 5.18　显示幻灯片浏览视图

3. 备注页视图

在备注页视图中，幻灯片窗格下方有一个备注窗格，用户可以在此为幻灯片添加需要备注的内容。在普通视图下备注窗格中只能添加文本内容，而在备注页视图中，用户可在备注中插入图片。下面介绍具体操作步骤。

(1) 添加备注内容。在普通视图方式中可以看到备注窗格，在其中输入备注内容“PowerPoint 2010 演示文稿”，如图 5.19 所示。

(2) 切换至备注页视图。切换至【视图】功能区，在【演示文稿视图】组中单击【备注页】按钮，即可切换至备注页视图，如图 5.20 所示。

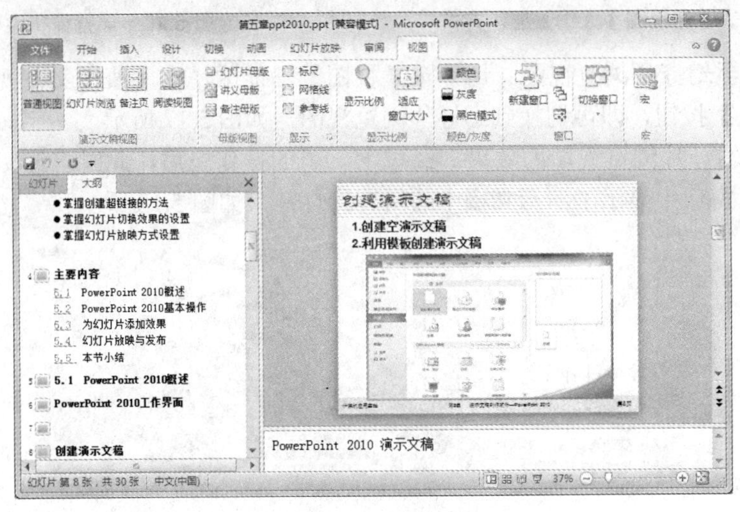

图 5.19　在普通视图下添加备注内容

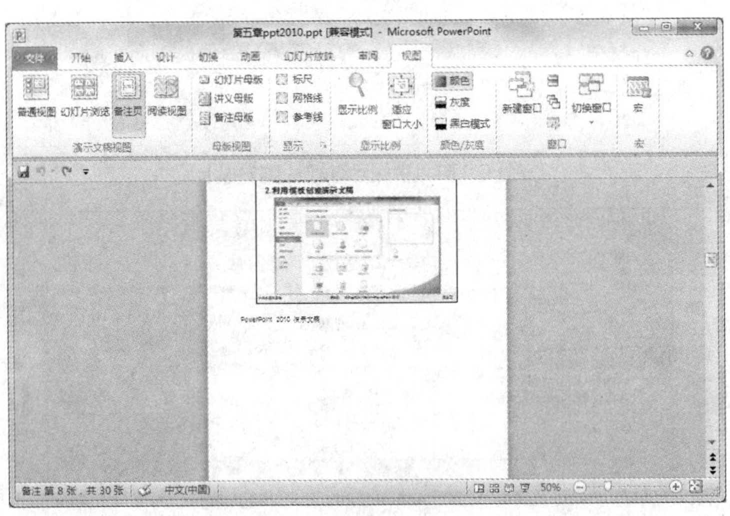

图 5.20　切换至备注页视图

(3) 显示输入的备注信息。经过上一步的操作之后，此时已切换到了备注页视图中，用户可以看到第 1 张幻灯片的备注内容，如图 5.21 所示。

(4) 编辑备注内容信息。单击幻灯片下方的备注框，此时可以看到备注框中的内容成编辑状态，直接对备注内容进行编辑即可，如图 5.22 所示。

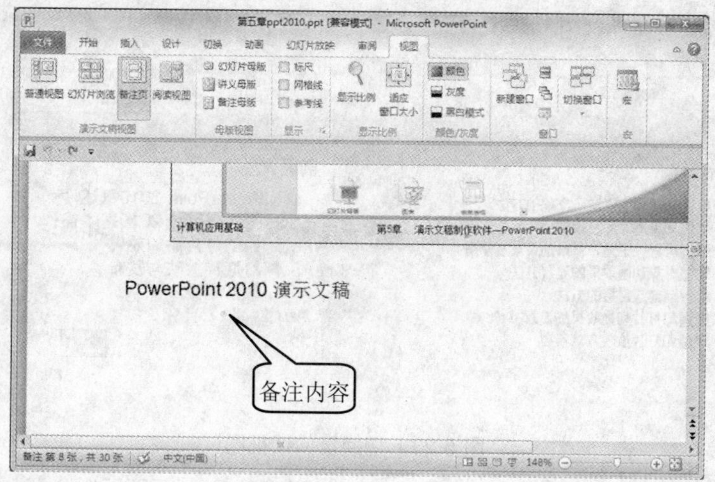

图 5.21　显示备注信息

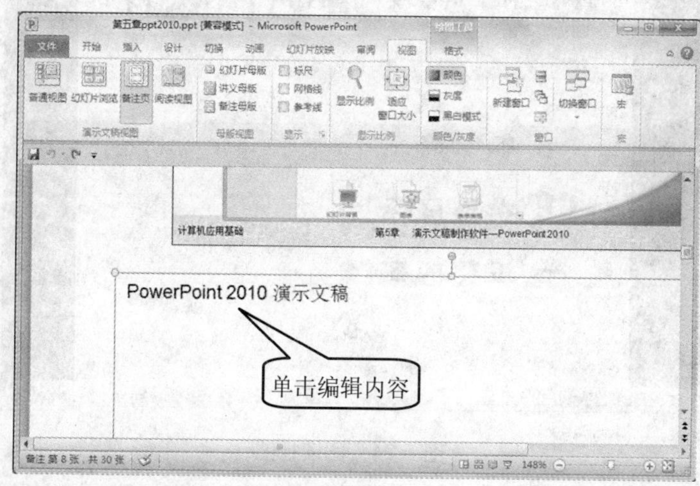

图 5.22　编辑备注页内容

4. 阅读视图

在幻灯片阅读视图下，演示文稿中的幻灯片内容以全屏的方式显示出来，包括用户设置的动画效果、画面切换效果等。进入幻灯片阅读视图的操作步骤如下。

(1) 切换至阅读视图。切换到【视图】功能区，在【演示文稿视图】组中单击【阅读视图】按钮，即可切换至阅读视图，如图 5.23 所示。

(2) 显示幻灯片阅读效果。此时幻灯片内容以全屏效果显示，如图 5.24 所示。如果要退出幻灯片阅读视图，按下 Esc 键即可。

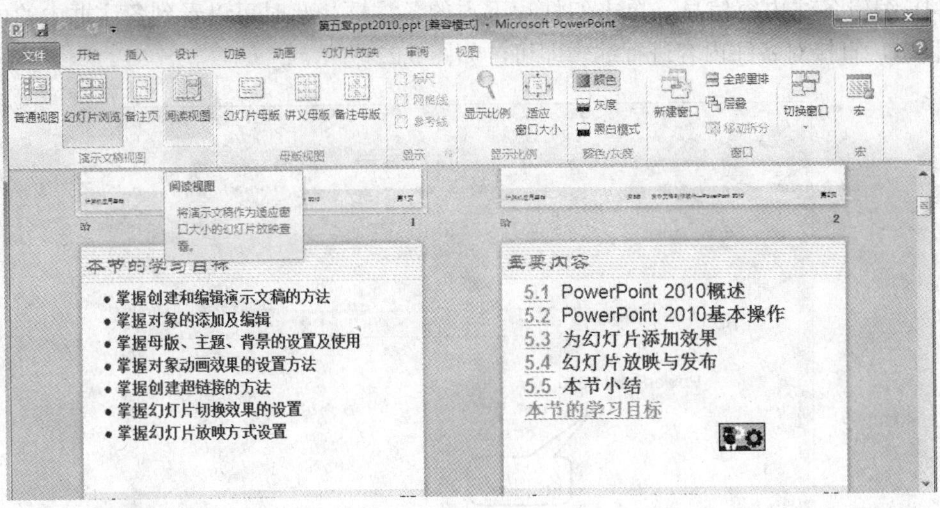

图 5.23　切换至阅读视图

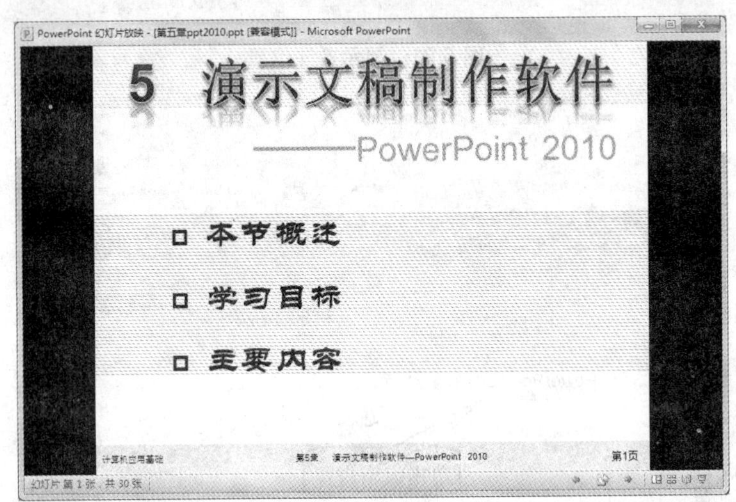

图 5.24　阅读视图

5.2.2　幻灯片的操作

在制作演示文稿的过程中，有时需要改变某些幻灯片的位置，有时需要插入、移动或复制一张或多张幻灯片，有时需要把那些不合适的幻灯片从演示文稿中删除，这就涉及对整张幻灯片的编辑操作。

1. 选择幻灯片

1) 【普通视图】中选择幻灯片

在【普通视图】中，选择单张幻灯片的方法如下。

- 在【幻灯片/大纲】窗格中，单击【大纲】选项卡中的幻灯片，或单击【幻灯片】选项卡中的幻灯片缩略图，此时被选中的幻灯片周围加框。

- 通过【幻灯片】窗格中的垂直滚动条，可以选中上一张或下一张幻灯片。

如果需选择连续多张幻灯片，可在【幻灯片】选项卡中先单击第一张幻灯片缩略图，然后按住 Shift 键，再单击最后一张幻灯片缩略图；如果需选择不连续多张幻灯片，可在【幻灯片】选项卡中按住 Ctrl 键，然后依次单击要选择的幻灯片缩略图。

2) 【幻灯片浏览】视图中选择幻灯片

若选择单张幻灯片，单击它即可。如果要选择连续多张幻灯片，可先单击第一张幻灯片，然后按住 Shift 键，再单击最后一张幻灯片；如果要选择不连续多张幻灯片，可按住 Ctrl 键，然后依次单击要选择的幻灯片。

2. 插入幻灯片

在编辑演示文稿时，用户可以发现很多演示文稿包含了多张幻灯片。这就需要不断地插入新幻灯片，才能制作出完整的演示文稿。

在新建幻灯片时可以选择幻灯片的版式，具体操作步骤如下。

1) 选择幻灯片版式

选择需要插入新幻灯片位置处的幻灯片，在【开始】功能区中单击【新建幻灯片】按钮，在展开的模板库中选择需要的版式，如图 5.25 所示。

2) 显示新建幻灯片的效果

经过上一步的操作，此时可以看到在所选幻灯片的后面出现了新建的幻灯片，并且应用了所选择的幻灯片的版式。例如在图 5.25 中选择【两栏内容】版式，结果如图 5.26 所示。

选择幻灯片后按下 Enter 键，也可以快速插入一张相同版式的幻灯片，但标题幻灯片除外。

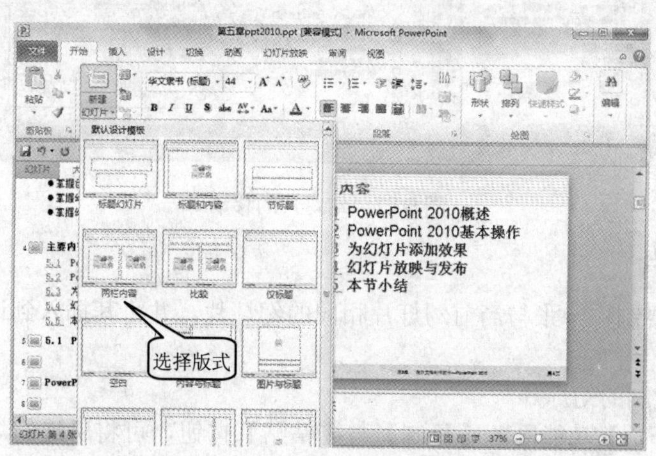

图 5.25　新建幻灯片并选择版式

3. 移动幻灯片

移动幻灯片的操作步骤为：

(1) 打开演示文稿，切换到【幻灯片浏览】视图。

(2) 选择要移动的幻灯片，然后用鼠标拖动该幻灯片，此时用户可看到一条灰线跟随鼠标指针移动，拖动到所需要的位置释放鼠标即可。如图 5.27 所示。

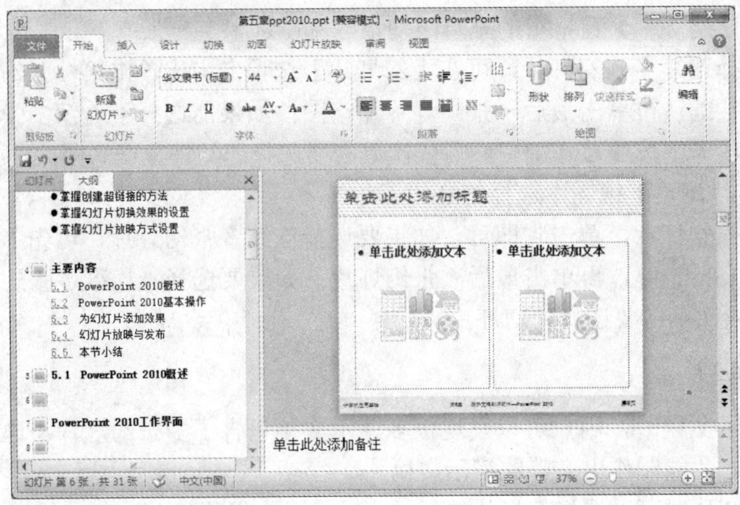

图5.26　幻灯片版式显示

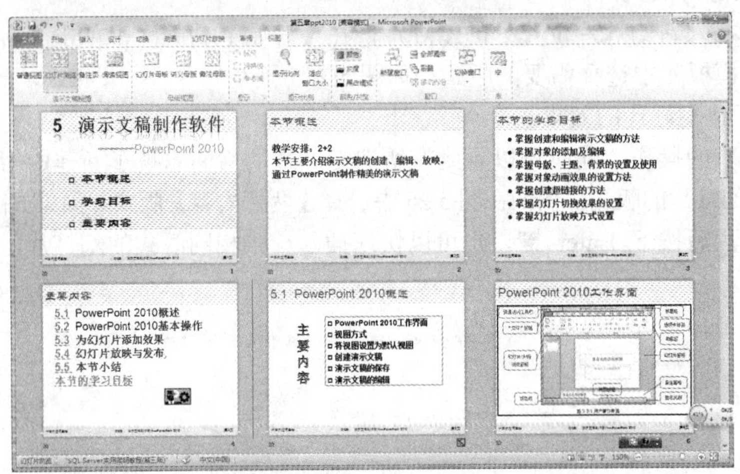

图5.27　幻灯片的移动

4. 复制幻灯片

如果用户需要制作一张与当前幻灯片相同的幻灯片，并将其插入到该幻灯片的后面，可进行以下操作。

(1) 选定要复制的幻灯片。

(2) 通过【开始】功能区的【复制】与【粘贴】按钮，可将所选幻灯片复制到演示文稿的其他位置或其他文稿中。

5. 删除幻灯片

在【幻灯片/大纲】窗格或【幻灯片浏览】视图中删除幻灯片的方法有以下几种：

- 选中要删除的幻灯片，按 Delete 键。
- 选中要删除的幻灯片，右击，在弹出的快捷菜单中选择【删除幻灯片】命令。
- 要一次删除多张幻灯片，可在按住 Ctrl 键的同时，单击选中多张幻灯片，然后按 Delete 键。

6. 创建和使用设计模板

用户可根据需要自行设计版式，从而方便地制作同类幻灯片。在 PowerPoint 中创建和使用设计模板的操作步骤如下。

(1) 切换至幻灯片母版视图。新建空白演示文稿，切换至【视图】功能区，然后在【母版视图】组中单击【幻灯片母版】按钮，如图 5.28 所示。

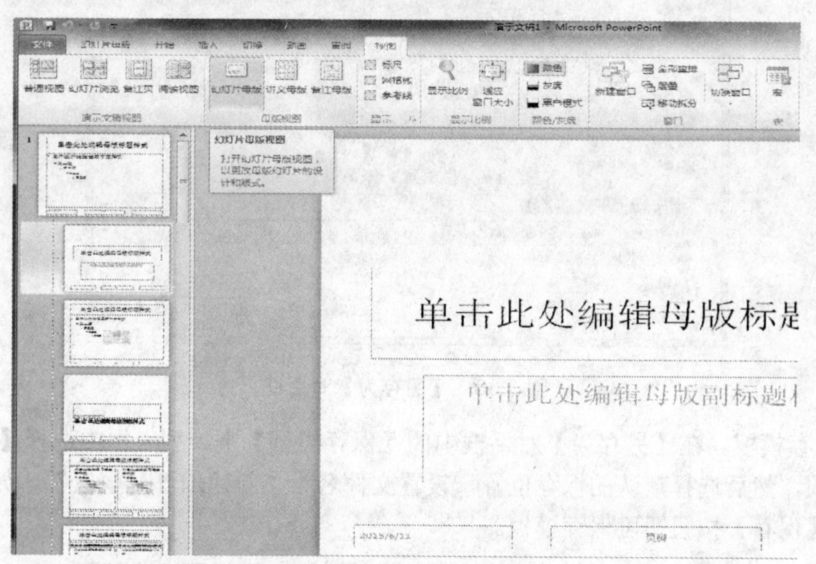

图 5.28　切换至幻灯片母版

(2) 编辑幻灯片母版。此时已经切换到了【幻灯片母版】视图中，在幻灯片主题模板中通过【插入】功能选项卡插入图片，并将其调整到合适位置处。如果要显示编辑幻灯片母版后的效果，单击【幻灯片母版】视图中的【关闭母版视图】按钮，此时即可看到幻灯片应用了幻灯片母版中的样式，如图 5.29 所示。

图 5.29　应用了幻灯片母版的样式

(3) 打开【另存为】对话框。单击【文件】按钮，在展开的菜单中单击【另存为】命令，如图 5.30 所示，即可打开【另存为】对话框。

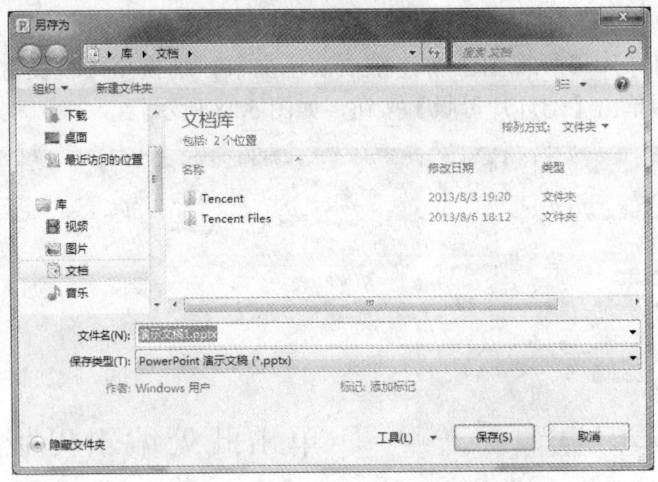

图 5.30 【另存为】对话框

(4) 保存模板。在【另存为】对话框中的【保存类型】下拉列表框中选择【PowerPoint 模板】选项，然后选择默认的保存位置，设置文件名为“新建幻灯片模板”，如图 5.31 所示，单击【保存】按钮即可保存模板。

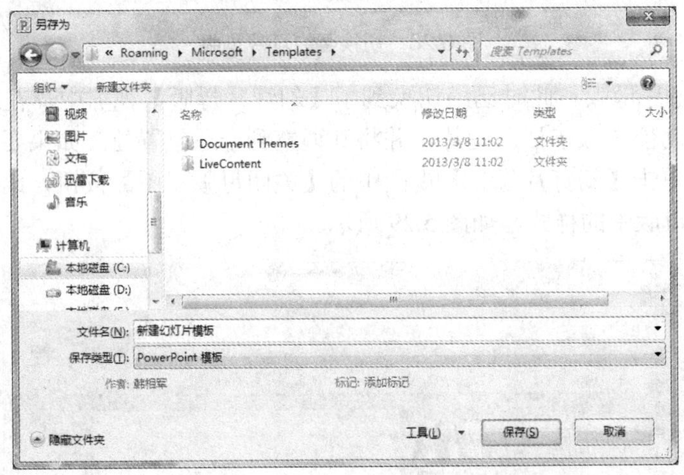

图 5.31 另存模板

(5) 使用自定义模板。单击【文件】按钮，在展开的菜单中单击【新建】命令，然后单击【我的模板】选项，在出现的【新建演示文稿】对话框中，选择【个人模板】列表框中自定义的模板名称“新建幻灯片模板”，单击【确定】按钮，如图 5.32 所示。这样即可看到新建的一个演示文稿中显示了模板中的内容。

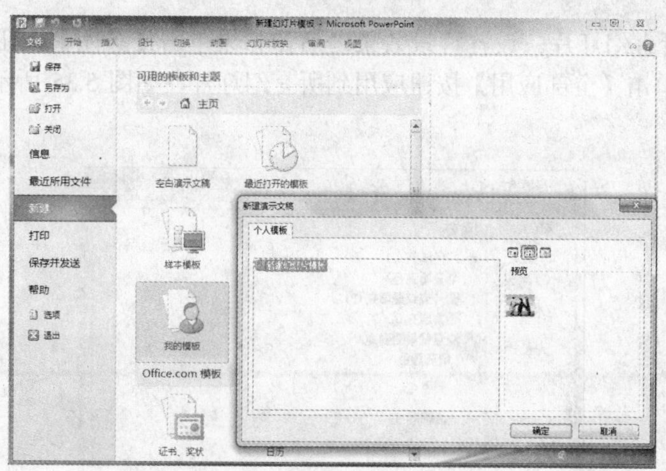

图 5.32　自定义模板

5.2.3　设置幻灯片背景和主题

PowerPoint 提供了设置背景和主题效果的功能，使幻灯片具有丰富的色彩和良好的视觉效果。下面将介绍幻灯片设置背景和主题效果的方法，包括使用内置主题效果、自定义或删除主题等内容。

1. 为幻灯片设置背景

通过 PowerPoint 提供的幻灯片背景效果的设置功能，用户可以为幻灯片添图案、纹理、图片或背景颜色，操作步骤如下：

(1) 打开【设置背景格式】对话框。打开一个新文件，切换至【设计】功能区，在【背景】组中单击【背景样式】按钮，如图 5.33 所示，即可打开【设置背景格式】对话框。

(2) 选择背景颜色。在弹出的【设置背景格式】对话框的【填充】选项面板中选中【纯色填充】单选按钮，单击【颜色】按钮，并在展开的面板中选择需要的颜色，例如“浅绿”，如图 5.34 所示。

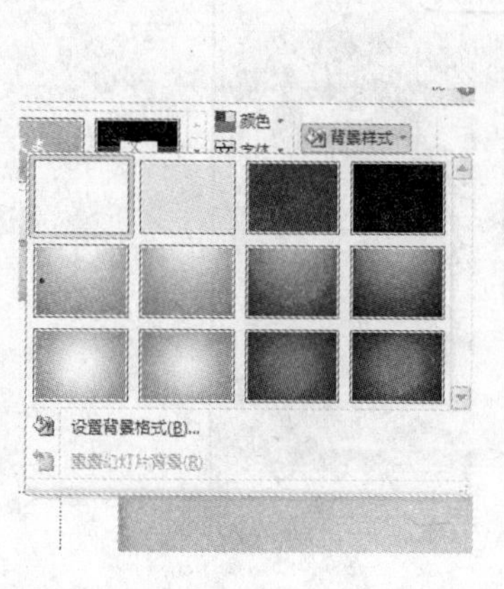

图 5.33　单击【背景样式】按钮

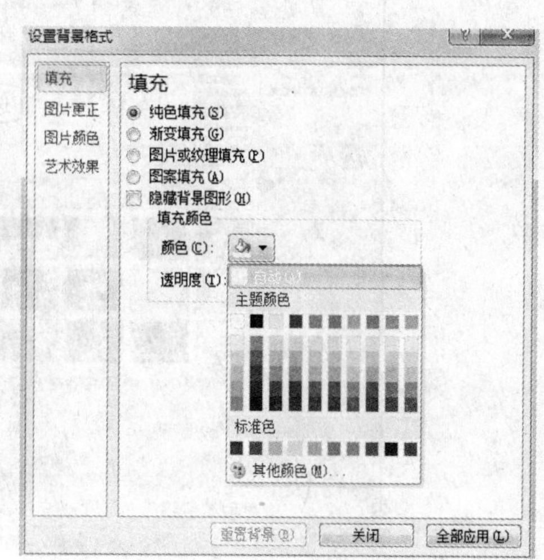

图 5.34　选择背景颜色

(3) 应用到所有幻灯片。设置背景效果之后，如果单击【关闭】按钮，则应用在当前幻灯片中，在此单击【全部应用】按钮应用到所有幻灯片，如图 5.35 所示，然后单击【关闭】按钮。

图 5.35　幻灯片背景应用

2. 使用内置主题效果

PowerPoint 提供了多种内置的主题效果，用户可以直接选择内置的主题效果为演示文稿设置统一的外观。如果对内置的主题效果不满意，用户还可以在线试用其他 Office 主题或者配合使用内置主体颜色、主题字体、主题效果等。使用内置主题效果的操作步骤如下。

(1) 选择主题。打开一个文件，切换至【设计】功能区，单击【主题】组中右侧的下拉按钮，在展开的【所有主题】下拉列表中选择需要的主题样式，如图 5.36 所示。

图 5.36　选择需要的主题样式

(2) 显示应用主题后的效果。此时可以看到演示文稿中的幻灯片已经应用了所选择的主题效果，该主题已设定了字体、字号、背景等格式，如图 5.37 所示。

图 5.37　应用主题后的效果

(3) 应用内置主题颜色。在【设计】功能区的【主题】组中单击【颜色】按钮，在展开的下拉列表中选择需要的主题颜色，例如选择【穿越】选项，如图 5.38 所示。

图 5.38　应用内置主题颜色

(4) 应用内置主题字体。在【设计】功能区的【主题】组中单击【字体】按钮，在展开的下拉列表中选择需要的字体，如图 5.39 所示。

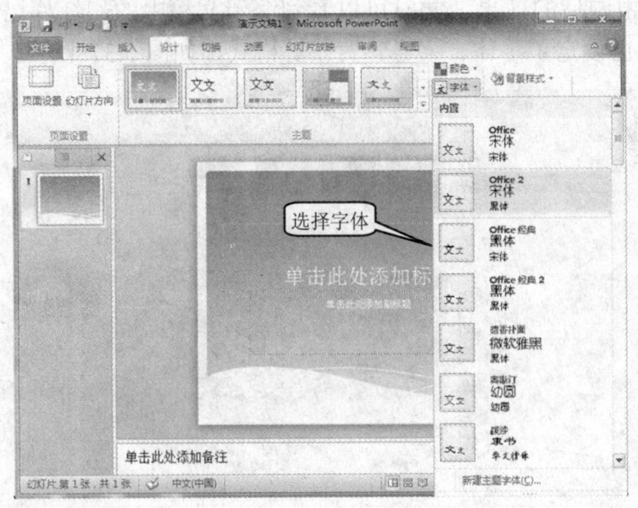

图 5.39　应用内置主题字体

(5) 选择内置主题效果。在【设计】功能区的【主题】组中单击【效果】按钮，在展开的下拉列表中选择需要的效果，如图 5.40 所示。

图 5.40　应用内置主题效果

5.3　为幻灯片添加效果

用户可以为幻灯片添加动画、声音、视频等内容，使幻灯片具有生动的动画声音效果。用户还可以创建交互式的演示文稿，实现幻灯片在放映过程中的跳转。本节将介绍为幻灯片增加效果的方法，包括为幻灯片设置母版、切换效果、添加动画、插入声音、插入视频、添加超链接、添加动作等内容。

5.3.1　设置幻灯片母版

母版是可以由用户自己定义模板和版式的一种工具。通常，当用户插入一张新幻灯片时，输入的标题和文本内容将自动套用母版给出的格式。用户可以修改幻灯片上的文字格式，如字号、颜色等。但这种修改往往只作用在被修改的幻灯片上，如果希望这种修改能应用于所有幻灯片，需要修改相应的母版。

在 PowerPoint 2010 中，幻灯片母版类型包括幻灯片母版、讲义母版和备注母版。

1. 幻灯片母版

幻灯片母版中存储了下列信息。

- 标题、文本和页脚文本的字形。
- 文本和对象的占位符位置。
- 项目符号样式。
- 背景设计、模板设计、配色方案与动画方案。

设置幻灯片母版的具体步骤如下。

(1) 打开一个原有的演示文稿或创建一个新的演示文稿。

(2) 单击【视图】功能区下的【母版视图】组的【幻灯片母版】按钮，进入幻灯片母版设置窗口，如图 5. 41 所示。

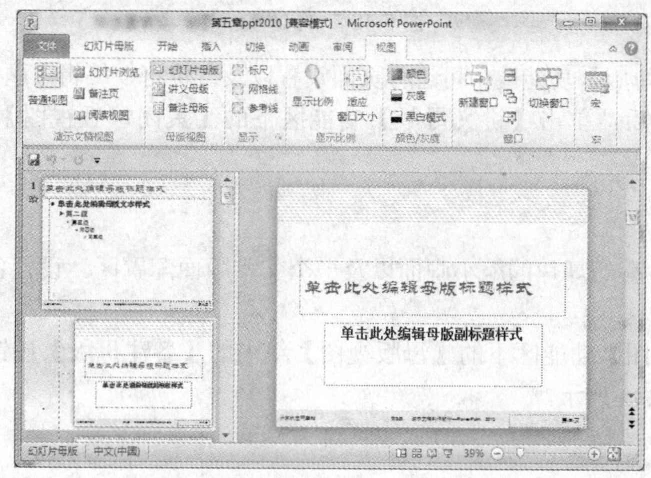

图 5.41　幻灯片母版

(3) 单击母版标题、副标题样式，可对其进行文字、字体、字号、颜色以及效果等的设置。

(4) 进行背景、模板的设计和配色、动画方案的选择。

(5) 设置完成后，单击【幻灯片母版】功能区下的【关闭母版视图】按钮，关闭母版视图。

此时幻灯片上的内容即会应用于母版设置。

2. 讲义母版

讲义母版可以按讲义的格式打印演示文稿，即讲义母版在一页纸里可以显示出 1、2、3、4、6 或 9 张幻灯片。设置讲义母版的具体操作步骤如下。

(1) 单击【视图】功能区下的【母版视图】组中的【讲义母版】按钮，进入讲义母版设置窗口，如图 5.42 所示。

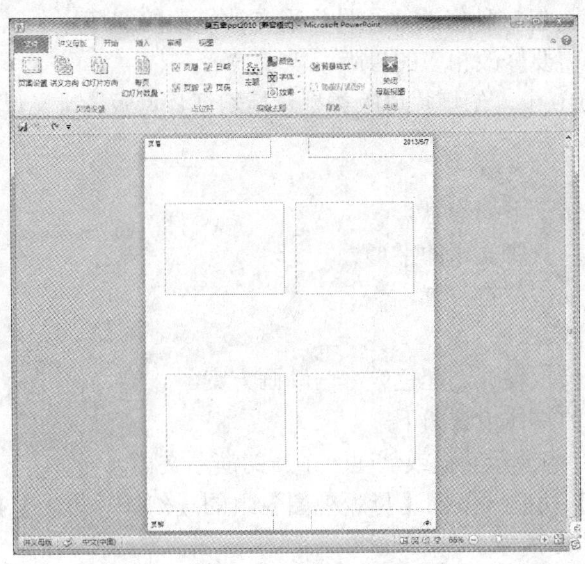

图 5.42　讲义母版

(2) 在【讲义母版】功能区中可进行页面设置以及占位符、编辑主题、背景等设置。

(3) 完成设置后，单击【讲义母版】功能区下的【关闭母版视图】按钮，关闭母版视图。

3. 备注母版

备注母版中含有幻灯片的缩小画面以及一个文本版面配置区。设置备注母版的具体操作步骤如下。

(1) 单击【视图】功能区下的【母版视图】组中的【备注母版】按钮，进入备注母版设置窗口，如图 5.43 所示。

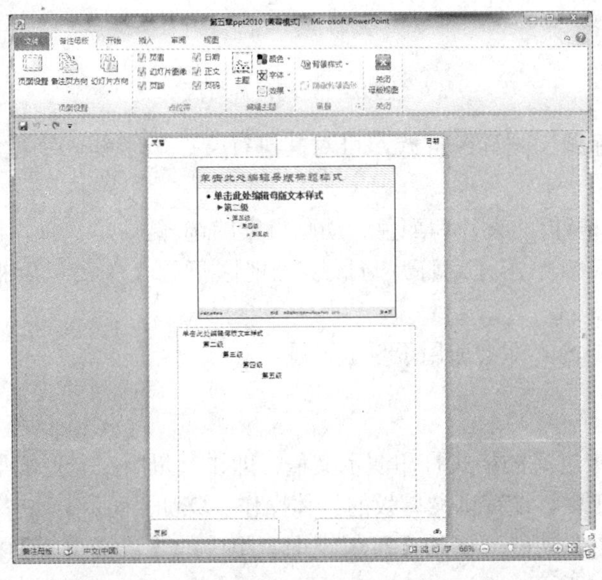

图 5.43　备注母版

(2) 分别选中【备注文本区】中的各级文本，可以对它们进行文字、字体、字号、颜色以及效果等的设置。

(3) 根据需要在备注页上添加图片等其他对象。

(4) 完成设置后，即可退出设置窗口。

5.3.2　幻灯片的切换

幻灯片的切换是指两张连续的幻灯片之间的过渡效果，也就是从前一张幻灯片转到下一张幻灯片时要呈现的状态。下面介绍为幻灯片添加切换动画、设置切换动画计时选项的方法。

1. 添加切换动画

(1) 为幻灯片添加切换动画。选择切换动画，打开一个 PowerPoint 文件，在【切换】功能区单击【切换至此幻灯片】组中的下拉按钮，在展开的下拉列表中选择【百叶窗】选项，如图 5.44 所示。

图 5.44　选择动画

(2) 设置幻灯片效果选项，在【切换至此幻灯片】组中单击【效果选项】按钮，在展开的下拉列表中选择【垂直】选项，如图 5.45 所示。此时可以看到幻灯片切换的动画效果。

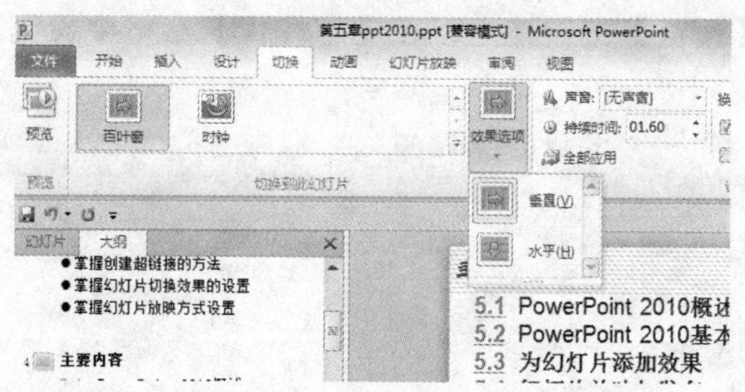

图 5.45　设置动画效果

2. 设置切换动画计时选项

设置幻灯片切换动画后，可以对动画选项进行设置，比如切换动画时出现声音、持续时间、换片方式等。具体操作步骤如下：

(1) 选择幻灯片切换声音效果。在【计时】组中单击【声音】下拉列表框右侧的下拉按钮，在展开的下拉列表中选择【打字机】选项，如图 5.46 所示。

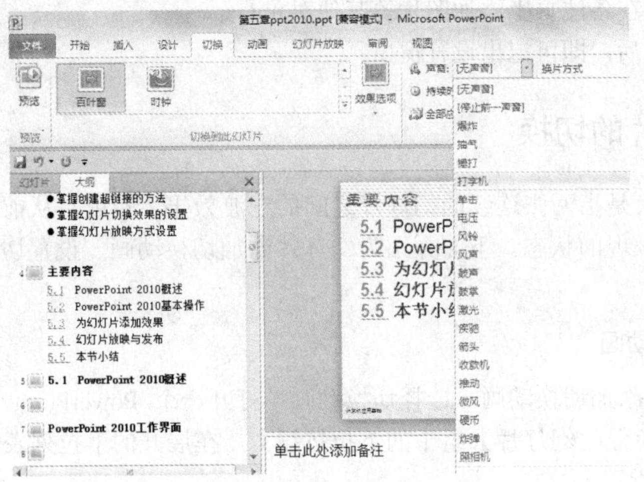

图 5.46　设置幻灯片切换声音效果

(2) 设置动画持续时间。在【计时】组中的【持续时间】微调框中，单击后面的微调按钮即可进行设置切换动画的持续时间，如图 5.47 所示。

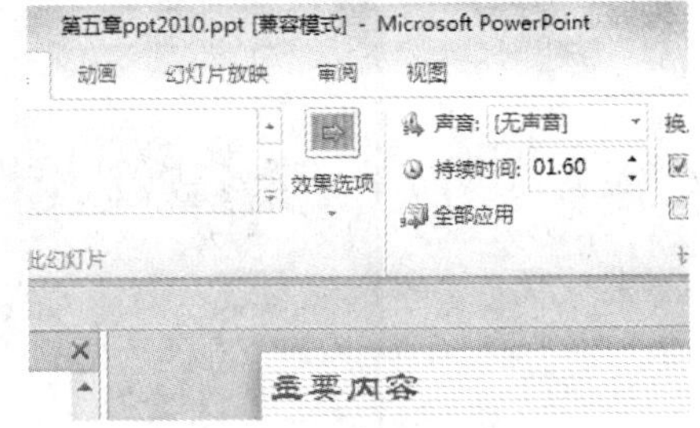

图 5.47　设置动画持续时间

(3)设置切换方式。在【计时】组中选中【单击鼠标时】复选框。如果取消选中该复选框，那么在放映幻灯片时只能按键盘才能切换到下一页。如果选中【设置自动换片时间】复选框，然后设定时间，就可以不用进行任何操作，每隔相应的时间系统自动切换到下一页。

(4) 设置全部应用。为幻灯片设置切换方案以及效果选项后，如果需要应用到所有幻灯片，则在【计时】组中单击【全部应用】按钮。如果要显示幻灯片切换效果，那么在【预览】组中单击【预览】按钮，可以在【幻灯片】窗格中看到其他幻灯片的切换效果，如图 5.48 所示。

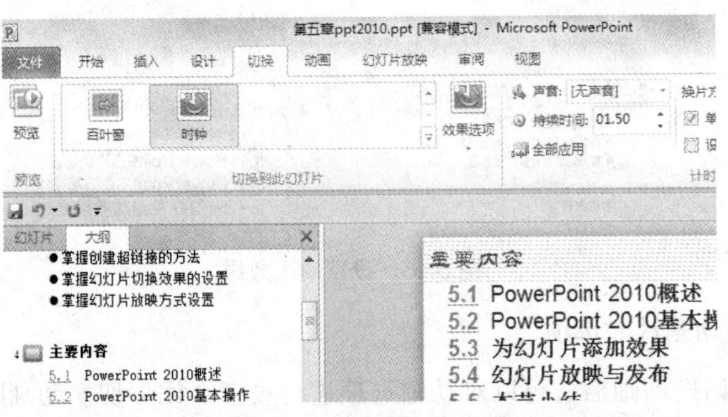

图 5.48　应用动画设置

5.3.3　添加动画

幻灯片的动画效果，就是在放映幻灯片时幻灯片中的各个对象不是一次全部显示，而是按照设置的顺序以动画的方式依次显示。为了便于设置动画效果，系统特别提供了一些预设的动画方案供用户选择。此外，用户还可以使用自定义动画对幻灯片进行相关的设置。下面分别介绍幻灯片对象的进入、退出、强调、删除和更改动等画效果。

1. 设置对象的进入效果

对象的进入效果是指幻灯片放映过程中，对象进入放映界面时的动画效果。设置对象进入效果的操作步骤如下。

(1) 选择动画效果。打开演示文稿文件后选中对象，并切换至【动画】功能区，单击【动画】组中的下拉按钮，在展开的下拉列表中选择【飞入】选项，此时可以预览到设置好的进入动画效果，如图 5.49 所示。

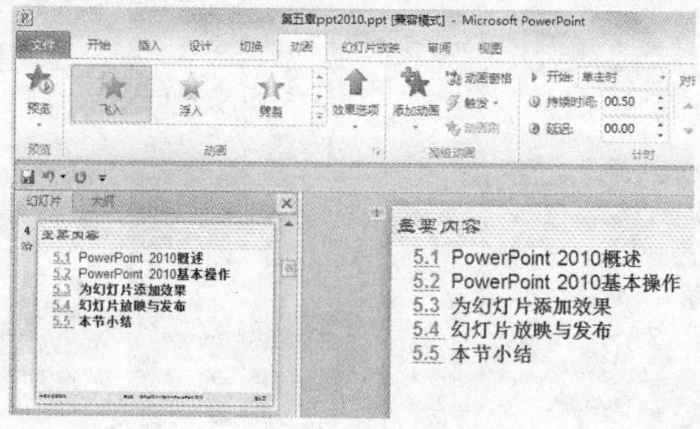

图 5.49　自定义动画

(2) 设置动画方向。在【动画】组中单击【效果选项】按钮，在展开的下拉列表中选择动画进入的方向，如选择【自底部】选项，此时即可以预览到所设置的动画效果，如图 5.50 所示。

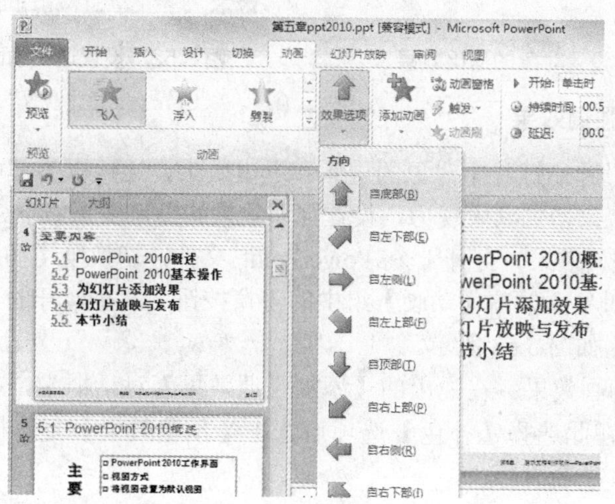

图 5.50　设置动画方向

2. 设置对象的退出效果

对象的退出效果是指幻灯片放映过程中，对象退出放映界面时的动画效果。设置对象退出效果的操作步骤如下。

(1) 设置对象退出效果。打开演示文稿文件并选择一张幻灯片的节标题文本框，单击【动画】组中的下拉按钮，在展开的下拉列表中选择【退出】选项组中的【擦除】动画，如图 5.51 所示。

(2) 设置退出动画效果选项

在【动画】组中单击【效果选项】按钮，在展开的下拉列表中可选择动画退出的方向，如选择【自底部】选项，表示动画退出效果将从对象的底部开始，如图 5.52 所示。

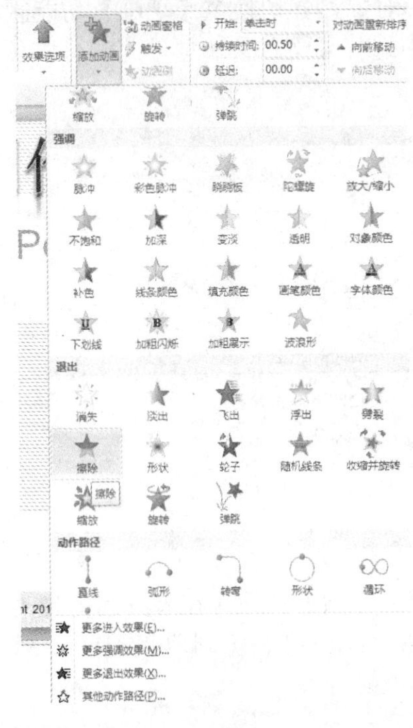

图 5.51　设置对象的退出效果

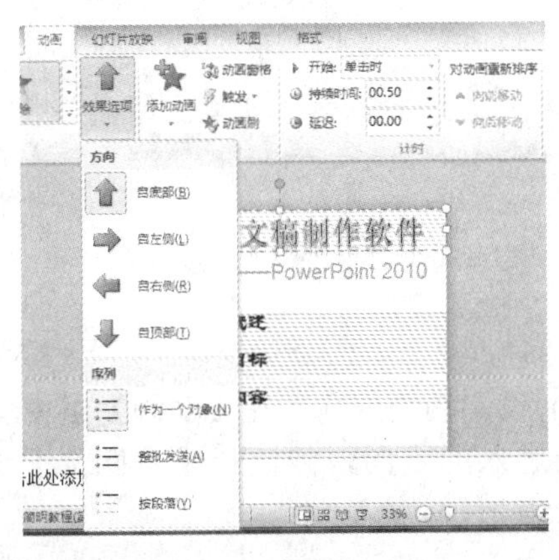

图 5.52　设置退出动画效果选项

3. 设置对象的强调效果

用户不仅可以设置幻灯片中对象的进入和退出效果，还可以为其中需要突出强调的内容设置强调动画效果来增加其表现力。设置强调效果的操作步骤如下。

(1) 选择对象强调效果。打开一个 PowerPoint 文件，切换至【动画】功能区，选择需要设置强调动画的对象，单击【动画】组中的下拉按钮，在展开的下拉列表中选择【更多强调效果】选项，如图 5.53 所示。

(2) 选择强调动画效果。在弹出的【添加强调效果】对话框中，显示了可以使用的强调动画效果。例如在此选择【补色】选项后选中【预览效果】复选框，可以预览补色效果，如图 5.54 所示。

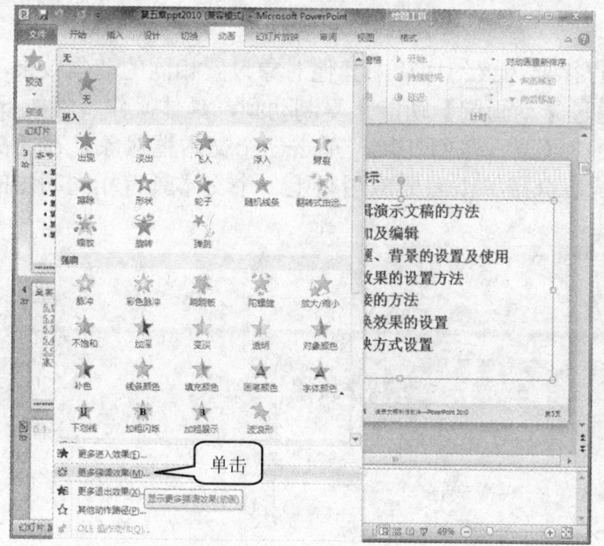

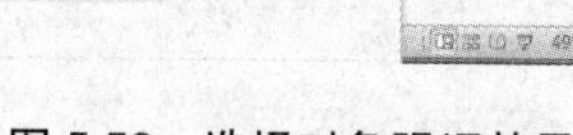

图 5.53　选择对象强调效果

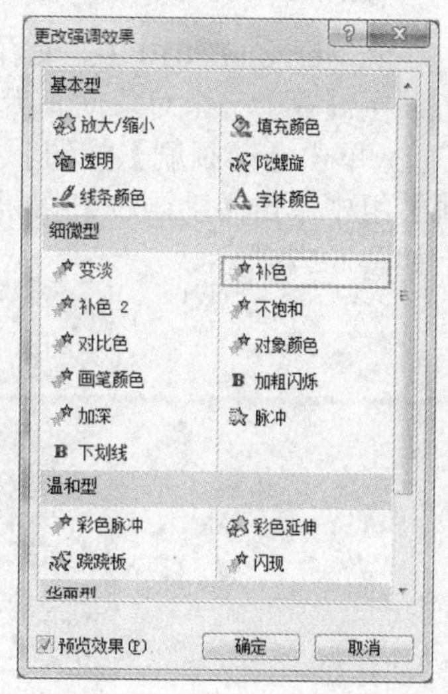

图 5.54　【添加强调效果】对话框

4. 删除、更改动画效果

若要在 PowerPoint 中删除或更改某个对象已设置的动画效果，可以在【动画】功能区下进行设置，具体操作步骤如下。

(1) 删除动画。打开一个 PowerPoint 文件，选择一个已设置动画的对象，切换到【动画】功能区，单击【动画】组中的下拉按钮，在展开的【动画样式】下拉列表中选择【无】选项，即可删除动画，该对象左上角的动画编号标记也会随之消失，如图 5.55 所示。

(2) 更改动画。选择需要更改动画的对象，切换至【动画】功能区，单击【添加动画】按钮，在展开的下拉列表中选择需要更改的动画，如选择【出现】选项，如图 5.56 所示。

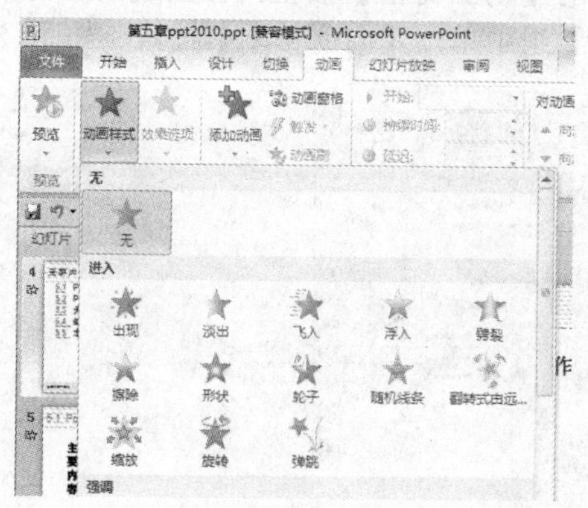

图 5.55　删除动画

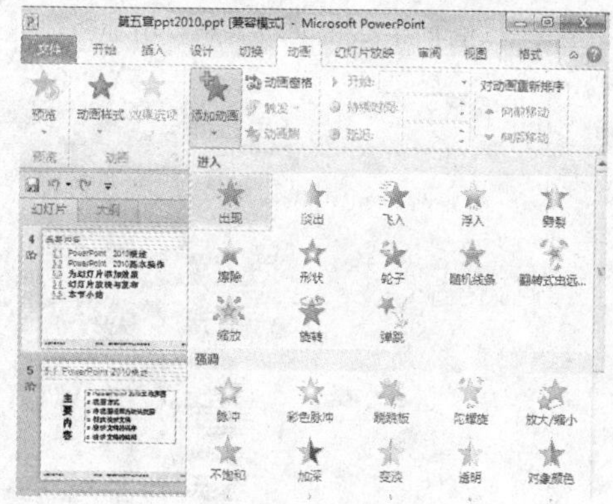

图 5.56　更改动画

5.3.4　对象动画效果的高级设置

PowerPoint 2010 增加了动画效果的高级设置选项，如【动画刷】、【对动画重新排序】等，用户可以对对象的动画效果进行更高级的设置。

1. 使用【动画刷】复制动画

在 PowerPoint 2010 中，如果用户需要为该幻灯片中其他对象设置相同的动画效果，那么可以在设置了一个对象动画后，通过【动画刷】功能来复制动画，具体操作步骤如下。

(1) 单击【动画刷】按钮。例如切换至一张幻灯片，单击一个文本框对象，在【高级动画】组中单击【动画刷】按钮，然后直接单击需要应用与上一个文本具有相同动画的对象，如图 5.57 所示。

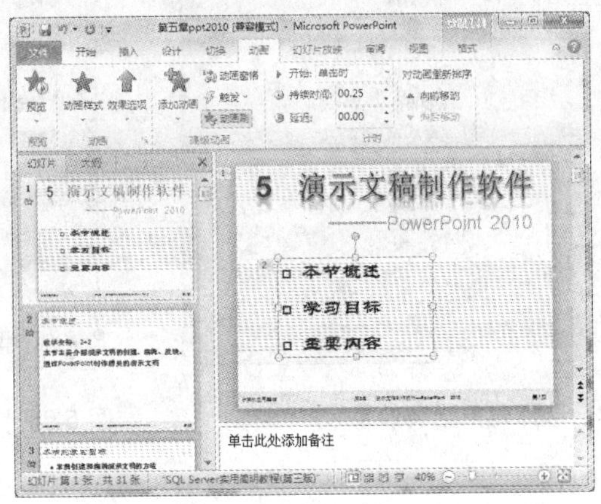

图 5.57 动画刷

(2) 继续复制动画。可用同样的方法，单击【动画刷】按钮，并单击其他对象对其应用相同的动画。

2. 重新排序动画

如果一张幻灯片中设置了多个动画对象，那么还可以重新排序动画，即调整各动画出现的顺序，具体操作步骤如下。

(1) 向前移动动画。单击【高级动画】组中的【动画窗格】按钮，在出现的【动画窗格】窗格中选择需要向前移动的动画，在【计时】组中单击【向前移动】按钮，如图 5.58 所示。

图 5.58 移动动画

(2) 向后移动动画。在【动画窗格】窗格中选择需要向后移动的动画，在【计时】组中单击【向后移动】按钮，可将所选动画向后移动一位。

5.3.5　在幻灯片中插入声音对象

在制作演示文稿时，为使其变得有声有色，更具感染力，用户可以在演示文稿中添加各种声音文件。用户可以添加剪辑管理器中的声音，也可以添加文件中的音乐。在添加声音后，幻灯片上会显示一个声音图标。下面介绍在幻灯片中插入声音对象的方法。

1. 使用剪辑管理器中的声音

运用剪辑管理器可以为幻灯片添加声音内容。插入剪辑管理器中声音的具体操作步骤如下。

(1) 插入剪辑管理器中的声音。打开一个 PowerPoint 文件，在【插入】功能区的【媒体】组中单击【音频】按钮，在展开的下拉列表中选择【剪贴画音频】选项，如图 5.59 所示。

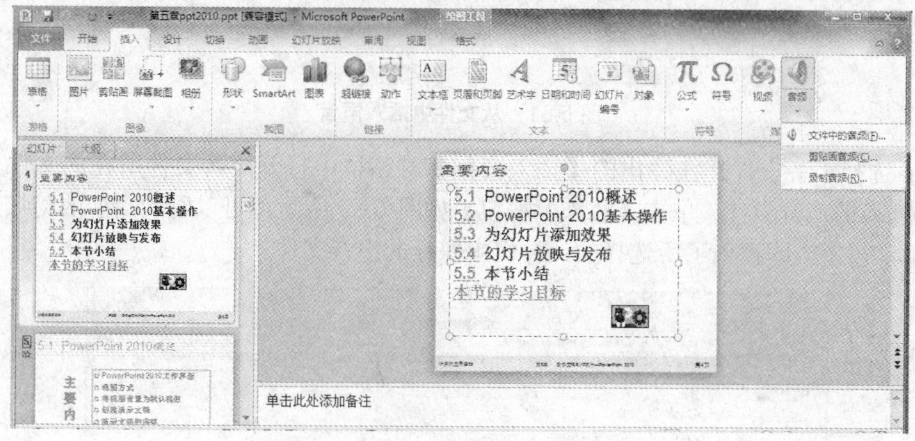

图 5.59　从剪辑管理器中插入声音

(2) 查看声音格式。此时在窗口右侧出现了【剪贴画】任务窗格，在该窗格的列表框中显示了可插入的声音，将指针指向声音文件时，即可显示该文件的名称、大小、格式等信息，如图 5.60 所示，单击该文件则完成添加。

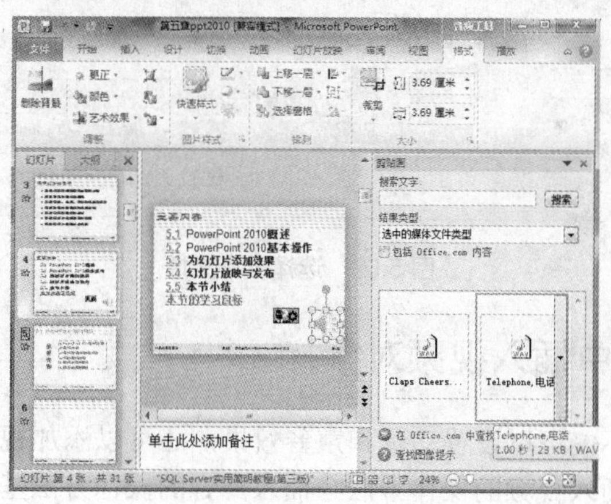

图 5.60　查看声音格式

2. 从文件中添加声音

剪辑管理器中的声音并不能满足所有用户的需求，用户可以从其他声音文件中添加需要的声音，使声音与演示文稿界面更加协调。

(1) 从文件中插入声音。在【媒体】组中单击【音频】按钮，在展开的下拉列表中选择单击【文件中的音频】选项，如图 5.61 所示。

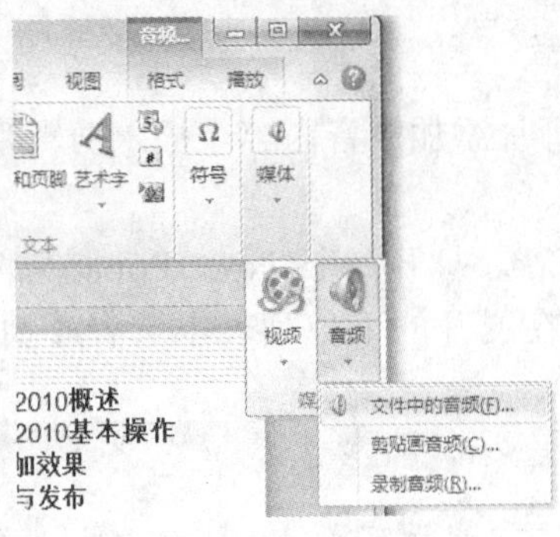

图 5.61　从文件中插入声音

(2) 选择声音文件。在弹出的【插入音频】对话框中打开声音文件所在的文件夹，选择需要插入的声音文件，单击【插入】按钮，如图 6.62 所示，可以看到当前的幻灯片中有声音图标了，即插入了所选择的计算机中保存的声音文件。

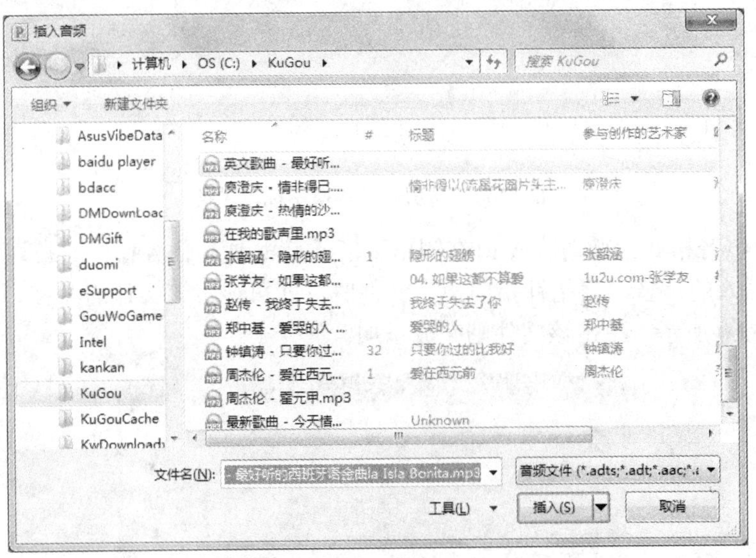

图 5.62　选择声音文件

5.3.6　在幻灯片中插入视频对象

在幻灯片中用户不仅可以设置动画和声音效果，还可以添加视频，使演示文稿更加生动有趣。在幻灯片中插入视频的操作方法与插入声音的操作方法基本相似。插入视频包括插入剪辑管理器的影片和插入文件中的影片。

1. 插入剪辑管理器中的影片

剪辑管理器中不仅有图片、声音文件，还有动画剪辑，用户可以在幻灯片中插入剪辑管理器中的影片。具体操作如下。

(1) 插入剪辑管理器中的影片。打开一个 PowerPoint 文件，在【插入】功能区单击【视频】按钮，在展开的下拉列表中选择【剪贴画视频】选项，如图 5.63 所示。

(2) 选择剪辑管理器中的影片。此时在窗口右侧出现了【剪贴画】任务窗格，并显示了剪辑管理器中的视频，将指针指向影片文件时，将显示该视频的相关信息，单击需要插入的视频即可完成影片的插入，如图 5.64 所示。

图 5.63　选择【剪贴画视频】选项

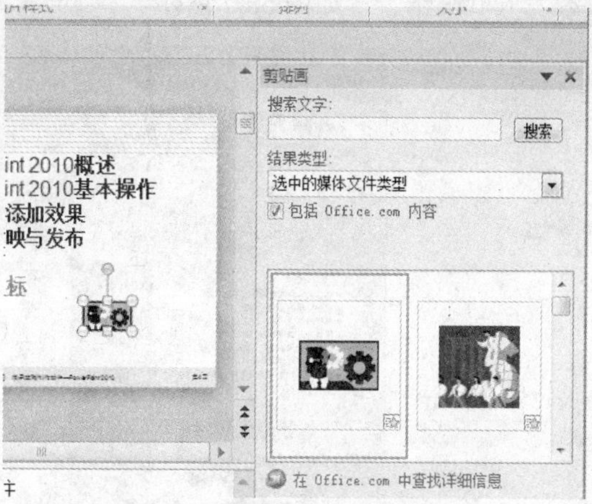

图 5.64　选择剪辑管理器影片

2. 插入文件中的视频

在幻灯片中除了可以插入剪辑管理器中的影片之外，用户还可以插入计算机中存放的其他影片文件。具体操作步骤如下。

(1) 选择【文件中的视频】选项

在【插入】功能区单击【媒体】组中的【视频】按钮，在展开的下拉列表中选择【文件中的视频】选项，如图 5.65 所示。

(2) 选择影片文件。在弹出的【插入视频文件】对话框中打开影片文件所在的文件夹，选择需要插入的影片文件，单击【插入】按钮即可，如图 5.66 所示。

图 5.65　选择【文件中的视频】选项

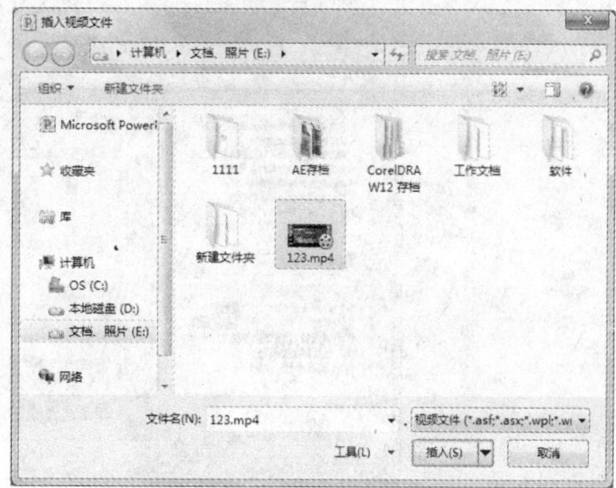

图 5.66　选择文件中的影片

5.3.7　添加超链接

在 PowerPoint 2010 中，用户可以设置超链接，将一个幻灯片链接到另一个幻灯片，还可以为幻灯片中的对象设置链接。在放映幻灯片时，将鼠标指针指向超链接，指针将变成手的形状，单击则可以跳到设置的链接位置。在演示文稿中用户可以为任何文本或图形对象设置超链接，具体操作步骤如下。

(1) 选择需要插入超链接的文本。打开一个 PowerPoint 文件，在第 1 张幻灯片中选中文本“本节小结”，如图 5.67 所示。

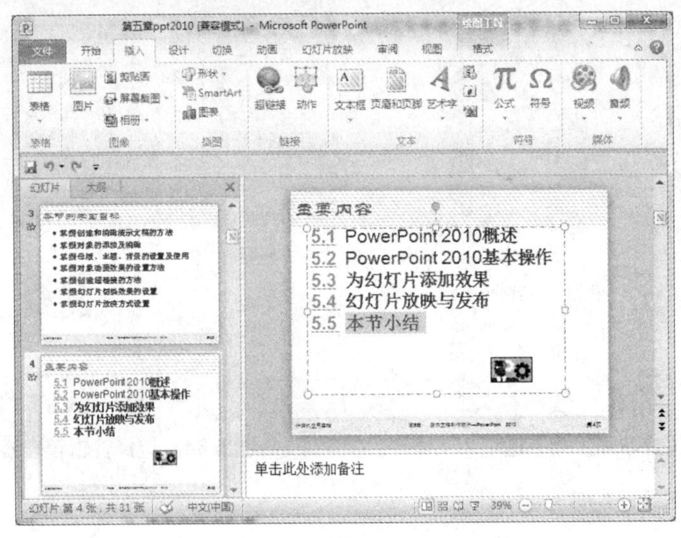

图 5.67　选择需要插入超链接的文本

(2) 打开【插入超链接】对话框。切换至【插入】功能区，在【链接】组中单击【超链接】按钮，如图 5.68 所示，即可打开【插入超链接】对话框。

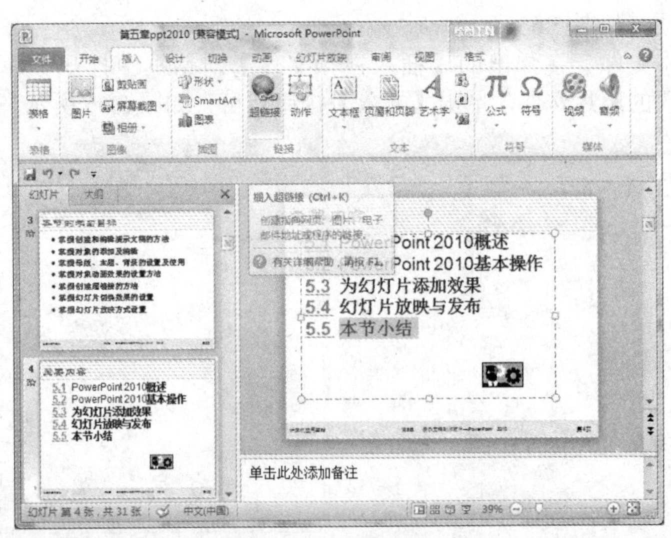

图 5.68　单击【超链接】按钮

(3) 选择超链接位置。在弹出的【插入超链接】对话框的【链接到】列表框中选择【本文档中的位置】选项，在【请选择文档中的位置】列表框中选择【3.本节的学习目标】选项，即可链接到第 3 张幻灯片，如图 5.69 所示。

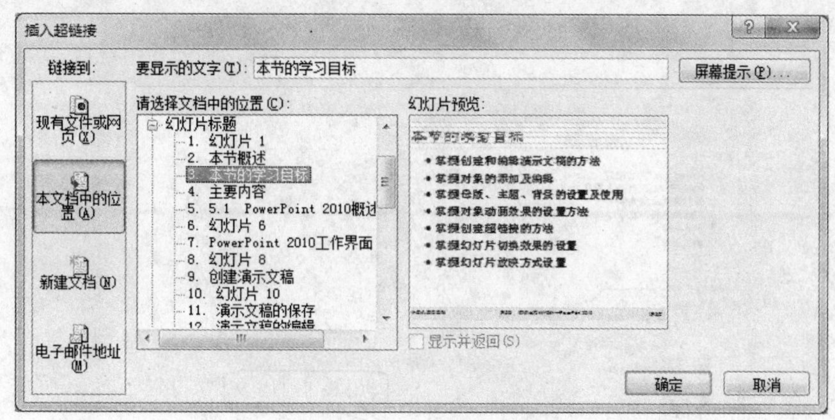

图 5.69　选择超链接位置

(4) 显示设置超链接后的效果。设置链接位置之后，单击【确定】按钮，返回幻灯片中，此时可以看到所选文本已经插入了超链接(带有超链接格式的文本带有下划线)，如图 5.70 所示。

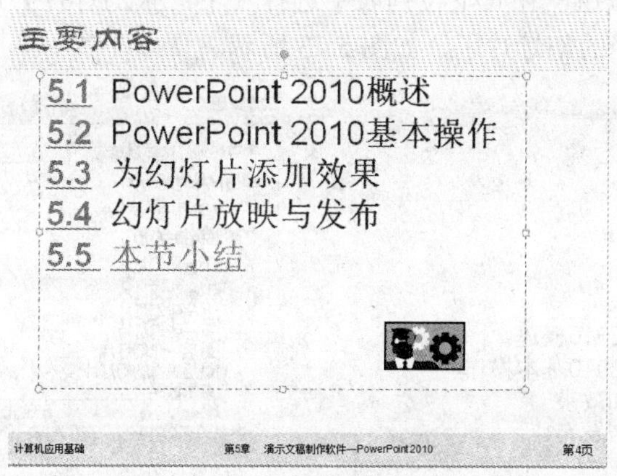

图 5.70　显示设置超链接后的效果

5.3.8　添加动作按钮

在幻灯片中，用户可以添加 PowerPoint 自带的动作按钮，从而在放映过程中激活另一个程序或链接至某个对象。具体操作步骤如下：

(1) 添加动作按钮。打开一个 PowerPoint 文件并选择第 2 张幻灯片，切换至【插入】功能区，单击【形状】按钮，在展开的下拉列表中的【动作按钮】选项组中选择【动作按钮：自定义】图标，如图 5.71 所示。

(2) 绘制动作按钮。此时在幻灯片区域，鼠标指针呈十字形状，在幻灯片的右下角合适位置处按下鼠标左键不放并拖动，绘制动作按钮，拖至合适大小后释放鼠标，如图 5.72 所示。

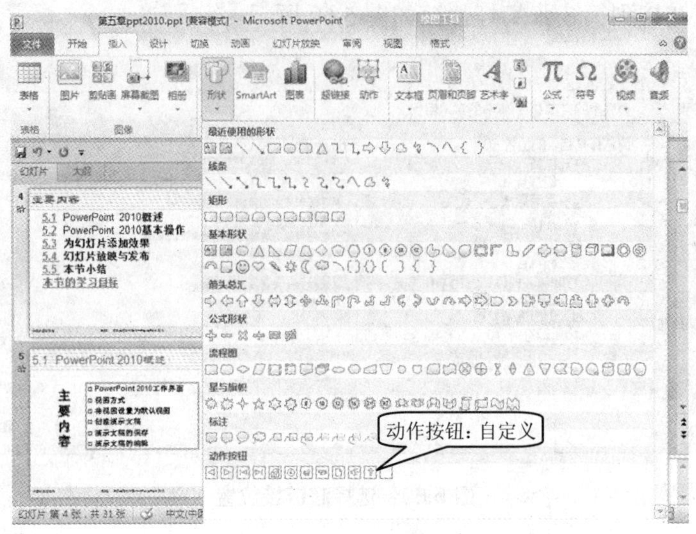

图 5.71　添加动作按钮

(3) 选择动作按钮链接位置。弹出【动作设置】对话框，在【单击鼠标】选项卡中选中【超链接到】单选按钮，在其下拉列表中选择【下一张幻灯片】选项，单击【确定】按钮就可以链接到所选择的幻灯片了，如图 5.73 所示。

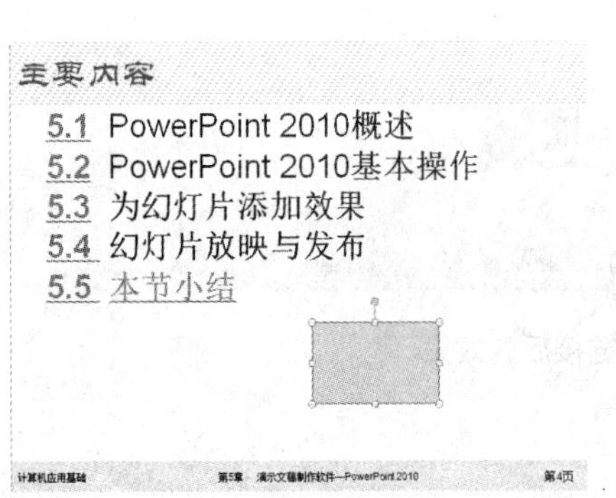

图 5.72　绘制动作按钮

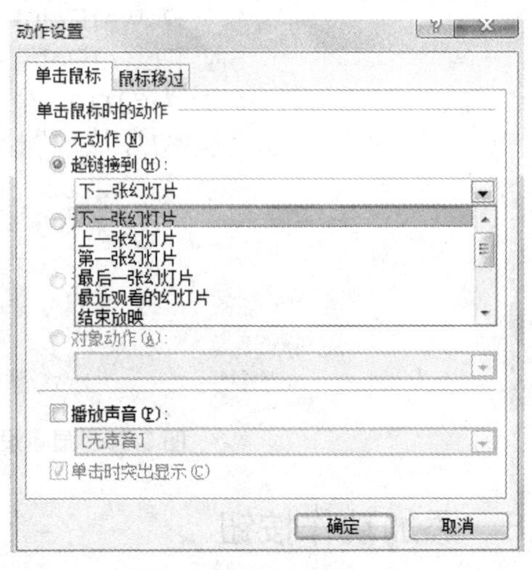

图 5.73　选择动作按钮链接位置

(4) 添加文字。设置完毕后单击【确定】按钮返回幻灯片，右击动作按钮选择快捷菜单中的【编辑文字】命令，输入文字“返回首页”。为动作按钮设置形状应用样式，并复制到后面的所有幻灯片中，如图 5.74 所示。

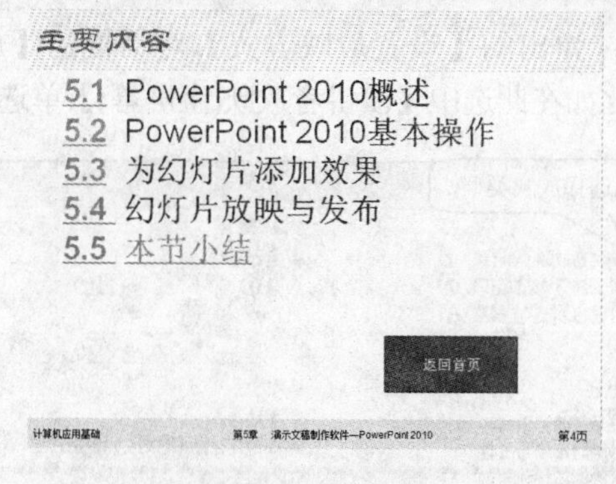

图 5.74　添加文字

5.4　幻灯片放映与发布

演示文稿制作完成后，用户可以根据需要设置其放映方式。此外，PowerPoint 还提供了网上发布功能，用户可以将演示文稿保存为网页，也可以直接发布到网上。本章主要介绍了幻灯片的放映与发布方法，包括设置放映方式、演示文稿的打包与发布等。

5.4.1　设置幻灯片放映方式

PowerPoint 为满足用户在不同场合下的使用，提供了演讲者放映、观众自行浏览和在展台浏览三种幻灯片的放映方式。

1. 演讲者放映

(1) 打开【设置放映方式】对话框。打开一个 PowerPoint 文件，切换至【幻灯片放映】功能区，在【设置】组中单击【设置幻灯片放映】按钮，如图 5.75 所示，即可打开【设置放映方式】对话框。

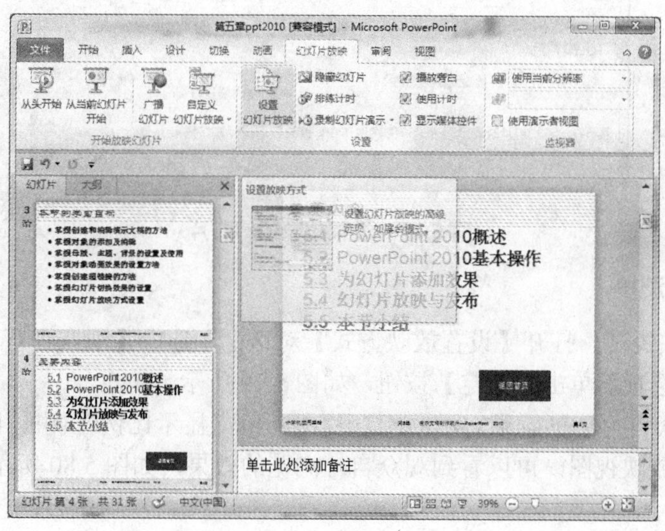

图 5.75　设置放映方式

(2) 选择放映类型。在弹出的【设置放映方式】对话框的【放映类型】选项组中，用户可以选择放映的类型，比如在此选中【演讲者放映(全屏幕)】单选按钮，如图 5.76 所示。

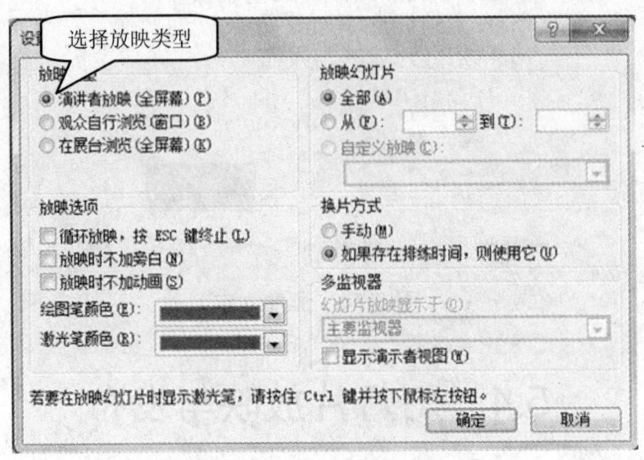

图 5.76　选择放映类型

(3) 设置放映的幻灯片。在【放映幻灯片】选项组中选择放映的幻灯片，比如在此选中【从…到】单选按钮，并设置放映第 1 张到第 10 张幻灯片，如图 5.77 所示。

(4) 设置放映选项和换片方式。选中【放映选项】选项组中的【循环放映，按 Esc 键终止】复选框，选中【换片方式】选项组中的【手动】单选按钮，如图 5.78 所示，单击【确定】按钮。

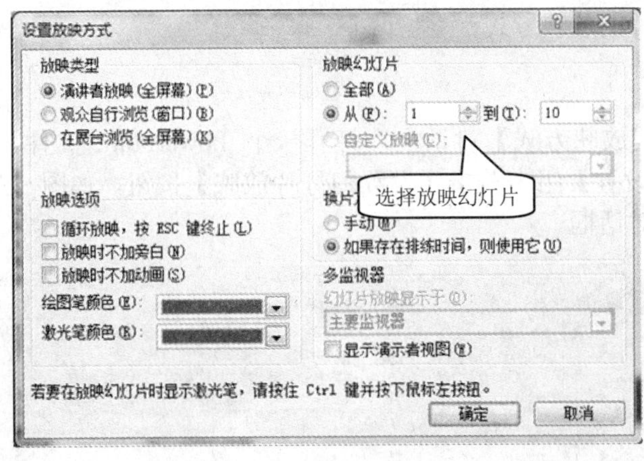

图 5.77　设置放映的幻灯片

2. 观众自行浏览

(1) 选择放映类型。打开【设置放映方式】对话框，选中【观众自行浏览(窗口)】单选按钮，设置放映选项后单击【确定】按钮，如图 5.79 所示。

(2) 显示观众自行浏览效果。返回幻灯片中，单击显示比例左侧的【幻灯片放映】按钮，进入幻灯片放映视图，可以看到观众自行浏览的效果，如图 5.80 所示。

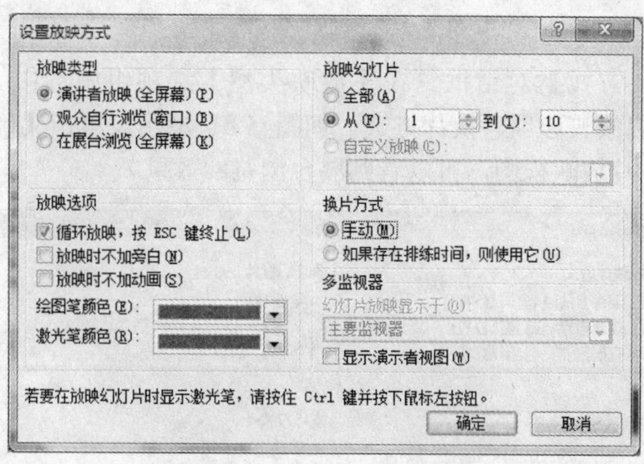

图 5.78　设置放映选项和换片方式

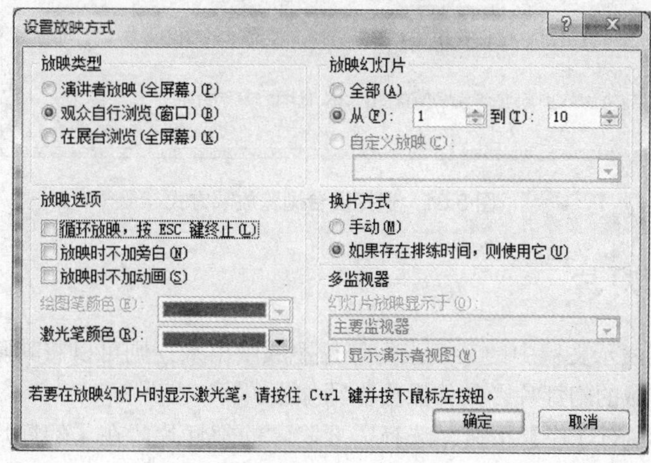

图 5.79　选择放映类型

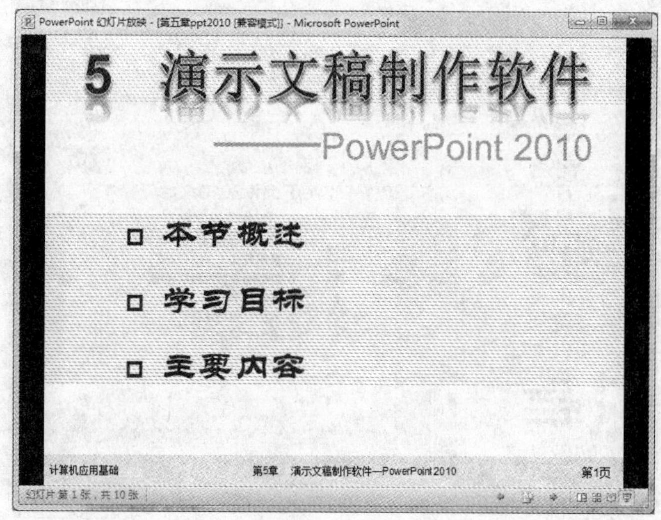

图 5.80　显示观众自行浏览效果

3. 在展台浏览

打开【设置放映方式】对话框，在【放映类型】选项组中选中【在展台浏览(全屏幕)】单选按钮，设置放映选项、换片方式，如图 5.81 所示。单击【确定】按钮，返回到幻灯片中，进入幻灯片放映视图，可以看到展台浏览的效果。

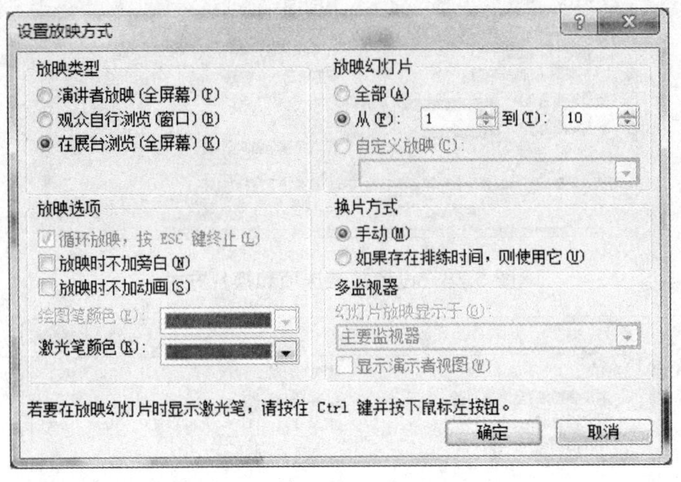

图 5.81 选择展台浏览放映方式

5.4.2 隐藏幻灯片

如果用户希望演示文稿中的某一张幻灯片不放映出来，则可以将其隐藏，在放映幻灯片时将自动跳过隐藏的幻灯片。具体操作步骤如下。

(1) 单击【隐藏幻灯片】按钮。选择需要隐藏的幻灯片，在【幻灯片放映】功能区的【设置】组中单击【隐藏幻灯片】按钮，如图 5.82 所示。

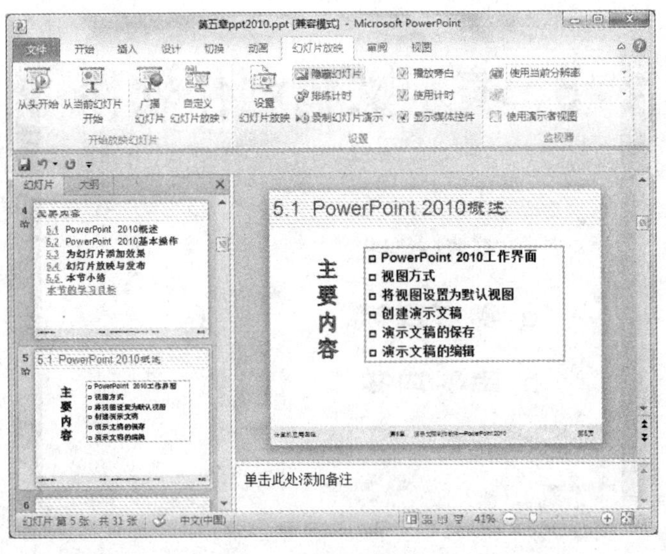

图 5.82 隐藏幻灯片

(2) 隐藏幻灯片的效果。经过上一步的操作后，可以看到所选择的幻灯片已经隐藏。左侧窗格中幻灯片编号发生了变化，如图 5.83 所示。

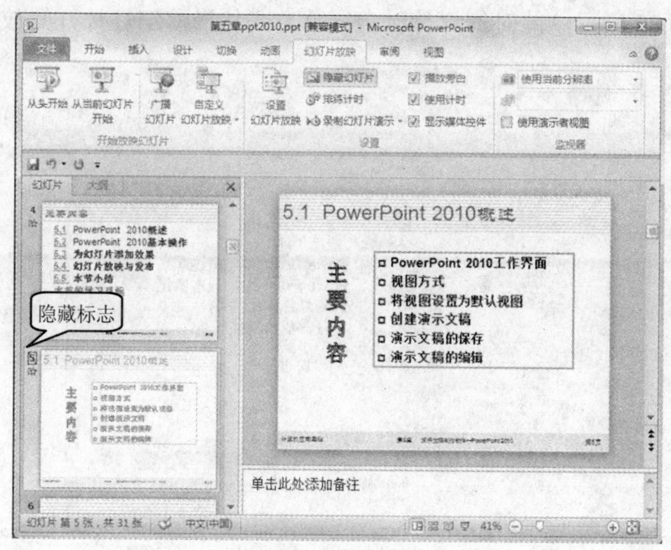

图 5.83　隐藏幻灯片的效果

5.4.3　放映幻灯片

放映幻灯片的方式有多种，可以从头开始放映，也可以从当前幻灯片开始放映。当需要退出幻灯片放映时，按下 Esc 键即可。

1. 从头开始放映

切换到【幻灯片放映】功能区，在【开始放映幻灯片】组中单击【从头开始】按钮，此时进入幻灯片放映视图，从第 1 张幻灯片开始依次放映，如图 5.84 所示。

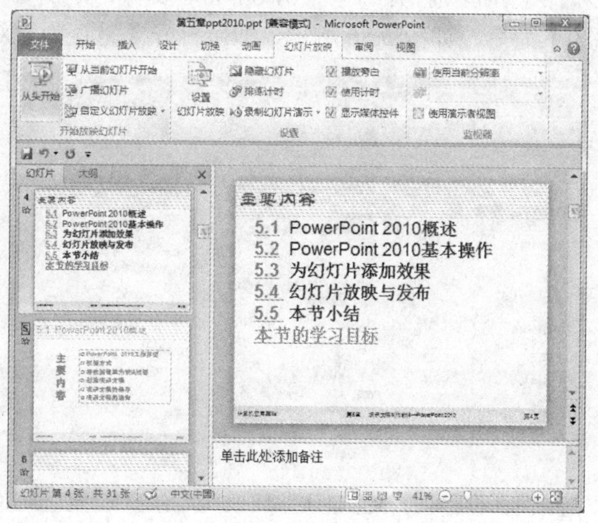

图 5.84　从头开始放映幻灯片

2. 从当前幻灯片开始放映

切换至【幻灯片放映】功能区，在【开始放映幻灯片】组中单击【从当前幻灯片开始】按钮，如图 5.85 所示。此时幻灯片以全屏幕方式从当前幻灯片开始放映。

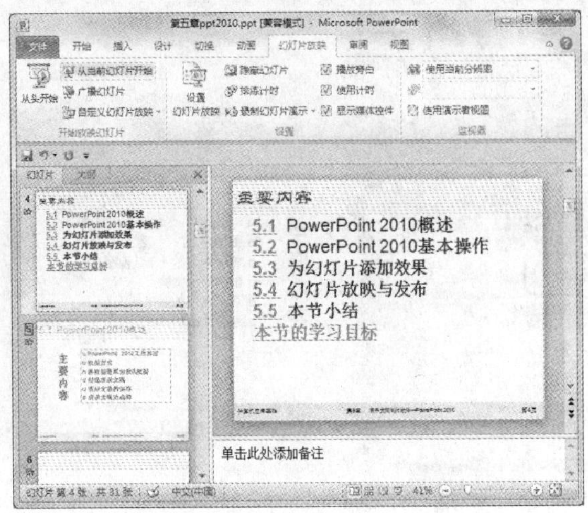

图 5.85　从当前幻灯片开始放映

5.4.4　将演示文稿保存为其他文件类型

制作好演示文稿之后，可以使用 PowerPoint 的【另存为】功能，将演示文稿以其他文件类型进行保存，比如保存为 XML 文件、视频文件等。

1. 将演示文稿直接保存为网页

利用 PowerPoint 中的【另存为】功能，可以直接将演示文稿保存为 XML 的文件格式，使用户能以网页的形式将演示文稿打开。具体操作步骤如下。

(1) 打开【另存为】对话框。打开一个 PowerPoint 文件，单击【文件】按钮，在展开的菜单中单击【另存为】命令，如图 5.86 所示，即可打开【另存为】对话框。

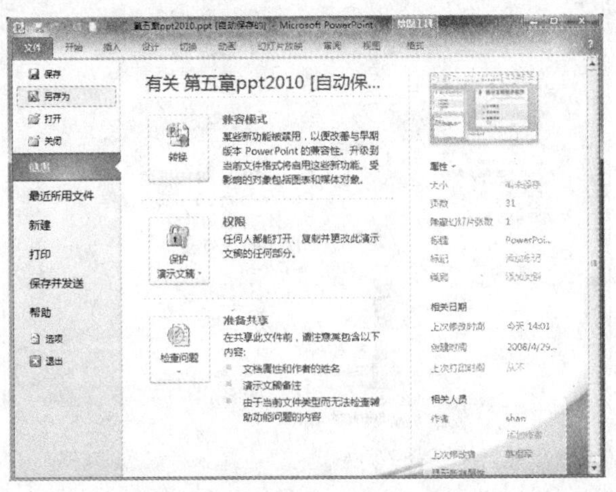

图 5.86　单击【另存为】命令

(2) 将文件保存为网页。选择文件保存的路径，在【保存类型】下拉列表中选择【PowerPoint XML 演示文稿】选项，单击【保存】按钮，如图 5.87 所示。

图 5.87　将文件保存为网页

2. 将演示文稿保存为视频

将演示文稿保存为视频，也可以实现演示文稿在其他计算机上放映。具体操作步骤如下。

(1) 打开【另存为】对话框。打开一个 PowerPoint 文件，单击【文件】按钮，在展开的菜单中单击【保存并发送】按钮，单击【创建视频】按钮，如图 5.88 所示。

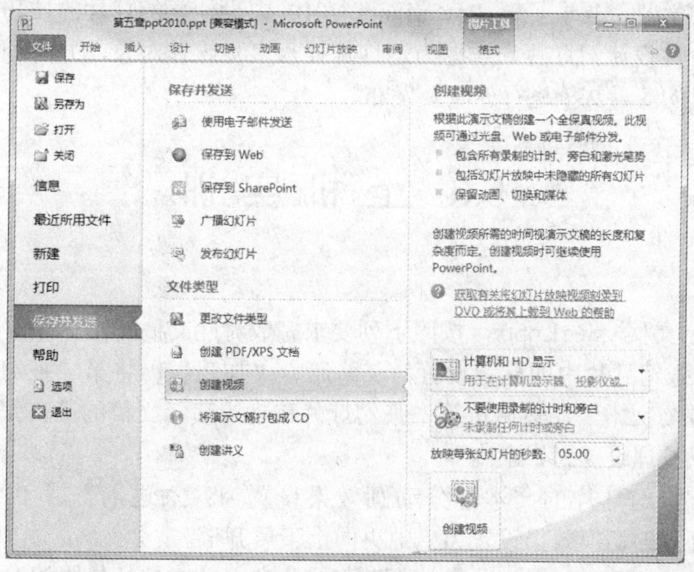

图 5.88　创建视频

(2) 将文件保存为视频。选择文件保存的路径，在【保存类型】下拉列表中选择【Windows Media 视频】选项，单击【保存】按钮，如图 5.89 所示。

图 5.89　保存为视频

根据保存的路径双击打开视频文件，可以看到演示文稿内容在播放器中打开。

5.5　本章小结

本章主要介绍了 PowerPoint 2010 的特点、基本操作、利用设计模板新建幻灯片及为幻灯片添加效果，最后介绍了幻灯片的放映与发布。

通过本章的学习，要求了解 PowerPoint 2010 中设计新幻灯片的技巧，学会利用幻灯片母版及模板特性设计幻灯片，掌握为幻灯片插入多种媒体对象，并为幻灯片设计动画，能够对设计完成的演示文稿进行放映及发布。

5.6　上机实训

实训内容

1. 打开演示文稿 yswg1.pptx，按照下列要求完成对此文稿的修饰并保存。

(1) 将第一张幻灯片中的标题设置为 54 磅、“加粗”；将第二张幻灯片版式改变为“垂直排列标题与文本”，然后将第二张幻灯片移动为演示文稿的第三张幻灯片；将第一张幻灯片的背景纹理设置为“水滴”。

(2) 将第三张幻灯片的文本部分动画效果设置为：“进入”、“飞入”、“自底部”，全部幻灯片的切换效果设置为“中央向上下展开”。

2. 打开演示文稿 yswg2.pptx，按照下列要求完成对此文稿的修饰并保存。

(1) 将第三张幻灯片版式改变为“垂直排列标题与文本”；将第一张幻灯片背景填充纹理为“羊皮纸”。

(2) 将文稿中的第二张幻灯片加上标题“项目计划过程”，设置字体、字号分别为黑体、48 磅字。然后将该幻灯片移动到文稿的最后，作为整个文稿的第三张幻灯片。全文幻灯片的切换效果都设置成“垂直百叶窗”。将第一张幻灯片中文本“个体软件过程”超链接到第三张幻灯片。给第三张幻灯片插入备注“时间跟踪”。

实训步骤

1.(1) 选中第一张幻灯片标题，切换到【开始】功能区，在【字体】组中设置 54 磅、加粗；选择第二张幻灯片，切换到【开始】功能区，在【幻灯片】组中单击【版式】按钮，在展开的下拉列表中选择【垂直排列标题与文本】；拖动第二张幻灯片到第三张幻灯片之后，将第二张幻灯片变为演示文稿的第三张幻灯片；选择第一张幻灯片，切换到【设计】功能区，在【背景】组中单击【背景样式】按钮，在展开的下拉列表中选择【设置背景格式】，在弹出的对话框中选择【填充】选项，并选中【图片或纹理填充】，在【纹理】下拉列表框中选择【水滴】。

(2) 选中第三张幻灯片的文本部分，单击【动画】功能区，在【高级动画】组中单击【添加动画】按钮，在展开的下拉列表中选择【进入】选项组中的【飞入】选项，再单击【动画】组中的【效果选项】按钮，在展开的下拉列表选择【自底部】选项。切换到【切换】功能区，单击【切换到此幻灯片】组中的【分割】，单击【效果选项】按钮，在展开的下拉列表中选择【中央向上下展开】选项，再单击【计时】组中的【全部应用】按钮，结果如图 5.90 所示。

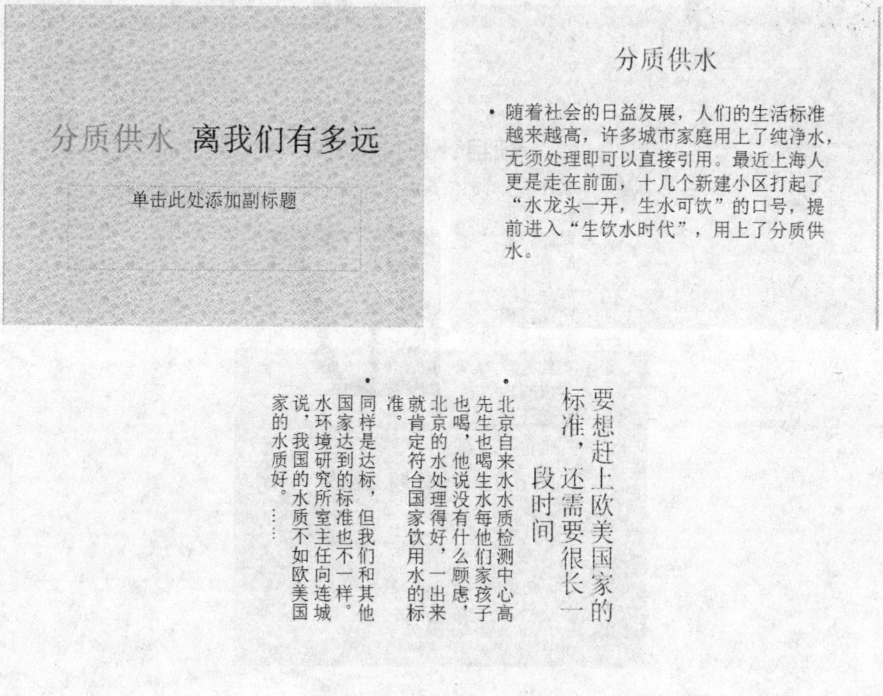

图 5.90　操作题 1 结果

2. (1) 选中第三张幻灯片，切换到【开始】选项卡，在【幻灯片】组中单击【板式】按钮，在展开的下拉列表中选择【垂直排列标题与文本】选项。选中第一张幻灯片，切换到【设计】选项卡，在【背景】组中单击【背景样式】按钮，在展开的下拉列表中选择【设置背景格式】选项，在弹出的对话框中选择【填充】选项，再选中【图片或纹理填充】，在【纹理】下拉列表框中选择【羊皮纸】。

(2) 选中第二张幻灯片，在标题框中单击鼠标，输入“项目计划过程”，选中标题，右击，在【字体】下拉列表框中选择【黑体】，在【字号】下拉列表框中选择 48 磅。然后拖动第二张幻灯片到第三张幻灯片之后，将第二张幻灯片变为演示文稿的第三张幻灯片。切换到【切换】选项卡，在【切换到此幻灯片】组中选择【百叶窗】，再单击【效果选项】按钮，在展开的下拉列表中选择【垂直】选项，在【计时】组中单击【全部应用】按钮。选中第一张幻灯片文本“个体软件过程”后右击，选择【超链接】选项，在弹出的【插入超链接】对话框中，在【链接到】列表框中选择【本文档中的位置】选项，在【请选择文档中的位置】列表框中选择【最后一张幻灯片】，单击【确定】按钮。单击第二张幻灯片，在幻灯片下面的“单击此处添加备注”处输入“时间跟踪”，结果如图 5.91 所示。

项目计划过程

- 软件工程师的任务
- 时间管理
- 时间跟踪
- 阶段计划
- 产品计划
- 产品规模
- 管理好时间
- 契约管理
- 进度管理
- 项目计划

图 5.91　操作题 2 结果

第 6 章　计算机网络与 Internet

计算机网络是计算机技术与现代通信技术紧密结合的产物。人们借助计算机网络来获取、传输和处理信息，实现信息通信与资源共享。如今计算机网络已日益深入到政治、经济、科教、文化等社会生活的各个方面，人们随处都可以享受到计算机网络带来的便利，计算机网络已成为人们日常生活中必不可少的工具。信息化社会的基础是由计算机互联所组成的信息网络，网络技术在计算机科学技术中占有重要的地位。

本章重点介绍计算机网络基础知识、Internet 的基本原理和应用、电子邮件与 Outlook 2010 的使用。

6.1　计算机网络基础知识

6.1.1　计算机网络概述

1. 计算机网络的定义

关于计算机网络目前还没有一个严格的定义，目前较为公认的定义是：将分布在不同地点的具有独立功能的多台计算机系统通过通信设备和通信线路连接起来，在功能完善的网络软件的支持下，实现数据通信和资源共享的系统。

这个定义涉及以下几个方面的含义。

(1) 构成网络的计算机是自主工作的，且至少有两台。

(2) 网络内的计算机通过通信介质和互联设备连接在一起，通信技术为计算机之间的数据传递和交换提供了必要的手段。

(3) 计算机间利用通信手段进行数据交换，实现资源共享。这指出了计算机网络的两个最主要功能。

(4) 数据通信和资源共享必须在完善的网络协议和软件支持下才能实现。

2. 计算机网络的功能

建立计算机网络的基本目的是实现数据通信和资源共享，其主要功能有以下几个方面。

1) 数据通信

数据通信即数据传输和交换，是计算机网络最基本的功能之一。从通信角度来看，计算机网络其实是一种计算机通信系统，其本质上是解决数据通信的问题。在不同分布的计算机系统之间及时、高速地传递各种信息，如电子邮件、远程登录、信息浏览等都是基于数据通信的网络服务。

2) 资源共享

资源共享指的是网上用户能够部分或全部地使用计算机网络资源，使计算机网络中的

资源互通有无、分工协作，从而大大地提高各种资源的利用率。计算机网络的主要目的在于实现资源共享，资源共享可以使网络内的用户能够使用网络内的各种计算机系统中的全部或部分资源，包括硬件、软件和数据资源等的共享。例如，网络中的用户可以使用网络中的高性能计算机处理自己提交的某个大型复杂问题，使用网络高速打印机打印文档、报表，利用网络数据库查询自己所需的信息等。

3) 提高计算机系统的可靠性和可用性

计算机网络是一个高度冗余容错的计算机系统。联网的计算机可以互为备份，一旦某台计算机发生故障，另一台计算机则可替代它继续工作。更重要的是，由于数据和信息资源存放在不同地点，因此可防止因为故障而无法访问或因为灾害造成数据破坏。

4) 数据信息的集中和综合处理

将分散在各地的计算机中的数据资料进行集中或分级管理，并经过综合处理后形成各种报表，供管理者或决策者分析和参考，如自动订票系统、银行财务系统等。

5) 易于进行分布处理

在具有分布处理功能的计算机网络中，把一项复杂的任务，通过合适的算法划分成若干个小的任务，分散到网络中的多台计算机上进行处理，使以往大型计算机才能完成的任务可以由微型机或小型机组成的计算机网络完成，从而提高效率并降低费用。同时，分布式处理可以均衡网络负载，当一台计算机的任务很重时，可以通过网络将此任务传递给空闲的计算机去处理，从而避免忙闲不均的现象。

在计算机网络中，每个用户都可根据情况合理选择网内的资源，以就近的原则快速地处理。对于较大型的综合问题，在网络操作系统的调度和管理下，网络中的多台计算机可协同工作来解决，从而达到均衡网络资源，实现分布式处理的目的。

3．计算机网络的应用

如今人们已经越来越离不开计算机网络了。从日常生活中的银行存取款、交电话费、信用卡支付、网上购物、QQ 聊天，到高科技领域的 GPS(全球卫星定位系统)、火箭发射等方面，计算机网络已日益渗透到各行各业当中，直接影响着人们的工作、学习、生活甚至思维方式。随着计算机网络技术的发展与成熟，Internet 的迅速普及，各种网络应用需求的不断增加，使计算机网络的应用范围也在不断扩大，而且越来越深入。例如，计算机网络技术已广泛地应用于工业自动控制、辅助决策、管理信息系统、远程教育、远程办公、数字图书馆全球情报检索与信息查询、电子商务、电视会议、视频点播等领域，并且取得了可观的效益。

4．计算机网络举例

图 6.1 是某高校的校园网络，其网络主干中心是千兆以太网的光纤局域网，连接各学院、系、图书馆等信息网，并接入 Internet，实现各级各类网络的互联互通，为学校的各级单位、教师、学生提供方便快捷的服务，从而有效地为科研、教学服务，提高学校的综合实力水平。

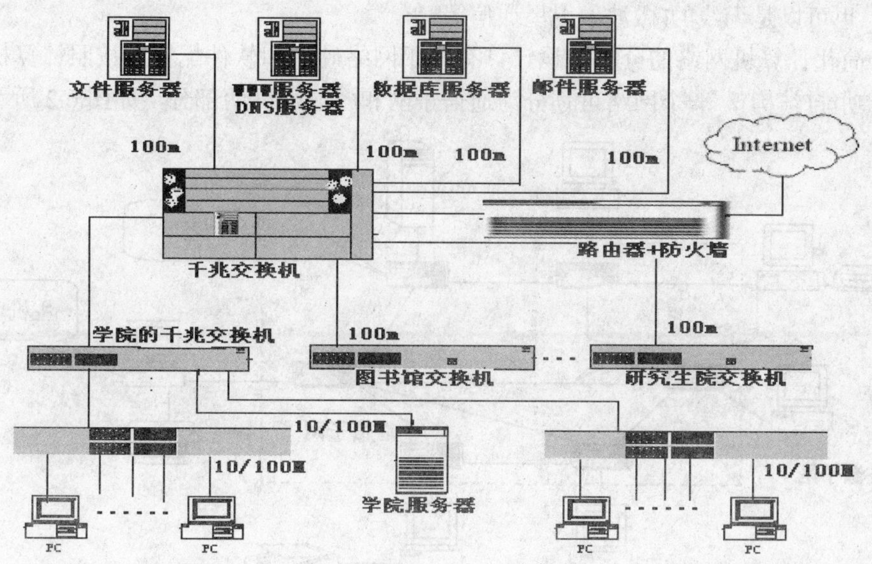

图 6.1　某高校计算机网络实例

6.1.2　计算机网络的组成和分类

1. 计算机网络的组成

1) 计算机网络系统组成

正如计算机系统由硬件系统和软件系统组成一样，计算机网络系统也是由网络硬件系统和网络软件系统组成的。

网络硬件是计算机网络系统的物质基础。网络硬件通常由服务器、客户机、网络接口卡、传输介质、网络互联设备等组成。其中服务器是网络的核心，它为使用者提供了主要的网络资源。

网络软件是实现网络功能不可缺少的组成部分。网络软件主要包括网络操作系统、网络通信软件及协议和各种网络应用程序等。

2) 计算机网络功能组成

从组织结构上看，计算机网络由互联的网络单元组成，简单地说就是由各种数据处理设备和数据通信设备构成，网络单元之间的连接是通过通信链路完成的。

(1) 网络单元主要由数据处理系统和节点控制器组成。

① 数据处理系统一般是一个功能完善的计算机系统，可以是个人微机，也可以是多用户系统或多处理机系统，它的任务主要是进行信息采集、存储和加工。

② 节点控制器可以是一台通信处理机或通信控制器，也可以简单到就是插在计算机内部的一块网络适配器，即网卡。它作为数据处理系统和网络的接口，向其他网络单元发送信息，同时鉴别、监视其他网络单元发来的信息，经最佳路径选择后，转发到其他节点。

(2) 通信链路是连接两节点之间的一条通信信道。

通信链路包括通信线路和有关设备。通信线路可以是有线的(双绞线、同轴电缆、光导

纤维等)，也可以是无线的(微波、卫星通信等)。

为了简化计算机网络的分析与设计，有利于网络硬件和软件配置，按照计算机网络系统的逻辑功能(结构)，一个网络可划分为通信子网和资源子网两部分，如图 6.2 所示。

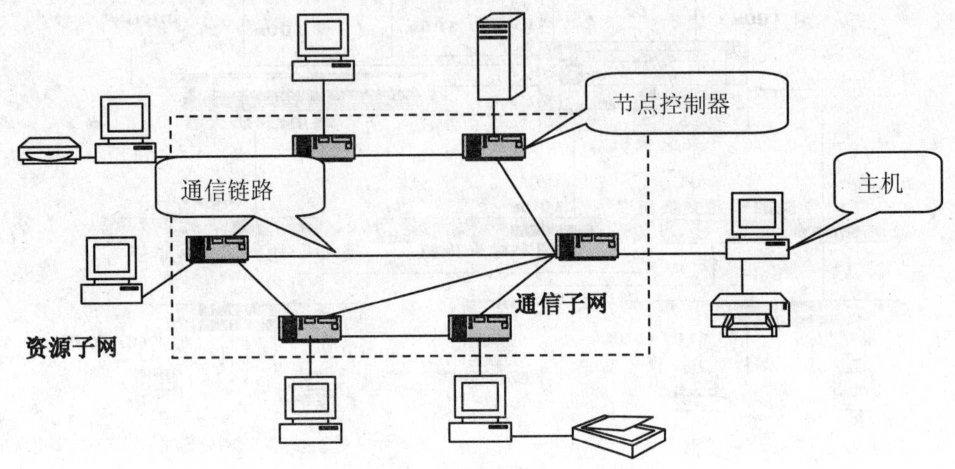

图 6.2　计算机网络的组成

通信子网主要负责全网的数据通信，为网络用户提供数据传输、转接、加工和交换等通信处理功能。它主要包括通信线路(传输介质)、通信控制处理机、通信协议和控制软件等。

资源子网主要负责全网的信息处理，为网络用户提供网络服务和资源共享。它主要包括网络中的主机、终端、I/O 设备、各种软件资源和数据库等。

将计算机网络分为资源子网和通信子网，符合网络体系结构的分层思想，便于对网络进行研究和设计。资源子网、通信子网可单独规划、管理，从而使整个网络的设计与运行得以简化。

2．计算机网络的分类

计算机网络的分类方式很多，按照不同的分类原则，可以得到各种不同类型的计算机网络。

按覆盖范围(或通信距离)可分为局域网(Local Area Network，LAN)、广域网(Wide Area Network，WAN)和城域网(Metropolitan Area Network，MAN)；按网络拓扑结构可分为总线型网络、环型网络、星型网络和树型网络；按通信传播方式可分为广播网和交换网；按通信介质可分为双绞线网、同轴电缆网、光纤网和卫星网等；按使用范围可分为公用网和专用网。

1) 覆盖范围

(1) 局域网 LAN。局域网 LAN 是指覆盖范围局限于某个区域，以共享网络资源为目的的网络系统。它传输距离较短，传输速率较高，一般可达到 10Mbps～100Mbps，高速局域网可以达到 1000Mbps，但覆盖的地理范围较小，一般不超过 10 千米。例如，校园网就是一种典型的局域网。由于局域网投资规模较小，网络实现简单，故该技术易于推广。

(2) 城域网 MAN。城域网 MAN 是规模介于局域网和广域网之间的一种较大范围的高速网络，一般覆盖邻近的多个单位和城市，从而为接入网络的企业、机关、公司及社会单位提供文字、声音和图像的集成服务。城域网可包括若干相互连接的局域网，一般采用光纤或微波形式连接，传输速率在 1Mbps 以上。

(3) 广域网 WAN。广域网 WAN 又称远程网。它是指覆盖范围广，传输速率相对较低，以数据通信为目的的数据通信网。广域网的覆盖范围通常为几十到几千千米，是一种可跨越国家和地区的计算机网络。一般以高速电缆、光缆、微波或卫星等远程通信形式连接。

Internet(因特网)是世界上最大的广域网，是一个跨越全球的计算机互联网络。它以开放的连接方式将各个国家、地区、机构分布在世界各个角落的各种局域网、城域网和广域网互联起来，组成全球最大的计算机通信网络。我们通常说的上网，就是指接入 Internet。

2) 拓扑结构

网络拓扑是指网络中通信线路和节点间的几何连接形状，用以表示整个网络的结构外貌，反映各节点之间的结构关系。它影响着整个网络的设计、功能、可靠性和通信费用等方面，是计算机网络十分重要的要素。局域网常用的网络拓扑结构有总线型、星型、环型和树型拓扑。

(1) 总线型拓扑结构。总线型拓扑结构(见图 6.3)采用单根传输线作为传输介质，所有的站点(包括工作站和文件服务器)均通过相应的硬件接口直接连接到传输介质(或称总线)上，各工作站地位平等，无中心结点控制。

总线型拓扑结构的优点如下。

① 从硬件观点来看，总线型拓扑结构可靠性高。因为总线型拓扑结构简单，而且又是无源元件。

② 易于扩充，增加新的站点容易。如要增加新站点，仅需在总线的相应接入点将工作站接入即可。

③ 使用电缆较少，且安装容易。

④ 使用的设备相对简单，可靠性高。

总线型拓扑结构的缺点如下。

① 故障隔离困难。在星型拓扑结构中，一旦检查出哪个站点出现故障，只需简单地把连接拆除即可；而在总线型拓扑结构中，如果某个站点发生故障，造成整个网络中断，则需将该站点从总线上拆除，如传输介质故障，则要切断和变换整个这段总线。

② 故障诊断困难。由于总线拓扑的网络不是集中控制，故障检测需在网络上的各个站点进行。

(2) 星型拓扑结构。星型拓扑结构(见图 6.4)由中心结点和通过点对点链路连接到中心结点的各站点组成。星型拓扑结构的中心结点是主结点，它接收各分散站点的信息再转发给相应的站点。目前这种星型拓扑结构几乎是以太网(Ethernet)双绞线网络专用的。这种星型拓扑结构的中心结点是由集线器或者是交换机来承担的。

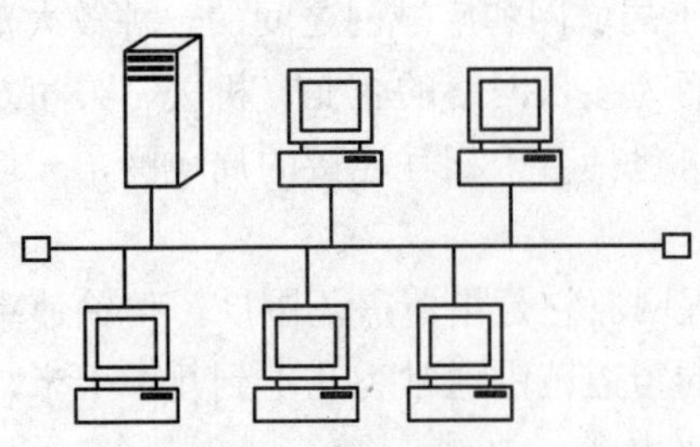

图 6.3　总线型拓扑结构

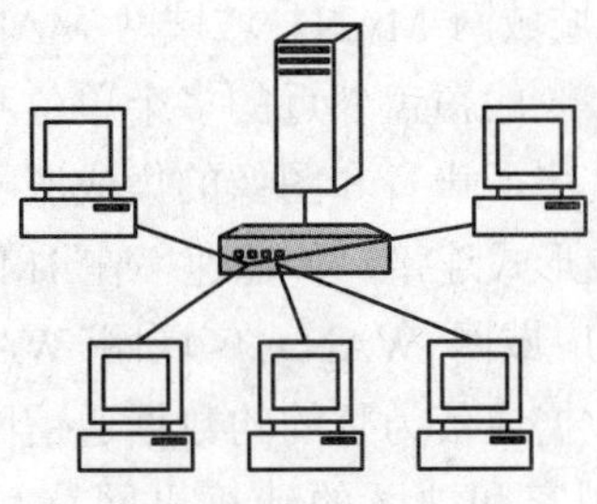

图 6.4　星型拓扑结构

星型拓扑结构的优点如下。

① 网络的扩展容易。

② 控制和诊断方便。

③ 访问协议简单。

星型拓扑结构的缺点如下。

① 过分依赖中心结点。

② 成本相对高些。

(3) 环型拓扑结构。环型拓扑结构(见图 6.5)是由网络中若干中继器通过点到点的链路首尾相连形成的一个闭合的环。

环型拓扑结构的优点如下。

① 路由选择控制简单。因为信息流是沿着一个固定的方向流动的，两个站点仅有一条通路。

② 电缆长度短。环型拓扑结构所需电缆长度和总线拓扑结构相似，但比星型拓扑结构要短。

③ 适用于光纤。光纤传输速度快，而环型拓扑是单方向传输，十分适用于光纤这种传输介质。

环型拓扑结构的缺点如下。

① 某个结点出现故障会引起整个网络瘫痪。

② 诊断故障困难。因为某一结点故障会使整个网络都不能工作，但具体确定是哪一个结点出现故障非常困难，需要对每个结点进行检测。

(4) 树型拓扑结构。树型拓扑结构(见图 6.6)从总线拓扑结构演变而来，形状像一棵倒置的树，顶端有一个带分支的根，每个分支还可延伸出子分支。树型拓扑通常采用同轴电缆作为传输介质，且使用宽带传输技术。

树型拓扑结构和总线型结构的主要区别在于根的存在，当节点发送时，根接收该信号，然后再重新广播到全网。

树型拓扑结构的优点如下。

① 易于扩展，新的分支和节点可以很容易地加入到网络中。

② 故障容易隔离，如果某一分支的节点或分支发生故障，很容易将这个分支和整个系统隔离开。

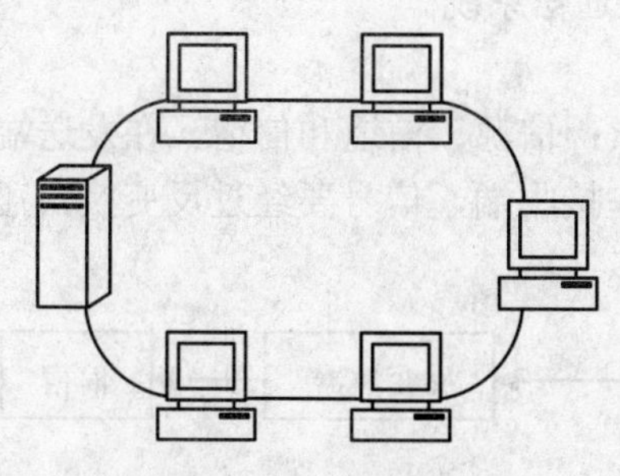

图 6.5 环型拓扑结构

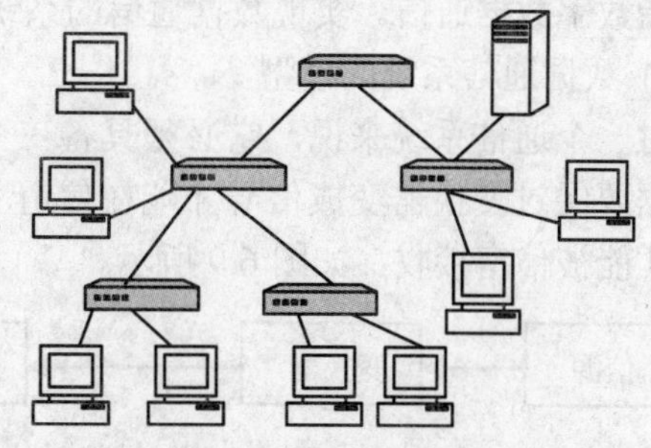

图 6.6 树型拓扑结构

树型拓扑结构的缺点是对于根的依赖性强，一旦根发生故障，则全网都不能正常工作。

3) 通信传播方式

(1) 交换网。在交换网中一个节点发出的数据，只有与它直接相连的节点可以接收到，而其他没有与其直接相连的节点必须经过中间节点转发才能够接收到，这个转发的过程称为“交换”。如图 6.7 所示，A 节点向 E 节点发送数据，由于 A 节点和 E 节点之间没有直接通路，因此必须通过 B 节点和 D 节点转发才能到达。

(2) 广播网。广播网中的节点共享传输介质，一个节点发出的信息，不需要经过中间节点的交换，就可以被网络中的所有节点接收到。如图 6.8 所示，A 节点发送的数据，B、C、D 节点都能接收。

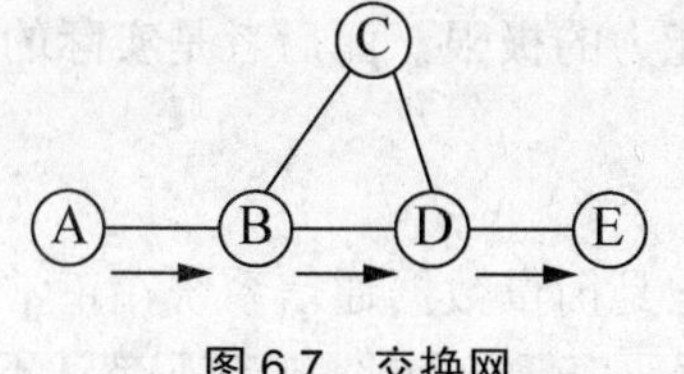

图 6.7 交换网

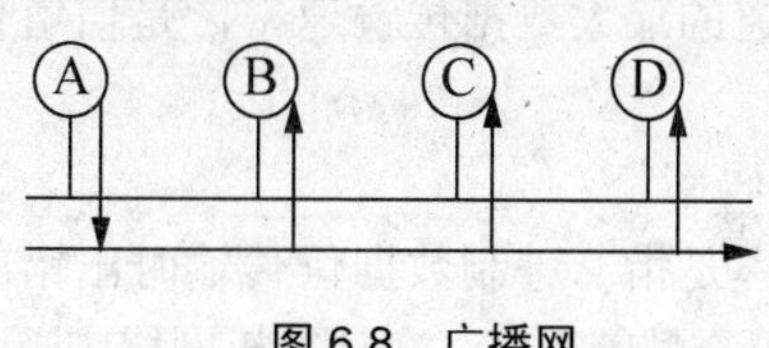

图 6.8 广播网

6.1.3 数据通信基础

有关数据通信基础内容介绍如下。

1. 数据通信的基本概念

1) 数据

数据可分为模拟数据和数字数据两类。

2) 信号

信号是数据的电磁或电子编码。信号在通信系统中可分为模拟信号和数字信号。

3) 信道

信道是用来表示向某一个方向传送信息的媒体。

4) 数据通信

数据通信是指通过适当的传输线路将数据信息从一台设备传送到另一台设备的全过程。数据通信分为模拟数据通信和数字数据通信两种。计算机网络中所涉及的数据通信主

要是指数字数据通信。实现数据通信的系统称为数据通信系统。

5) 数据通信系统的模型

对一个通信系统来说，它必须具备三个基本要素：信源、信道和信宿。在发送端，信源数据要经过变换器变成信号才能在信道上传输；在接收端，信号要经过反变换器还原成数据才能被信宿接收，如图 6.9 所示。

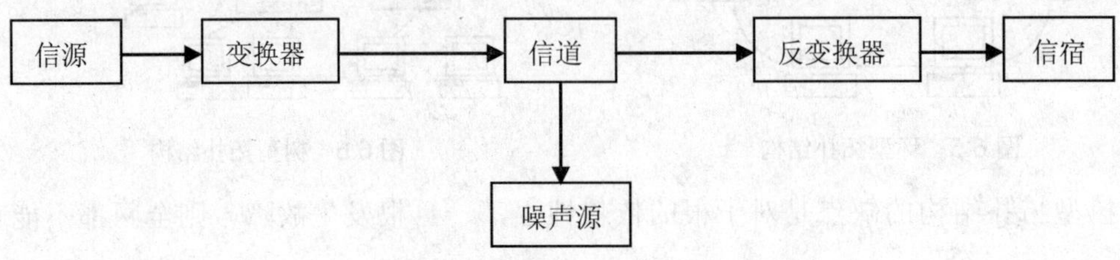

图 6.9　数据通信系统的模型

2．数据通信的主要技术指标

1) 数据传输速率

数据传输速率是指每秒传输二进制信息的位数，单位为位/秒，记作 bps 或 b/s。例如 ADSL MODEM 的下行数据传输速率为 1Mbps～8Mbps。

2) 信道带宽

信道带宽简称为带宽，也称信道容量。它表示一个信道的最大数据传输速率，单位为位/秒(bps)。例如，高速以太网的带宽可达 1000Mbps。带宽与数据传输速率的区别是，前者表示信道的最大数据传输速率，是信道传输数据能力的极限，而后者是实际的数据传输速率。

3) 误码率

误码率是指二进制数据位传输时出错的概率。它是衡量数据通信系统在正常工作情况下的传输可靠性的指标。在计算机网络中，一般要求误码率低于 10^{-6}，若误码率达不到这个指标，可通过差错控制方法检错和纠错。

3．数据通信过程中涉及的主要技术

1) 数据编码技术

因为数据有模拟数据和数字数据两种，而信道也有模拟信道和数字信道两种，除了模拟数据在模拟信道上传输不需要编码外，其余方式均需要编码，所以共有 3 种编码方式。

(1) 数字数据的模拟信号编码。

(2) 数字数据的数字信号编码。

(3) 模拟数据的数字信号编码。

2) 数据交换技术

在数据通信中，将数据在通信子网的节点间数据传输的过程称为数据交换，相应的技术称为数据交换技术。常用的数据交换技术有电路交换、报文交换和分组交换技术。计算机网络主要使用分组交换技术。

3) 差错控制技术

差错控制技术是指在通信过程中发现、检测差错，对差错进行纠正，并把差错限制在

数据传输所允许的尽可能小的范围内的技术。

4) 多路复用技术

多路复用技术就是把多个单个信号在一个信道上同时传输的技术。该技术降低了设备费用，提高了工作效率。多路复用技术一般分为时分多路复用(TDM)、频分多路复用(FDM)和波分多路(WDM)复用等形式。

6.2　网络协议和网络体系结构

计算机网络是由各种计算机和各类终端通过通信线路连接起来的复合系统。在这个复杂的系统中，由于硬件、连接方式及软件不同，网络中各节点间的通信无法进行。由于各厂家使用的数据格式、交换方式不同，异种机通信硬件的标准化非常困难。于是各厂家纷纷提出建议，由一个适当的组织实施一套公共的标准，各厂家都生产符合该标准的产品，简化通信手续，以便在不同的计算机上实现互相通信的目的。

1977 年国际标准化组织(ISO)技术委员会 TC97 充分认识到制定这样的国际标准的重要性，于是成立了新的委员会 S16，专门研究异种计算机网络间的通信标准。这个标准就是著名的 ISO7498 国际标准，称为开放系统互连参考模型，其英文缩写为 OSI(Open System Interconnection)。OSI 定义了异种机联网标准的框架结构，建立了一整套能保证全部级别都能进行通信的标准，从而解决了异种计算机、异种操作系统、异种网络间的通信问题。

6.2.1　计算机网络协议

1. 计算机网络协议概述

在计算机网络的各节点间无差错地进行数据交换，每个节点必须遵守一些事先约定好的规则。这些规则规定了数据交换的格式及同步问题。这些为进行网络中的数据交换而建立的规则、标准或约定即为网络协议。网络协议由语法、语义、时序三个要素组成。语法即各种报文的格式，语义即各种命令及回答响应的含义，时序即事件实现顺序的详细说明。

网络协议，我们可以简单理解为各种计算机之间进行相互会话所使用的共同语言。两台计算机在进行通信时，必须使用相同的网络协议。

2. 计算机网络协议的层次结构

为了减少协议设计的复杂性，大多数网络都按层的方式组织，每一层都建立在它的下一层之上。不同的网络，其层的数量、各层的名字、内容和功能都不尽相同。然而，在所有的网络中，每一层的目的都是向它的上一层提供一定的服务，而把如何实现这一服务的细节对上一层加以屏蔽。

图 6.10 说明了一个 5 层的协议。不同机器里包含对应层的实体叫对等进程。换言之，正是对等进程利用协议进行通信。

实际上，数据不是从一台机器的第 n 层直接传送到另一台机器的第 n 层，而是每一层都把数据和控制信息交给它的下一层，直到最下层。第一层下是物理介质，它进行实际的通信。

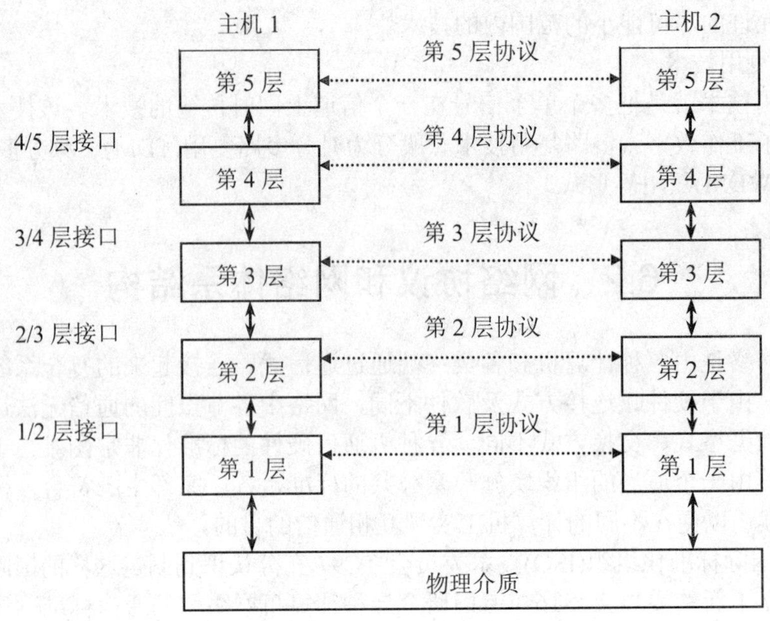

图6.10 层、协议和接口

3. 通信接口

每一对相邻层之间都有一个接口，称为通信接口。接口定义下层向上层提供的操作(如请求、指示、响应)和服务。整个网络的通信功能划分为多个层次，每个层次完成各自的功能，通过各层间的接口和功能的组合与其相邻层连接，从而实现不同系统、不同节点之间的信息传输。

4. 协议层次的划分

根据历史上研制网络的经验，对于非常复杂的计算机网络协议采用层次结构较好。一般的分层原则如下。

(1) 各层相对独立，某一层的内部变化不影响另一层。

(2) 层次数适中，不应过多，也不宜太少。

(3) 每层完成特定的功能，类似功能尽量集中在同一层。

(4) 低层对高层提供的服务与低层如何完成无关。

(5) 相邻层之间的接口有利于标准化工作。

6.2.2 计算机网络体系结构

1. OSI参考模型

所谓网络体系结构是指通信系统的整体设计，它为网络硬件、软件、协议、存取控制和拓扑提供标准。

网络体系结构广泛采用的是国际标准化组织(ISO)在1977年提出的开放系统互连(Open System Interconnect，OSI)参考模型。OSI参考模型的目标是将数据通信任务分解为简单的步骤，这些步骤就称为层。OSI模型共分为7层，从上到下依次分别是应用层、表示层、会话层、传输层、网络层、数据链路层和物理层。每层都有明确的责任，每层在向它上面的层提供服务的同时屏蔽下层发生的过程，即较高的层不需要知道数据怎么到的下一层或者在较低层发生了什么事。

数据从应用层开始一层层向下传送，每经过一层，都在上一层的基础上加上一个控制信息，再传递给下一层，在物理层不加任何控制信息，直接通过传输介质发送出去。接收方在物理层接收到数据后，从物理层向上依次传送，中间经过的每一层都根据发送方在此层的控制信息进行必要的操作，并去除控制信息传递给上一层，直到到达应用层才恢复发送方的数据。在整个数据的传输过程中，用户所能看到的只是发送方发送的数据，至于中间发生的各种过程用户是看不到的。数据传输的过程如图 6.11 所示。

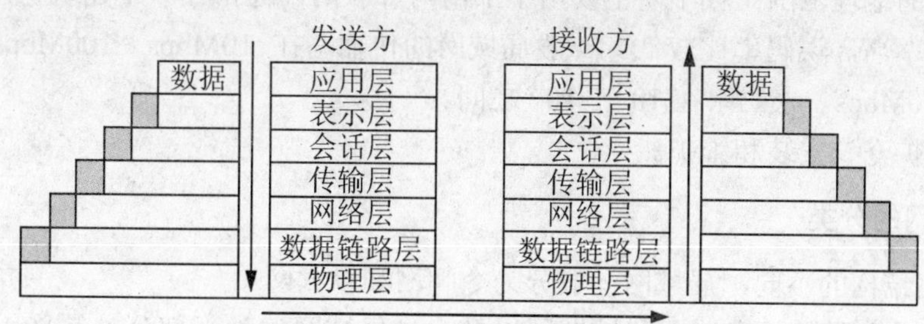

图 6.11　OSI 参考模型中的数据传输

2. OSI 各层功能介绍

(1) 物理层：OSI 参考模型的最底层。物理层负责通过通信信道传输比特流。信道可以是同轴电缆、光缆、卫星链路以及普通的电话线。简单地说，物理层处理的是经过物理媒介的比特。

(2) 数据链路层：OSI 参考模型的第二层。数据链路层通过物理连接，与帧的传输有关而不是与位有关。数据链路层是这样为网络层服务的：将一个分组信息封装在帧中，再通过一个单一的链路发送帧。简单地说，数据链路层地址就是 NIC(网络接口卡)地址。数据链路层处理帧。

(3) 网络层：OSI 参考模型中的第三层。网络层处理与在网络上把一个信息包从一个节点送到另一个节点有关的问题，有时候源节点和矢节点并不直接相连，这一信息必须经过一个第三节点，这个第三节点称为中间节点。简单地说，网络层地址就是目的计算机地址。网络层处理分组。

(4) 传输层：OSI 参考模型中的第四层。传输层的任务是把信息从网络层的一端传输到另一端。

(5) 会话层：OSI 参考模型中的第五层。会话层就是会话开始和结束，以及达成一致会话规则的地方。

(6) 表示层：OSI 参考模型中的第六层。表示层是处理有关计算机如何表示数据和在计算机内如何存储数据的过程。

(7) 应用层：OSI 参考模型中的最高层。应用层包含了一些应用程序，通过激活这些网络程序和服务来实现有实际意义的功能。

6.3 计算机局域网

6.3.1 局域网基础知识

1. 局域网的特点

(1) 覆盖的地理范围比较小，主要用于部门内部联网，通常在一个建筑物内。

(2) 传输率高，误码率比较低。一般局域网的传输率在 10Mbps～100Mbps，高速局域网可达到 1000Mbps，误码率在 10^{-6}～10^{-8} 之间。

(3) 易于扩充、安装和维护。

2. 局域网的分类

按照网络结构的不同，局域网一般分为令牌网和以太网。

(1) 令牌网主要用于广域网和城域网以及大型局域网的骨干部分，常采用环网结构，组建和管理比较烦琐，普通用户很少使用。

(2) 以太网(Ethernet)是当今世界应用范围最广的一种网络技术，采用总线型或星型拓扑结构的竞争性网络，使用 CSMA/CD(带有冲突检测的载波监听多路访问)技术来解决信道使用冲突。网络中各节点可以通过同轴电缆、光缆或双绞线互连。目前，80%以上的局域网都是以太网。如果没有特殊说明，一般我们所说的局域网也都是指以太网。

3. 局域网的基本组成

1) 硬件组成

根据计算机在网络中的作用和地位不同，硬件可以分为服务器和客户机两种。

(1) 服务器。在网络中提供各种服务的计算机，称为服务器，包括文件服务器、邮件服务器、数据库服务器等。在局域网中主要是文件服务器。在服务器上一般都安装有网络操作系统，从而具有管理网络资源和提供网络服务的功能。

(2) 客户机。网络中除了服务器以外的其他机器都称为客户机。

(3) 连接设备。连接设备包括传输介质(双绞线等)和网络连接设备(网卡、集线器等)。

2) 软件系统

有了硬件环境，还需要控制和管理局域网正常运行的软件，即网络操作系统。所谓网络操作系统是使网络上各计算机能方便而有效的共享网络资源，为网络用户提供所需的各种服务的软件和有关规程的集合。

网络操作系统除了具有通常操作系统应具有的处理机管理、存储器管理、设备管理和文件管理功能外，还具有以下功能。

(1) 提供高效、可靠的网络通信能力。

(2) 提供多种网络服务功能，如文件传输服务功能、电子邮件服务功能、远程打印服务功能等。

目前，流行的网络操作系统有 Unix、Windows NT/Windows Server 2008、Netware 和 Linux 等。

6.3.2　网络传输介质

1. 同轴电缆

同轴电缆由一根空心的外圆柱导体及其所包围的单根导线组成，如图 6.12 所示。

图 6.12　同轴电缆结构

同轴电缆有两种基本类型：基带同轴电缆和宽带同轴电缆。基带同轴电缆的屏蔽层是用铜做成的，特征阻抗为 50Ω，主要用于计算机局域网；宽带同轴电缆的屏蔽层是用铝冲压而成的，特征阻抗为 75 Ω，主要用于有线电视系统。

同轴电缆按直径的大小可分为粗缆和细缆，粗缆适用于较大型的局域网，它的标准距离长，可靠性高，安装时不用切断电缆，但必须安装收发器和收发器电缆，造价高；细缆传输距离较短，安装简单，造价低，但安装时要切断电缆，故障率较高。

2. 双绞线

双绞线是最常用的一种传输介质，由两根具有绝缘保护层的铜导线组成。把两根绝缘的铜导线按一定密度互相绞在一起，一根导线在传输中辐射的电波会被另一根导线上发出的电波抵消，这样可以降低信号的干扰。把一对或多对双绞线放在一个绝缘套管中便成了双绞线电缆，如图 6.13 所示。

RJ45 水晶头简称 RJ45 头，共有八芯做成，广泛用于双绞线的连接。

双绞线分为屏蔽双绞线(STP)和非屏蔽双绞线(UTP)。屏蔽双绞线在双绞线外面包上一层用作屏蔽的网状金属线和起保护作用的乙烯塑料，可以支持较远距离的数据传输和有较多网络节点的环境，误码率低，但是价格较贵。非屏蔽双绞线没有屏蔽用的网状金属线，抗干扰能力较差，误码率高，但是价钱便宜，安装方便。

3. 光缆

光缆是以光导纤维为载体，利用光的全反射原理传播光信号的传输介质。光缆由纤芯、包层和吸收外壳组成，如图 6.14 所示。

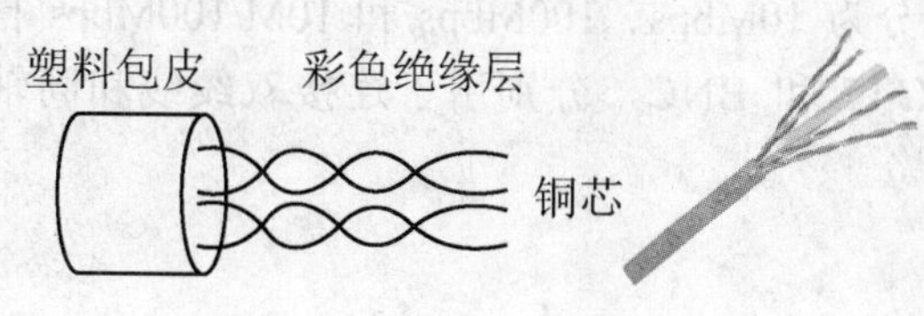

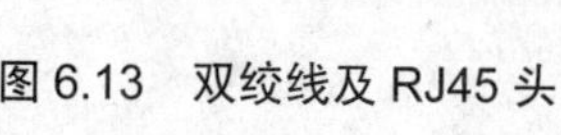

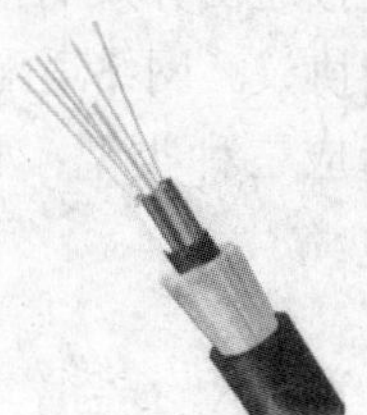

图 6.13　双绞线及 RJ45 头

图 6.14　光缆

在光纤中，只要射到光纤表面的光线的入射角大于某一个临界角度，就可以产生全反射。如果在一条光纤中存在许多条不同角度入射的光线，这样的光纤就称为多模光纤；如果光纤的直径减少到只有一个光的波长，则光纤就像一根波导一样，可使光线一直向前传播，而不会有多次反射，这样的光纤称为单模光纤。单模光纤与多模光纤相比，其传输距离长，传输率高，损耗小，但是制作工艺复杂。

与其他传输介质相比，光纤的传输率高，误码率低，重量轻，但是成本较高。

光缆不受电磁波的干扰或噪声的影响，能量损耗小，也不向外辐射，可以进行远距离的高数据量的传送。

4. 无线介质

目前常用的无线介质主要有卫星、激光、红外线和微波通信等。

1) 卫星通信

卫星通信是利用位于 36 000km 高空的人造同步卫星作为中继器的一种通信方式，三颗通信卫星就可以覆盖全球。其特点是通信距离远，通信容量大，可靠性高，但是保密性差。适用于远程网和洲际网。

2) 微波通信

微波在空间是直线传播，而地球表面是个曲面，因此传输距离受到限制，一般只有 50km 左右，为了实现远距离传输必须在两个终端之间建立若干中继站进行接力来增大传输距离。其特点是通信容量大，可靠性高，但是保密性差。

3) 红外线通信

发射点和接收点之间传送的使用信号调制的非相干红外线。要求收发设备都在视线之内，中间没有建筑物遮挡。这种通信具有很强的方向性，很难窃听和干扰，但是很容易受雨、雾等天气因素的影响。

4) 激光通信

通信原理与红外线基本相同，但使用的是相干激光。它具有与红外线通信相同的特点，但由于激光器件会产生低量放射线，因此需要加装防护设施。

6.3.3 网络设备

1. 网络适配器

网络适配器(Network Adapter)又称为网络接口卡或网卡，如图 6.15 所示。它是计算机连接通信介质的接口，插在相关的设备中。它的主要功能是实现物理信号的转换和执行网络协议。网络适配器根据数据传输率的不同可分为 10Mbps、100Mbps 和 10M/100Mbps 自适应三种类型；根据网络接口不同可分为 RJ45 和 BNC，分别用于连接双绞线和同轴电缆。

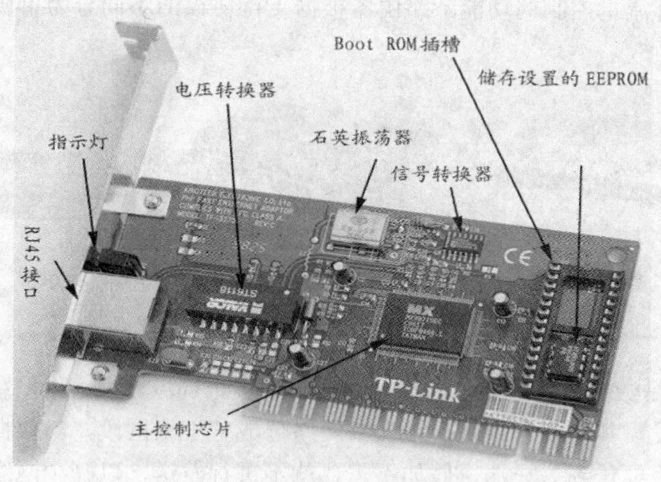

图 6.15　网络适配器

2. 中继器

电信号在传输介质中传输时会随着电缆长度的增加而递减，当超过传输介质的最大传输距离时，电信号就会失真，为了延长信号的传输距离，可以采用中继器(Repeater)连接两段传输介质。

中继器工作在物理层，它的主要功能是将收到的信号重新放大，使其恢复成为原来的波形和强度。它可以起到扩充局域网，延伸传输介质的作用。

3. 集线器

集线器(Hub)是一种以星型形式连接多个计算机和其他设备的网络连接设备，如图 6.16 所示。一般通过双绞线连接各个入网设备，而集线器本身通过双绞线、同轴电缆或光缆连接到主干网上。集线器按传输速率也分为三种类型：10Mbps、100Mbps 和 10/100Mbps 自适应。

4. 交换机

交换机(Switch)又称为交换式集线器，外观上和集线器相似，智能化比较高，如图 6.17 所示。交换机能够记忆哪个地址接在哪个端口上，并决定将数据包送往何处，不会送到其他不相关的端口上，而未受影响的端口可以继续向其他端口传送数据。集线器采用广播的方式发送数据，当有一个端口发送数据时，其他端口必须等待。

对于一个 N 端口的 100M 交换机而言，假如每两个端口互传数据，理论上最大的传输带宽为 100×N/2Mbps。同样对于一个 N 端口的 100M 共享式集线器而言，平均带宽只有 100/NMbps。

5. 路由器

路由器(Router)是网络层的互联设备，如图 6.18 所示。它可以连接各种广域网。所谓路由器，简单地说，就是“路径选择器”，它的主要功能就是选择路径，即根据网络的拥挤程度从中选择一条合适的传输路径，对收到的数据分组进行过滤、转发、加密和压缩，同时路由器还具有流量控制的功能。路由器根据支持协议的不同分为单协议路由器和多协议路由器。

图 6.16 集线器　　图 6.17 交换机　　图 6.18 路由器

6. 网桥

网桥(Bridge)是数据链路层的互联设备，用于在多个局域网或一个网络的不同网段之间的数据存储和转发。其主要作用是：将一个网络分成若干个网段，当数据送到网桥时，网桥会判断信号是否要传到另一端，假如不需要就不进行发送，以减少网络负载，只有当数据需要穿过它到另一端的计算机上，网桥才会转发；网桥同时也具有放大信号的作用，从而扩大网络范围。

7. 网关

网关(Gateway)是网络高层互联设备，用来连接两个采用不同通信协议网络。网关能够转换数据格式，使得数据能够在不同的通信协议下进行传送。网关是一个网络的出口和入口，不同网络的主机间的通信必须通过网关，如果没有设置网关或网关设置不正确，则网络之间的通信就不能进行，而只能限制在网络内部。

8. 调制解调器

调制解调器(Modem)是一种广域网的连接设备，通过与电话网相连，实现计算机之间的远程通信。它的主要功能是信号的调制和解调，将计算机中的数字信号调制成模拟信号并通过电话线发送出去，同时将接收的模拟信号还原为数字信号供计算机处理。

调制解调器根据接口类型分为内置式和外置式。内置式插在主板的扩展槽中，在主机内部；外置式通过串口相连，放在主机外部，需要独立的电源供电。

调制解调器根据传输速率主要分为 33.6Kbps 和 56Kbps 两种。

6.3.4 高速局域网技术

随着用户数据量的大幅度提高和多媒体(音频和视频)的引入，传统局域网 10Mbps 的传输率已经不能满足某些应用的需要，于是高速局域网技术应运而生。常见的高速局域网技术有光纤分布数据接口、异步传输模式、快速以太网和交换以太网。

1. 光纤分布数据接口

光纤分布数据接口(FDDI)是采用光纤为传输介质的高速令牌环网，数据传输率可达100Mbps，两个节点间的最大距离为2000米，环长最长为200千米，最多可连接1000个站点。

FDDI 采用双环结构，由两个传输方向相反、相互独立的光纤环网组成，主环传输数据，辅环作为后备，当环网出现断路或故障时，双环自动组合成一个单环继续运行。

2. 异步传输模式

异步传输模式(ATM)是一种新的传输和交换数字信息的技术，是基于统计时分多路复用和分组交换技术的快速分组交换技术。ATM 网络将数据分割成固定长度(53 个字节)的数据单元(信元)进行传输，每个信元由 5 个字节的信元头和 48 个字节的数据组成，信元长度固定，使得 ATM 网络可以通过硬件来完成信元的快速转发。

ATM 网络采用星型拓扑结构，每个 ATM 端系统通过专用线路连接到 ATM 交换机，而 ATM 交换机之间采用高速通信线路(光纤)相连，数据传输率可达 155Mbps 和 622Mbps。

ATM 的最大优点是可以适应不同的网络应用对带宽的要求，提供多种网络服务，对于高速信息的信元交换频次高，低速信息的信元交换频次低，使得 ATM 可以使用单一的交换方式，灵活地支持分布范围很广的从窄带语音到高清晰度宽带视频各种业务。

3. 快速以太网

快速以太网是相对于标准以太网而言，所谓快速是指数据传输率达到 100Mbps，是标准以太网的 10 倍。

快速以太网 100BASE-T 的规范主要有三个，分别支持不同的电缆类型，具体如下。

(1) 100BASE-TX：采用 5 类非屏蔽双绞线，使用 2 对线路传送数据。

(2) 100BASE-T4：采用 3、4、5 类非屏蔽双绞线，使用 4 对线路传送数据。

(3) 100BASE-FX：采用光缆。

注意： 100 表示数据传输率是 100Mbps，BASE 表示基带传输，T 表示传输介质是双绞线，F 表示光纤，同轴电缆在 BASE 后面跟一个数字。例如，10BASE 5、10BASE 2，其中 5 和 2 对应同轴电缆的最大长度分别为 500 米和 200 米。

4. 交换以太网

传统的以太网采用总线型拓扑结构或共享式集线器作为连接设备，所有节点共享一条通信线路，一个用户传送数据时，其他用户必须等待。假设有 5 个用户在一个 10BASE-T 网络中，那么每个用户的平均可用网络带宽仅为网络总带宽的 1/5，即 2Mbps。

交换式以太网以交换机为中心连接各个节点，当有多个用户传送数据时，交换机可以同时连通多对节点，每对节点间都有一条独立的通信线路，不会因为冲突而造成传输率下降。同样在 10BASE-T 的网络中，每个用户可独立使用 10Mbps 的带宽。

例 6.1 网吧采用的是电信或网通公司 10Mbps～100Mbps 的光纤接入，通过宽带路由器设备连接，内网接全千兆交换机，如图 6.19 所示。

图 6.19 中 HiPER 4240NB 为路由器，具有超强的路由转发能力，支持快速转发，吞吐量最高可达 200M，特别优化的 ReOS 软件提供最低的转发延时(典型配置情况下转发延时只有同类产品的 1/4)，同时提供一个带端口镜像功能的 4 口交换机的 LAN 口和 4 个 WAN 口，实现高性能和多功能的完美结合，是游戏型网吧的最佳选择。

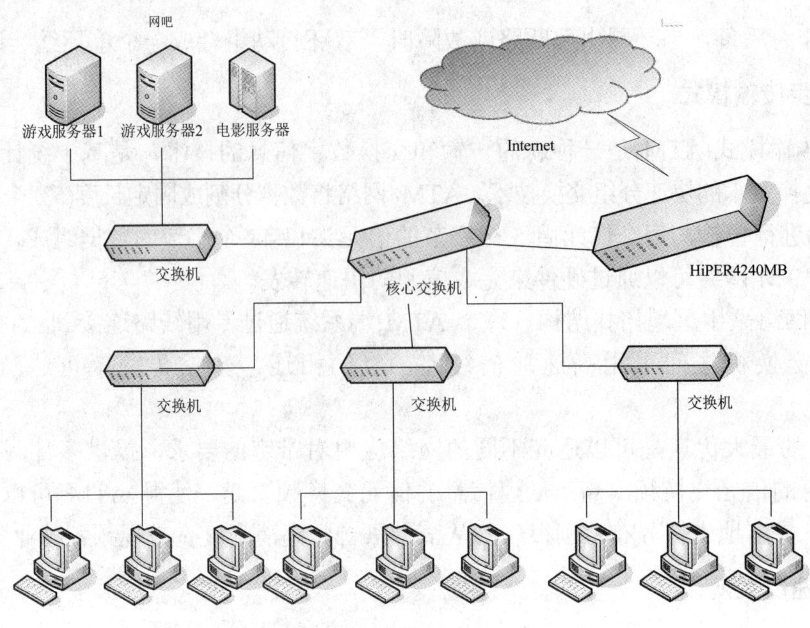

图 6.19　网吧网络实例

6.4　Internet 基础

6.4.1　Internet 概述

1．Internet 的概念

Internet 中文译名为因特网，或国际互联网。虽然 Internet 目前还没有一个十分精确的概念，但是大致可从如下几个方面来理解。

- 从结构角度来看，它是一个使用路由器将分布在世界各地的、数以千万计的规模不一的计算机网络互联起来的大型网际互联网。
- 从网络通信技术的观点来看，Internet 是一个以 TCP/IP 通信协议为基础，连接各个国家、各个部门、各个机构计算机网络的数据通信网。
- 从信息资源的观点来看，Internet 是一个集各个领域、各个学科的各种信息资源为一体的、供网上用户共享的数据资源网。

总之，Internet 是当今世界上最大的、也是应用最为广泛的计算机信息网络，它是把全世界各个地方已有的各种网络，如局域网、数据通信网以及公用电话交换网等互连起来，组成一个跨越国界的庞大的互联网，因此也称为“网络的网络”。

2．Internet 的发展概况

1) Internet 的产生与发展

- 1969 年，Internet 的前身 ARPANET 问世。
- 1984 年，ARPANET 分解成两个网络。一个网络仍称为 ARPANET，是民用科研网，另一个网络是军用计算机网络 MILNET。
- 1986 年，NSF 建立了国家科学基金网 NSFNET。NSFNET 后来接管了 ARPANET，并将网络改名为 Internet。

- 1991 年，世界上许多公司开始纷纷接入到 Internet。
- 随着由欧洲原子核研究组织 CERN 开发的万维网 WWW(World Wide Web)在 Internet 上被广泛使用，广大非网络专业人员也能方便地使用网络了，这成为 Internet 指数级增长的主要驱动力。

目前，Internet 已经成为世界上规模最大、增长速率最快的计算机网络，没有人能够准确说出 Internet 究竟有多大。

2) Internet 在我国的发展

Internet 在我国的发展经历了两个阶段：第一阶段是 1987 年至 1993 年，这一阶段实际上只是少数高等院校、研究机构提供了 Internet 的电子邮件服务，还谈不上真正的 Internet；第二阶段是从 1994 年开始，我国通过 TCP/IP 连接 Internet，并设立了中国最高域名(CN)服务器。这时我国才算是真正加入了国际 Internet 的行列之中，此后 Internet 在我国飞速发展。据中国互联网络信息中心(CNNIC)统计，截至 2012 年 6 月底，我国网民人数已达到了 5.38 亿，占中国人口总数的 39.6%。

3) 中国的四大网络

中国的四大网络分别是中国公用计算机互联网(CHINANET)、中国教育与科研网(CERNET)、中国科技网(CSTNET)和中国金桥信息网(CHINAGBN)。

(1) 中国教育与科研网。中国教育与科研网是由政府资金启动的全国范围教育与学术网络，是一个包括全国主干网、地区网和校园网在内的三级层次结构的计算机网络。

(2) 中国科技网。中国科技网主要为中科院在全国的研究所和其他相关研究机构提供科学数据库和超级计算资源。CSTNET 同时是中国最高互联网络管理机构 CNNIC(中国互联网信息中心)的管理者。

(3) 中国公用计算机互联网。中国公用计算机互联网是中国电信经营和管理的中国公用 Internet 网。目前，已建成一个覆盖全国的骨干网，骨干网节点之间采用 CHINADDN 提供的数字专线，遍布内地的 31 个骨干网节点全部开通。普通用户使用电话线上网，大多通过该网接入。

(4) 中国金桥信息网。中国金桥信息网(CHINAGBN)简称金桥网，是国家公用经济信息通信网，由吉通通信有限责任公司负责建设、运营和管理。中国金桥信息网面向政府、企业事业单位和社会公众提供数据通信和信息服务。

3. TCP/IP 协议

Internet 采用 TCP/IP 协议(体系)进行通信。TCP/IP 协议是针对 Internet 而开发的体系结构和协议标准，目的在于解决异种网的互联问题，以便为各类用户提供通用的、一致的通信服务。TCP/IP 实际上是一个网络体系结构，它包括一系列协议，而 TCP/IP 是其中的两个核心协议。TCP/IP 协议是 Internet 中计算机之间通信所必须共同遵循的一种通信规定。

TCP/IP 协议族把整个协议分成 4 个层次，如图 6.20 所示。

(1) 应用层。应用层是 TCP/IP 协议的最高层，与 OSI 参考模型的上三层的功能类似。因特网在该层的协议主要有文件传输协议 FTP、远程终端访问协议 Telnet、简单邮件传输协议 SMTP 和域名服务协议 DNS 等。

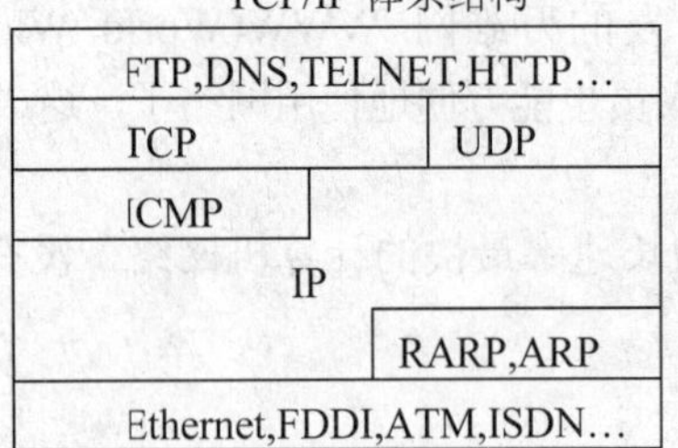

图 6.20　TCP/IP 体系结构

(2) 传输层。传输层提供一个应用程序到另一个应用程序之间端到端的可靠通信。因特网在该层的协议主要有传输控制协议 TCP 和用户数据报协议 UDP 等。

(3) 网络层。网络层又称互联网层，主要解决了计算机与计算机通信的路由选择问题。因特网在该层的协议主要有网络互联协议 IP、网间控制报文协议 ICMP 和地址解析协议 ARP 等。

(4) 网络接口层。网络接口层负责接收 IP 数据报，并把该数据报发送到相应的网络上。从理论上讲，该层不是 TCP/IP 协议的组成部分，但它是 TCP/IP 协议的基础，是各种通信网络与 TCP/IP 协议的接口。这些通信网络包括多种广域网(如 ARPANET、MILNET 和 X.25 公用数据网)以及各种局域网(如 Ethernet、IEEE 的各种标准局域网等)。

TCP/IP 协议分层与 OSI 分层模式的对应关系如图 6.21 所示。

OSI 分层模式	TCP/IP 分层模式	TCP/IP 常用协议
应用层	应用层	DNS HTTP SMTP POP TELNET FTP NFS
表示层		
会话层		
传输层	传输层	TCP UDP
网络层	网络层	IP ARP RARP ICMP
数据链路层	物理层	Ethernet FDDI 令牌环
物理层		

图 6.21　TCP/IP 协议分层与 OSI 分层对比

TCP 协议工作在传输层，是可靠的面向连接的协议。在发送数据前，通信双方必须建立连接，连接建立之后，发送方将数据按顺序发给接收方，接收方也是顺序接收，数据发送完毕，释放连接。

UDP 协议提供数据报的传递服务。在传递服务时，双方不建立连接，发送方发送完数据，它的任务就完成了。它适用于发送少量的数据。

IP 协议工作在网络层，主要用于给网络上主机分配一个独一无二的 IP 地址。

TCP/IP 协议的基本传输单位是数据报，TCP 协议负责把数据分成若干个数据报，并给每个数据报加上报头，就像给一封信加上一个信封，报头上有相应的编号，以保证数据端能将数据还原成原来的格式。IP 协议在每个报头上再加上接收端主机的地址，使数据能找到自己要去的地方，就像在信封上注明收信人地址一样。如果传输过程中出现数据丢失等情况，TCP 协议会自动要求数据重新传输，并重组数据报。总之，IP 协议保证数据的传输，TCP 协议保证数据传输的质量。

4．IP 地址

因特网采用一种全局通用的地址格式，为全网的每一网络和每一台主机都分配一个唯一的地址，称为 IP 地址。在 TCP/IP 中，IP 地址是一个重要的概念，作为最基本的要求，地址要保证在网络中的唯一性，从而保证每一台主机都可识别。

到目前为止，TCP/IP 协议先后出现了 6 个版本，我们现在使用的版本为 IPv4，将来我们还要使用 IPv6。下面分别介绍 IPv4 地址和 IPv6 地址。

1) IPv4 地址结构

IPv4 规定的地址长度为 32bit。IPv4 地址由两部分组成：一个是物理网络上所有主机通用的网络地址(网络 ID)；另一个是网络上主机专有的主机(节点)地址(主机 ID)。

为便于 IPv4 地址的管理，同时考虑网络的差异，有些网络拥有很多主机，而另外一些网络拥有主机数目却较小，因此 Internet 的 IPv4 地址按网络规模分为 5 类，即从 A 类到 E 类。目前大量使用的地址仅有 A 类、B 类和 C 类，D 类地址是组播地址，E 类地址留给今后使用。它们均由网络地址和主机地址两部分组成，如图 6.22 所示。

0 1 2 3 8 16 24 31						
0	网络 ID			主机 ID		A 类
1	0	网络 ID		主机 ID		B 类
1	1	0	网络 ID		主机 ID	C 类
1	1	1	0	组广播地址		D 类
1	1	1	1	0	保留今后使用	E 类

图 6.22　IPv4 地址编码

其中网络地址最左边部分为类别字段：0 表示 A 类，10 表示 B 类，110 表示 C 类。

A 类地址分配给规模特别大型的网络使用。其具体规定是：32 位地址域中第一个 8 位为网络标识，其中首位为 0，其余 24 位均作为接入网络主机的标识。

B 类地址分配给较大型网络使用。其具体规定是：32 位地址域中前两个 8 位为网络标识，其中前两位为 10，其余 16 位均作为接入网络主机的标识。

C 类地址分配给小型网络使用。其具体规定是：32 位地址域中前三个 8 位为网络标识，其中前三位为 110，其余 8 位均作为接入网络主机的标识。

D 类地址是组广播地址。

E 类地址保留今后使用，它是一个实验性网络地址。

2) IPv4 地址的表示

IPv4 地址提供统一的地址格式，即由 32 位组成，由于二进制使用起来不方便、难记忆，因此用户使用“点分十进制”方式表示：即将 IPv4 地址每 8 位分成 1 组，组与组之间用“．”分隔，共 4 组，再把每一组二进制数转换成相应的十进制数。例如：

11001010　01100011　01100000　10001100
202　．　99　．　96　．　140

主机 IPv4 地址的有效范围如表 6.1 所示。

表 6.1　主机 IPv4 地址的有效范围

种　类	起始地址	终止地址
A	1.0.0.1	126.255.255.254
B	128.0.0.1	191.255.255.254
C	192.0.0.1	223.255.255.254

3) IPv6 地址组成

在 IPv6 编址方案中，地址长度定为 128 位，因此它可以提供多达超过 3.4×1038 个 IP 地址，这足可以保证几代人之内不再出现 IP 地址紧张问题。IPv6 的 128 位地址被分为八组，每组 16 位，各组间用冒号“:”隔开，为便于表示，将每组二进制数写四位十六进制数。

例如：用二进制格式表示 128 位的一个 IPv6 地址，即

0010000111011010000000000000000000000000000000000000000010111100111011

00000010101010100000000000000111111111111000001000100111000101 1010

可以将这个 128 位的地址按每 16 位划分为 8 个组，即

0010000111011010　0000000000000000　0000000000000000　0000000000000000

0000001010101010　0000000000001111　1111111000001000　1001110001011010

然后将每个组转换成十六进制数，并用冒号隔开，结果如下：

21DA:0000:0000:0000:02AA:000F:FE08:9C5A

由于十六进制和二进制之间的进制转换，比十进制和二进制之间的进制转换更容易，每一位十六进制数对应 4 位二进制数，因此 IPv6 的地址表示法采用了十六进制数。

4) IPv6 地址的简化表示

一个 IPv6 地址即使采用了十六进制数表示，虽然还是很长，为了能够简化表示，可以采用以下方法。

(1) 如果某个组中有前导 0，可以将其省略。例如，00D3 可以简写为 D3；02AA 可以简写为 2AA。但是，不能把一个组内部的有效 0 也压缩掉。例如，FE08 就不可以简写为 FE8。同时需要注意的是，每个组至少应该有一个数字，0000 可以简写为 0。

根据前导 0 压缩法，上面的地址可以进一步简化表示为

21DA:0:0:0:2AA:F:FE08:9C5A

(2) 有些类型的 IPv6 地址中包含了一长串 0，为了进一步简化 IP 地址表达，在一个以冒号十六进制表示法表示的 IPv6 地址中，如果几个连续组的值都为 0，那么这些 0 就可以简写为::，称为双冒号表示法。

那么，前面的结果又可以简写为 21DA::2AA:F:FE08:9C5A。

在使用双冒号表示法时要注意：双冒号“::”在一个地址中只能出现一次，否则，无法计算一个双冒号压缩了多少个组或多少个 0。例如，地址 0:0:0:2AA:12:0:0:0，一种压缩表示法是::2AA:12:0:0:0，另一种表示法是 0:0:0:2AA:12::，不能把它表示为::2AA:12::。

若要确定“::”之间代表了被压缩的多少位 0，可以数一下地址中还有多少个组，然后用 8 减去这个数，再将结果乘以 16。例如，在地址 FE02:3::5 中有 3 个组(FF02、3 和 2)，

可以根据公式计算：(8−3)×16=80，则“::”之间表示有 80 位的二进制数字 0 被压缩。

5．域名

IP 地址是一种数字标识方式，但它太难以记忆了，所以用户在互联网上是通过名字查找主机的。为了方便用户使用和记忆，将每个 IP 地址映射为一个由字符串组成的主机名，使 IP 地址从无意义的数字变为有意义的主机名，这就是域名。

在实际应用中，绝大多数的 Internet 应用软件都不要求用户直接输入主机的 IP 地址，而是使用具有一定意义的主机名。例如，我们可以输入 www.cctv.com 来查找中国中央电视台的 www 主机。

Internet 的域名结构由 TCP/IP 协议集中的域名系统进行定义。首先，DNS 把整个 Internet 划分为多个域，并为顶级域规定了国际通用的域名，如表 6.2 所示。

表 6.2 顶级域名

顶级域名	机构类型
com	工、商、金融等企业
edu	教育机构
gov	政府部门
net	互联网络、接入网络的信息中心和运行中心
org	各种非营利性组织
int	国际组织
国家(地区)代码	各个国家
cn	中国
uk	英国

网络信息中心(NIC)将顶级域的管理权授予指定的管理机构；各个管理机构再为它们所管理的域分配二级域名，并将二级域名的管理权授予其下属的管理机构；这样就形成了层次结构的域名体系。一台主机的域名是由它所属的各级域的域名与分配给该主机的名字共同构成的。书写的时候，顶级域名放在最右面，分配给主机的名字放在最左面，依次为四级、三级、二级、顶级域名，各级域名之间用“.”隔开，如 www.tsinghua.edu.cn。

6.4.2 Internet 的服务功能

目前，在 Internet 上提供的服务主要有以下几个。

1．WWW 服务

WWW(World Wide Web)中文译为万维网或全球信息网，简称为 WWW 服务，也称 Web 服务，是目前 Internet 上最方便和最受欢迎的多媒体信息服务类型。WWW 是一种组织和管理信息浏览或交互式信息检索的系统，它的影响力已远远超出了专业技术的范畴，现已进入广告、新闻、销售、电子商务等信息服务诸多领域，是 Internet 发展中的一个革命性的里程碑。

2．电子邮件服务

电子邮件(E-mail)是目前 Internet 上使用最繁忙的一种服务，是一种通过 Internet 与其他用户进行联系的快速、高效、简便、廉价的现代化通信形式。现在的电子邮件不但可以传输各种文字和各种格式的文本信息，还可以传输图像、声音、视频等多媒体信息，是多媒体信息传输的重要手段之一。

3．文件传输服务

文件传输服务(File Transfer Protocol，FTP)是 Internet 中最早的服务功能之一，它的主要功能是在两台主机之间传输文件。既允许用户将本地计算机中的文件上传到远端的计算机中，也允许将远端计算机的文件下载到本地计算机中。

目前，Internet 上的 FTP 服务多用于文件的下载，它的一些免费软件、共享软件、技术资料、软件的更新文档等多通过这个渠道发布。在 Internet 上存在很多匿名的 FTP。所谓匿名 FTP，是指在访问远程计算机时，不需要帐号和口令就能访问许多文件信息资源。但是，通常这种访问限制在公共目录下。

4．远程登录服务

远程登录 Telnet 是 Internet 提供的基本信息服务之一，是提供远程连接服务的终端仿真协议。它可以使你的计算机登录到 Internet 上的另一台计算机上，而你的计算机就成为你所登录计算机的一个终端，并可以使用那台计算机上的资源，如打印机和磁盘设备等。

5．电子公告板系统

电子公告板系统(Bulletin Board System，BBS)是 Internet 提供的一种社区服务，用户们在这里可以围绕某一主题开展持续不断的讨论，人人都可以把自己参加讨论的文字“张贴”在公告板上，或者从中读取其他参与者“张贴”的信息。提供 BBS 服务的系统叫做 BBS 站点。

6．网络新闻组

网络新闻组(Netnews)也称为新闻论坛(Usenet)，但其大部分内容不是一般的新闻，而是大量问题、答案、观点、事实、幻想与讨论等，是为了人们针对有关专题进行讨论而设计的，是人们共享信息、交换意见和获取知识的地方。

7．网上交易

网上交易主要是指电子数据交换和电子商务系统，包括金融系统的银行业务、期货证券业务，服务行业的订售票系统、在线交费、网上购物等。

8．娱乐服务

娱乐服务主要提供在线电影、电视、动画，在线聊天、视频点播(VOD)，网络游戏等。

9．其他服务

其他服务包括远程教育、远程医疗、远程办公、数字图书馆、工业自动控制、辅助决策、情报检索与信息查询、金融证券等。

6.4.3　接入 Internet

用户若要访问 Internet 上的大量信息资源，就必须选择一种接入方式，将用户计算机连入 Internet，也就是通常说的上网。上网前必须选择某个 ISP(Internet Services Provider，因特网服务提供者)，并办理相关手续，交纳一定费用，这样便可通过该 ISP 接入 Internet，实现对网上资源的访问。

1．接入方式

从物理连接的类型来看，用户计算机与 Internet 的连接方式可分为专线接入方式、拨号接入方式和无线接入方式等；而从用户连接形式来看，又可分为专线接入和单机接入等形式。

1) 专线接入

对于规模较大的企业、团体或学校，往往有很多员工需要同时访问 Internet，并且经常要通过 Internet 传递大量的数据，收发电子邮件，对此最好的方法是通过专线方式与 Internet 连接，专线接入方式可以把企业内部的局域网与 Internet 连接起来，让所有的员工都能方便快捷地共享接入 Internet。

局域网要接入 Internet，实际上就是局域网和广域网的互联，因此需要使用的是路由器。另外，因为一个局域网接入 Internet 后，局域网内的任何一个工作站都可以上网，所以整个局域网接入 Internet 时必须租用带宽较宽的专线，以提高上网的速度。

目前，电信部门提供了多种专线接入业务，如共用数字数据网(DDN)、非对称数字用户线(ADSL)等。专线接入方式的数据传输速率较高，可达几兆比特/秒到数百兆比特/秒，而且有 ISP 为它提供静态 IP 地址。

2) 传统拨号接入

对于多数小单位和个人用户来说，如果租用一条专线上网，则费用过高。这种情况一般采用单机直接拨号方式。

单机直接拨号入网适用于个人用户上网，即利用现有的电话线、普通 56Kbps 调制解调器将自己的计算机接入 Internet。它使用 PPP(Point to Point Protocol)点到点协议，支持动态分配 IP 地址，即用户每次上网时，ISP 从一组 IP 地址中，动态分配给用户一个 IP 地址，当用户下网后，这个 IP 地址又归还给 ISP，ISP 又将这个 IP 地址分配给其他上网的用户，这样可以大大节约地址资源。

这种接入方式费用不高，可供选择的 ISP 很多。但是，这种方式上网传输速率较低，只能达到 56Kbps，而且需占用一条(或一个信道)电话线路，也就是说上网和打电话不能同时进行。

3) ADSL 方式

ADSL 中文名称是非对称数字用户线，是一种在普通电话线上进行高速传输数据的技术。它提供了 16Kbps～1Mbps 的上行数据传输速率和 1Mbps～ 8 Mbps 的下行数据传输速率，并且具有使用成本低，接入网络时不影响接打电话，用户独享带宽等优点。因此，随着网络的迅速发展，ADSL 被业界看好。它现在是普通用户接入宽带网首选的接入方式。

4) CATV 接入

有线电视 CATV(Cable TV)网的传输介质是同轴电缆，为提高传输距离和质量，有线电视网正逐步用混合光纤同轴电缆 HFC(Hybrid Fiber Coaxial)代替纯同轴电缆。利用 CATV 接入广域网，需要线缆调制解调器(Cable Modem)，它集调制解调器、路由器、加密/解密装置、网络接口卡和以太网集线器等于一体。其优点是可以充分利用现有的有线电视网络，并且速度快(上行 10Mbps，下行 38Mbps)。其缺点是它的传输速率是整个社区用户共享的，而且安全性较差。

5) 无线接入

某些 Internet 接入服务商为便携式 PC、手机等提供了无线访问。如果有一台便携式计算机，而且希望经常在没有电话线的地方接入 Internet，那么采用无线接入方式是最合适的。但是，无线接入方式的数据传输费用较高，数据传输速率一般比电话接入方式低。

无线接入网是从业务接入点接口到用户终端，全部或部分采用无线方式。无线方式可以是无线电、卫星、微波、激光和红外线等，使用无线接入技术，需在计算机端插入无线接入网卡或无线调制解调器(Wireless Modem)，还要申请无线接入网 ISP 的服务，这样便可接入 Internet 了。

2．通过 ADSL 接入 Internet

1) 所需硬件

(1) 一块 10M 或 10M/100M 自适应网卡。此网卡是专门用来连接 ADSL Modem 的。因为 ADSL 调制解调器的传输速率达 1M/8M，而计算机的串口不能达到这么高的速率(由于 USB 接口可以达到这个速率，所以也有 USB 接口的 ADSL Modem)，加入这块网卡就是为了在计算机和调制解调器间建立一条高速传输数据通道。由于目前的计算机都是集成网卡，所以不用额外购置。

(2) 一个 ADSL 调制解调器。

(3) 一个信号分离器。信号分离器是用来将电话线路中的高频数字信号和低频语音信号分离的。低频语音信号由分离器接电话机，用来传输普通语音信息；高频数字信号则接入 ADSL Modem，用来传输上网信息。这样，在使用电话时，就不会因为高频信号的干扰而影响话音质量，也不会因为上网时打电话由于语音信号的串入而影响上网的速度。

(4) 两根两端做好 RJ11 头的电话线和一根两端做好 RJ45 头的五类双绞网络线。它们用于连接计算机、ADSL Modem、信号分离器和电话机。

2) 硬件的连接

按图 6.23 所示进行安装。安装时先将来自电信局端的电话线接入信号分离器的输入端，然后再将电话线的一端连接信号分离器的语音信号输出口，另一端连接电话机。此时电话机应该已经能够接听和拨打电话了。

用一根电话线将来自于信号分离器的 ADSL 高频信号接入 ADSL Modem 的 ADSL 插孔，再用一根五类双绞线，一端连接 ADSL Modem 的 10BaseT 插孔，另一端连接计算机网卡中的网线插孔。这时候打开计算机和 ADSL Modem 的电源，如果两边连接网线的插孔所对应的 LED 都亮了，那么硬件连接也就成功了。

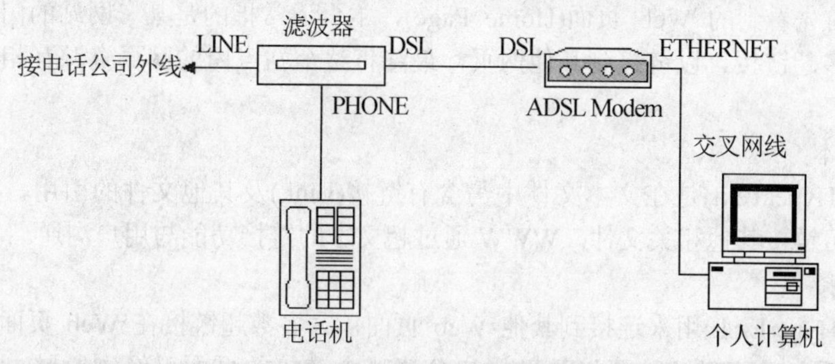

图 6.23　ADSL 连接原理

3) 软件安装、设置

ISP 提供的接入服务有专线接入和虚拟拨号两种方式，目前最常用的是虚拟拨号方式。该方式采用 PPPoE 协议，该协议在标准的 Ethernet(以太局域网)协议和 PPP(Modem 拨号)协议之间加入一些小的改动。目前 ISP 提供的宽带用户客户端软件均内置该协议，所以只要安装宽带用户客户端软件，并作以下一些简单的操作即可。

(1) 添加帐号(ISP 提供)，设置密码并选中【记住密码】复选框。

(2) 启动客户端软件后，单击帐号图标(超链接)，进行连接。

(3) 为便于使用可设置自动登录，选中【客户端启动时，使用默认帐户自动登录】复选框即可。

6.5　网上漫游

6.5.1　WWW 简介

WWW 是 World Wide Web 的缩写，简称 3W 或 Web，译为万维网、全球信息网。WWW 服务是目前 Internet 上最方便和最受欢迎的多媒体信息服务类型。它为用户提供了一个可以轻松驾驭的图形化用户界面，以查阅 Internet 上的信息。WWW 就是以这些 Web 页及它们之间的链接为基础构成的一个庞大的信息网。WWW 信息的基本单位为 Web 页面(网页)，它包含文字、图像、动画和声音等信息。提供 WWW 服务的网站称为 Web 站点，每个站点又由若干网页组成。网页使用超文本标记语言 HTML(HyperText Markup Language)编写，内部又包含一些超链接(HyperLink)。

1. Web 中的常用概念

1) 网页

网页(Web Page)又称为 Web 页面，是 WWW 信息的基本单位，网页之间通过超链接相互关联，从而形成完整的 WWW 信息。每个网页对应在磁盘上的一个文件，利用 HTML 语言编写可以存放文字、图像、动画、音频和视频等信息。

2) 主页

Web 站点服务器上存放有很多网页，其中主页位于所有网页之首，是用户使用浏览器

查看站点时首先看到的 Web 页面(Home Page)，主页通常指的是某一网站的门面或主题画面，包含许多超链接，以链接到其他网页，最终将整个站点内的网页资源互相连接成一个有机的整体。

3) 超文本

超文本(HyperText)是在文本文件中另含有链接(Link)及其他文件的引用，只要单击这些引用，即可链接其他相关文件。WWW 通过超文本的链接功能与用户沟通。

4) 超链接

超链接(HyperLink)用来连接到其他 Web 页面，大多数超链接在 Web 页面显示为蓝色文本，单击后会改变颜色，可以帮助用户分清哪个链接的页面已经浏览过，避免重复访问。图形同样可以包含超链接，识别的方法很简单，只需将鼠标指针放在上面，如果鼠标指针改变形状(如变成手的形状)，同时状态条中显示 URL 地址，那么它就是一个超链接。

5) 超文本标识语言

超文本标识语言(HTML 语言)本身包含了各种格式化超文本的方法，从而允许浏览器根据它格式化每一种文本类型，以获得 Web 页面或网页设计者当初设计时的屏幕显示效果。

6) 统一资源定位器

统一资源定位器(Uniform Resource Locator，URL)用来向 Web 浏览器表明网络资源的类型和资源所在的位置。通常 URL 由三部分组成：资源所使用的协议类型、存放资源的主机域名或 IP 地址、资源存放的路径和文件名。为便于理解，我们来看一个例子：

http://sports.163.com/special/n/00051CGP/nba05jhsdz.html

第一部分 http://是协议类型，用于告诉浏览器当前页面所用的协议或语言，http://表示浏览器是用 http(超文本传输协议)编写的，大多数浏览器还支持其他协议，如 ftp(文件传输协议)、telnet(远程访问协议)等。第二部分 sports.163.com 是域名，表示 Web 页面存放资源的域名。后面部分为第三部分，其中 special/n/00051CGP 是 Web 页面资源所在目录路径，nba05jhsdz.html 是实际的 Web 页面。

7) 常用 Web 站点简介

网易：www.163.com。

腾讯(QQ)：www.qq.com。

搜狐：www.sohu.com。

新浪：www.sina.com.cn。

首都在线：www.263.net。

中国雅虎：cn.yahoo.com。

2. WWW 服务工作模式

WWW 服务采用客户机/服务器工作模式，由 WWW 客户端软件(浏览器)、Web 服务器和 WWW 协议组成，其核心是 Web 服务器，由它提供各种形式的信息。WWW 的信息资源以网页的形式存储在 Web 服务器中，用户通过客户端的浏览器，向 Web 服务器发出请求，服务器将用户请求的网页返回给客户端，浏览器接收到网页后对其进行解释，最终将一个图、文、声并茂的画面呈现给用户，如图 6.24 所示。

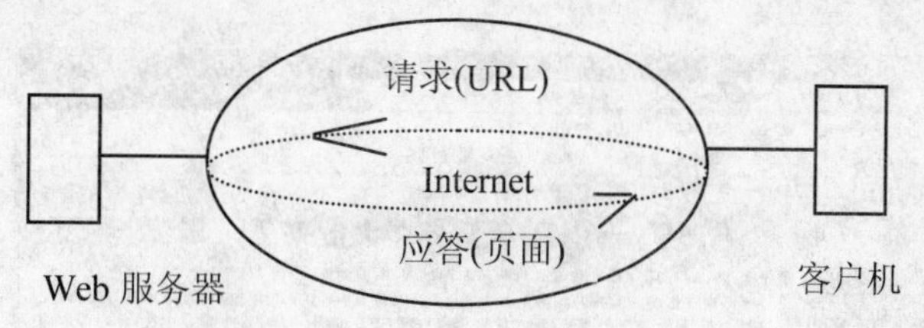

图 6.24　WWW 服务工作模式

3．统一资源定位地址

Internet 中的 Web 服务器数量众多，且每台服务器都包含有多个网页，用户要想在众多网页中指明要获得的网页，就必须借助于统一资源定位地址(Uniform Resource Locators，URL)进行资源定位。

URL 由三个部分组成：协议、主机名(或 IP 地址)、路径及文件名。其中路径及文件名缺省时表示打开默认路径下的默认启动文档，协议名缺省时默认为 http。

例如：http:// www.sohu.com/sports/index.html

　　协议类型　　主机名　　路径及文件名

4．超文本标记语言和超文本传输协议

1) 超文本标记语言 HTML

Web 服务器中的网页是一种结构化的文档，它采用超文本标识语言(Hypertext Markup Language，HTML)来编写。其最大的特点是可以包含指向其他文档的链接项，即其他网页的 URL，这样用户就可以通过一个网页中的链接项访问其他网页或在不同的页面间切换；并且可以将声音、图像、视频等多媒体信息集成在一起。

2) 超文本传输协议

超文本传输协议(Hyper Text Transfer Protocol，HTTP)可以简单地被看成浏览器和 Web 服务器之间的会话，是传输超文本(网页)的标准协议。

6.5.2　Internet Explorer 浏览器简介

用户连入 Internet 以后，要通过一个专门的 Web 客户程序——浏览器来浏览网页。浏览器是专门用于定位和访问 Web 信息的程序或工具。浏览器软件非常多，但因 Windows 操作系统内置 Internet Explorer(简称 IE)，所以较为常用。下面就 IE9(内置于 Windows7 中)为例介绍浏览器的使用及相关内容。

1. IE 的启动和关闭

要启动 IE，可执行以下任一操作。

(1) 双击桌面上的 IE 图标。

(2) 选择【开始】|【程序】| Internet Explorer 命令。

(3) 单击【快速启动栏】中的 IE 图标。

启动 IE 后，将直接打开默认网页，如图 6.25 所示。

图 6.25　IE 窗口结构

要关闭 IE，可执行以下任一操作。

(1) 单击 IE 窗口右上角的【关闭】按钮 ![X]。

(2) 选择 IE 窗口中【关闭】命令。

(3) 选中 IE 窗口后，按快捷键 Alt+F4。

IE 窗口自上而下分别由地址栏、菜单栏、命令栏、浏览窗口等组成。

(1) 地址栏：输入网址或 IP 地址，用于浏览网页。

(2) 菜单栏：排列有 Windows 规范的系列菜单，集中了常用的操作命令。

(3) 命令栏：集中主页、打印、页面、安全及工具等操作命令。

(4) 浏览窗口：显示网页内容，通过单击超链接对象实现网页间的跳转。对网页中看不到的信息，可以使用窗口中的水平和垂直滚动条，使之显示出来。

6.5.3　IE 的基本设置

IE 的基本设置是通过【Internet 选项】对话框来实现的，其方法是：在 IE 窗口中单击【工具】菜单中的【Internet 选项】选项，弹出【Internet 选项】对话框，如图 6.26 所示。

1. 设置默认主页

默认主页是在启动 IE 时首先打开的 Web 网页，IE 的默认设置为 http://windows.microsoft. com/zh-CN/ internet-explorer/products/ie-9/welcome，但用户并不希望每次启动 IE 时都进入该站点，用户可以将其设置为自己经常访问的站点的地址。如果用户每次打开 IE 所要访问

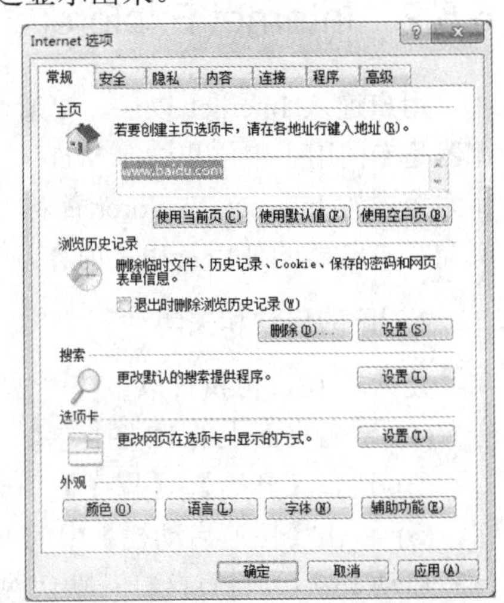

图 6.26　【Internet 选项】对话框

的主页不固定，最好使用空白页，这样可以提高 IE 的启动速度。

设置默认主页的具体步骤为：打开【Internet 选项】对话框，切换到【常规】选项卡，在【主页】选项组的【地址】文本框中输入经常访问的站点地址，然后单击【使用当前页】按钮即可。如果选择使用空白页，单击【使用空白页】按钮即可。

2．清除历史记录

历史记录是对用户已访问过的站点信息的存储和记录，历史记录显示在地址栏的下拉列表框中，如果用户想清除历史记录可采用如下方法：在【Internet 选项】对话框中，选择【常规】选项卡，单击【删除】按钮即可。

6.5.4　IE 的基本使用方法

1．浏览网页

在地址栏输入要访问的网址或 IP 地址，输入的格式为“通信协议://服务器域名或 IP 地址/路径/文件名”，此格式是访问 Internet 资源的统一格式，被称为统一资源定位地址(Uniform Resource Locator，URL)。例如：ftp://ftp.pku.edu.cn/open/389-ds/389-Console-1.1.6-i386.msi，http://news.sina.com.cn/c/2013-06-17/030327414917.shtml。

输入地址后，按 Enter 键即可访问要访问的资源。在默认状态下，访问过的网页并列在地址栏的旁边，要重新访问这些网页，只需单击该网页的标签即可。

在地址栏上还有许多工具按钮，通过这些按钮可以帮助我们快速浏览网页，各按钮的作用如下。

(1) 【前进】与【后退】按钮：要访问刚刚访问过的网页，可以单击【后退】按钮；【前进】按钮是对【后退】按钮的否定。

(2) 【主页】按钮：要回到启动 IE 浏览器时的起始页，单击【主页】按钮。

(3) 【刷新】按钮：要重新显示当前页面，单击【刷新】按钮。

(4) 【停止】按钮：要中断正在进行的链接，单击【停止】按钮 × 。

2．收藏夹简介

1) 使用收藏夹

若要经常访问某些网站，每次输入网址很麻烦，这时可以将经常访问的网址添加到收藏夹，这样以后就可以在收藏夹中选择网址访问网站了。其具体操作是：打开要收藏的网页，单击【收藏夹】按钮，再单击【添加到收藏夹】按钮，当前网页的网址就会被收藏在收藏夹中，以后可以单击【收藏夹】按钮，或单击【查看收藏夹、源和历史记录】按钮就可以重新访问该网页了，如图 6.27 所示。

2) 访问历史上访问过的网页

IE 浏览器可以将一段时间内(默认 20 天)访问过的网址记录下来，以便将来访问，要通过历史记录访问网页，可以单击【查看收藏夹、源和历史记录】按钮，然后单击【历史记录】选项卡，从中选择相应网址，即可浏览网页，如图 6.28 所示。

图 6.27　使用收藏夹

图 6.28　使用历史记录

6.5.5　保存网页

在网页上找到所需要的资料时，可将它们保存在本地磁盘中，一般使用右击【目标另存为页面】或选择【页面】|【另存为】命令等方法。

1. 保存浏览器中当前页

选择【页面】|【另存为】命令，打开【保存网页】对话框，选择用于保存网页的文件夹，在【文件名】下拉列表框中输入名称，设置保存类型，然后单击【保存】按钮。默认的保存类型为【网页,全部(*.htm;*.html)】，另外还有【Web 档案,单一文件(*.mht)】、【网页,仅 HTML(*.htm;*.html)】和【文本文件(.txt)】保存类型。

注意： 利用该保存方式只能保存网页的 HTML 文档本身以及图片，并不能保存动画等信息，这些信息需要另行存储。

2. 保存网页的部分内容

(1) 选定要复制的信息，若要复制整页的文本，选择【编辑】|【全选】命令。

(2) 选择【编辑】|【复制】命令。

(3) 转换到需要编辑信息的程序中(如 Word)。

(4) 单击放置这些信息的位置，然后在 Word 2010 的【开始】功能区中单击【粘贴】按钮。

3. 保存超链接指向的网页、图片、动画、程序等对象

右击该超链接，弹出快捷菜单，如图 6.29 所示，从中选择【目标另存为】选项，弹出【另存为】对话框。在【另存为】对话框中指定保存的位置和名称，然后单击【保存】按钮即可。如果安装了下载软件(如迅雷)，在弹出的快捷菜单中会出现【使用迅雷下载】选项，单击会使用迅雷下载该超链接所指的对象。建议采用“使用迅雷下载”这种办法，因为下载软件均支持断点续存功能，而【目标另存为】选项不具备该功能。其实，有时单击超链接也会出现【另存为】对话框或下载软件【目标存储为】对话框。

4．保存网页中的图片

对于图片有一种专用的保存方法，即右击网页上的图片，在弹出的快捷菜单(见图 6.30)中选择【图片另存为】选项，弹出【保存图片】对话框。在【保存图片】对话框中指定保存的位置和名称，然后单击【保存】按钮即可。

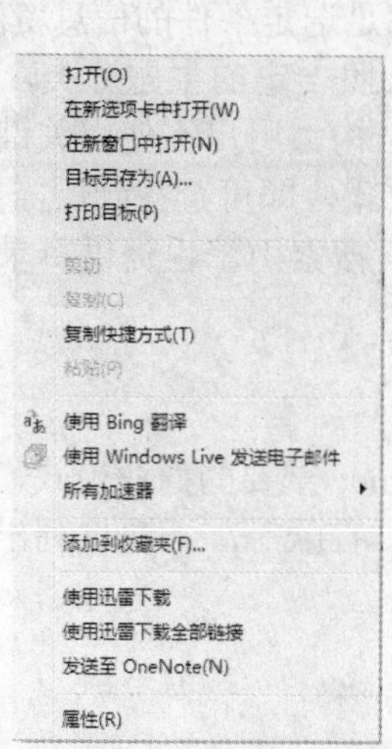

图 6.29　快捷菜单

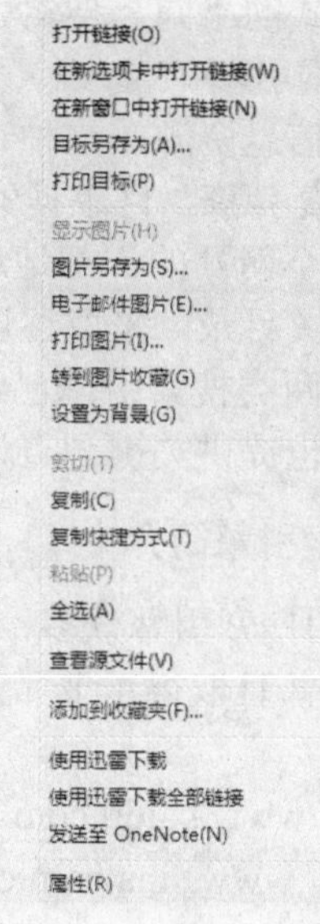

图 6.30　图片的快捷菜单

5．将 Web 页面的图片作为桌面墙纸

只要右击网页上的图片，在弹出的快捷菜单中选择【设置为背景】选项即可将 Web 页面中的图片设为桌面墙纸。

6.5.6　网上信息搜索

Internet 是一个全球性互联网，其信息资源异常丰富，可以说是无所不有。但在如此繁杂的信息世界中找到自己需要的内容却并不容易，因为这些信息分布于世界各地的各个站点。

在 Internet 网上查找所要的信息的方法主要有直接输入网址，利用超级链接，通过专业网站、论坛、聊天室、BBS，使用搜索引擎等。其中，最主要、最快捷的方法就是使用搜索引擎。

1．搜索引擎的概念及分类

1) 搜索引擎的概念

搜索引擎是指为用户提供信息检索服务的程序，通过服务器上特定的程序把 Internet 网上的所有信息分析、整理并归类，以帮助在 Internet 网中搜寻到所需要的信息。在搜索引擎中，用户只需输入要搜索的信息的部分特征(如关键字)，搜索引擎就会替用户在它所提供的网站中自动搜索含有关键字的信息条。搜索引擎能够将用户所需的信息资源汇总起来，反馈给用户一张包含用户所提供的关键字信息的列表清单供用户选择。

在 Internet 网上搜索信息的基本步骤如下。

(1) 先使用搜索引擎进行粗略的搜索。

(2) 从搜索到的网址中挑选一些具有代表性的网址，如权威杂志、报纸、企业或者评论，进入这些网址并浏览其网页。

(3) 通过追踪网页中的超级链接，逐步发现更多的网址和信息。

2) 搜索引擎的分类

根据搜索方式的不同，搜索引擎分为两类：全文搜索引擎和目录搜索引擎。

(1) 全文搜索引擎。全文检索搜索引擎也称关键词型搜索引擎。它通过用户输入关键词来查找所需的信息资源，这种方式直接快捷，可对满足选定条件的信息资源准确定位。

(2) 目录搜索引擎。目录搜索引擎是把信息资源按照一定的主题分类，大类下面套着小类，一直到各个网站的详细地址，是一种多级目录结构。用户不使用关键字也可进行查询，只要找到相关目录，采取逐层打开，逐步细化的方式，即可查找到所需要的信息。

实际上，这两类搜索引擎已经相互融合，全文检索搜索引擎也提供目录索引服务，目录搜索引擎往往也提供关键词查询功能。

2．著名搜索引擎简介

Internet 上的搜索引擎众多，搜索服务已成为 Internet 重要的商业模式，许多网站专门从事搜索业务，并且取得了非常突出的业绩，如百度、谷歌等。下面仅列出一些常用的搜索引擎。

百度：http://www.baidu.com。

新浪：http:// www.sina.com.cn。

搜狐：http://www.sohu.com。

网易：http://www.163.com。

谷歌：http://www.google.com。

雅虎：http://cn.yahoo.com.。

搜狗：http://www.sougou.com。

3．搜索引擎的使用

搜索引擎的使用方法都比较接近，下面以常用的百度搜索引擎为例，来介绍搜索引擎的使用方法。

(1) 在地址栏中输入搜索引擎的网址(如 www.baidu.com)，打开搜索引擎的主页，如图 6.31 所示。

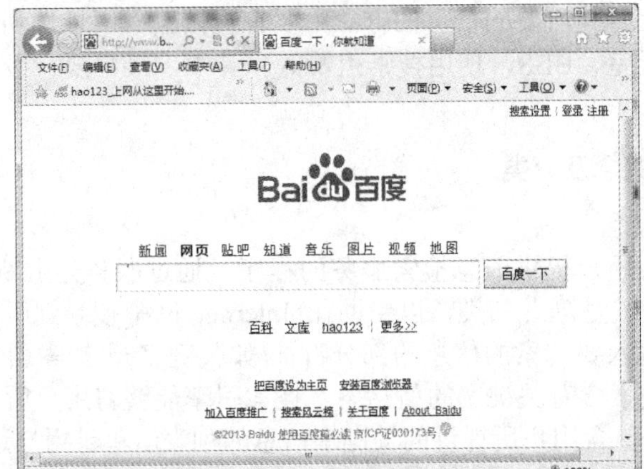

图 6.31　百度首页

(2) 在搜索框中输入希望查询的信息(如“IE”)，选择搜索选项：新闻(资讯)、网页、贴吧、知道、音乐、图片等，这里选择默认选项网页，然后按 Enter 键或者单击“百度一下”按钮，即可把搜索的结果显示出来，如图 6.32 所示。

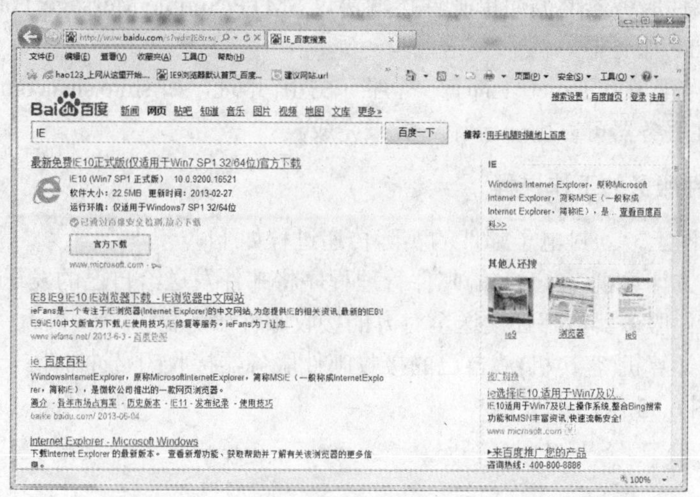

图 6.32　搜索结果

6.6　电子邮件及 Outlook 2010 的使用

电子邮件作为 Internet 最基本、最重要的服务之一，为世界各地的 Internet 用户提供了一种快速、简单和经济的通信和交换信息的方法，它可以传送包括文字、图像、声音、动画等多种媒体信息。

电子邮件(Electronic mail)服务是 Internet 网络为用户提供的一种最基本的、最重要的服务之一。它是利用计算机强大的通信功能实现邮件电子传输的一种技术，不仅使用方便，而且还具有传递迅速、效率高和费用低廉的优点。另外，电子邮件不仅可以传送文字信息，而且还可附上声音和图像等多媒体信息文件。电子邮件的安全性也非常高，可以采用加密的办法来传输邮件，即使被人截获，也不能轻易破译。

6.6.1　电子邮件服务的工作原理

在 Internet 上有许多处理电子邮件的计算机，称为邮件服务器。邮件服务器的功能就像一个邮局，包括接收邮件服务器和发送邮件服务器。

1. 接收邮件服务器

接收邮件服务器是将对方发给用户的电子邮件暂时寄存在服务器邮箱中，直到用户从服务器上将邮件下载到自己计算机的硬盘上。

多数接收邮件服务器遵循邮局协议 POP3(Post Office Protocol)，因此，被称为 POP3 服务器。

2. 发送邮件服务器

发送邮件服务器是将用户写的电子邮件发送到收信人的接收邮件服务器中。

由于发送邮件服务器遵循简单邮件传输协议 SMTP(Simple Message Transfer Protocol)，因此被称为 SMTP 服务器。

每个邮件服务器在 Internet 上都有一个唯一的 IP 地址，如 smtp.sina.com、pop.sina.com。发送和接收邮件服务器可以由一台计算机来完成。

3. 电子邮件服务的工作过程

在 Internet 网上，一封电子邮件的实际传递过程如下。

(1) 由发送方计算机(客户机)的邮件管理程序将邮件发送给自己的发送邮件服务器。

(2) 发送邮件服务器将邮件发送至对方的接收邮件服务器。

(3) 接收方计算机(客户机)从自己的接收邮件服务器接收(下载)邮件。

其过程如图 6.33 所示。

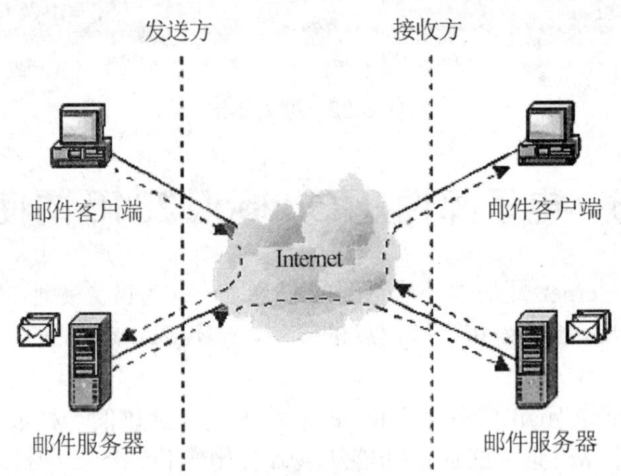

图 6.33　电子邮件服务的工作过程

6.6.2　E-mail 地址

1. E-mail 地址的概念

在电子邮件发送前，每个用户必须要有一个电子邮箱。一个电子邮箱包括一个被动存储区，像传统的邮箱一样，只有电子邮箱的所有者才能检查或删除邮箱信息。每个电子邮箱都有一个唯一的地址，即 E-mail 地址，如同日常通过邮局发信收信人和发信人的地址一样。只有具有了 E-mail 地址，才能通过计算机网络收发电子邮件。

2. E-mail 地址的格式

E-mail 地址采用了基于 DNS 所用的分层的命名方法，其格式为：用户名@域名。其中，用户名也称帐号，就是用户在站点主机上使用的登录名。@表示英文“at”，即中文“在”的意思。域名通常为申请邮箱的网站的域名。例如，dfxyjsj2013@sina.com，表示用户名 dfxyjsj2013 在新浪网上的电子邮件地址。

6.6.3　免费 E-mail 邮箱的申请

用户若想发送电子邮件必须要有一个电子邮箱帐户。电子邮箱帐户可以向提供电子邮件服务的网站申请。电子邮箱有免费和收费两种。收费电子邮箱与免费电子邮箱相比，邮箱容量更大，提供的服务更全面，邮件的管理更安全，但要花一定费用。这里以申请免费电子邮箱帐户为例进行说明。国内一些提供免费电子邮箱帐户的站点如表 6.3 所示。

表 6.3　国内一些提供免费电子邮箱帐户的站点

名　称	申请地址	容　量	POP3 服务器	STMP 服务器
网易 163	http://mail.163.com	无限	pop3.163.com	smtp.163.com
网易 126	http://www.126.com	无限	pop3.126.com	smtp.126.com
新浪	http://mail.sina.com.cn	5G	pop3.sina.com.cn	smtp.sina.com.cn
搜狐	http://mail.sohu.com	2G	pop3.sohu.com	smtp.sohu.com

申请免费电子邮箱(注册)非常简单，下面以新浪(http://www.sina.com)为例，说明如何申请免费的电子邮箱。

(1) 在 IE 地址栏中输入“mail.sina.com”并按 Enter 键，进入新浪邮箱主页。

(2) 选择【免费邮箱登录】选项卡，单击【立即注册】超链接，如图 6.34 所示。

(3) 输入邮箱地址、登录密码、确认密码和验证码，选中我已阅读并接受《新浪网络服务使用协议》和《新浪免费邮箱服务条款》复选框，如图 6.35 所示。

(4) 单击【立即激活】按钮即可注册成功并进入邮箱，如图 6.36 所示。

图 6.34　新浪邮箱窗口

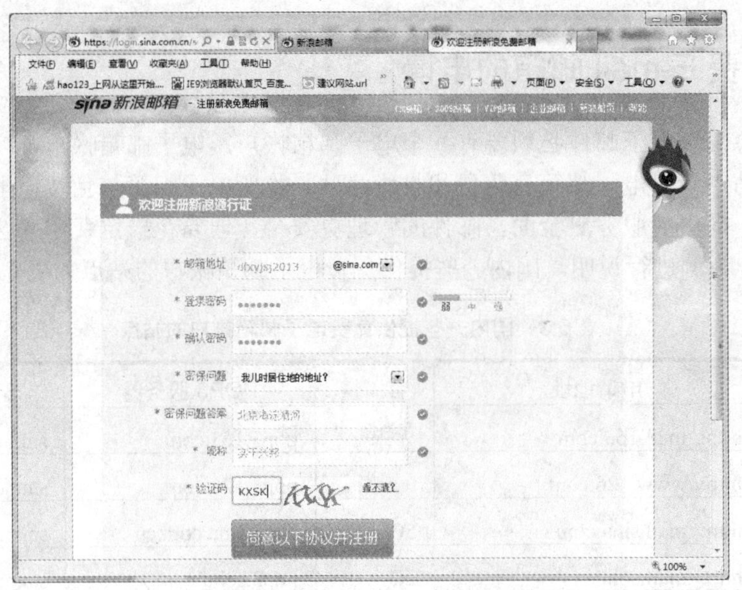

图6.35 注册新浪免费邮箱窗口

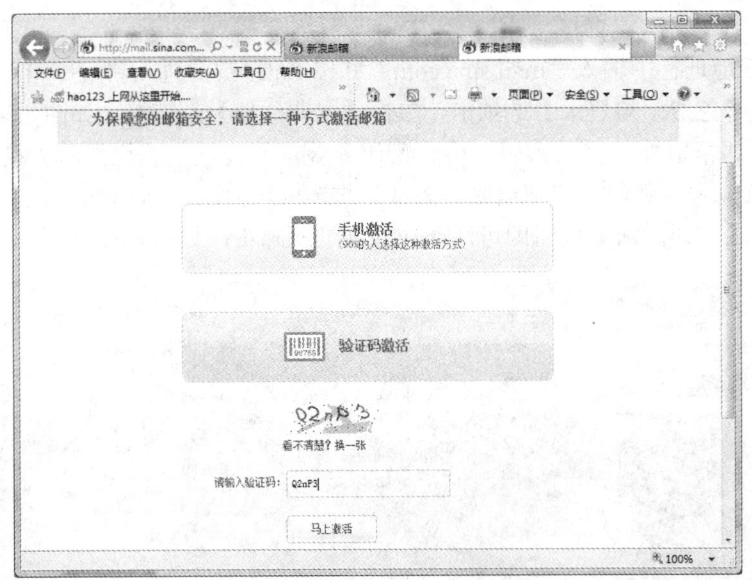

图6.36 激活新浪邮箱窗口

(5) 进入申请的dfxyjsj2013邮箱，就可收发电子邮件了。

6.6.4 电子邮箱的使用

通过IE浏览器可以直接访问、浏览自己的邮箱。

1. 登录电子邮箱

(1) 进入新浪主页。

(2) 在主页上单击【邮箱】右边的下拉按钮，选择下拉列表中的免费邮箱，在出现的新浪邮箱页面中，输入用户名和密码，单击【登录】按钮，进入邮箱，如图 6.37 所示。

图 6.37　新浪电子邮箱

2．查阅邮件

1) 阅读普通邮件

单击【收信】或【收件夹】选项，在右边信件列表中单击要阅读的主题，即可打开信件，进行阅读。

2) 下载附件

如果某个邮件的发件人地址前带有回形针标志，则说明该邮件带有附件。打开附件的方法是：打开该邮件，单击附件下面的【查毒并下载】超链接，弹出【查毒并下载附件】对话框，单击【点击下载】按钮即可将其保存到本地磁盘。

3．撰写和发送邮件

1) 撰写邮件

单击【写信】按钮，打开【写邮件】窗口，如图 6.38 所示。

与传统方式不同，电子邮件不需要填写发信人的地址，而是自动填入。

界面中的选项如下。

- 收件人：用于填入收件人邮箱地址，若同时发给多个人，多个地址间用“，”或“；”分隔。
- 添加抄送：若主要发给一个人，抄发给多人，可使用“抄送”功能，即单击【添加抄送】链接，在出现的文本框中输入抄送人的地址，多个地址间用“，”或“；”分隔。这样，收件人知道该信被抄送给了他人，但抄送人不知道该信还有其他收件人。

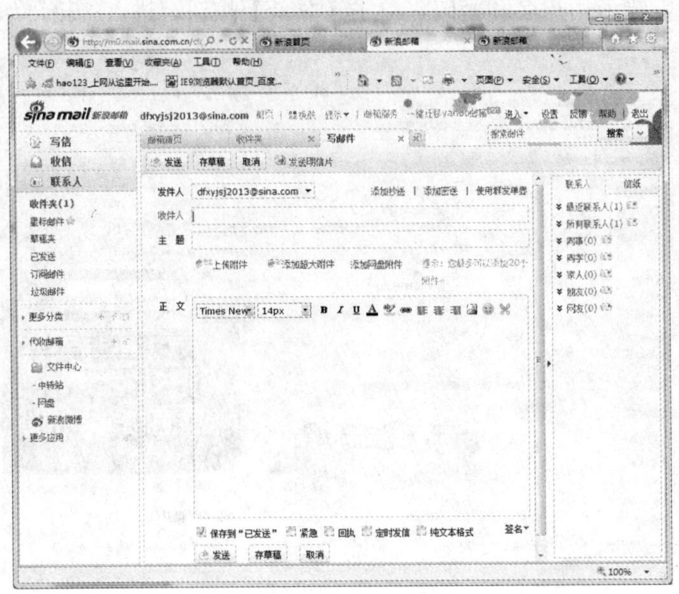

图 6.38　撰写邮件窗口

- 添加密送：若发信人不希望收信人知道此信还发给了他人，可使用“密送”，这样只有密送者知道此信的收件人。
- 使用群发单显：对于多个收件人，采用一对一分别单独发送，每个收件人只能看到自己的地址。
- 主题：邮件的标题，使收件人不打开信件就可以了解其中的主要内容。
- 正文：这里显示用户要发送的邮件内容，一般是简短的几句话，若邮件内容较多，最好以附件的形式发送。
- 上传附件：如果用户需要将其文件如 个软件、 个 Word 文档等)随同电子邮件发送给收件人，就可利用附件来实现。
- 添加超大附件：支持同时上传多个文件，每个文件大小限制为 2G。
- 添加网盘附件：支持同时上传多个网盘中的文件，每个文件大小限制为 2G。

2) 发送邮件

撰写好邮件后，单击【发送】按钮就可发送了。若要将邮件保存以备后用，可选择【保存到“已发送”】复选框。

4．邮件的回复和转发

1) 回复

若要回信，最简单的方法就是使用“回复”功能。选中邮件后，单击【回复】按钮，弹出【写邮件】窗口，收件人地址自动填入原发件人地址，主题内容变成“回复：……”。

2) 转发

若要将收到的或保存的信件发送给他人，可使用“转发”功能。选中邮件后，单击【转发】按钮，弹出【写邮件】窗口，收件人地址填入要转发人的地址，主题内容变成“转发：……”。

5．邮箱管理

1) 移动邮件

当收件箱信件太多时，可将其转移，方法是：将鼠标光标放在【移动】按钮上，在弹出的下拉列表中选择邮件文件夹(已发送、垃圾邮件等)。

2) 删除邮件

为节省邮箱空间，应及时将不需要的邮件删除，方法是：选中待删信件后，单击【删除】按钮即可。

3) 举报邮件

为防止垃圾邮件的骚扰，可将其举报，方法是：选中待举报信件后，单击【举报】按钮即可。

6.6.5 电子邮件的使用技巧

本节对电子邮件的使用技巧进行一下总结，具体如下。

(1) 如果用户是拨号上网，最好不要用浏览器收发 E-mail，而应使用 Outlook 2010 和 FoxMail 等邮件管理软件来收发 E-mail，这样可节省时间和费用。

(2) 不妨多申请几个不同站点的免费 E-mail 信箱，用于不同用途。

(3) 因为许多网络病毒是通过电子邮件来传播的，所以不要轻易打开不明邮件，尤其是带有附件的邮件，可将其直接删除。

(4) 应用邮件病毒监控程序。一般杀毒软件都具有邮件病毒监控功能，在接收邮件前务必将查毒杀毒软件的此项功能打开(查杀目标要选中邮箱)。

(5) 为了安全起见，一定要保管好邮箱密码，登录时不要选择【保存密码】选项，以免邮箱被盗用；不要轻易暴露邮箱地址，以免遭到垃圾邮件的侵袭。

(6) 将垃圾邮件加到举报黑名单。

(7) 检查免费信箱，及时删除已经下载的信件，删除尚未阅读但确信不要的信件，以节省信箱空间。

6.6.6 Outlook 2010 的使用

目前，用于收发电子邮件的软件有很多，为大家所熟知的有微软公司的 Outlook 2010 和中国人自己编写的 FoxMail 等。下面以功能强大的电子邮件软件 Outlook 2010 为例，来介绍收发电子邮件的具体方法。

在安装了 Microsoft Office 2010 的同时会自动安装 Microsoft Outlook 2010。Outlook 2010 为全球超过 5 亿的 Microsoft Office 用户提供了高级商业和个人电子邮件管理工具，从重新设计的外观到高级电子邮件组织、搜索、通信和社交网络功能，完全满足在工作、家庭和学校的通信需求。

1. 启动 Outlook 2010

选择【开始】|【所有程序】| Microsoft Office | Microsoft Outlook 2010 命令，弹出 Microsoft Outlook 窗口，如图 6.39 所示，详细配置见本节后续讲解。

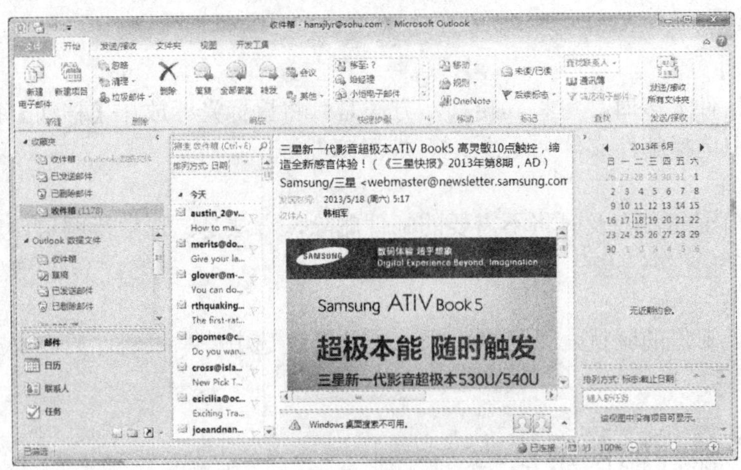

图 6.39　Microsoft Outlook 窗口

2. Outlook 2010 的工作界面

Microsoft Outlook 2010 窗口从上而下分别是：标题栏、快速访问工具栏、功能区、【邮件】窗格、状态栏等。

3. 添加和设置邮件帐户

若在 Outlook 2010 中添加和设置邮件帐户，可选择【文件】|【信息】命令，打开【帐户信息】界面如图 6.40 所示，从中进行相应操作。

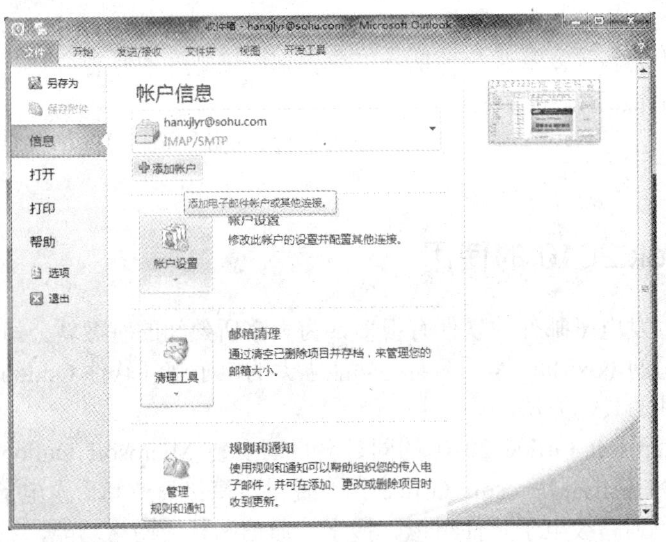

图 6.40　帐户信息

1) 添加帐户

(1) 在添加帐户之前一定要登录新浪邮箱，单击【设置】超链接按钮，选择【帐户】选项卡，开启 POP3/SMTP 服务。

(2) 启动 Microsoft Outlook 2010，单击【下一步】按钮，弹出【帐户配置】对话框，如图 6.41 所示。选中【帐户】单选按钮，单击【下一步】按钮。

(3) 打开【添加新帐户】对话框，填写相应信息，如图 6.42 所示，单击【下一步】按钮。

(4) 进入【联机搜索您的服务器设置】界面，如图 6.43 所示。几分钟之后配置成功，如图 6.44 所示，单击【完成】按钮即可。

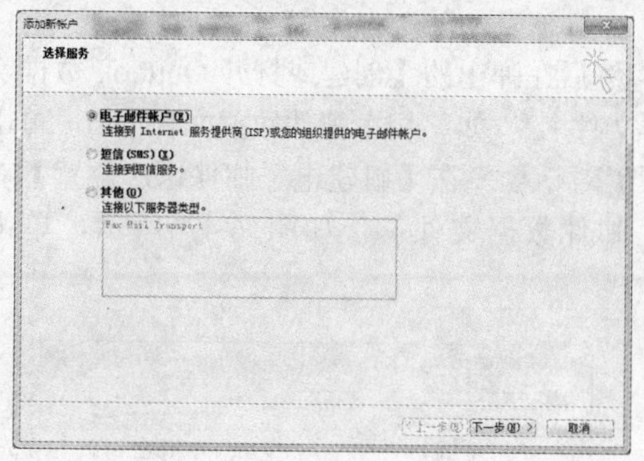

图 6.41　【帐户配置】对话框

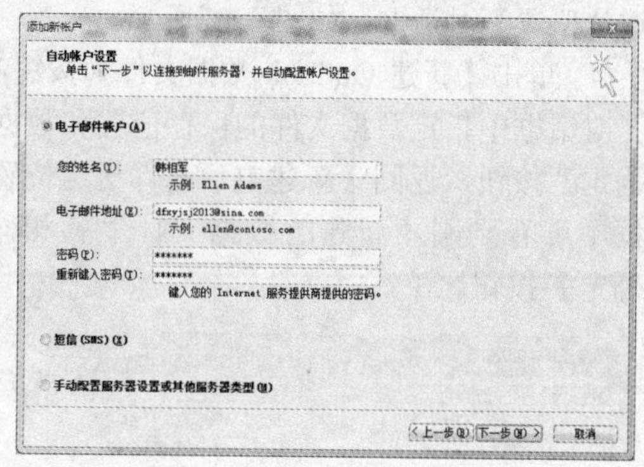

图 6.42　【添加新帐户】对话框

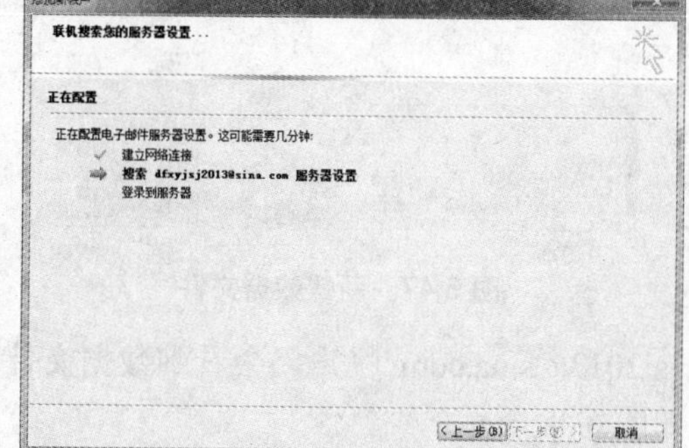

图 6.43　【联机搜索您的服务器设置】界面

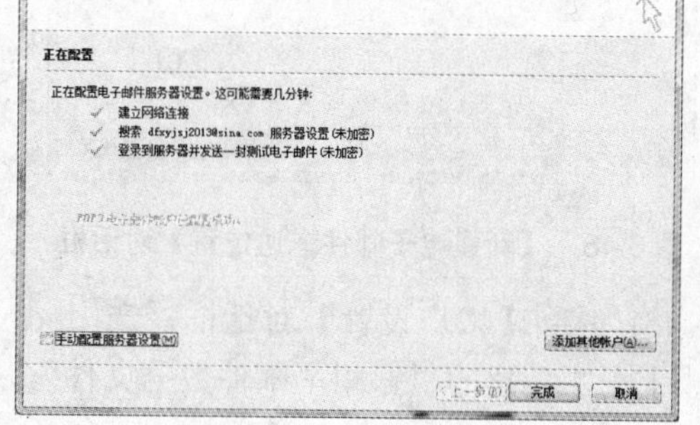

图 6.44　添加新帐户完成

2) 帐户设置

(1) 选择【文件】|【信息】命令，打开【帐户信息】界面，单击【帐户设置】按钮，打开【帐户设置】对话框，如图 6.45 所示。

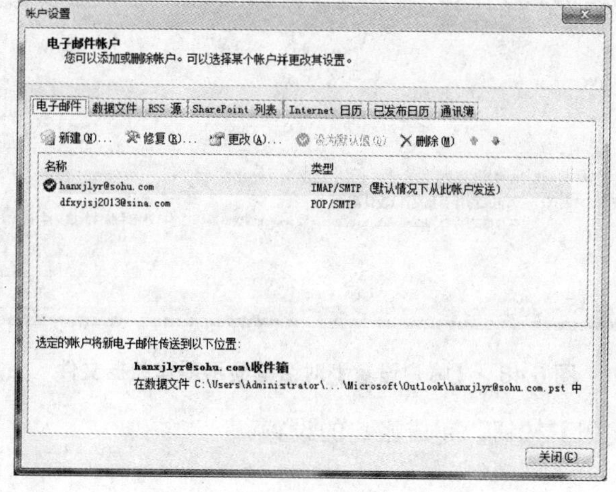

图 6.45　【帐户设置】对话框

(2) 切换到【电子邮件】选项卡，从中可以进行新建帐户、修复帐户、更改帐户、设置默认值(发送邮件时 Outlook 会默认帐户发送)、删除帐户等操作。

(3) 选中 dfxyjsj2013@sina.com 帐户，单击【更改文件夹】按钮，弹出【新建电子邮件送达位置】对话框，如图 6.46 所示。

(4) 单击【新建 Outlook 数据文件】按钮，然后在弹出的【创建或打开 Outlook 数据文件】对话框中指定数据文件的保存位置和数据文件名称(如韩相军邮件数据文件.pst)，单击【确定】按钮，返回【新建电子邮件送达位置】对话框。在【新建电子邮件送达位置】对话框中可看到刚才新建的数据文件“韩相军邮件数据文件”，如图 6.47 所示，单击【确定】按钮。

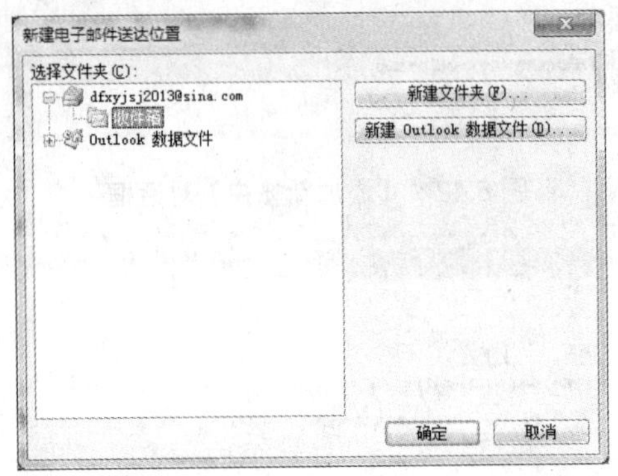

图 6.46 【新建电子邮件送达位置】对话框

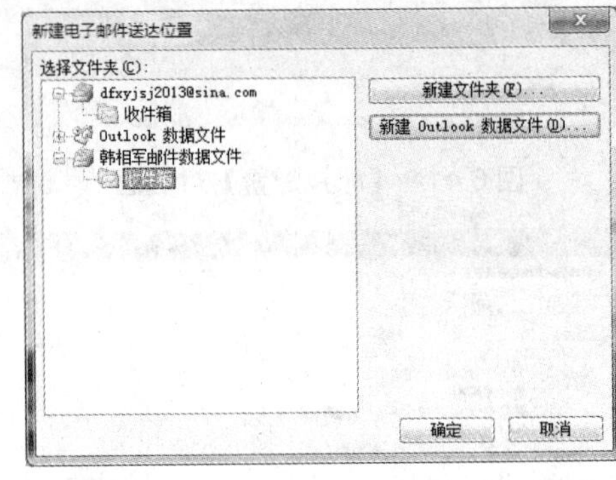

图 6.47 新建数据文件

(5) 返回【帐户设置】对话框，选中 dfxyjsj2013@sina.com 帐户，会看到数据文件修改成了刚才新建的“韩相军邮件数据文件”，如图 6.48 所示。

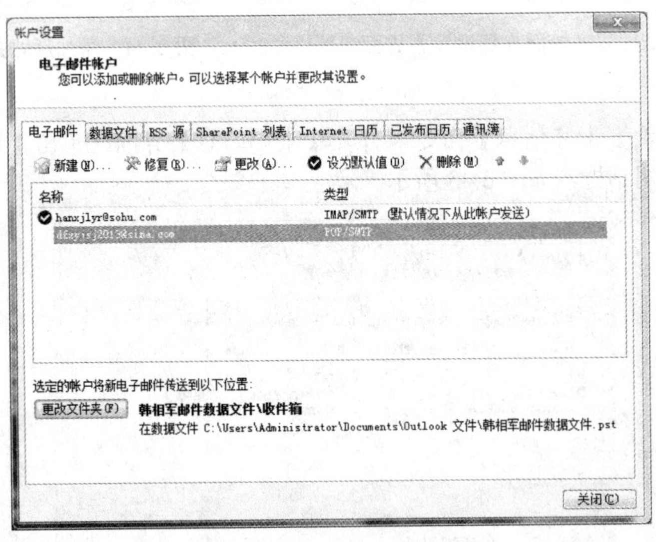

图 6.48 【帐户设置】对话框显示新建数据文件

(6) 最后单击【关闭】按钮，完成帐户的设置。

4. 收发电子邮件

1) 撰写电子邮件

在【开始】功能区的【新建】组中单击【新建电子邮件】按钮，弹出【邮件】编辑窗口，如图 6.49 所示。在【邮件】窗口中可以撰写邮件，使用方法类似于 Word 操作。

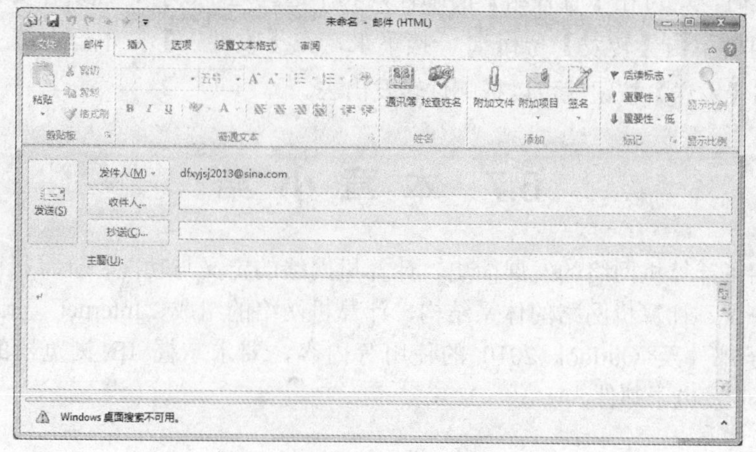

图 6.49 【邮件】窗口

2) 使用信纸和字体

要使用信纸和字体，可在【邮件】窗口中选择【文件】|【选项】|【邮件】|【信纸和字体】命令，可更改默认字体和样式、颜色及背景。

3) 添加附件

如果要发送非文本文件，如 Web 页面、图像文件、声音文件和一些比较小的应用程序，而这些文件一般不可能放在邮件的正文中，这时就可以用附件方式把这些文件发送出去。添加附件的方法为：在【邮件】功能区的【添加】组中单击【附加文件】按钮，弹出【插入文件】对话框，选中要插入的文件后，单击【插入】按钮，即可完成操作。

4) 发送电子邮件

发送电子邮件的方法为：在【邮件】窗口中的【收件人】和【抄送】文本框中，输入每位收件人的电子邮件地址，若填写多个邮件地址，要用英文逗号“,”或分号“;”隔开。

在【主题】文本框中，输入邮件主题。在邮件内容输入框中输入邮件内容。

单击【邮件】窗口中的【发送】按钮，即可将邮件发送出去。

5) 接收与阅读邮件

接收邮件的操作很简单，在【开始】功能区的【发送/接收】组中单击【发送/接收所有文件夹】按钮，选择接收的邮件即可进行阅读。

如果接收的邮件下有图标，表示该邮件有附件，在阅读邮件窗中单击附件即可预览附件，右击附件选择【另存为】或【保存所有附件】命令可进行保存。

6) 答复电子邮件

Outlook 2010 提供了方便的回复方式，选中要答复的邮件，然后在【开始】功能区的【响应】组中单击【答复】按钮，在【邮件】窗口的【收件人】文本框中已自动填写了要答复用户的 E-mail 地址，这时可以选择应用邮件的原文，其他工作同撰写电子邮件一样。

7) 转发电子邮件

Outlook 2010 还提供了一个转发邮件的功能。例如，当收到一封邮件，想把它发给另一个朋友阅读时，就可在【收件箱】的邮件列表中选择这个邮件，然后在【开始】功能区的【响应】组中单击【转发】按钮转发。接下来，在【收件人】文本框中填上新的邮件地址，然后单击【发送】按钮就可以把邮件转发出去。

6.7 本章小结

本章介绍了计算机网络的发展简史、计算机网络的定义与功能、计算机网络的分类、计算机网络协议、计算机网络的体系结构、计算机网络的组成、Internet 基础、IE 浏览器的使用、电子邮件及 Outlook 2010 的使用等内容，要求掌握 IE 浏览器的使用及使用 Outlook 2010 收发电子邮件。

6.8 上机实训

实训内容

1．打开“新浪新闻中心”的主页，地址是 http://news.sina.com.cn，任意打开一条新闻的页面浏览，并将页面保存到指定文件夹下。

2．使用“百度搜索”查找篮球运动员姚明的个人资料，将他的个人资料复制并保存到 Word 文档“姚明个人资料.docx”中。

3．使用 Outlook 2010 给 Ben Linus 发送邮件，他的 E-mail 地址是 benlinus@sohu.com，邮件标题为“寻求帮助”，正文内容为“Ben，你好，请你将系统帮助手册发给我一份，谢谢。”，并插入附件“关于节日安排的通知.txt”。

实训步骤

1．(1)选择【开始】|【所有程序】|Internet Explorer 命令，打开 IE 浏览器。

(2) 在 IE 地址栏输入“news.sina.com.cn”，按 Enter 键。

(3) 浏览页面，单击某一条新闻的链接，进入新闻的页面浏览。

(4) 在 IE 浏览器中选择【文件】|【另存为】命令，在弹出的【保存网页】对话框中选择保存路径，输入保存文件名。

(5) 单击【确定】按钮，完成操作。

2．(1)打开 IE 浏览器，在地址栏输入“www.baidu.com”，按 Enter 键进入百度搜索的主页。

(2) 在百度主页的搜索框中输入“姚明 个人资料”，然后单击“百度一下”按钮进行搜索，进入搜索结果页面。

(3) 在搜索结果页面，选择一个链接打开网页，选中姚明的个人资料内容，单击右键，在其快捷菜单中选择【复制】选项。

(4) 新建 Word 文档“姚明个人资料.docx”并打开，右击，在其快捷菜单选择【粘贴】选项。

(5) 保存并关闭 Word 文档，完成操作。

3. (1)选择【开始】|【所有程序】|Microsoft Office|Microsoft Outlook 2010 命令，启动 Outlook 2010。

(2) 单击【新建】按钮，打开【邮件】窗口，在【收件人】文本框中输入“benlinus@sohu.com”，在【主题】文本框中输入“寻求帮助”，在邮件内容输入框中输入“Ben，你好，请你将系统帮助手册发给我一份，谢谢。”

(3) 在【邮件】功能区的【添加】组中单击【附加文件】按钮 附加文件，弹出【插入文件】对话框，在对话框中选择要插入的文件“关于节日安排的通知.txt”，然后单击【插入】按钮。

(4) 在【邮件】窗口单击【发送】按钮，发送邮件，完成操作。

6.9 习　题

1. 下面不属于局域网络硬件组成的是________。
   A. 网络服务器　　B. 个人计算机工作站
   C. 网络接口卡　　D. 网络操作系统
2. 广域网和局域网是按照________来分的。
   A. 网络使用者　　B. 信息交换方式
   C. 网络传输距离　　D. 传输控制规程
3. 局域网的拓扑结构主要有________、环型、总线型和树型 4 种。
   A. 星型　　B. T 型　　C. 链型　　D. 关系型
4. 计算机网络的主要目标是________。
   A. 分布式处理　　B. 数据通信和资源共享
   C. 提高计算机系统可靠性　　D. 以上都是
5. Internet 采用的协议类型为________。
   A. TCP/IP　　B. IEEE802.2　　C. X.25　　D. IPX/SPX
6. 下列合法的 IP 地址是________。
   A. 202. 102. 224. 68　　B. 202. 102. 224
   C. 202. 102. 264. 68　　D. 202. 102. 224. 68. 22
7. 电子邮件地址的一般格式为________。
   A. 用户名@域名　　B. 域名@用户名
   C. IP 地址@域名　　D. 域名@ IP 地址
8. 连接到 WWW 页面的协议是________。
   A. HTML　　B. HTTP　　C. SMTP　　D. DNS
9. 下列哪一个域名后缀代表中国________。
   A. CA　　B. CHA　　C. CN　　D. COM

10. HTTP 的中文意思是________。
    A. 布尔逻辑搜索　　　　B. 电子公告牌
    C. 文件传输协议　　　　D. 超文本传输协议
11. 将发送端数字脉冲信号转换成模拟信号的过程称为________。
    A. 链路传输　　B. 调制　　C. 解调　　D. 数字信道传输
12. 不属于 TCP/IP 参考模型中的层次的是________。
    A. 应用层　　B. 传输层　　C. 会话层　　D. 互联层
13. 实现局域网与广域网互联的主要设备是________。
    A. 交换机　　B. 集线器　　C. 网桥　　D. 路由器
14. 下列各项中，不能作为 IP 地址的是________。
    A. 10.2.8.112　　　　B. 202.205.17.33
    C. 222.234.256.240　　　　D. 159.225.0.1
15. 下列各项中，不能作为域名的是________。
    A. www.cernet.edu.cn　　　　B. news.baidu.com
    C. ftp.pku.edu.cn　　　　D. www,cba.gov.cn
16. 下列各项中，正确的 URL 是________。
    A. http://www.pku.edu.cn/notice/file.htm
    B. http://www.pku.edu..cn/notice/file.htm
    C. http://www.pku.edu.cn/notice/file.htm
    D. http://www.pku.edu.cn/notice\file.htm.
17. 在 Internet 中完成从域名到 IP 地址或者从 IP 地址到域名转换的是________服务。
    A. DNS　　B. FTP　　C. WWW　　D. ADSL
18. IE 浏览器收藏夹的作用是________。
    A. 收集感兴趣的页面地址　　　　B. 记忆感兴趣的页面内容
    C. 收集感兴趣的文件内容　　　　D. 收集感兴趣的文件名
19. 关于电子邮件，下列说法中错误的是________。
    A. 发件人必须有自己的 E-mail 帐户。
    B. 必须知道收件人的 E-mail 地址
    C. 收件人必须有自己的邮政编码
    D. 可以使用 Outlook 2010 管理联系人信息
20. 关于使用 FTP 下载文件，下列说法中错误的是________。
    A. FTP 即文件传输协议
    B. 登录 FTP 不需要帐户和密码
    C. 可以使用专用的 FTP 客户端下载文件
    D. FTP 使用客户/服务器模式工作
21. 无线网络相对于有线网络来说，它的优点是________。
    A. 传输速度更快，误码率更低　　　　B. 设备费用低廉
    C. 网络安全性好，可靠性高　　　　D. 组网安装简单，维护方便

22. 关于流媒体技术，下列说法中错误的是________。

A. 实现流媒体需要合适的缓存

B. 媒体文件全部下载完成才可以播放

C. 流媒体可用于远程教育、在线直播等方面

D. 流媒体格式包括 asf、rm、ra 等

附录 A　一级 MS Office 考试大纲 (2013 年版)

基本要求

1．具有使用微型计算机的基础知识(包括计算机病毒的防治常识)。

2．了解微型计算机系统的组成和各组成部分的功能。

3．了解操作系统的基本功能和作用，掌握 Windows 的基本操作和应用。

4．了解文字处理的基本知识，熟练掌握文字处理软件 MS Word 的基本操作和应用，熟练掌握一种汉字(键盘)输入方法。

5．了解电子表格软件的基本知识，掌握电子表格软件 Excel 的基本操作和应用。

6．了解多媒体演示软件的基本知识，掌握演示文稿制作软件 PowerPoint 的基本操作和应用。

7．了解计算机网络的基本概念和因特网(Internet)的初步知识，掌握 IE 浏览器软件和 Outlook 2010 软件的基本操作和使用。

考试内容

一、基础知识

1．计算机的概念、类型及其应用领域，计算机系统的配置及主要技术指标。

2．计算机中数据的表示。二进制的概念，整数的二进制表示，西文字符的 ASCII 码表示，汉字及其编码(国标码)，数据的存储单位(位、字节、字)。

3．计算机病毒的概念和病毒的防治。

4．计算机硬件系统和微型机系统的组成和功能。CPU、存储器(ROM、RAM)以及常用的输入输出设备的功能。

5．计算机软件系统的组成和功能。系统软件和应用软件，程序设计语言(机器语言、汇编语言、高级语言)的概念。

6．多媒体的概念。

二、操作系统的功能和使用

1．操作系统的基本概念、功能、组成和分类。

2．Windows 操作系统的基本概念和常用术语，文件、文件名、目录(文件夹)、目录树和路径等。

3．Windows 操作系统的基本操作和应用。

(1) Windows 概述、特点、功能、配置和运行环境。

(2) Windows“开始”按钮、任务栏、菜单、图标、窗口、对话框等的操作。

(3) 应用程序的运行和退出。

(4) 熟练掌握资源管理系统“我的电脑”或“资源管理器”的操作与应用。文件和文件夹的创建、移动、复制、删除、更名、查找、替换、打印和属性设置。

(5) 磁盘属性的查看等操作。

(6) 中文输入法的安装、删除和选用，显示器的设置。

(7) 快捷方式的设置和使用。

三、文字处理软件的功能和使用

1．字表处理软件的基本概念，中文 Word 的基本功能、运行环境、启动和退出。

2．文档的创建，打开和基本编辑操作，文本的查找与替换，文档视图的使用，文档菜单、工具栏与快捷键的使用，多窗口和多文档的编辑。

3．文档的保存、保护、复制、删除、插入和打印。

4．字体格式、段落格式和页面格式等文档编排的基本操作，页面设置和打印预览。

5．Word 的对象操作：对象的概念及种类，图形、图像(片)对象的编辑与修饰，文本框的使用。

6．Word 的表格制作功能：表格的创建与修饰，表格单元格的拆分与合并，表格中数据的输入与编辑，数据的排序和计算。

四、电子表格软件的功能和使用

1．电子表格的基本概念和基本功能，中文 Excel 的基本功能、运行环境、启动和退出。

2．工作簿和工作表的基本概念和基本操作，工作簿和工作表的建立、保存和退出；数据输入和编辑；工作表和单元格的选定、插入、删除、复制/移动；工作表的重命名和工作表窗口的拆分和冻结。

3．工作表的格式化，包括设置单元格格式、设置列宽和行高、设置条件格式、使用样式、自动套用格式和使用模板等。

4．单元格绝对地址和相对地址的概念，工作表中公式的输入和复制，常用函数的使用。

5．图表的建立、编辑和修改以及修饰。

6．数据清单的概念，数据清单的使用，数据清单内容的排序、筛选、分类汇总，数据透视表的建立。

7．工作表的页面设置、打印预览和打印。

8．保护和隐藏工作簿和工作表。

五、电子演示文稿制作软件的功能和使用

1．中文 PowerPoint 的功能、运行环境、启动和退出。

2．演示文稿的创建、打开和保存，演示文稿的打包和打印。

3．演示文稿视图的使用，幻灯片的制作(文字、图片、艺术字、表格、图表、超级链接和多媒体对象的插入及其格式化)。

4．幻灯片母版的使用，背景设置和设计模板的选用。

5．幻灯片的插入、删除和移动，幻灯片版式及放映效果设置(动画设计、放映方式和切换效果)。

六、因特网(Internet)的初步知识和应用

1．计算机网络的概念和分类。

2．因特网(Internet)的基本概念和接入方式。

3．因特网(Internet)的简单应用：拨号连接、浏览器(IE 9.0)的使用，电子邮件的收发和搜索引擎的使用。

考试方式

1．采用无纸化考试，上机操作，考试时间为 90 分钟。

2．软件环境：操作系统为 Windows 7；办公软件为 Microsoft Office 2010。

3．在指定时间内，使用微机完成下列各项操作。

(1) 选择题(计算机基础知识和计算机网络的基本知识)。(20 分)

(2) Windows 操作系统的使用。(10 分)

(3) 汉字录入能力测试。(录入 150 个汉字，限时 10 分钟)。(10 分)

(4) Word 操作。(25 分)

(5) Excel 操作。(15 分)

(6) PowerPoint 操作。(10 分)

(7) 浏览器(IE 9.0)的简单使用和电子邮件的收发。(10 分)

附录 B　一级 MS Office 样题

一、选择题(20 分)

1. 通常人们说的一个完整的计算机系统应包括________。
   A. 运算器、存储器和控制器　　B. 计算机和它的外围设备
   C. 系统软件和应用软件　　D. 计算机的硬件系统和软件系统
2. 计算机的硬件系统按照基本功能划分是由________。
   A. CPU、键盘和显示器组成
   B. 主机、键盘和打印机组成
   C. CPU、内存储器和输入输出设备组成
   D. CPU、硬盘和光驱组成
3. 计算机中 CPU 对其只读不写，用来存储系统基本信息的存储器是________。
   A. RAM　　B. ROM　　C. Cache　　D. DOS
4. 下列不能用作存储容量单位的是________。
   A. Byte　　B. KB　　C. MIPS　　D. GB
5. 显示或打印汉字时，系统使用的输出码为汉字的________。
   A. 机内码　　B. 字形码　　C. 输入码　　D. 国际交换码
6. 十进制数 170 转换成无符号二进制数是________。
   A. 10101001　　B. 10111010　　C. 10011010　　D. 10101010
7. 下列叙述中，正确的选项是________。
   A. 用高级语言编写的程序称为源程序
   B. 计算机直接识别并执行的是汇编语言编写的程序
   C. 机器语言编写的程序需编译和链接后才能执行
   D. 机器语言编写的程序具有良好的可移植性
8. 下列选项中，不是微机总线的是________。
   A. 地址总线　　B. 通信总线　　C. 数据总线　　D. 控制总线
9. 下列叙述中，错误的是________。
   A. 多媒体技术具有集成性和交互性
   B. 所有计算机的字长都是固定不变的，都是 8 位
   C. 通常计算机的存储容量越大，性能就越好
   D. CPU 可以直接访问内存储器
10. 计算机病毒实质上是________。
    A. 操作者的幻觉　　B. 一类化学物质
    C. 一些微生物　　D. 一段程序
11. 计算机网络分为局域网、城域网和广域网，其划分的依据是________。
    A. 数据传输所使用的介质　　B. 网络覆盖的地理范围
    C. 网络的控制方式　　D. 网络的拓扑结构

12. 计算机系统软件的核心是________。
    A. 语言编译程序　　B. 操作系统
    C. 数据库管理系统　　D. 文字处理系统
13. 冯·诺依曼计算机工作原理的设计思想是________。
    A. 程序设计　　B. 程序存储　　C. 程序编制　　D. 算法设计
14. 存储 24×24 点阵的一个汉字信息，需要的字节数是________。
    A. 48　　B. 72　　C. 144　　D. 192
15. 已知 D 的 ASCII 码值为 44H，那么 F 的 ASCII 码值为十进制数________。
    A. 46　　B. 42　　C. 64　　D. 70
16. 在下列各种编码中，每个字节最高位均是“1”的是________。
    A. 汉字国标码　　B. 汉字机内码　　C. 外码　　D. ASCII 码
17. 下面不是汉字输入码的是________。
    A. 五笔字形码　　B. 全拼编码　　C. 双拼编码　　D. ASCII 码
18. 微机中访问速度最快的存储器是________。
    A. 只读存储器　　B. 硬盘　　C. U 盘　　D. 内存
19. 微处理器的组成是________。
    A. 运算器和控制器　　B. 累加器和控制器
    C. 运算器和寄存器　　D. 寄存器和控制器
20. “计算机辅助设计”的英文缩写是________。
    A. CAD　　B. CAM　　C. CAE　　D. CAT

二、Windows 操作(10 分)

1．在考生文件夹下 APP 文件夹中新建一个名为 SHERT 的文件夹。
2．将考生文件夹下 GONG 文件夹中的 DENGJI.BAK 文件重命名为 KAO.BAK。
3．删除考生文件夹下 ADSK 文件夹中的 BRAND.BPF 文件。
4．将考生文件夹下 FOOTHAO 文件夹中的文件 BAOJIAN.C 的只读和隐藏属性取消。
5．搜索 C 盘中的 SHELL.DLL 文件，然后将其复制在 D 盘根目录下命名为 BEER2.ARJ。

三、汉字录入(10 分)

T 表示该车发动机带有涡轮增压系统。涡轮增压的主要原理是：利用发动机排出废气的冲力，推动涡轮系统工作，预先压缩进入汽缸的空气，能有效地克服自然吸气的阻力和供氧不足，使进入汽缸的混合气体更加顺畅，含氧比例更合理。最终通过促进燃烧来提高燃油的热值利用率并增强发动机动力。

四、Word 操作题(25 分)

试对 W01A.DOC 文档中的文字进行编辑、排版和保存，具体要求如下。

(1) 将标题段(“第 29 届奥运会在北京圆满闭幕”)文字设置为 3 号红色空心黑体、加粗，字符间距加宽 3 磅。

(2) 将正文各段落(“新华网北京……最好成绩。”)文字设置为 5 号宋体；设置正文各段落左、右各缩进 4 字符，首行缩进 2 字符。

(3) 在页面底端(页脚)居中位置插入页码，并设置起始页码为“III”。

(4) 将文中后 6 行文字转换为一个 6 行 5 列的表格；设置表格居中，表格列宽为 2.5 厘米，行高为 0.6 厘米，表格中所有文字中部居中。

(5) 设置表格外框线为 0.5 磅蓝色双窄线、内框线为 0.5 磅单实线；按“总数”列(依据“数字”类型)降序排列表格内容。

【W01A.DOC 文档开始】

第 29 届奥运会在北京圆满闭幕

新华网北京 8 月 24 日奥运专电体坛盛会精彩闭幕，奥运圣火永存心中。第二十九届奥林匹克运动会闭幕式 24 日晚在国家体育场隆重举行，来自各国各地区的运动员、教练员和来宾在团结、欢乐、和谐的气氛中，共同庆祝北京奥运会取得圆满成功。

胡锦涛、江泽民、吴邦国、温家宝、贾庆林、李长春、习近平、李克强、贺国强、周永康等党和国家领导人，国际奥委会主席罗格、终身名誉主席萨马兰奇，以及来自世界各地的领导人和贵宾出席闭幕式。

北京奥运会是在奥林匹克运动史上留下辉煌一页的体育盛会。来自 204 个国家和地区的 1 万余名运动员在过去 16 天里挑战极限、攀越新高，刷新了 38 项世界纪录和 85 项奥运会纪录，多个国家和地区实现了奥运会金牌和奖牌零的突破，奏响了更快、更高、更强的激情乐章，描绘了团结、友谊、和平的壮丽画卷。作为东道主的中国，为把北京奥运会办成一届有特色、高水平的奥运会作出了巨大努力，完善的比赛场馆设施，出色的组织服务工作，赢得了奥林匹克大家庭和国际社会的广泛好评。中国体育代表团取得了 51 枚金牌、100 枚奖牌的优异成绩，第一次名列奥运会金牌榜首位，创造了中国体育代表团参加奥运会以来的最好成绩。

第 29 届奥运会金牌榜(前五名)

国家 金牌 银牌 铜牌 总数
中国 51 21 28 100
美国 36 38 36 110
俄罗斯 23 21 28 72
英国 19 13 15 47
德国 16 10 15 41

【W01A.DOC 文档结束】

五、Excel 操作题(15 分)

1．对 Sheet1 工作表完成如下操作。

(1)合并 A1:E1 单元格区域为一个单元格，内容水平居中，计算“平均成绩”列的内容(保留小数点后 2 位)；计算各科平均成绩的最高分和最低分，分别置 B13:E13 和 B14:E14 单元格区域(保留小数点后 2 位)；利用条件格式，将“平均成绩”列成绩小于或等于 75 分的字体颜色设置为红色；利用自动套用将 B2:E14 单元格区域设置为“会计 2”；将工作表命名为“成绩统计表”。

(2)对工作表“成绩统计表”内数据清单的内容按主要关键字“平均成绩”的递减次序和次要关键字“数学”的递减次序进行排序。

2．选取“成绩统计表”的“学号”列(A2:A12 单元格区域)和“平均成绩”列(E2:E12 单元格区域)的内容建立“簇状条形图”(系列产生在“列”)，图标题为“成绩统计图”，清除图例；设置图表绘图区格式图案区域颜色为白色；设置 X 坐标轴格式主要刻度单位为 10，数字为常规型；将图插入到表 A16:G26 单元格区域。

	A	B	C	D	E
1	考试成绩表				
2	学号	数学	英语	语文	平均成绩
3	S1	89	74	75	
4	S2	77	73	73	
5	S3	92	83	86	
6	S4	67	86	45	
7	S5	87	90	71	
8	S6	71	84	95	
9	S7	70	78	83	
10	S8	79	67	80	
11	S9	84	50	69	
12	S10	55	72	69	
13	最高分				
14	最低分				

成绩统计表 Sheet1 Sheet3

六、PowerPoint 操作题(10 分)

按下列要求创建演示文稿，并以 yawg.ppt 保存。

(1) 建立一个含有 2 张幻灯片的演示文稿，内容和版式如下图所示。

36岁的“美美”近来身体状况一直很差，饮食困难。虽然桂林动物园采取紧急救治预案，用吊瓶注入能量，并24小时监护，但“美美”的心脏于7月11日17时37分停止跳动。

1

世界上最老的圈养大熊猫

- 定居在桂林动物园的大熊猫“美美”是20年前从四川卧龙自然保护区迁养的，今年已36岁，按人的年龄来算，今年已108岁，是世界上最老的圈养大熊猫。

2

(2) 使用“天坛月色” 模板修饰全文，全部幻灯片切换效果为“盒状展开”。

(3) 在第一张幻灯片前插入一张版式为“只有标题”的幻灯片，并输入“世界上最老的圈养大熊猫病逝”，字体为“黑体”，55 磅，加粗，红色(请用自定义标签的红色 250、绿色 0、蓝色 0)。第三张幻灯片的版式改为“标题，文本与内容”，将第二张幻灯片的图片移到第三张幻灯片的内容区域。第三张幻灯片中，图片的动画设为“伸展”、“自顶部”，文本动画设为“向内溶解”。动画出现顺序为先文本后图片。移动第二张幻灯片成为第三张幻灯片。将第三张幻灯片艺术字的形状改为“波形 2”。

七、网络操作题(10 分)

1．给周老师发邮件，以附件的方式发送报名参加网球兴趣小组的学生名单。

周老师的E-mail地址是：zhou_8@163.com

主题为：网球兴趣小组名单

正文内容为：周老师，您好！附件里是报名参加网球兴趣小组的同学名单和E-mail联系方式，请查看。

将附件中的“网球兴趣小组成员名单.xls”添加到邮件附件中发送。

2．在google(www.google.cn)搜索“法拉利车”，在考生文件夹中新建文本文件search.txt，将浏览器地址栏中的URL复制到search.txt中并保存。

参考答案

一、选择题(20分)

1. D	2. C	3. B	4. C	5. B	6. D	7. A	8. B	9. B	10. D
11. B	12. B	13. B	14. B	15. D	16. B	17. D	18. D	19. A	20. A

二、(略)　三、(略)

四、Word操作题(25分)

第 29 届奥运会在北京圆满闭幕

新华网北京8月24日奥运专电体坛盛会精彩闭幕，奥运圣火永存心中。第二十九届奥林匹克运动会闭幕式24日晚在国家体育场隆重举行，来自各国各地区的运动员、教练员和来宾在团结、欢乐、和谐的气氛中，共同庆祝北京奥运会取得圆满成功。

胡锦涛、江泽民、吴邦国、温家宝、贾庆林、李长春、习近平、李克强、贺国强、周永康等党和国家领导人，国际奥委会主席罗格、终身名誉主席萨马兰奇，以及来自世界各地的领导人和贵宾出席闭幕式。

北京奥运会是在奥林匹克运动史上留下辉煌一页的体育盛会。来自204个国家和地区的1万余名运动员在过去16天里挑战极限、攀越新高，刷新了38项世界纪录和85项奥运会纪录，多个国家和地区实现了奥运会金牌和奖牌零的突破，奏响了更快、更高、更强的激情乐章，描绘了团结、友谊、和平的壮丽画卷。作为东道主的中国，为把北京奥运会办成一届有特色、高水平的奥运会作出了巨大努力，完善的比赛场馆设施，出色的组织服务工作，赢得了奥林匹克大家庭和国际社会的广泛好评。中国体育代表团取得了51枚金牌、100枚奖牌的优异成绩，第一次名列奥运会金牌榜首位，创造了中国体育代表团参加奥运会以来的最好成绩。

第29届奥运会金牌榜（前五名）

国家	金牌	银牌	铜牌	总数
中国	51	21	28	100
美国	36	38	36	110
俄罗斯	23	21	28	72
英国	19	13	15	47
德国	16	10	15	41

III

第 29 届奥运会金牌榜（前五名）

国家	金牌	银牌	铜牌	总数
美国	36	38	36	110
中国	51	21	28	100
俄罗斯	23	21	28	72
英国	19	13	15	47
德国	16	10	15	41

五、Excel 操作题(15 分)

	A	B	C	D	E	F	G
1	考试成绩表						
2	学号	数学	英语	语文	平均成绩		
3	S3	92.00	83.00	86.00	87.00		
4	S6	71.00	84.00	95.00	83.33		
5	S5	87.00	90.00	71.00	82.67		
6	S1	89.00	74.00	75.00	79.33		
7	S7	70.00	78.00	83.00	77.00		
8	S8	79.00	67.00	80.00	75.33		
9	S2	77.00	73.00	73.00	74.33		
10	S9	84.00	50.00	69.00	67.67		
11	S4	67.00	86.00	45.00	66.00		
12	S10	55.00	72.00	69.00	65.33		
13	最高分	92.00	90.00	95.00	87.00		
14	最低分	55.00	50.00	45.00	65.33		

成绩统计图

S4
S2
S7
S5
S3
0.00 20.00 40.00 60.00 80.00 100.00

成绩统计表 / Sheet2 / Sheet3

六、PowerPoint 操作题(10 分)

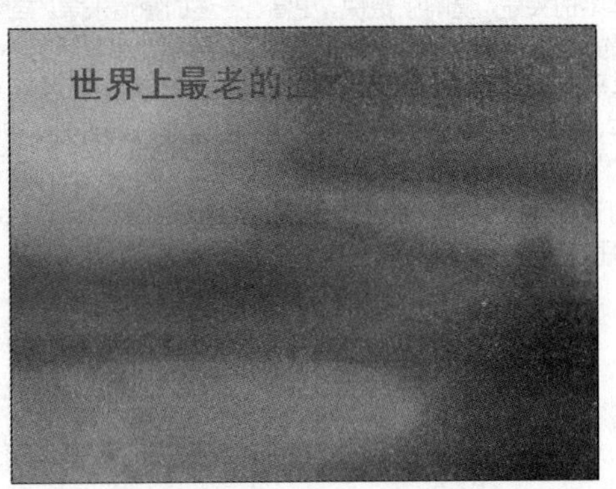

世界上最老的圈养大熊猫
定居在桂林动物园的大熊猫"美美"是20年前从四川卧龙自然保护区迁养的，今年已36岁，按人的年龄来算，今年已108岁，是世界上最老的圈养大熊猫
2

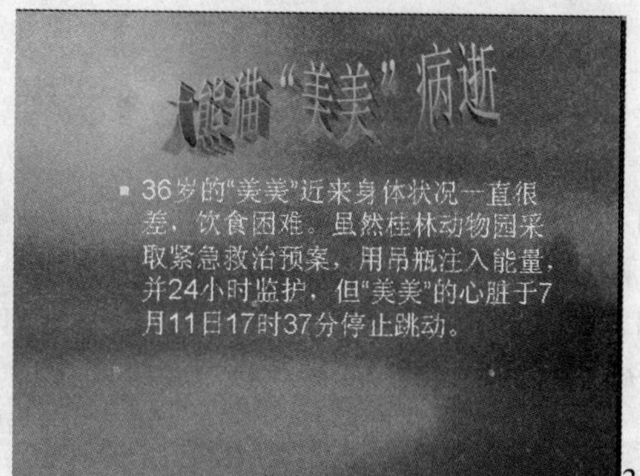
大熊猫"美美"病逝
36岁的"美美"近来身体状况一直很差，饮食困难。虽然桂林动物园采取紧急救治预案，用吊瓶注入能量，并24小时监护，但"美美"的心脏于7月11日17时37分停止跳动。
3

七、(略)

参 考 文 献

[1] 教育部考试中心. 全国计算机等级考试—— 一级 MS-Office 教程(2013 年版)[M]. 天津：南开大学出版社，2013.

[2] 教育部考试中心. 全国计算机等级考试—— 一级 MS-Office 考试参考书(2013 年版)[M]. 天津：南开大学出版社，2013.

[3] 韩相军. 计算机应用基础[M]. 北京：清华大学出版社，2009.

[4] 九州书源. Office 2010 电脑办公应用[M]. 北京：清华大学出版社，2011.

[5] 李周芳. Word+Excel+PowerPoint 三合一[M]. 北京：清华大学出版社，2012.

[6] 贾学明. 大学计算机基础[M]. 北京：中国水利水电出版社，2012.

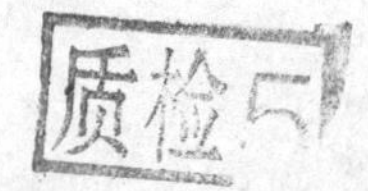